土木工程概论

郑晓燕　李海涛　李　洁　主编

中国建材工业出版社

图书在版编目（CIP）数据

土木工程概论/郑晓燕，李海涛，李洁主编．--北京：中国建材工业出版社，2020.1

ISBN 978-7-5160-2800-1

Ⅰ.①土… Ⅱ.①郑… ②李… ③李… Ⅲ.①土木工程一高等学校一教材 Ⅳ.①TU

中国版本图书馆 CIP 数据核字（2019）第 296392 号

内 容 提 要

本书以工程概论为主线，全面扼要地介绍了土木工程的各个层面；将国内外土木工程的最新进展介绍给学生，开阔学生的视野，激发学生对土木工程学科的兴趣和热情。

在内容组织上，以简明理论为铺垫，避免教材流于科普性介绍；力求反映土木工程领域的最新成果及热点问题。全书共分 16 章，分别为绪论，土木工程材料，土木工程荷载及基本构件，基础工程，房屋建筑工程，交通土建工程，桥梁工程，港口工程与海洋工程，隧道及地下工程，水利水电工程，给水排水工程，土木工程的防灾、减灾，土木工程的寿命周期，土木工程建设管理概述，现代土木工程的实施方式及数字化技术在土木工程中的应用。

本书可作为土木工程专业学生土木工程概论课程的教材，也可作为给排水工程、工程管理、测绘工程、建筑学、城市规划、环境工程、会计学、审计学等专业的土木工程概论教材。同时也可作为建设管理、审计、设计、施工、投资等单位及工程技术人员的参考用书。

为了方便广大教师教学使用，制作有与本书配套的课件。

土木工程概论

Tumu Gongcheng Gailun

主　编　郑晓燕　李海涛　李　洁

出版发行：中国建材工业出版社

地　　址：北京市海淀区三里河路 1 号

邮　　编：100044

经　　销：全国各地新华书店

印　　刷：北京鑫正大印刷有限公司

开　　本：787mm×1092mm　1/16

印　　张：22.5

字　　数：576 千字

版　　次：2020 年 1 月第 1 版

印　　次：2020 年 1 月第 1 次

定　　价：66.00 元

本社网址：www.jccbs.com，微信公众号：zgjcgycbs

前　言

考虑到近几年土木工程的新进展，尤其是我国政府在基础设施方面的巨大投入，使该领域的发展突飞猛进，教材所用数据、资料需要更新。本书全面体现土木工程学科的新技术、新方法、新工艺、新材料、新规范，另外，在第2章中增加了竹材及工程应用内容；考虑到工程管理专业的需要，将土木工程的建设及管理扩展为3章内容，即第13章“土木工程的寿命周期”、第14章“土木工程建设管理概述”和第15章“现代土木工程的实施方式”。

本书第1、9、10章由南京林业大学郑晓燕编写；第2、4、5章由南京林业大学李海涛编写；第3、6、7、12章由南京林业大学刘利清编写；第8、11章由南京林业大学王郑编写；第13、14、15章由南京林业大学李洁编写；第16章由南京林业大学毛鹏编写，全书由郑晓燕和李海涛统稿，刘利清和王郑负责完成了与本书配套使用的CAI的制作。

本书可作为土木工程、给排水工程、工程管理、测绘工程等专业的教材，也可作为建筑学、城市规划、环境工程专业的选修课教材，同时也可作为建设管理、审计、设计、施工、投资等单位工程技术人员的参考用书。

由于编者水平所限，错误和不足之处在所难免，敬请读者批评指正。

编者 2019年4月

目　　录

第1章　绪　　论

1.1　土木工程的内涵及特点

1.1.1　土木工程的内涵

国务院学位委员会在学科简介中对土木工程定义是：土木工程是建造各类工程设施的科学技术的总称，它既指工程建设的对象，即建在地上、地下、水中的各种工程设施，也指所应用的材料、设备和所进行的勘测设计、施工、保养、维修等技术。土木工程专业就是为培养掌握土木工程技术人才而设置的专业，土木工程是一个专业覆盖极广的一级学科。

土木工程，英语为“Civil Engineering”，直译是“民用工程”，它与军事工程“Military Engineering”相对应，即除了服务于战争的工程设施以外，所有服务于生活和生产需要的民用设施均属于土木工程，后来这个界限也不明确了。按照学科划分，军用的地下防护工程、航天发射塔架等也都属于土木工程的范畴。

土木工程的内涵非常广，它包括房屋建筑工程、公路与城市道路工程、铁道工程、桥梁工程、隧道工程、机场工程、地下工程、给水排水工程、港口码头工程等。国际上，运河、水库、大坝、水渠等水利工程也属于土木工程的范畴。土木工程建设在我国有一个统称叫基本建设，它渗透到了工业（厂房、矿山）、农业（水利工程）、交通运输业（道路、桥梁、隧道）、国防（地下防空、发射塔井）及人民生活（民用建筑、市政设施）各个方面。

相对于其他学科而言，土木工程诞生早，其发展及演变历时长，但又是一个“朝阳产业”，其强大的生命力在于人类生活乃至生存对它的依赖，可以说，只要人类存在，土木工程就有强大的社会需求和广阔的发展空间。随着时代的发展和技术的进步，土木工程早已不是传统意义上的砖、瓦、灰、沙、石，而是由新理论、新材料、新技术武装起来的专业覆盖面和行业涉及面极广的一级学科和大型综合性产业。

1.1.2　土木工程的特点

（1）土木工程投入大、工期长、难度高

改革开放以来，尤其是进入21世纪后，我国在基本建设固定资产上的投资逐年增长，投资额是空前的，表1-1列出的是国家统计局发布的2013—2018年我国的GDP、固定资产投资（不含农户）和房地产开发企业投资情况，可以看出基本建设对GDP的贡献是巨大的，最高的年份（2016年）竟达83%，较低的年份（2015年）也在54.8%。这6年期间，房地产开发企业投资，占固定资产投资的比例在17.1%～19.7%。

表 1-1　2013—2018 年 GDP 及固定资产投资情况

年份	GDP 总量（万亿元）	固定资产投资（万亿元）	占 GDP 百分比（%）	房地产开发企业（单位）投资（万亿元）	占固定资产投资百分比（%）
2013	59.5	43.7	73.4	8.6	19.7
2014	63.6	51.2	80.5	9.5	18.6
2015	67.7	56.2	54.8	9.6	17.1
2016	74.4	59.7	83.0	10.3	17.3
2017	82.7	63.2	76.4	11.0	17.4
2018	90.0	63.5	70.6	12.0	18.9

就单项工程而言，其投资规模也是相当惊人的，少则几百万，多则上千亿。表 1-2 给出的是最近 10 年江苏省境内较为著名的越江工程的投资情况。

表 1-2　江苏省境内越江工程的投资情况

序号	工程名称	建成年代	投资金额（亿元）	全长/主跨（m）	简要概况
1	苏通长江大桥	2008	84	32400/1088	主桥为双塔双索面钢箱梁斜拉桥
2	南京长江隧道	2009	33	左右线盾构隧道的总长度为 6042m	过江隧道由左右线盾构隧道组成
3	南京大胜关长江大桥	2009	45.6	9273/336	主桥连续钢桁梁拱桥
4	泰州长江大桥	2011	93.7	62088/1080	主桥三塔双跨钢箱梁悬索桥
5	崇启长江大桥	2011	83.3	52000/185	多跨连续变截面钢箱梁
6	南京长江四桥	2013	68.0	28996/ 1418	双塔三跨悬索桥
7	南京扬子江隧道	2016	52	南线全长 7363m；北线全长 7014m	双管双层八车道×形隧道，两条隧道均为上下两层，每层单向二车道
8	沪通长江大桥	2019（拟）	150（预）	11072/1092	公铁两用斜拉桥，沪通四线铁路，锡通高速公路双向六车道
9	镇江长江大桥	2020（拟）	67.9（预）	1432/1092	单跨钢桁梁悬索桥，下层是铁路，并预留两轨；上层为高速公路，双向八车道
10	南京长江五桥（梅子洲过江通道）	2020（拟）	100（预）	10300/600	五桥采用桥加隧道方案，跨长江大桥长约 4.4km，夹江隧道长约 1.8km，跨江大桥为三塔斜拉桥，夹江隧道为直径 15m 的盾构隧道

21 世纪，我国在基本建设上的投资规模将继续保持稳定增长的态势。截至 2017 年，我国铁路营业总里程达 12.7 万 km，其中高速铁路 25 万 km；公路通车总里程达 477.4 万 km，

高速公路里程突破 13.6 万 km，农村公路里程突破 400 万 km。高铁是“十二五”期间我国交通行业最为闪耀的明星，“十二五”规划（2011—2015 年）我国高速铁路建设都维持大规模投入，投资额将保持在每年 7000 亿元左右，共计 3.5 万亿元左右。表 1-3 列出的是“十二五”期间部分高速铁路工程。

表 1-3　“十二五”期间部分高速铁路工程

序号	项目名称	里程（km）	投资金额（亿元）	建设年限
1	郑万高铁	818	1180	2015.11～2022
2	郑合高铁	498（新建 277）	427.2	2015.12～2019
3	徐宿淮盐城际高铁	314	428.3	2015.2～2019
4	合安九高铁	333	336.3	2015.12～2020
5	大张客运专线	141.5	180.5	2015.11～2019

土木工程的施工工期一般都较长，单个工程短则一年左右，长则几年，大型工程项目甚至几十年才能完工，表 1-3 中所列的几项工期都在 4～6 年。

由于地质条件、使用功能的不同，一般来说没有完全相同的工程，对一些大型工程尤其如此，工程建设有很多技术难关需要攻克，下面就具有重大意义的世纪性工程：南水北调工程、2006 年通车的青藏铁路工程以及港珠澳大桥为例，进一步进行说明。

1）南水北调工程　南水北调工程是迄今世界上最大的调水工程，南水北调总体规划推荐东线、中线和西线三条调水线路。规划到 2050 年调水总规模为 448 亿 m^3，其中东线 148 亿 m^3，中线 130 亿 m^3，西线 170 亿 m^3。整个工程将根据实际情况分期实施，预计总投资约 5000 亿元。其中，东线工程从长江下游扬州抽引长江水，利用京杭大运河及与其平行的河道逐级提水向北送至东平湖后分两路，向北穿黄河为京津地区供水，向东输水至胶东，2002 年开工，2013 年竣工；中线工程从丹江口水库提水，经黄淮海平原西部边缘，在郑州以西孤柏嘴处穿过黄河，继续沿京广铁路西侧北上，可基本自流到北京、天津。规划分两期实施，工程于 2005 年开工，2014 年通水；西线工程计划在长江上游通天河、支流雅砻江和大渡河上游筑坝建库，开凿穿过长江与黄河的分水岭巴颜喀拉山的输水隧洞，调长江水入黄河上游。西线工程的供水目标主要是解决涉及青海、甘肃、宁夏、内蒙古、陕西、山西等 6 省（自治区）黄河上中游地区和渭河关中平原的缺水问题，由于种种原因至今未开工。

南水北调工程分东线、中线、西线三条调水线路，与长江、淮河、黄河、海河相互连接，构成我国水资源“四横三纵、南北调配、东西互济”的总体格局。

就中线工程而言，有四大技术难关：

难关之一：汉江水如何穿越黄河是南水北调技术难度最大的工程之一。2010 年 6 月，在黄河底部 35m 深处，长 4250m、直径 7m 的两条隧洞，随着盾构机的掘进顺利到达黄河南岸的进水口，标志着南水北调中线穿黄河上游隧洞全线贯通，清澈的汉江水将由此北上，与滔滔黄河十字立交，各行其道。

难关之二：丹江口水库大坝加高加厚，扩大库容。丹江口水库是南水北调中线的源头，丹江口水库大坝原来高度为 162m，总库容是 174.5 亿 m^3，大坝加高后，提高至 170m，相应库容增加到 290.5 亿 m^3，相当于增加了 2.5 个北京密云水库。

难关之三：南水北调中线输水干线长、温度变化大，由南往北跨越北纬33°～40°，气候由温和区走向寒冷区，中线河南安阳段以北，渠水在冬季会结冰，控制不好，很容易出现流冰、冰塞等威胁，影响输水能力和工程安全。工程采取控制水流形成冰盖，实行冰盖下输水来解决这一难题。

难关之四：南水北调中线输水总干渠经过的南阳、沙河及邯郸等地均分布有膨胀土，累计长度达300多km，约占总干渠全长的27%。如何防止膨胀土变形滑坡引起渠道渗水是一个技术难题，经过科研人员和工程技术人员5年的不懈努力，提出了水泥土、土工格栅和土工袋处理膨胀土渠坡的全套技术。这个被称为南水北调工程“拦路虎”的难关终于被攻克了。

2）青藏铁路　举世文明的青藏铁路已于2006年7月1日全线通车，青藏铁路一期工程西宁至格尔木段于1958年开工，1984年交付营运。但限于当时国家的经济实力以及高原、冻土等筑路技术难题尚未解决，格尔木至拉萨段被迫停建。2001年青藏铁路二期工程格尔木至拉萨段开工，全长1142km，总投资330亿元。全线路共完成路基土石方7853万m^3，桥梁675座，涵洞2050座，隧道7座。值得一提的是，青藏铁路环保措施相关投资达15.4亿元，其中就包括专门为藏羚羊等野生动物迁徙而建设的最长的“以桥代路”特大桥。这个最具挑战性的工程项目，在高原铁路的长度、海拔高度、穿越冻土里程、冻土隧道规模及冻土铁路桥规模等方面创造了世界之最。多年冻土、高寒缺氧、环境保护是制约青藏铁路的三大技术难题。在中国科学院、铁路科学院、铁路建设部门及有关高校的科研及工程技术人员的共同努力下，顺利解决了三大难题。

3）港珠澳大桥　2018年10月24日，被列为世界八大奇迹之一的港珠澳大桥顺利通车。港珠澳大桥于2009年12月开工，东起香港国际机场附近的香港口岸人工岛，向西横跨伶仃洋海域后连接珠海和澳门人工岛，止于珠海洪湾。港珠澳大桥是连接香港、珠海、澳门的超大型跨海通道，它集桥、岛、隧道于一体，桥隧全长55km，其中主桥29.6km、香港口岸至珠澳口岸41.6km；桥面为双向六车道高速公路，设计速度100km/h，工程项目总投资额1269亿元。

被称为超级工程的港珠澳大桥创造了多个世界第一：

① 最长的跨海大桥。全长55km，是世界上最长的跨海大桥；设计使用寿命120年，打破了世界上同类型桥梁的“百年惯例”。

② 最长的钢结构桥梁。港珠澳大桥仅主梁钢用量就达到42万t，相当于10座鸟巢或者60座埃菲尔铁塔的质量。

③ 最长的海底沉管隧道。海底隧道深埋部分长5664m，由33节钢筋混凝土结构的沉管对接而成，是世界上最长的海底沉管隧道。

④ 最大断面的公路隧道。港珠澳大桥珠海连接线的核心控制性工程——拱北隧道是世界上最大断面的公路隧道。采用双向六车道设计，全长2741m，由海域人工岛明挖段、口岸暗挖段以及陆域明挖段三种不同结构的隧道连接而成。

⑤ 最大节沉管。每个标准沉管长180m，宽37.95m，高11.4m，重约80000t，是迄今世界上最大体量的沉管；沉管浮在水中的时候，每个标准管节的排水量约75000t，而辽宁号航母满载时的排水量也只有67500t。

最精准“深海之吻”数万吨沉管在海平面以下13m至44m不等的水深处无人对接，对接误差控制在2cm以内，被喻为“海底穿针”。

（2）土木工程可以大幅度拉动国民经济

在我国拉动国民经济的三驾马车（投资、消费和出口）中，投资的增长始终是主导力量。从表 1-1 可以看出我国社会固定资产的投入连年高速增长，这些资金集中用于基础设施和基础产业建设，有效促进了我国国民经济的快速发展。房地产业历来是衡量国家经济消涨的重要产业，又是建筑行业的主要产业之一，从表 1-1 可以看出，最近 6 年大陆房地产开发建设投资总规模日益增大，在全社会固定资产投资中所占比重不断提高，2013—2018 年 6 年总投资达 61 万亿元。

表 1-4 是进入 21 世纪后我国建筑业总产值（即营业额），与表 1-1 进行比较分析可以得出，土木建筑行业是固定资产投资的高速增长的最大受益者，因为这直接导致建筑市场规模的不断扩大。可以说，改革开放尤其是进入 21 世纪后，土木工程对国民经济的拉动作用是前所未有的。我国城镇居民的住房条件得到了极大的改善，在 1980 年，改革开放的初始阶段，中国城镇居民的人均住房面积不足 $5m^2$，2018 年全国城镇人均住宅建筑面积达 $37m^2$。

表 1-4　中国建筑业总产值

年份	2013	2014	2015	2016	2017	2018
总产值（万亿元）	15.9	17.7	18.1	19.4	21.4	23.5

土木工程的发展带动了相关行业的发展。水泥是土木工程的主要材料，据国家统计局公布的数据，1985 年至今中国水泥已经连续 20 多年位居世界产量第一位。2017 年全年水泥总产量约达到 23.1 亿吨，占全球总产量的 58.5%；2017 年中国粗钢产量达到 8.3 亿吨，占全球粗钢产量近一半，其中有 1/3 用于土木工程。与土木工程直接相关的还有能源、开采、矿山、冶炼、机械、环保等行业和产业，如果计及间接带动的行业就更多了，此外还有玻璃、陶瓷、铝制品、防水材料等土木工程必不可少的建筑材料，以及与它有关的各行各业。土木工程的规模之大、影响面之广、带动行业之多足以说明其对国民经济的拉动作用。

（3）土木工程社会需求量大

土木工程是国家的基础产业和支柱产业，进入 21 世纪后，中国经济进入一个新的增长时期，以接近两位数的速度高速增长，通过对各国 GDP 的增长历史分析发现，土木工程作为支柱产业，在国民经济发展中——尤其在发展中国家占有更大的比重。2003 年我国人均 GDP 首次突破 1000 美元（达到 1090 美元），此后逐年增加，2017 年已达到 8836 美元，虽然增长迅猛，但相对于发达国家，人均 GDP 还偏低（2017 年，日本人均 GDP 38000 美元，美国人均 GDP 59000 美元）。如果 2030 年中国人均 GDP 要达到目前美国的 50%，这就需要 2017—2030 年中国人均 GDP 增加 2.34 倍，年增长率要达到 6.8%。而要支撑这个速度，固定资产投资就必须保持 30%以上的份额。

中国与发达国家相比，基础设施还比较落后，在投资和消费的双重作用之下，土木工程在未来几十年将处于一个前所未有的发展机遇期。土木工程相对于其他行业而言，又属于劳动密集型行业，能够吸收大量就业人员。仅从建筑企业角度分析就足以说明这一点，表 1-5 为 2014—2017 年中国建筑企业概况，不难看出，无论是企业单位个数，还是从业人员以及总产值都是其他行业无法比拟的。而且，随着固定资产投资的不断增加，这些数据不断上升。

表 1-5　建筑业企业概况

类别	年份	内资企业	港澳台商投资企业	外商投资企业	总计
企业单位数（个）	2014	80511	369	261	81141
	2015	80299	343	269	80911
	2016	82469	326	222	83017
	2017	87522	334	218	88074
从业人员（万人）	2014	4513	15.4	8.6	4537
	2015	5066.6	17.9	9.2	5093.7
	2016	5159.7	16.1	8.7	5184.5
	2017	5502.9	19.0	7.7	5529.6
建筑业总产值（亿元）	2014	175408.5	661.7	643.2	176713.4
	2015	179458	693.3	606.2	180757.5
	2016	192357.6	684	525.2	193566.8
	2017	212596.9	799.4	547.3	213943.6

注：本表数据为具有资质等级的总承包和专业承包建筑业企业，不含劳务分包建筑业企业。

表 1-6 是 2017 年年底全国勘察设计机构、工程招标代理机构和建设工程监理企业个数、从业人员数和营业收入情况。

表 1-6　全国勘察设计机构、招标代理机构和建设工程监理企业概况

类别	企业数（个）	职工人数（万人）	技术人员（万人）	营业收入情况（亿元）
工程勘察设计机构	24754	428.6	38.4	43391
工程招标代理机构	6209	60.4	45.7	2277
建设工程监理企业	7945	107.2	91.5	3282

注：表中数据是根据《中国统计年鉴》的统计数据分析得到的。

以上机构（或企业）也是土木工程专业学生就业的热门去处，它们都是知识密集型行业。

（4）土木工程在学科上属于长线专业、硬专业，不易饱和

说土木工程为长线专业、硬专业，首先，它涵盖的内容和范围很大，而且和人类生活、生产乃至生存都密切相关。一方面，它是个古老的专业；另一方面，随着时代的进步和科技的发展，这个专业日益成长和壮大，人们对它的依赖越来越强，且要求越来越高，可以说时代不断赋予它新的内涵，从这个意义上讲，它又是朝阳专业。土木工程与其他行业的关系日益紧密，它服务于其他行业，随着现代高科技的发展，这些行业会对土木工程提出新的、更高的要求，反过来这些行业又为土木工程提供更加坚实的支撑。其次，土木工程难度高，投资大，这个专业又涉及数学、力学、结构、地质、材料多门学科，学习起来有一定难度，这也算得上硬专业的理由。需求量大的长线专业、硬专业是不容易饱和的。

1.2 土木工程的发展简述

1.2.1 近代土木工程

从 17 世纪中叶起到第二次世界大战前后这 300 多年时间，土木工程逐渐成为一门独立学科。早在 1683 年，意大利学者伽利略发表了《关于两门新科学的对话》，首次用公式表达了梁的设计理论；1687 年牛顿总结出力学三大定律，为土木工程奠定了力学分析的基础；随后，在材料力学、弹性力学和材料强度理论的基础上，法国的纳维于 1825 年建立了土木工程中结构设计的容许应力法。从此，土木工程的结构设计有了比较系统的理论指导。

18 世纪中叶以瓦特发明蒸汽机为标志的产业革命带动了土木工程的发展，1824 年波特兰水泥的发明及 1859 年转炉炼钢法的成功为土木工程提供了充分而坚实的物质基础。由于混凝土及钢材的推广应用，使得土木工程师可以运用这些材料建造更为复杂的工程设施。这一时期内，产业革命促进了工业、交通运输业的发展，对土木工程设施提出了更广泛的要求，同时也为土木工程的建造提供了新的施工机械和施工方法。打桩机、压路机、挖土机、掘进机、起重机、吊装机等纷纷出现，这为快速高效地建造土木工程设施提供了有力手段。这一时期具有历史意义的土木工程大量兴建。

1777—1781 年，英国什罗普郡建起了科尔布鲁克代尔大桥，是世界上第一座铸铁桥。它的建造者是钢铁大王亚伯拉罕·达比。这座桥横跨塞文河，跨度为 30.5m。

1825 年，英国修建了世界上第一条铁路——斯托克顿至达林顿铁路，全长约 21km，1869 年美国建成了横贯东西的北美大陆铁路。

1863 年，英国伦敦建成了世界上最早的地下铁道——威廉王街至斯托克威尔，长度只有 6km，当时使用的是蒸汽火车。到 1890 年开始使用了电动火车，目前，伦敦的地铁长度已达 380km，全市已形成了一个四通八达的地铁网。随后美、法、德等国均在大城市中相继建设地下铁道交通网，全世界已有 100 多座城市开通了 300 多条地铁线路，总长度超过 6000km。

1875 年，法国的一位园艺师（蒙耶）建成了世界上第一座钢筋混凝土桥。这座桥长 16m、宽 4m，是座人行的拱式体系桥。

世界上第一条高速公路是意大利于 1924 年开始修建的，长约 80 千米，其后德国（1928 年）、荷兰（1936 年）和美国（1937 年）陆续修建。德国是第一个提出修建高速公路网的国家，1933—1942 年已有高速公路 3839km。美国掀起建设高速公路的高潮是在 1956 年颁布联邦资助公路法案后，平均每年修建 3000km，到 20 世纪 80 年代中期，约占全世界高速公路网通车里程的 60%，居世界第一位。

在水利建设方面宏伟的成就是两条大运河的建成通航，一条是 1869 年开凿成功的苏伊士运河，将地中海和印度洋连起来，这样从欧洲到亚洲的航行不必再绕行南非；另一条是 1914 年建成的巴拿马运河，它将太平洋和大西洋直接连起来，在全球运输中发挥了巨大作用。

1883 年美国芝加哥在世界上第一个采用了钢铁框架作为承重结构，建造了一幢 11 层的保险公司大楼，被誉为现代高层建筑的开端。

在第一次世界大战后，许多大跨、高耸和宏大的土木工程相继建成。其中典型的工程有1936年美国旧金山建成的金门大桥和1931年美国纽约建成的帝国大厦。金门大桥为跨越旧金山海湾的悬索桥，桥跨1280m，是世界上第一座单跨超过千米的大桥。帝国大厦共102层，高378m，钢骨架总重超过50000t，这一建筑高度保持世界纪录达40年之久。

这一时期中国的土木工程也有一定的发展，1909年詹天佑主持修建的京张铁路，全长200km。1934年，上海建成了24层的国际饭店，直到20世纪80年代广州白云宾馆建成前，国际饭店一直是中国最高的建筑。1937年，茅以升先生主持建造了钱塘江大桥，这是公路、铁路两用的双层钢结构桥梁，也是我国近代土木工程的优秀成果。但总体上来讲，由于清朝政府采取闭关锁国政策，以及民国时期战乱，我国土木工程技术进展缓慢。

1.2.2 现代土木工程

第二次世界大战以后，由于战争恢复的需要以及现代科学技术迅速发展，为土木工程的进一步发展提供了强大的物质基础和技术手段，开始了以现代科学技术为后盾的土木工程新时代。这一时期的土木工程有以下几个特点：

（1）功能要求多样化

为了满足人们生产及生活的需要，现代的土木工程已经超越了本来意义上的挖土盖房、架梁为桥的范围。它与各行各业紧密相连、互相深透、互为支承、相互促进。公共建筑和住宅建筑要求周边环境、结构布置、水电煤气供应、室内温湿度调节控制等与现代化设备相结合，而不仅仅满足于提供“徒有四壁”“风雨不侵”的房屋骨架。由于电子技术、精密机械、生物基因工程、航空航天等高技术工业的发展，许多工业建筑提出了恒湿、恒温、防微振、防腐蚀、防辐射、防磁、无微尘等要求，并向跨度大、分隔灵活、工厂花园化的方向发展。

（2）城市建设立体化

随着经济发展和人口增长，城市人口密度越来越大，造成城市用地紧张、交通拥挤、地价昂贵，这就迫使房屋建筑向高层发展，使得高层建筑的兴建几乎成了城市现代化的标志。美国是最早发展高层建筑且数量最多的国家，其中高度在200m以上的就有100余幢。许多发展中国家在经济起飞过程中也争相建造高层建筑。20世纪90年代以来，亚洲国家的高层建筑得到了迅猛发展，超高建筑的重心已经从美国转移到了亚洲。进入21世纪后，超高层建筑此起彼伏，高度纪录不断被刷新。2010年竣工的迪拜哈利法塔，高828m，是目前世界第一高楼。截至2018年年底，全球已建成的摩天大楼排名前十位（表1-7），亚洲占了9席，中国就占了6席，其中内地有5席。

表1-7 全球排名前十位的摩天大楼

序号	名称	高度（m）	层数（地上）	结构形式或体系	所在国家	竣工年限
1	迪拜哈利法塔	828	160	组合结构，下部钢筋混凝土（－30～601m）剪力墙体系，上部钢结构（601～828m）带斜撑钢框架	阿联酋	2010
2	上海中心大厦	632	118	巨型框架-核心筒-伸臂桁架	中国	2015

续表

序号	名称	高度（m）	层数（地上）	结构形式或体系	所在国家	竣工年限
3	麦加皇家钟塔饭店	601	95	7 座巨塔组成的复合型建筑，最高的一栋（601m）作为饭店	沙特	2012
4	深圳平安金融中心	599	118	带外伸臂的混合结构，带伸臂桁架的巨型框架-核心筒结构体系	中国	2017
5	首尔乐天世界大厦	555	123	1 个混凝土核心和 8 个寄宿于混凝土垫上的超级混凝土圆柱	韩国	2017
6	世贸中心一号大楼	541	104	混合结构，高强混凝土核心包围外围钢框架，搭配的巨大混凝土剪力墙	美国	2014
7	广州周大福金融中心	530	111	钢-混凝土结构形式，框架-核心筒	中国	2016
8	天津周大福金融中心	530	98	带陡斜撑和环带桁架的钢管（型钢）混凝土框架-核心筒结构体系	中国	2018
9	中国尊	528	108	巨型框架钢-混凝土混合结构体系	中国	2018
10	台北 101	508	101		中国台湾	2004

传统的地面交通已经不能解决城市的交通问题，于是一方面修建地下交通网，另一方面又修建高架公路网或轨道交通。随着地下工程的兴建，地下商业街、地下停车场、地下仓库、地下工厂、地下旅店等也陆续发展起来。高架道路与城市立交桥的兴建不仅缓解了城市交通问题，而且还为城市的面貌增添了风采。现代化城市建设已是地面、空中和地下同时展开。

（3）交通工程快速化

高速公路出现于第二次世界大战（以下简称“二战”）前，但到战后才在各国大规模兴建。目前，全世界已有 80 多个国家和地区拥有高速公路，通车总里程超过了 26 万 km。美国是世界上高速公路建设起步较早的国家，总长度约为 10 万 km，已完成以州府为核心的高速公路网，连接了所有 5 万人以上的城镇。中国高速公路起步晚但发展迅速，1988 年 10 月，长度为18.5km的上海至嘉定高速公路建成通车，这是我国大陆第一条高速公路。截至 2017 年年底，我国高速公路通车总里程达 13.6 万 km，跃居世界第一，可以说中国高速公路的发展创造了世界奇迹。

铁路运输在公路、航空运输的竞争中也开始快速化和高速化。速度在 150～200km/h 以上的高速铁路先后在日本、法国和德国建成。中国大陆在既有线改造、提高列车运行速度方面已经取得了巨大成就。目前，时速在 160km 以上的线路延展里程达 14025km，时速在 200km 以上的线路延展里程达 5371km。2008 年 8 月，京津城际高速铁路通车，标志着我国系统掌握了时速 350km 的高速铁路成套技术，我国高速铁路技术从此跨入了世界先进行列。截至 2018 年年底，包括京沪高铁在内的众多高铁干线相继贯通，中国高铁运营总里程达 2.9 万/km，超过全世界总里程的 2/3，成为世界上高铁里程最长、运输密度最高、成网运营场景最复杂的国家。

飞机是最快捷的运输工具，二战以后飞机的容量越来越大、功能越来越多，对此，许多国家和地区相继建设了先进的大型航空港。2018 年北京首都国际机场年旅客吞吐量突破 1 亿人次，成为中国第一个年旅客吞吐量过亿人次的机场，也是继美国亚特兰大机场后，全球第二个年旅客吞吐量过亿人次的机场。与此同时，上海和广州的机场均已跨入世界大型航空港之列。数据显示，2018 年上海机场集团旗下的浦东和虹桥两大机场完成年旅客吞吐量 11769.97 万人次（浦东机场 7405.42 万人次，虹桥机场 4364.55 万人次）；广州白云机场在 2018 年实现旅客吞吐量接近 7000 万人次。

（4）工程设施大型化

为了满足能源、交通、环保及大众公共活动的需要，许多大型的土木工程在二战后陆续建成并投入使用，以桥梁工程为例，桥型越来越丰富，跨越能力越来越强。

悬索桥是特大跨径桥梁的主要形式之一，自 1937 年美国金门悬索桥一跨超过千米以后，悬索桥的跨度不断被刷新。我国在悬索桥建设方面异军突起，1995 年在国内率先建成了汕头海湾大桥（主跨 452m），此后相继建成西陵长江大桥（主跨 900m）、宜昌长江大桥（主跨 960m）以及名列世界第二位的舟山西堠门大桥（主跨 1650m）等。表 1-8 为世界十大悬索桥一览表（截至 2018 年年底）。

表 1-8　世界大跨径悬索桥排名

序号	桥名	主跨（m）	主梁结构形式	所在国家	建成年限
1	明石海峡大桥	1990	简支钢桁梁	日本	1998
2	舟山西堠门大桥	1650	钢箱梁	中国	2010
3	大伯尔特桥	1624	连续钢箱	丹麦	1998
4	李舜臣大桥	1545	双幅钢箱梁	韩国	2012
5	润扬长江大桥	1490	钢箱梁	中国	2005
6	南京长江第四大桥	1418	钢箱梁	中国	2012
7	亨柏桥	1410	钢箱梁	英国	1981
8	江阴长江大桥	1385	简支钢箱	中国	1999
9	香港青马大桥	1377	连续钢箱	中国	1997
10	维拉扎诺纽约湾海峡桥	1298	简支钢桁梁	美国	1964

现代斜拉桥可以追溯到 1956 年瑞典建成的主跨 182.6m 的斯特伦松德桥。历经半个世纪，斜拉桥技术得到空前发展，世界已建成主跨 200m 以上的斜拉桥有 200 余座，1999 年日本建成的世界最大跨度多多罗大桥（主跨 890m），是斜拉桥跨径的一个重大突破，成为世界斜拉桥建设史上的一个里程碑。

我国自 1975 年四川云阳建成第一座主跨为 76m 的斜拉桥，至今已建成各种类型斜拉桥 100 多座，1991 年建成了上海南浦大桥（主跨为 423m 结合梁斜拉桥），开创了我国修建 400m 以上大跨径斜拉桥的先河，大跨径斜拉桥如雨后春笋般发展起来。目前已成为拥有斜拉桥最多的国家。

截至 2018 年年底，斜拉桥的主跨最大跨径达到 1104m（俄罗斯岛大桥），在世界十大著名斜拉桥排名榜上（表 1-9），中国有六座，2007 年建成的苏通大桥主跨径为 1088m，成为世界第二。

表 1-9 世界大跨径斜拉桥排名

序号	桥名	主跨（m）	主跨结构形式	所在国家	建成年限
1	俄罗斯岛大桥	1104	双塔双索面钢-混凝土混合箱梁	俄罗斯	2012
2	苏通长江公路大桥	1088	双塔双索面钢箱梁	中国	2007
3	昂船洲大桥	1018	双塔双索面钢箱梁	中国．香港	2009
4	鄂东长江大桥	926	双塔双索面钢箱梁	中国	2010
5	多多罗大桥	890	双塔双索面钢箱梁	日本	1999
6	诺曼底大桥	856	钢-混结合梁，双塔双索面	法国	1995
7	九江长江公路大桥	818	双塔双索混合梁	中国	2013
8	荆岳长江大桥	816	双塔双索钢-混凝土混合箱梁	中国	2015
9	芜湖长江大桥	806	双塔双索面钢箱梁	中国	2017
10	仁川大桥	800	双塔单索钢箱梁	韩国	2009

在隧道方面，许多穿过大山或越过大江、海峡的通道相继被钻通。目前，世界上最长的交通隧道是瑞士中部阿尔卑斯地区戈特哈德铁路隧道，单洞长 57km（全长 153.5km），1999 年动工，2010 年 10 月贯通，耗资约 103 亿美元。它的开通标志着欧洲又多了一条南北交通干道，于 2016 年 12 月正式投入使用，从瑞士苏黎世到意大利米兰仅需 2h 40min。

2014 年 4 月，世界高海拔特长铁路隧道——青藏铁路西宁至格尔木增建二线新关角隧道全线贯通。这条平均海拔为 3500m、全长 32.6km 的“天路”隧道破解了多项世界技术难题，被誉为中国第一长隧道。

高耸结构的高度也在不断被刷新，2012 年高度达 634m 的东京晴空塔建成，成为迄今高耸结构之最。从外形上看，晴空塔的基部为三角形，往上逐渐转变为圆形，并在 350m 及 450m 处各设一座观景台。东京晴空塔为内部巨柱核心筒和外部钢结构两个相互分离的结构体系。投资达 16 亿元，610m（主塔 545m，天线 146m）高的广州电视塔于 2009 年建成，广州电视塔结构是由一个向上旋转的椭圆形钢外壳变化生成，通过其外部的钢斜柱、斜撑、环梁和内部的钢筋混凝土筒体，充分展示了所要表达的建筑造型：水流的力量将塔腰扭转。此外，上海东方明珠电视塔（468m）、天津电视塔（415.2m）、中央电视塔（405m）位列亚洲五大电视塔之列（截至 2018 年）。

大跨度建筑通常是指跨度在 30m 以上的建筑，主要用于民用建筑的影剧院、体育场馆、展览馆、大会堂、航空港以及其他大型公共建筑。2000 年，直径 320m 的千年穹顶在英国伦敦建成，被认为是当时世界上跨度最大的空间结构建筑。超过此前保持世界第一纪录的亚特兰大为 1996 年奥运会修建的“佐治亚穹顶”（Geogia Dome，1992 年建成），该穹顶的准椭圆形平面的轮廓尺寸达 192m×241m。

2008 年北京奥运会主场馆——鸟巢曾被誉为世界上跨度最大的钢结构建筑，主体建筑呈空间马鞍椭圆形，外部为钢结构，外形犹如鸟巢，南北长 333m、东西宽 294m，高 69m。直到 2014 年这一纪录才被跨度达 310m 的新加坡国家运动体育馆赶超，新加坡新建的国家运动体育馆是迄今世界上跨度最大的穹顶建筑，屋顶可以打开或关闭，以适应热带气候。顶盖的可活动部分由聚氟乙烯软垫覆盖，顶盖的固定部分则采用了传统的金属面板。

(5) 特殊功能要求以及与现代科技的紧密结合

核电站是一种高能量、少耗料的电站。根据国际原子能机构的资料，预计到 21 世纪初将有 58 个国家和地区建造核电站，电站总数将达到 1000 座，装机容量将达到 8 亿千瓦，核发电量将占总发电量的 35%。由此可见，在今后相当长一段时期内，核电将成为电力工业的主要能源。自 1991 年 12 月我国第一座核电站秦山 30 万千瓦核电站成功并网发电以来，中国已建成并投入商业运营的核电机组有 34 台，累积装机容量 3110.8 万千瓦；在建核电机组 18 台，共计装机容量 1906 万千瓦；此外，根据“十三五”规划，到 2020 年，中国将新增约 60 座核电站，届时，中国核电机组数量将达到 90 余台，从装机容量上讲，将超过法国位居世界第二，仅次于美国，成为当之无愧的超级核电大国。

智能建筑的产生是传统建筑工程与新兴信息技术相结合的产物，是现代科学技术迅速发展的结果。从 1984 年世界上的第一幢智能建筑在美国康涅狄格州哈特福德市问世起，短短的几十年中，成万幢智能建筑在许多国家和地区迅速崛起，英国、法国、加拿大、德国、瑞典都相继建成了一批具有自己国家特色的智能建筑。

我国智能建筑虽然起步较晚，但发展非常迅速，北京、上海、深圳等大城市建成的具有一定水平的智能化建筑已近千座，有的已达到或接近国际先进水平，如首都国际机场新航站楼、中国国际高新技术交易会展览中心、上海博物馆等。目前，中国智能楼宇行业的市场规模已达 1000 亿元，从业企业至少有 3000 家。智能化扩展到各类建筑：智能家居、智能住宅小区、智能校园、智能医院、智能体育场馆，等等。

在我国房地产业不断发展的背景下，楼宇智能化市场随之迅速成长。楼宇智能化的概念已经越来越深入人心。目前，楼宇智能化在北京、上海、广州、深圳等一线城市高档住宅中应用普遍，成为高档物业的新潮流。闭路电视监控、门禁管理、停车场管理、防盗防灾报警系统等已经较为常见。经过多年来的探索、推进，我国楼宇智能化理论、建设法规、设计施工、物业管理等方面，也随之得到较大发展。

1.3 土木工程的未来

土木工程具有强大的生命力和恒久性，它已经取得了巨大的成就，但它也面临着挑战：①现代高科技的发展对土木工程提出了新的、更高的要求；②地球上居住人口激增，而地球上的土地资源是有限的；③土木工程无节制地扩张，造成了环境破坏和人与自然的不协调。

人类为了争取生存，为了争取舒适的生存环境，预计土木工程必将有重大的发展。

(1) 土木工程将向地下、太空、海洋、荒漠开拓

1991 年在东京召开的城市地下空间国际学术会议通过了《东方宣言》，提出了 21 世纪是人类开发利用地下空间的世纪。地下空间的利用，将有效改善城市拥挤状况，并且具有节能、减少噪声污染、抗震及抗爆等优点。开发利用地下空间的活动已在世界各地展开，尤其是地下铁路、地下商业街、地下贮藏设施、地下工厂等，如雨后春笋般在各大城市涌现。目前，地下空间的开发利用仅限于浅层，更深层次的地下空间开发利用势在必行。进入 21 世纪后，我国城市地下空间的开发也步入了大发展阶段，中国地域辽阔，南北长约 4000km，东西长约 4500km，地势海拔高差达 5000m 左右，地表起伏很大，峡谷、丘陵、高山遍布 2/3 国土。铁路、公路一直是人们出行的主要交通方式。随着人们生活节奏的加快和科学技术的进步，要求安全、舒适、快速、方便、经济的运输方式已提到议事日程上。过去山区交

通多用盘山绕行、挖深路堑等方法，这不仅增加了里程，也破坏了自然环境，尤其是在运营期间，还会发生大的滑坡、坍方等病害。“十三五”期间，我国将建设一批山区铁路，交通隧道将如雨后春笋一样迅猛发展起来。例如，内江—昆明铁路的水富—梅花山段，正线全长 357.6km，含隧道 127 座，累计长 144.5km，占正线的 40%，其中 3km 以上的长隧道 15 座。

21 世纪地铁建设将进入高潮，既有新建的也有扩建的。以北京为例，截至 2018 年年底共有 20 条线路开通，京城地铁网络总长度将达 617km（城市轨道交通总长 713.7km）。根据《北京城市总体规划（2016—2035 年）》，到 2020 年轨道交通里程由现状提高到 1000km 左右，到 2035 年不低于 2500km。上海目前已经拥有 15 条线、总长 669.5km（城市轨道交通总长 784.6km）的地铁网络。用不到 20 年的时间，上海地铁建设走过了西方发达国家 100 年的发展历程，据悉至 2020 年，上海城市轨道交通网络总规模将达到约 877km。目前，重庆、广州、深圳、南京等 30 多个城市都在大力发展轨道交通，把地铁建设作为解决城市交通堵塞的主要手段。

由于航空航天事业的飞速发展和人类登月的成功实现，人们发现月球上拥有大量的钛铁矿，在 800℃高温下，钛铁矿与氢化物反应可生成铁、钛、氧和水气，由此可以制造出人类生存必需的氧和水。美国政府已决定在月球上建造月球基地，并通过这个基地进行登陆火星的行动。美籍华裔林铜柱博士 1985 年发现建造混凝土所需的材料月球上都有，因此可以在月球上制作钢筋混凝土配件装配空间站。预计 21 世纪 50 年代以后，空间工业化、空间商业化、空间旅游、外层空间人类化等可能会得到较大的发展。随着太空站和月球基地的建立，人类可向火星进发。

为了节约使用陆地，2000 年日本大阪围海建造的 1000m 长的关西国际机场试飞成功；阿拉伯联合酋长国首都迪拜的七星大酒店也建在海上；洪都拉斯将建海上城市型游船，该船将长 804.5m，宽 228.6m，有 28 层楼高，船上设有小型喷气式飞机的跑道、医院、旅馆、超市、饭店、理发店和娱乐场等。近些年来，我国在这方面也已取得可喜的成绩，如上海南汇滩围垦成功和崇明东滩围垦成功，最近又在建设黄浦江外滩的拓岸工程。围垦、拓岸工程和建造人工岛有异曲同工之处，为将来像上海这样的近海大城市建造人工岛积累了科技经验和准备力量。

全世界约有 1/3 陆地为沙漠，每年约有 600 万公顷的耕地被侵蚀，这将影响上亿人口的生活。世界未来学会关于 22 世纪初世界十大工程设想之一是将西亚和非洲的沙漠改造成绿洲。改造沙漠首先必须有水，然后才能绿化和改造沙土。现在利比亚沙漠地区已建成一条大型的输水管道，并在班加西建成了一座直径 1km、深 16km 的蓄水池用于沙漠灌溉。在缺乏地下水的沙漠地区，国际上正在研究开发使用沙漠地区太阳能淡化海水的可行性方案，该方案一旦实施，将会启动近海沙漠地区大规模的建设工程。我国沙漠输水工程试验成功，自行修建的第一条长途沙漠输水工程——甘肃民勤调水工程已顺利将黄河水引入河西走廊的民勤县红崖山水库。工程从景泰县景电工程末端开始，到民勤县红崖山水库为止，全长 260 多 km，其中有 99.04km 从腾格里沙漠穿过。总投资 18.17 亿元的中国第一条沙漠高速公路——陕西榆林至靖边高速公路 2003 年 8 月正式通车，项目建设总里程为 134km。路线主要沿古长城布设，大部分路段穿越毛乌素沙漠。

（2）工程材料向轻质、高强、多功能化发展

随着高层、超高层建筑以及大跨度结构的兴建，土木工程结构对所用材料的强度要求越来越高，同时又希望减轻结构自重。轻骨料混凝土、加气混凝土和高性能混凝土应运而生。

普通混凝土表观密度在 24kN/m³左右，轻质混凝土表观密度只有 6～10kN/m³；过去混凝土强度大多在 20～40MPa，现在可以达到 60～100MPa。为了改善混凝土的韧性，加入微型纤维、塑料形成纤维混凝土和塑料混凝土正在开发应用之中。钢材也向低合金、高强度方向发展；一批轻质高强材料，如铝合金、建筑塑料、玻璃钢也得到了迅速发展。随着材料科学的发展将涌现出越来越多的具有多种功能的建筑材料，例如，配筋的加气混凝土板材，具有保温、绝热、吸声等性能，广泛用于工业与民用建筑的屋面板和墙板。

(3) 土木工程的智能化

智能建筑是以建筑为平台，兼备建筑设备、办公自动化及通信网络系统，集结构、系统、服务、管理及它们之间的最优化组合，向人们提供一个安全、高效、舒适、便利的建筑环境。智能化建筑起源于 20 世纪 80 年代初期的美国，1984 年 1 月美国康涅狄格（CONNETICUT）州哈特福德（HARTFORD）市，建成了世界上第一座智能化大厦，该大厦高 38 层，不必用户购置设备，便可获得语言通信、文字处理、电子邮件、市场行情信息、科学计算和情报资料检索等服务。

我国智能建筑的建设始于 1990 年，随后便在全国各地迅速发展起来。北京的发展大厦可谓是我国智能建筑的雏形。随后建成了上海金茂大厦（88F）、深圳地王大厦（81F）、广州中信大厦（80F）、南京金鹰国际商城（58F）等一批具有较高智能化程度的智能大厦。目前，国内已建数千幢智能建筑。

将具有仿生功能的材料融合于基体材料中，使制成的结构具有人们期望的智能功能，称之为智能土木结构。在结构内部埋入传感器，组成网络，就可实时监测结构的性能，这就是智能土木结构的自内而外的预报方式。智能土木结构在这些方面有很好的应用前景，目前，主要应用于高层建筑、桥梁、大坝等工程领域。

(4) 土木工程的可持续发展

面对生态失衡、人类生存环境恶化，20 世纪 80 年代提出的“可持续发展”的原则，已被许多国家和人民所认同。“可持续发展”是指“既满足当代人的需要，又不对后代人满足其需要的发展构成危害”。建设与使用土木工程的过程与能源消耗、资源利用、环境保护、生态平衡有密切关系，对贯彻“可持续发展”原则影响很大。从资源方面看，建房、修路大多要占地，而我国土地资源十分紧张，因而在土木工程中不占或少占土地，尽量不占可耕地是必须坚持的。另外，建材中的黏土砖制造毁地严重，应予禁止或限制。建材生产、工程施工还少不了消耗能源和水资源，这方面应尽可能采用可再生资源和循环利用已有资源。

1.4 土木工程专业的培养目标及要求

1.4.1 科学、技术与工程的概念

为了认清土木工程专业的培养目标，首先需要了解科学、技术和工程的概念。

(1) 科学

科学是关于事物的基本原理和事实的有组织、有系统的知识。科学的主要任务是研究世界万物发展变化的客观规律，它解决“是什么”或“为什么”的问题，如解释电灯为什么会亮。科学的英文名为 Science，科学家（Scientist）是从事科学研究的专家，包括自然科学家和社会科学家。

（2）技术

技术，英文名为 Technique，是指将科学研究所发现或传统经验所证明的规律发展转化成各种生产工艺、作业方法、设备装置等。技术的主要任务是利用和改造自然，它解决如何实现的问题，如怎样使电灯发亮。科学和技术虽联系密切，但是两个不同的概念。举例来说，科学上已发现，放射性元素（如铀-235）的核裂变可以释放出巨大的能量，这便是制造原子弹的科学依据。但是从原理到制造出原子弹还需解决一系列技术问题，如从铀矿中提纯铀-235、反应速率的控制、快速引爆机构的设计等，这是每一个拥有原子弹的国家用了较长的时间才得以实现的。而至今尚有一些国家渴望制造原子弹，但因技术不过关而未能如愿。

在高校入学考试、选择志愿时，理工科属于一个大类，选择理科（如数学、物理、化学、生物、力学等）的学生侧重学习科学，但也要学习技术，以便应用；而选择工科（如土木、机械、电工电子、通信等）的学生在学习中更侧重于学好技术，当然掌握技术的前提是掌握其科学原理。

（3）工程

工程，英文名 Engineering，含义更为广泛，它是指自然科学或各种专门技术应用到生产部门而形成的各种学科的总称，其目的在于利用和改造自然，并为人类服务。通过工程可以生产或开发出对社会有用的产品。一般说来，工程不仅与科学和技术有关，而且受到经济、政治、法律、美学等多方面的影响。例如，利用多孔纤维吸附受污染水中的杂质使之可以饮用，这一技术已经成熟，用此技术制成的净水器在一些国家已在野战部队中得到应用。但是要在城市供水中大规模地应用，则因其成本太高而未能推广。又如基因工程的克隆技术，发达国家已经掌握了克隆动物的技术，并且克隆羊、克隆牛、克隆鼠等均已问世，但是克隆人，至今则没有被一个国家的法律所允许，有的国家还明令禁止。可见，工程是科学技术的应用与社会、经济、法律、人文等因素结合的综合实践过程。对于选择了工科（包括土木工程）的同学来讲，必须非常重视这一点。

1.4.2　土木工程专业的培养目标

对学生业务的培养目标为：培养掌握工程力学、流体力学、岩土力学和市政工程学的基本理论和基础知识，具备从事土木工程的项目规划、设计、研究开发、施工及管理的能力，能在房屋建筑、地下建筑、隧道、道路、桥梁、矿井等的设计、研究、施工、教育、管理、投资、开发部门从事技术或管理工作的高级工程技术人才。

（1）对业务的培养要求

主要学习工程力学、流体力学、岩土力学和市政工程学的基本理论，受到课程设计、试验仪器操作和现场实习等方面的基本训练，具有从事土木工程的规划、设计、研究、施工、管理的基本能力。

（2）毕业生获得的知识和能力

1）具有较扎实的自然科学基础，了解当代科学技术的主要方面和应用前景。

2）掌握工程力学、流体力学、岩土力学的基本理论，掌握工程规划与选型、工程材料、结构分析与设计、地基处理方面的基础知识，掌握有关建筑机械、电工、工程测量与试验、施工技术与组织等方面的基本技术。

3）具有工程制图、计算机应用、主要测试和试验仪器使用的基本能力，具有综合应用各种手段（包括外语工具）查询资料、获取信息的初步能力。

4）了解土木工程主要法规。

5）具有进行工程设计、试验、施工、管理和研究的初步能力。

（3）涉及的主要学科

涉及的主要学科有力学、土木工程、水利工程等。本专业主要课程：材料力学、结构力学、流体力学、土力学、土木工程材料、混凝土结构与钢结构、房屋结构、桥梁结构、地下结构、道路勘测设计与路基路面结构、施工技术与管理。

（4）主要实践性教学环节

主要实践性教学环节有认识实习、测量实习、工程地质实习、专业实习或生产实习、结构课程设计、毕业设计或毕业论文等，一般实践环节安排40周左右。主要专业实验：材料力学实验、土木工程材料实验、结构实验、土质实验等。

土木工程专业的修业年限为4年。毕业后可授予工学学士学位。

1.4.3 土木工程学科的能力要求

在土木工程学科的系统学习中，不仅要注意知识的积累，更应注意能力的培养。成功的土木工程师的培养，以下几点值得重视：

（1）自主学习能力

课堂所学的东西总是有限的，土木工程内容广泛，新的技术又不断出现，因而自主学习、自我成长的能力非常重要。

（2）综合解决问题的能力

实际工程问题的解决总是要综合运用各种知识和技能，在学习过程中要注意培养这种综合能力，尤其是设计、施工等实践工作的能力。

（3）创新能力

社会在进步，经济在发展，对创新型人才的要求也日益提高。所以在学习过程中要注意创新能力的培养。

（4）协调、管理能力

现代土木工程不是一个人能完成的，少则几个人，几百人，多则需成千上万人共同努力才能完成，培养协调、管理能力非常重要。做事要合理、合法、合情，要有团队精神，这样，工作才能顺利开展，事业才能更上一层楼。

土木工程的发展可以从一个侧面反映出我国经济的发展，显示中华民族的复兴。这一进程刚刚开始，有志于土木工程建设的同学们是非常幸运的，可望在未来土木工程的建设中贡献才华、缔造亮丽的人生。

第2章　土木工程材料

土木工程材料是土木工程建（构）筑物所使用的各种材料及制品的总称。从某种角度讲，建（构）筑物是所选用土木工程材料的一种“排列组合”。土木工程材料是一切土木工程的物质基础，材料决定了建筑形式和施工方法。

土木工程材料品种繁多，像钢筋、水泥、木材、混凝土、砖、砌块、沥青等是常见的材料，实际上土木工程材料远不止这些，其分类方法也有多种。

按使用性能分类，可以分为结构材料（受力构件或结构所用的材料，如基础、梁、板、柱等所用的材料）、墙体材料（内外及隔墙墙体所用的材料，如砌墙砖、砌块、墙板、幕墙等所用的材料）、功能材料（具有专门功能的材料，如防水材料、保温隔热材料、吸声材料、装饰装修材料、地面材料及屋面材料等）。

按用途分类，又可以分为建筑结构材料、桥梁结构材料、水工结构材料、路面结构材料等。

按化学成分分类，土木工程材料可以分为无机材料、有机材料及复合材料，具体见图2-1。

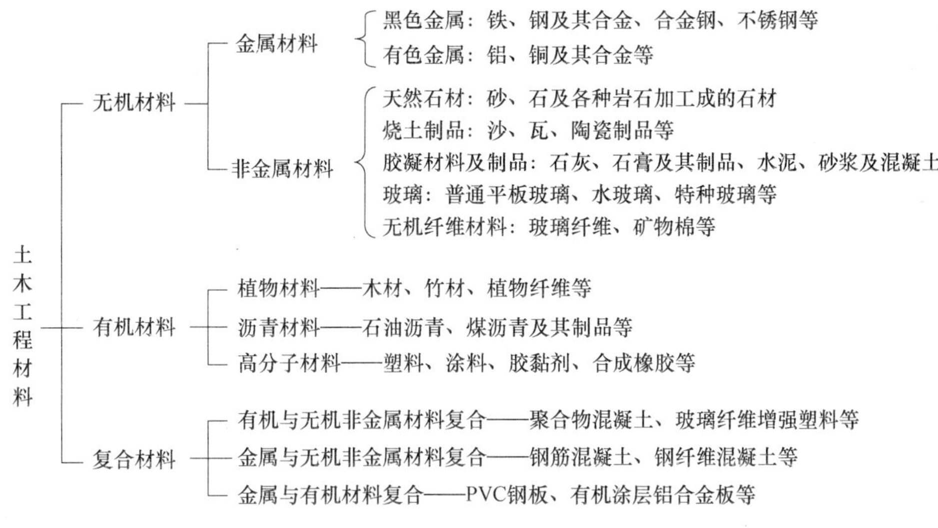

图2-1　土木工程材料按化学成分分类

为了适应建筑工业化发展的需要，提高工程质量，降低工程造价，保护生态环境，实现可持续发展，土木工程界不断涌现出各种新型材料；新材料的出现，促进了建筑形式变化、结构设计和施工技术革新。本章就常见的土木工程材料进行简单介绍。

2.1　石材、砖、瓦和砌块

石材、砖、瓦和砌块这些材料是最基本的建筑材料。无论是在古代，还是现代的建筑领域中，石材、砖、瓦和砌块均处于不可替代的地位。

2.1.1 石材

凡采自天然岩石，经过加工或未经加工的石材，统称为天然石材（图 2-2）。一般天然石材具有强度高、硬度大、耐磨性好、装饰性好及耐久性好等优点，所以石材的使用有着悠久的历史，古埃及的金字塔、太阳神神庙，中国隋唐时期的石窟、石塔、赵州永济桥，明清故宫宫殿的汉白玉、大理石栏杆等，都是具有历史代表性的石材建筑。在现代建筑中，北京的人民英雄纪念碑、毛主席纪念堂、人民大会堂、北京火车站等，都是使用石材的典范。石材被公认为一种优良的土木工程材料，土木工程中常用的石材根据其加工程度分为毛石、片石、料石、饰面石材和石子等，其示意及级配参见图 2-2、图 2-3。

图 2-2 天然石材

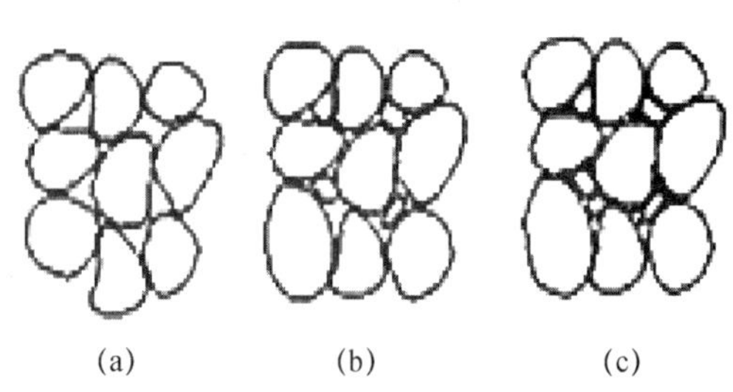

图 2-3 粗骨料颗粒级配图
（a）单一颗粒；（b）两种粒径；（c）多种粒径

（1）毛石

岩石被爆破后直接获得的不规则形状的石块称为毛石。根据表面平整度，毛石可分为乱毛石和平毛石两类。土木工程中使用的毛石，一般高度应不小于 150mm，一个方向的尺寸可达 300～400mm。毛石的抗压强度不低于 10MPa。毛石可用于砌筑基础、堤坝、挡土墙等，乱毛石也可用作毛石混凝土的骨料。

（2）片石

片石也是由爆破而得的，形状不受限制，但薄片者不得使用。一般片石的厚度应不小于 150mm，体积不小于 0.01m^3，每块质量一般在 30kg 以上。片石主要用来砌筑圬工工程、护坡、护岸等。

（3）料石

料石是由人工或机械开采出的较规则的六面体石块，再经人工略加凿琢而成。根据表面加工的平整程度分为毛料石、粗料石、半细料石和细料石四种。料石一般由致密均匀的砂岩、石灰岩、花岗岩加工而成，用于土木工程结构物的基础、勒脚、墙体等部位。

（4）饰面石材

用于建筑物内外墙面、柱面、地面、栏杆、台阶等处装修用的石材称为饰面石材。饰面石材一般采用大理石和花岗岩制成。饰面石材的外形有加工成平面的板材，或者加工成曲面的各种定型件。花岗岩板材主要用于土木工程的室外饰面；而大理石板材可用于室内装饰。

（5）石子

在混凝土的组成材料中，砂为细骨料，石子为粗骨料（图 2-3），石子除用作混凝土粗骨料外，路桥工程、铁道工程的路基等也常用。石子分碎石和卵石，由天然岩石或卵石经破碎、筛分而得到的粒径大于 5mm 的岩石颗粒，称为碎石或碎卵石。岩石由于自然条件作用而形成的，粒径大于 5mm 的颗粒，称为卵石。

2.1.2　砖

砖是一种常用的砌筑材料。砖瓦的生产和使用在我国历史悠久，有“秦砖汉瓦”之称。砖有多种分类方法。

按生产工艺分为两类：一类是通过焙烧工艺制成的，称为烧结砖；另一类是通过蒸养或蒸压工艺制成的，称为蒸养（压）砖，也称非烧结（免烧）砖。

按所用原材料分为黏土砖、页岩砖、煤矸石砖、粉煤灰砖、炉渣砖和灰砂砖等。

按有无孔洞又可以分为实心砖、多孔砖和空心砖。孔洞率大于等于 25%，且孔的尺寸小而数量多的砖为多孔砖（图 2-4），常用于承重部位；孔洞率大于等于 40%，且孔的尺寸大而数量少的砖为空心砖（图 2-5），常用于非承重部位。

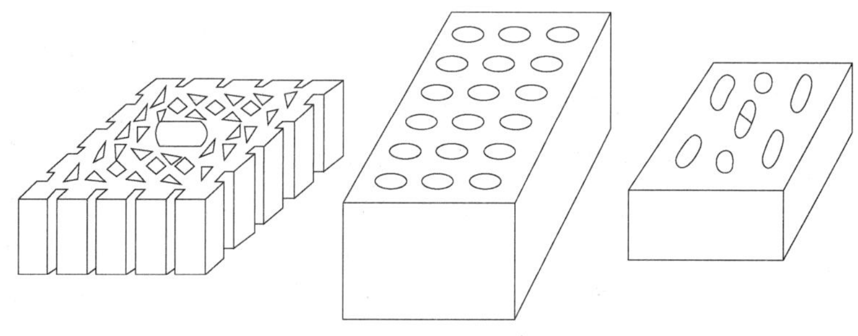

图 2-4　烧结多孔砖

图 2-5　烧结空心砖

砖的标准尺寸为 240mm×115mm×53mm，通常将 240mm×115mm 的面称为大面，240mm×53mm 的面称为条面，115mm×53mm 的面称为顶面（图 2-6）。

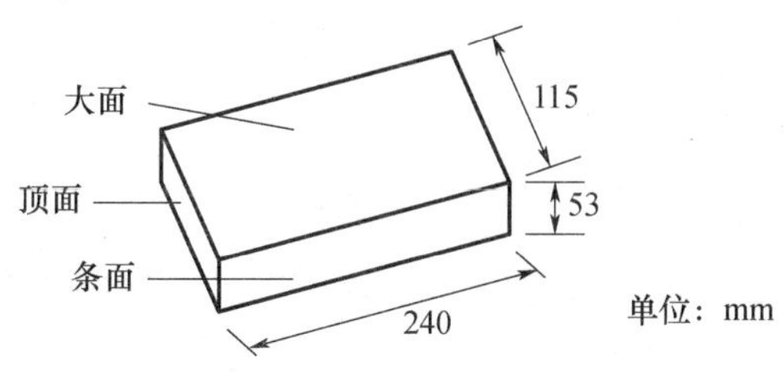

图 2-6　砖的各部分名称

由于生产烧结普通砖（以黏土砖为主）的过程中要大量占用耕地，且能耗高、污染环境，施工生产中劳动强度高、工效低，我国已有170个大中城市于2003年6月30日前禁止使用烧结普通砖，所有省会城市于2005年年底前全面禁止使用烧结普通砖。与此同时，国家出台了一系列政策促进我国墙体材料革新，开发了节土、节能、利用工业废料、有利于环保的非烧结砖、砌块等砌筑材料。目前，应用较广的是蒸养（压）砖，这类砖是以含钙材料（石灰、电石渣等）和含硅材料（砂子、粉煤灰、煤矸石灰渣、炉渣等）与水拌和，经压制成型，在自然条件下或人工水热合成条件（蒸养或蒸压）下，反应生成以水化硅酸钙、水化铝酸钙为主要胶结料的硅酸盐建筑制品。目前，国内土木工程界使用的蒸养（压）砖主要有蒸养灰砂砖、蒸养（压）粉煤灰砖以及煤渣砖。其他一些非烧结砖正在研发中，如江西省建材研究院研制成功的红镶土、石灰非烧结砖；原深圳市建筑科学中心研制成功的水泥、石灰黏土非烧结空心砖等。可以说，非烧结砖是一种有发展前途的新型材料。

2.1.3 瓦

瓦，过去一般指黏土瓦，属于屋面材料（图2-7）。它以黏土为主要原料，经泥料处理、成型、干燥和焙烧而制成。中国瓦的生产比砖早。西周时期就形成了独立的制陶业，西汉时期工艺上又取得了明显进步，瓦的质量也有较大提高，因而有“秦砖汉瓦”之称。由于黏土瓦材质脆、自重大、片小、施工效率低及其生产过程破坏与污染环境等缺点，与黏土砖一样，目前已经禁止使用。

随着建筑工业的发展，新型建筑材料不断涌现，目前我国生产的瓦的种类很多，按形状分，有平瓦和波形瓦（图2-8）两类；按所用材料分，有陶土烧结瓦、混凝土瓦、石棉瓦、钢丝网水泥瓦、聚氯乙烯瓦、玻璃钢瓦、沥青瓦等。

图2-7　黏土瓦

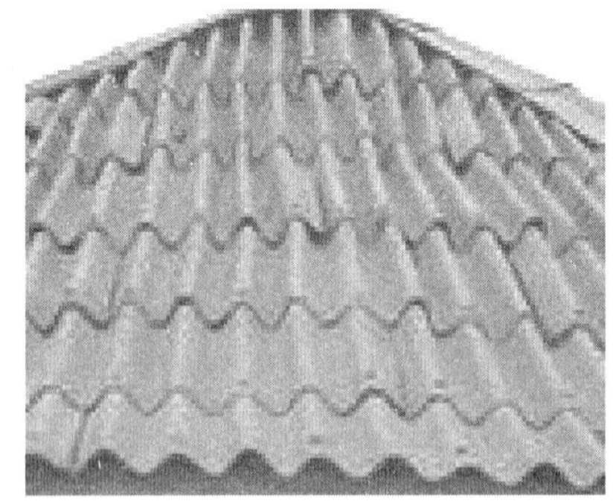

图2-8　波形瓦

2.1.4 砌块

砌块是人造板材，外形多为直角六面体（图2-9），也有各种异型砌块。砌块建筑在我国始于20世纪20年代，近十年来发展较快。砌块可以充分利用地方资源和工业废渣，节省黏土资源和改善环境，实现可持续发展。且具有生产工艺简单、原料来源广、适应性强、制作及使用方便灵活、可改善墙体功能的特点。砌块除用于砌筑墙体外，还可用于砌筑挡土墙、高速公路隔声屏障及其他构筑物。

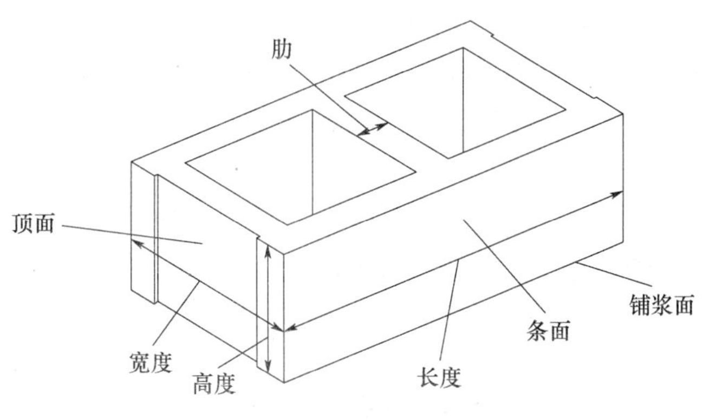

图 2-9　砌块各部位名称

我国目前使用的砌块品种较多，其分类方法也不同。

按砌块的空心率可以分为空心砌块（空心率大于等于 25%）和实心砌块（空心率小于25%或无孔洞）两类。

按规格尺寸可以分为大型砌块（高度大于 980mm）、中型砌块（高度为 380～980mm）和小型砌块（高度为 115～380mm）。

按骨料的品种可以分为普通砌块（骨料为普通沙、石）和轻骨料砌块（骨料为天然或人造轻骨料、工业废渣等）。

按用途可以分为结构砌块（有承重和非承重砌块）、装饰砌块和功能砌块（具有吸声、隔热等功能的砌块）。

按材质又可以分为硅酸盐砌块、石膏砌块、普通混凝土砌块、轻骨料混凝土砌块、加气混凝土砌块等。

2.2　胶凝材料及拌合物

土木工程中，凡是经过一系列物理、化学作用，能将散粒材料（如沙子、石子等）或块状材料（如砖、石块和砌块等）黏结成具有一定强度且整体的材料，称为胶凝材料。胶凝材料的分类见图 2-10。

- 胶凝材料
  - 无机胶凝材料
    - 气硬性胶凝材料：石灰、石膏、水玻璃等
    - 水硬性胶凝材料：各种水泥
  - 有机胶凝材料：沥青、树脂、橡胶等

图 2-10　胶凝材料的分类

气硬性胶凝材料在水中不能硬化，只能在空气中硬化，保持并发展其强度，不能用于潮湿环境和水中；而水硬性胶凝材料不但能在空气中硬化，而且能更好地在水中硬化，保持并继续发展其强度，它既适用于地上，也适用于潮湿环境和水中。下面主要介绍土木工程中常见的胶凝材料及拌合物。

2.2.1　水泥

早在 1824 年，英国工程师约瑟夫·阿斯帕丁（Joseph Aspdin）发明了“波特兰水泥”（即 Portland 水泥，我国称硅酸盐水泥），并取得了生产专利，从而标志着水泥的诞生。可

以说，水泥是一种有着悠久历史、至今仍广泛使用的极其重要的土木工程材料。

水泥是一种粉状矿物材料，它与水拌和后形成塑性浆体，能在空气中和水中凝结硬化，并能把砂、石等材料胶结成整体，形成坚硬石状体的水硬性胶凝材料。普通水泥的主要成分包括硅酸三钙（$3CaO \cdot SiO_2$）、硅酸二钙（$2CaO \cdot SiO_2$）和铝酸三钙（$3CaO \cdot Al_2O_3$）等。

土木工程中应用的水泥品种众多，在我国就有上百个品种。按水泥的主要水硬化物分为硅酸盐系水泥、铝酸盐系水泥、硫铝酸盐系水泥、铁铝酸盐系水泥、磷酸盐系水泥、氟铝酸盐系水泥等；按水泥的用途和性能分为通用水泥、专用水泥和特性水泥三大类。

（1）通用水泥

通用水泥指一般土木工程中通常采用的水泥。如硅酸盐水泥、普通硅酸盐水泥、矿渣硅酸盐水泥、火山灰质硅酸盐水泥、粉煤灰硅酸盐水泥等。

（2）专用水泥

专用水泥指有专门用途的水泥。如道路水泥、中低热硅酸盐水泥、砌筑水泥等。

（3）特性水泥

特性水泥指某种性能比较突出的水泥。如快硬硅酸盐水泥、抗硫酸盐硅酸盐水泥、膨胀水泥、自应力水泥和彩色水泥等。

2.2.2 砂浆

砂浆是由胶凝材料、细骨料、水，有时也加入适量掺合料和外加剂混合，按适当比例配制而成的土木工程材料，在工程中起黏结、衬垫和传递应力的作用。在结构工程中，砂浆可以把砖、砌块和石材等黏结为砌体；在装饰工程中，墙面、地面及混凝土梁、柱等需要用砂浆抹面，起到保护结构和装饰的作用。

砂浆常用的胶凝材料有水泥、石灰、石膏和有机胶凝材料。

按胶凝材料不同，砂浆可以分为水泥砂浆、水泥混合砂浆、石灰砂浆、石膏砂浆和聚合物砂浆等，其中水泥混合砂浆是在水泥砂浆中加入一定量的掺合料（如石灰膏、黏土膏、电石膏等），以此来改善砂浆的和易性，降低水泥用量。

按用途不同，砂浆又可以分为砌筑砂浆、抹面砂浆和特种砂浆等。

（1）砌筑砂浆

将砖、石、砌块等黏结成砌体的砂浆称为砌筑砂浆。它起着黏结砌块、传递荷载，并使应力的分布较为均匀，起协调变形的作用，是砌体的重要组成部分。

砌筑砂浆的技术性质主要包括新拌砂浆的和易性、硬化后砂浆的强度和黏结强度，以及抗冻性、收缩性等指标。

（2）抹面砂浆

凡粉刷于土木工程的建筑物或建筑构件表面的砂浆，统称为抹面砂浆。抹面砂浆具有保护基层材料、满足使用要求和装饰作用。抹面砂浆的强度要求不高，但要求保水性好，与基底的黏结力好，容易抹成均匀平整的薄层，长期使用不会开裂或脱落。

（3）特种砂浆

特种砂浆是指具有某些特殊功能的抹面砂浆，主要有绝热砂浆、吸声砂浆、耐酸砂浆和防辐射砂浆等。

2.2.3　沥青

沥青是一种褐色或黑褐色的有机胶凝材料，在房屋建筑、道路、桥梁等工程中有着广泛的应用，采用沥青作为胶凝材料的沥青拌合料是公路路面、机场跑道面的一种主要材料；由于沥青属于憎水材料，也广泛应用于水利工程以及其他防水、防潮和防渗工程中。

2.2.4　沥青拌合料

沥青拌合料分为沥青混凝土拌合料和沥青碎（砾）石拌合料两类。沥青拌合料是一种黏弹塑性材料，用沥青拌合料修筑的沥青类路面与其他类型的路面相比，具有良好的力学性能和良好的抗滑性，修筑路面不需设置接缝，行车舒适性好，施工方便，速度快，能及时开放交通，并且经济耐久，被广泛应用于路面工程。根据拌和对象及施工方法分为沥青混凝土路面、沥青碎石路面及沥青贯入式路面等。

当然，沥青拌合料也有一些缺点或不足，比如易老化、感温性大等。

2.3　钢材和钢筋混凝土

2.3.1　钢材

钢是由生铁冶炼而成。在理论上凡含碳量在 2.06%以下，含有害杂质较少的铁碳合金均可称为钢。

根据炼钢设备的不同，钢的冶炼方法主要有氧气转炉法和平炉法。氧气转炉法已成为现代炼钢的主要方法。

钢的品种繁多，分类方法很多，通常有按化学成分、质量、用途等进行的几种分类方法。钢的分类见表 2-1。

表 2-1　钢的分类

分类方法	类　别		特　性
按化学成分分类	碳素钢	低碳钢	含碳量<0.25%
		中碳钢	含碳量 0.25%～0.60%
		高碳钢	含碳量>0.60%
	合金钢	低合金钢	合金元素总含量<5%
		中合金钢	合金元素总含量 5%～10%
		高合金钢	合金元素总含量>10%
按脱氧程度分类	沸腾钢		脱氧不完全，硫、磷等杂质偏析较严重，代号为“F”
	镇静钢		脱氧完全，同时去硫，代号为“Z”
	半镇静钢		脱氧程度介于沸腾钢和镇静钢之间，代号为“b”
	特殊镇静钢		比镇静钢脱氧程度还要充分彻底，代号为“TZ”
按质量分类	普通钢		含硫量≤0.05%，含磷量≤0.045%
	优质钢		含硫量≤0.03，含磷量≤0.035%
	高级优质钢		含硫量≤0.02%，含磷量≤0.025%
	特级优质钢		含硫量≤0.015%，含磷量≤0.025%

续表

分类方法	类　别	特　性
按用途分类	结构钢	工程结构构件用钢、机械制造用钢
	工具钢	各种刀具、量具及模具用钢
	特殊钢	具有特殊物理、化学或机械性能的钢，如不锈钢、耐热钢、耐酸钢、耐磨钢、磁性钢等

土木工程常用钢材可划分为钢结构用钢和混凝土结构用钢两大类，二者所用的钢种基本上都是碳素结构钢和低合金高强度结构钢。

(1) 钢结构用钢材

钢结构用钢主要有型钢、钢板和钢管。型钢有热轧及冷弯成形两种；钢板有热轧（厚度为0.35～200mm）和冷轧（厚度为0.2～5mm）两种；钢管有热轧无缝钢管和焊接钢管两大类。钢结构的连接方法有焊接、螺栓连接和铆接（图2-11）。

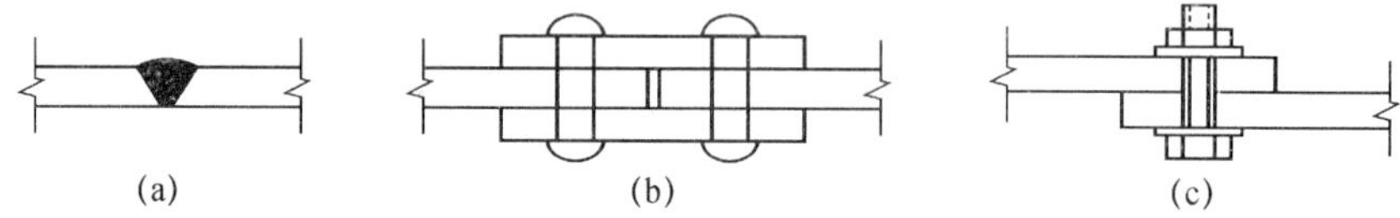

图2-11　钢结构连接方法

(a) 焊接；(b) 铆接；(c) 螺栓连接

1) 型钢

①热轧型钢

热轧型钢常用的有角钢（有等边的和不等边的）、“工”字钢、槽钢、“T”形钢、“H”形钢、“Z”形钢等（图2-12）。

图2-12　几种常用热轧型钢

(a) 角钢；(b)“工”字钢；(c) 槽钢；(d)“T”形钢；(e)“H”形钢；(f)“Z”形钢

②冷弯薄壁型钢

冷弯薄壁型钢通常用 2～6mm 薄钢板冷弯或模压而成，有角钢、槽钢等开口薄壁型钢及方形、矩形等空心薄壁型钢，主要用于轻型钢结构。

2）钢板

用光面压辊轧制而成的扁平钢材，以平板状态供货的称钢板（图 2-13）；以卷状供货的称钢带。钢板有热轧钢板和冷轧钢板两种，热轧钢板按厚度分为厚板（厚度＞4mm）和薄板（厚度为 0.35～4mm）两种，冷轧钢板只有薄板（厚度为 0.2～4mm）一种。

一般厚板用于焊接结构，薄板主要用于屋面板、墙板和楼板等。在钢结构中，单块板不能独立工作，必须用几块板通过连接组合成“工”字形、箱形截面等构件来承受荷载。图 2-14所示为用钢板焊接组成的“工”字形截面和箱形截面。

图 2-13　钢板

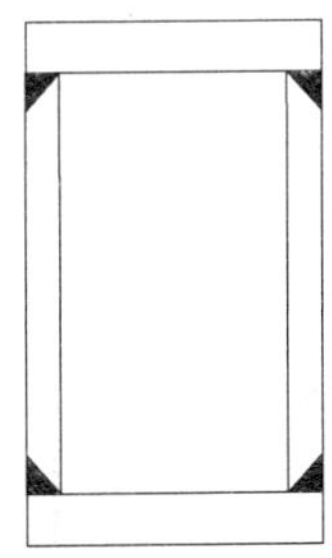

图 2-14　焊接组成截面

3）钢管

按生产工艺分，钢结构所用钢管（图 2-15）分为热轧无缝钢管和焊接钢管两大类。在土木工程中，钢管多用于制作桁架、塔桅、钢管混凝土等，广泛应用于高层建筑、厂房柱、塔柱、压力管道等工程中。

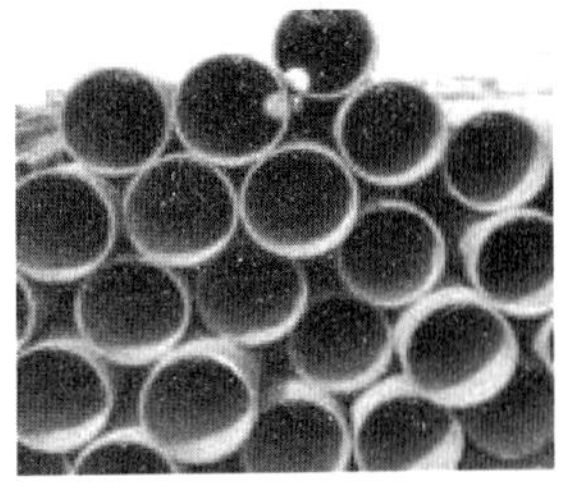

图 2-15　钢管

（2）混凝土结构用钢材

混凝土结构主要包括钢筋混凝土结构和预应力混凝土结构，其所用钢材主要有普通钢筋、钢丝和钢绞线，其中钢丝和钢绞线主要用于预应力混凝土结构中。

1）普通钢筋

普通钢筋为加强混凝土的钢条，系指用于钢筋混凝土结构中的钢筋和预应力混凝土结构中的非预应力钢筋。普通钢筋是土木工程中使用最多的钢材品种之一，其材质包括普通碳素钢和普通低合金钢两大类。普通钢筋按生产工艺性能和用途的不同可分为以下几类：

①热轧钢筋。用加热钢坯轧成的条形成品，称为热轧钢筋。

按轧制外形，分为热轧光圆钢筋（Hot-rolled Plain-Bars，简写 HPB）和热轧带肋钢筋（Hot rolled Ribbed Bars，简写 HRB）（图 2-16），其中肋的形式有等高肋和月牙肋两种（图 2-17）。

(a)

(b)

图 2-16 热轧钢筋

（a）热轧带肋钢筋；（b）热轧光圆钢筋

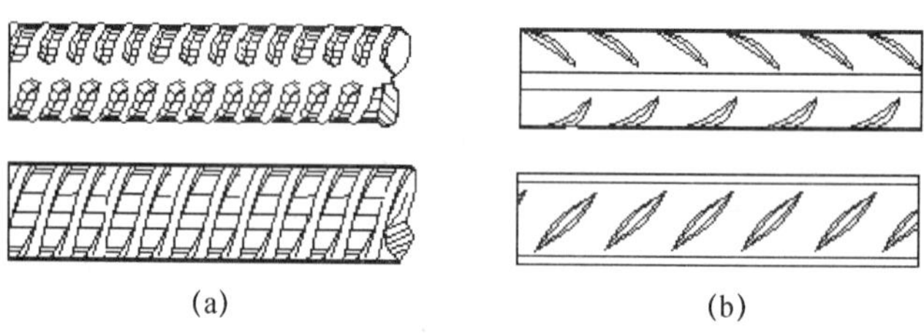

(a) (b)

图 2-17 带肋钢筋

（a）等高肋；（b）月牙肋

按热轧工艺，热轧带肋钢筋又可分为普通热轧钢筋和细晶粒热轧钢筋。我国《钢筋混凝土用钢-第 2 部分：热轧带肋钢筋》（GB/T 1499.2—2008）规定，普通热轧钢筋是指按热轧状态交货的钢筋；细晶粒热轧钢筋是指在热轧过程中，通过控轧和控冷工艺形成的细晶粒钢筋；并按热轧钢筋的屈服强度特征值分为三个等级（表 2-2）。在我国最新颁布的《混凝土结构设计规范》（GB 50010—2010）中已明确指出，纵向受力普通钢筋宜采用 HRB（F）400、HRB（F）500 钢筋，也可采用 HRB（F）335 钢筋；箍筋宜采用 HRB（F）400、HRB（F）500 钢筋，也可采用 HRB335、HRB（F）335 钢筋。

表 2-2 热轧带肋钢筋的分类及强度等级

类别	牌号	牌号构成	英文字母含义
普通热轧钢筋	HRB335	由 HRB+屈服强度特征值构成	HRB，热轧带肋钢筋的英文（Hot rolled Ribbed Bars）缩写
	HRB400		
	HRB500		
细晶粒热轧钢筋	HRB（F）335	由 HRB（F）+屈服强度特征值构成	HRB（F），在热轧带肋钢筋的英文缩写后加“细”的英文（Fine）首位字母
	HRB（F）400		
	HRB（F）500		

② 冷拉钢筋

为了提高强度以节约钢筋，工程中常按施工规程对钢筋进行冷拉。冷拉后钢筋的强度提高，但塑性、韧性变差，因此，冷拉钢筋不宜用于受冲击或重复荷载作用的结构。

③ 冷轧带肋钢筋

冷轧带肋钢筋是采用普通低碳钢或低合金钢热轧的圆盘条，经冷轧在其表面冷轧成两面或三面有肋的钢筋，也可经低温回火处理。

④ 热处理钢筋

热处理钢筋是用热轧螺纹钢筋经淬火和回火的调质处理而成的，公称直径主要有 6mm、8mm、10mm、12mm、14mm 等五个规格；热处理钢筋具有强度高、韧性高和黏结力高及塑性降低少等优点，目前主要用于预应力混凝土构件的配筋。

2）钢丝和钢绞线

预应力混凝土用钢丝，是采用优质碳素钢或其他性能相应的钢种，经冷加工及时效处理或热处理而制得的高强度钢丝［图 2-18（a）］。根据《预应力混凝土用钢丝》（GB/T 5223—2014），钢丝分为冷拉钢丝和消除应力钢丝（包括光圆钢丝、刻痕钢丝和螺旋肋钢丝）两类。它比普通热轧钢筋强度高得多，可节省钢材、减少截面、节省混凝土；主要用于桥梁、吊车梁、大跨度屋架、管桩等预应力钢筋混凝土构件中。

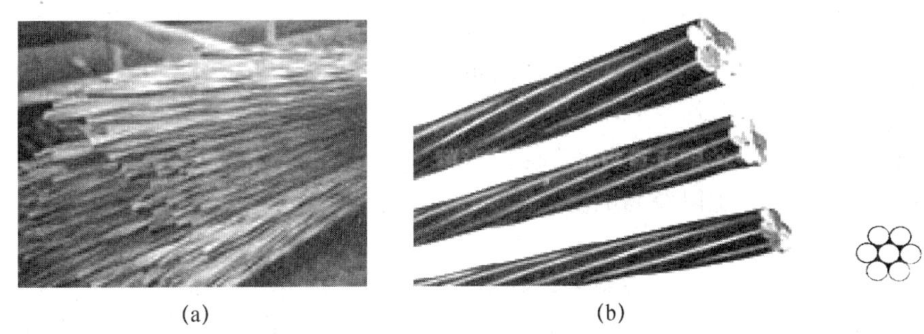

(a)　(b)

图 2-18　钢丝和钢绞线

（a）钢丝；（b）钢绞线（7 股）

预应力混凝土用钢绞线，由冷拔钢丝制造而成，其方法是在绞线机上以一种稍粗的直钢丝为中心，其余钢丝围绕其进行螺旋状绞合［图 2-18（b）］，再经低温回火处理即可。钢绞线的规格有 2 股、3 股、7 股、19 股等，其中 7 股钢绞线［图 2-18（b）］由于面积较大、柔软，施工操作方便，已成为国内外应用最广泛的一种预应力钢筋。我国生产的钢绞线分为普通松弛和低松弛两种，根据《预应力混凝土用钢绞线》（GB/T5224—2014）规定，我国的低松弛钢绞线的屈服强度与极限强度之比（屈强比）约为 0.85。钢绞线具有强度高、柔性好、质量稳定、成盘供应无须接头等优点，适用于大型结构、薄腹梁、大跨度桥梁等负荷大、跨度大的预应力混凝土结构。

2.3.2　混凝土

混凝土是指由胶凝材料、骨料（或称集料）、水按一定比例配制（也常掺入适量的外加剂和掺合料），经搅拌振捣，在一定条件下养护而成的人造石材。混凝土常简写为“砼”，它是现代土木工程中用途最广、用量最大的建筑材料之一。

混凝土具有原料丰富、价格低廉、生产工艺简单的特点，因而其使用量越来越大；同时混凝土还具有抗压强度高、耐久性好、强度等级范围宽等特点，其使用范围十分广泛，不仅在各种土木工程中使用，而且在造船业、机械工业、海洋开发、地热工程中，混凝土也是重要的材料。目前，混凝土技术正朝着高强、轻质、高耐久性、多功能和智能化方向发展。

（1）混凝土的分类

混凝土经过 170 多年的发展，品种众多，常有以下几种分类方法：

1）按胶凝材料分，有无机胶凝材料混凝土（如水泥混凝土、石膏混凝土、硅酸盐混凝土、水玻璃混凝土等）和有机胶凝材料混凝土（如沥青混凝土、聚合物混凝土、树脂混凝土等）。

2）按表观密度分，有重混凝土（表观密度>2800kg/m^3）、普通混凝土（表观密度在2000～2800kg/m^{3}之间，一般在2400kg/m^{3}左右）和轻混凝土（表观密度<2000kg/m^3）。

3）按使用功能分，有结构混凝土、保温混凝土、装饰混凝土、防水混凝土、耐火混凝土、水工混凝土、海工混凝土、道路混凝土、防辐射混凝土等。

4）按生产和施工工艺分，有离心混凝土、真空混凝土、灌浆混凝土、喷射混凝土、碾压混凝土、挤压混凝土、泵送混凝土等。

5）按配筋方式分，有素（即无筋）混凝土、钢筋混凝土、钢丝网混凝土、预应力混凝土等。

6）按掺合料分，有粉煤灰混凝土、硅灰混凝土、矿渣混凝土和纤维混凝土等。

7）按混凝土抗压强度等级分，有低强度混凝土（抗压强度 f_{cu}<30MPa）、中强度混凝土（f_{cu}为 30～60MPa）、高强度混凝土（f_{cu}≥60MPa）、超高强混凝土（f_{cu}≥100MPa）。

此外，随着混凝土的发展和工程的需要，还出现了膨胀混凝土、加气混凝土等各种特殊功能的混凝土，商品混凝土以及新的施工工艺给混凝土施工带来了方便。

（2）普通混凝土

普通混凝土是指以水泥为胶凝材料，以砂、石为骨料，以水为稀释剂，并掺入适量的外加剂和掺合料拌制的混凝土，也称水泥混凝土。砂子和石子在混凝土中起骨架作用，故称为骨料（或称集料），砂子称为细骨料，石子（碎石或卵石）称为粗骨料；水泥和水形成水泥浆，包裹在砂粒表面并填充砂粒间的空隙而形成水泥砂浆，水泥砂浆又包裹在石子表面并填充石子间的空隙而形成混凝土（图 2-19）。适量的外加剂（如减水剂、引气剂、缓凝剂、早强剂等）和掺合料（如粉煤灰、硅灰、矿渣等）是为了改善混凝土的某些性能以及降低成本而掺入的。

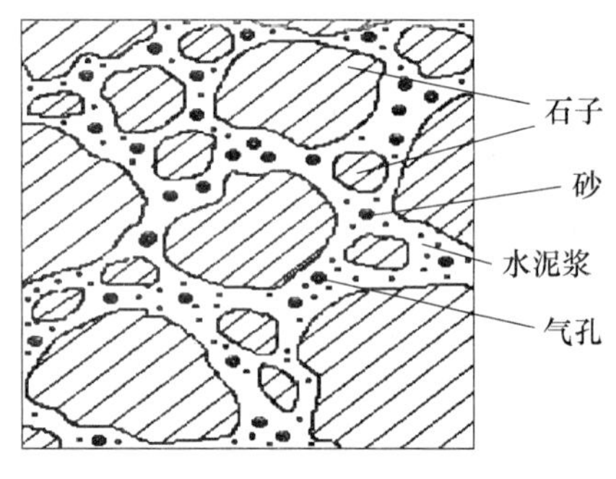

图 2-19　普通混凝土的结构

砂浆与普通混凝土的区别在于不含粗骨料，可认为砂浆是混凝土的一种特例，也可称为细骨料混凝土。

（3）混凝土的主要技术性能

混凝土的性能包括两个部分：一是混凝土硬化之前的性能，即混凝土拌合物的和易性；二是混凝土硬化以后的性能，包括混凝土强度、变形性能和耐久性等。

混凝土拌合物的和易性又称工作性，是指混凝土拌合物在一定的施工条件下，便于各种施工工序的操作（拌和、运输、浇筑和振捣），不发生分层、离析、泌水等现象，以保证获得均匀、密实的混凝土的性能。和易性是一项综合技术指标，包括流动性（稠度）、黏聚性和保水性三个主要方面。

强度是混凝土硬化之后的主要力学性能，反映混凝土抵抗荷载的量化能力。混凝土强度包括抗压、抗拉、抗剪、抗弯、抗折及握裹强度，其中以抗压强度最大，抗拉强度最小（大约只有抗压强度的 1/10）。土木工程中主要利用混凝土来承受压力作用，故在混凝土结构设计中混凝土抗压强度是主要参数。

混凝土在硬化和使用过程中，由于受到外力和环境因素的作用，会发生各种变形。混凝土的变形包括非荷载作用下的变形和荷载作用下的变形。非荷载作用下的变形由物理、化学等因素引起，包括化学收缩、干湿变形、碳化收缩及温度变形等；荷载作用下的变形由荷载作用引起，包括短期荷载作用下的变形和长期荷载作用下的变形。混凝土的变形直接影响混凝土的强度和耐久性。

混凝土耐久性是指混凝土在实际使用条件下抵抗各种环境介质作用，并长期保持强度和外观完整性的能力。混凝土耐久性主要包括抗冻性、抗渗性、抗侵蚀性及抗碳化能力等。

2.3.3　钢筋混凝土与预应力钢筋混凝土

（1）钢筋混凝土

不配筋的混凝土（称为素混凝土），其主要缺陷是抗拉强度很低（一般只有抗压强度的1/20～1/10），也就是说混凝土受拉、受弯时易产生裂缝，并发生脆性破坏。为了克服混凝土抗拉强度低的弱点，充分利用其较高的抗压强度，一般在受拉一侧加设抗拉强度很高的（受力）钢筋，即形成钢筋混凝土（Reinforced Concrete，简写 RC），图 2-20 为某简支梁破坏示意图。

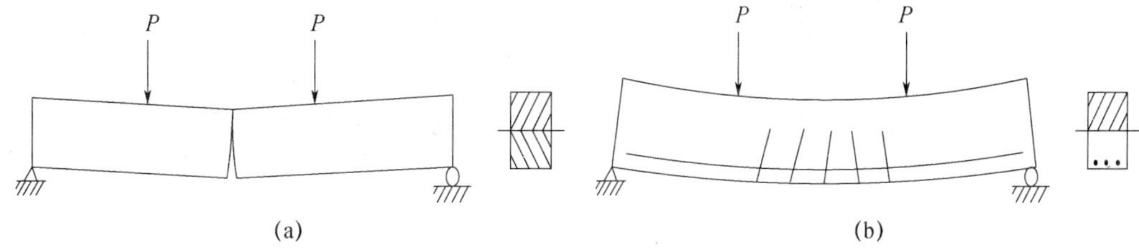

图 2-20　简支梁受力破坏图示

（a）素混凝土；（b）钢筋混凝土

在混凝土中合理地配置钢筋，可以充分发挥混凝土抗压强度高和钢筋抗拉强度高的特点，共同承受荷载并满足工程结构受力的需要。如对混凝土梁（受弯构件）来说，除了在受拉一侧配置纵向受力钢筋外，一般还要加设箍筋及弯起钢筋以防止它沿斜裂缝发生破坏；同时，在梁的上部另加直径较小的钢筋作为架立钢筋，它与受力钢筋、箍筋和弯起钢筋一起结成钢筋架（图 2-21）。目前，钢筋混凝土是使用最多的一种结构材料。

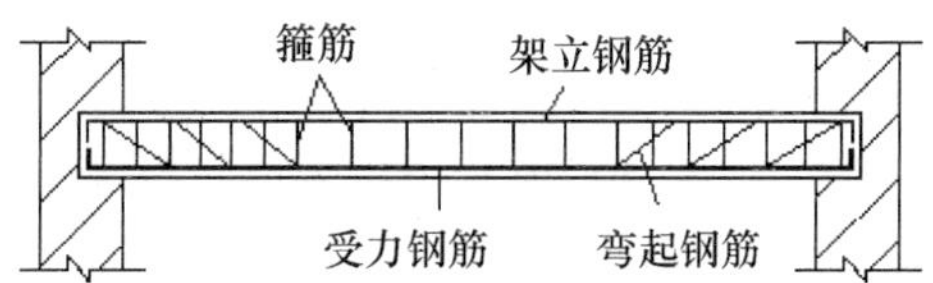

图 2-21　混凝土梁内钢筋

（2）预应力钢筋混凝土

钢筋混凝土虽然可以充分发挥混凝土抗压强度高和钢筋抗拉强度高的特性，但其在使用阶段往往是带裂缝工作的，这对某些结构（如储液池）等是不容许的。为了控制混凝土构件受荷后的应力状态，在构件受荷之前（制作阶段），人为给拉区混凝土施加预压应力，使其减小或抵消荷载（使用阶段）引起的拉应力，将构件受到的拉应力控制在较小范围，甚至处于受压状态，即可控制构件在使用阶段不产生裂缝，这样的混凝土称为预应力混凝土。简单地说，将配置受力的预应力钢筋通过张拉或其他方法建立预加应力的混凝土，称为预应力混凝土（PC，Prestressed Concrete）。

按照施加预应力的方法（施工工艺），预应力混凝土可分为先张法预应力混凝土（简称“先张法”）和后张法预应力混凝土（简称“后张法”）两大类。先张法是先将预应力筋张拉到设计的控制应力，用夹具将其临时固定在台座或钢模上，绑扎钢筋，支设模板，然后浇筑混凝土；待混凝土达到规定的强度后，切断预应力筋，借助于它们之间的黏结力，在预应力筋弹性回缩时，使混凝土获得预压应力，其工序如图 2-22（a）所示。后张法是先浇筑混凝土构件，并在预应力筋的位置预留出相应孔道，待混凝土强度达到设计规定的数值后（一般不超过混凝土设计强度标准值的 75%），穿入预应力筋进行张拉，并利用锚具把预应力筋锚固，最后进行孔道灌浆，使混凝土产生预压应力，其工序如图 2-22（b）所示。

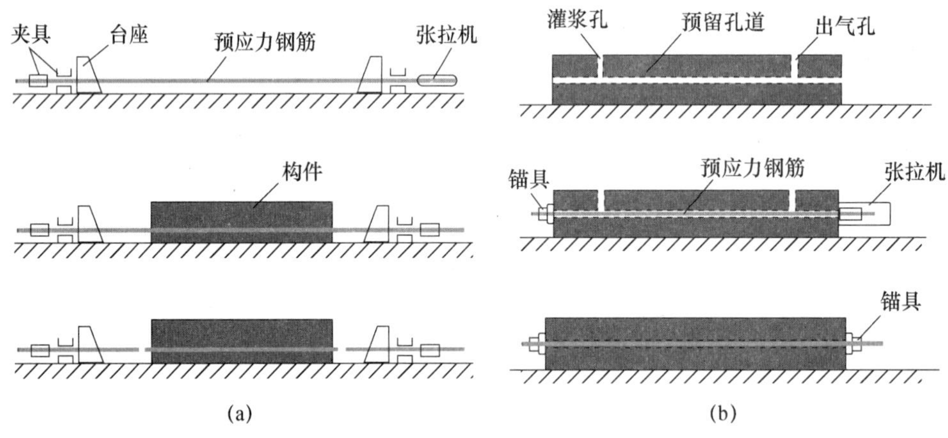

图 2-22　先张法和后张法施工工序

（a）先张法；（b）后张法

2.4　木　　材

木材是人类使用最早的工程材料之一。我国使用木材的历史不仅悠久，而且在技术上还有独到之处，如保存至今已达千年之久的山西佛光寺正殿、山西应县木塔等都集中反映了我国古代土木工程中应用木材的水平。

木材具有很多优点，如轻质高强，导电和导热性能低，有较高的弹性和韧性，能承受冲击和振动作用，易于加工（如锯、刨、钻等），木纹美丽，在干燥环境中有很好的耐久性等。因而木材历来与水泥、钢材并列为土木工程中的三大材料。但木材也有缺点，如构造不均匀，各向异性；易吸湿、吸水，因而产生较大的湿胀、干缩变形；易燃、易腐蚀，且树木生长周期长、成材不易等。

2.4.1　木材的分类

木材是由树木加工而成的，树木的种类很多，一般按树种分为针叶树和阔叶树两大类。

针叶树树叶细长呈针状，树干直而高，易得大材，纹理平顺，材质均匀，木质较软而易于加工，故又称软木材。建筑上多用于承重结构构件和门窗、地面材料及装饰材料。常用树种有松树、杉树、柏树等。

阔叶树树叶宽大呈片状，多为落叶树。树干通直部分较短，材质较硬，较难加工，故又名硬木材。建筑上常用作尺寸较小的构件。常用树种有榆树、水曲柳、桦树等。

2.4.2　木材的主要性质

木材的构造决定其性能，其宏观构造如图 2-23 所示。

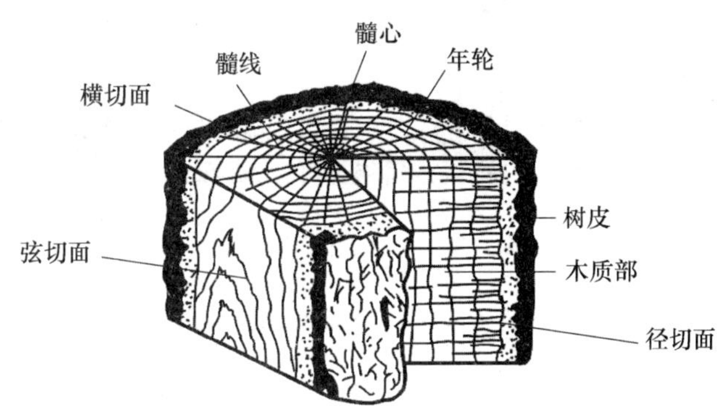

图 2-23　木材的三个切面

木材的性质包括物理性质和力学性质。物理性质主要有密度、含水率、热胀干缩等；力学性质主要有抗拉、抗压、抗弯和抗剪四种强度。

木材有很好的力学性质。但木材是有机各向异性材料，顺纹方向与横纹方向的力学性质有很大差别（表 2-3）。木材的顺纹抗拉和抗压强度均较高，但横纹抗拉和抗压强度较低。木材强度还因树种而异，并受木材缺陷、荷载作用时间、含水率及温度等因素的影响，其中以木材缺陷及荷载作用时间两者的影响最大。因木节尺寸和位置不同、受力性质（拉或压）不同，有节木材的强度比无节木材可降低 30%～60%。在荷载长期作用下木材的长期强度几乎只有瞬时强度的一半。

表 2-3　木材各强度之间的关系

抗压强度		抗拉强度		抗弯强度	抗剪强度	
顺纹	横纹	顺纹	横纹		顺纹	横纹
1	1/10～1/3	2～3	1/20～1/3	3/2～2	1/7～1/3	1/2～1

注：以木材的顺纹抗压强度为 1。

2.4.3　木材的加工、处理和应用

在工程中，除直接使用原木外，木材一般都加工成锯材（板材、枋材等）或各种人造板材使用。原木可直接用作屋架、檩条、椽、木桩等。

为减小使用中发生变形和开裂，锯材要干燥处理。干燥能减轻自重，防止腐朽、开裂及弯曲，从而提高木材的强度和耐久性。锯材的干燥方法可分为自然干燥和人工干燥两种。自然干燥方法的优点是简单，不需要特殊设备，但干燥时间长，而且只能干燥到风干状态。人工干燥利用人工方法排除锯材中水分，主要用干燥窑法，亦可用简易的烘、烤方法。干燥窑是一种装有循环空气设备的干燥室，能调节和控制空气的温度和湿度。经干燥窑干燥的木材质量好，含水率可降低到 10%以下。使用中易于腐朽的木材应事先进行防腐处理。

木材经加工成型和制作构件时，会留下大量的碎块废屑，将这些废料或含有一定纤维量的

其他作物作为原料，采用一般物理和化学方法加工而成的即为人造板材。这类板材与天然木材相比，板面宽，表面平整光洁，没有节子，不翘曲、不开裂，经加工处理后还具有防水、防火、防腐、防酸性能。常用人造板材有胶合板、纤维板、刨花板、木屑板等(图 2-24)。

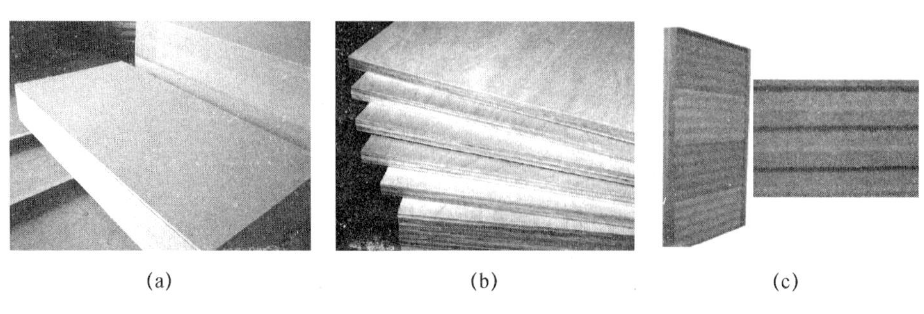

(a) (b) (c)

图 2-24 人造板材

(a) 胶合板；(b) 刨花板；(c) 木屑板

2.5 竹 材

竹子是重要的生态、产业和文化资源。竹材轻质高强，力学性能优良，作为结构材料已有上千年的历史。全球已鉴定出 70 余属，1200 余种竹类植物，共有 1500 余种用途，涵盖了从食物到房屋等人类生存的必需用途；其中全球有 10 亿人居住在竹屋里。我国是世界竹资源第一大国，竹子栽培和竹材利用具有悠久的历史，素有“竹子王国”之誉。竹子已成为我国的符号和象征。英国学者李约瑟曾说：东亚文明就是“竹子文明”。竹是最早出现的作为文字组成部分的偏旁之一，建筑的“筑”字是竹字头。竹材一直以来在土木工程领域有着举足轻重的地位。

2.5.1 竹材的特点

(1) 竹材的优点

1) 物理特性方面：竹材内部组成结构独特，被称为“植物界中的钢铁”，具有韧性好，可塑性强，强度高，抗拉性、抗压性及抗弯性好等诸多优势，其抗拉强度为木材的 2.0～2.5 倍，抗压强度为木材的 1.2～2.0 倍。一般来说，生长在斜坡上的竹子比生长在山谷中的竹子结实，在贫瘠干旱的土地上生长的竹子比在肥沃土壤中生长的竹子结实。竹材密度小，其比强度高（材料强度除以其表观密度）于普通木材、结构用钢材、铝合金、混凝土等。竹材的干缩率低于木材，这使其在外部环境的干湿状况发生改变时所受影响相对要小，更能保证结构的稳定性。

2) 景观特性方面：竹子质地轻巧、色泽清新；竹材具有柔和的肌理、芳香的气味、温和的触感等。从科学的角度出发可以这样来理解竹材天然的亲和力：竹材光泽质朴、自然清爽的肌理能迅速使人安静下来，营造出宁静、自然之气息；同时能够吸收紫外线，减少对人体的伤害，也能反射红外线，让人在接近时产生温馨的感觉。竹材能给人以柔和、温暖的感觉；而在夏天，竹材特有的结构，又给人以清凉舒爽的触感；竹节在竹竿上自然分布，虽大致间距相同，但形态各异，形成了大体统一却富有变化的韵律感；竹材的横剖、纵剖形态也十分富有观赏性，并形成不同的肌理表现力，多样的形态使竹材在工程中的应用方式与表现力更丰富。

3）生态特性方面：竹子生长周期短，一般 3～5 年，而木材需 10 年以上；竹材在“固碳”、水土保持和水流域保护等方面具有良好的效益；竹材吸收二氧化碳的能力是普通树木的 4 倍，同时释放的氧气是普通树木的 3 倍；竹材可循环利用，对大自然负荷小，其废弃物作为一种有机物也可迅速降解，不会对环境造成污染。竹材为可再生资源，其生产与建造能耗低，污染小，是真正低碳环保的材料之一。数据表明，建造相同面积的建筑，竹材与钢材、木材、混凝土的能耗之比分别为 1∶50、1∶3、1∶8。用竹材料建成的建筑满足低能耗、低污染、低排放，称之为绿色建筑实至名归。

4）文化特性方面：没有哪一种植物能够像竹子一样对人类的文明产生如此深远的影响。中国劳动人民在长期生产实践和文化活动中，把竹子的形态特征总结成了一种做人的精神风貌，如虚心、气节等，其内涵已形成中华民族的品格、禀赋和精神象征。竹子无牡丹之富丽，无松柏之伟岸，无桃李之娇艳，但它虚心文雅的特征，高风亮节的品格为人们所称颂。竹竿挺拔、修长，四季青翠，傲雪凌霜，备受中国人民喜爱，有“梅兰竹菊”四君子之一、“松竹梅”岁寒三友之一等美称。它不畏逆境，不惧艰辛，中通外直，宁折不屈，它坦诚无私，朴实无华，不苛求环境，不炫耀自己，默默无闻地把绿荫奉献给大地，把财富奉献给人民。竹子已经成为中国文化中最有代表性的文化符号，成为一种民族的精神依托与象征。探索竹材的更好应用，便是将这一传统得以延续，以新的形式将竹文化的核心价值进行继承与发扬。

（2）竹材的缺点

1）力学性能差异大：影响竹材力学性能的因素很多，如竹种、尺寸、生长时间、含水率、强度等；竹材为各向异性材料，横向强度低，竹筒对切线方向应力（如压力、膨胀力）的耐受性较差；虽然竹子管壁外围由纤维包裹，受力强度较大，竹子从底部到顶部，其强度、直径及竹节间距有差异。

2）竹材易开裂：竹壁中的维管束沿顺纹方向生长，缺少横向约束，导致原生竹材的顺纹剪切强度和横纹抗拉强度较低，竹材易发生劈裂。竹壁外侧维管束较小且分布密集，内侧的维管束较大但分布稀疏，导致外侧密度大于内侧密度，外部较内部更容易开裂。竹子内外干缩率不同，干缩不均匀会产生干缩梯度，带来干缩应力，也会导致竹子发生开裂。竹子直径和壁厚较大时，开裂程度较大；竹子长度越短，裂纹越密集。竹子的开裂还与其渗透性关系密切，由于竹子缺少横向组织导致其渗透性较差，当对竹子进行化学处理、干燥、热处理时会对其处理效果产生影响。

3）防火问题：木材的燃点在 250～300℃，而竹子的燃点约为 356℃。竹子的燃点虽然高于木材，但由于竹茎是空心的、木质部较薄、含水率也低，一旦着火，水分蒸发很快。在高温作用下竹子会分解产生如竹炭、木煤气等易燃的物质。发生火灾时，这些易燃物质会加剧火势，会在很短的时间扩展到整个建筑物并导致整个建筑物烧坏，甚至会蔓延到周围的建筑物。

4）防腐防虫问题：竹材成分中，除了纤维素、半纤维素及木质素之外，还有糖类、淀粉类、蛋白质、蜡质及脂肪等营养物质；当竹材裸露在空气中的时候，这些营养物质导致其易受到外界细菌、真菌及一些害虫如白蚁、竹螟等的侵害，在潮湿的环境中容易因吸收水分而腐烂，这些缺陷都影响了竹材自身的强度与耐久性。

5）耐候性差：除了菌类和虫蛀，阳光和湿度变化是影响竹子寿命的主要因素。在直射阳光和湿度的剧烈综合作用下，竹子会出现裂纹，而裂纹又使蛀虫得以侵扰，竹竿强度会大打折扣。

6）连接问题：竹材由于自身的特性导致竹筒杆件之间的组合较为困难。绑扎是传统竹建筑常用的连接方式，但由于竹材本身的圆形截面及绑扎本身的柔性连接，使得节点易松动，不利于建筑的整体稳定性；而且绑扎件的耐久性会影响建筑的使用寿命。螺栓或者榫卯连接方式可以提高结构的整体稳定性，但由于竹材中空，集中荷载能力较弱，竹材端部易开裂。另外，竹材从根部到梢部及竹筒之间构件尺寸不一，使得竹材的节点连接问题较难处理，连接节点强度也较难控制。

2.5.2　竹材在土木工程中的应用

竹材作为结构材有数千年历史，早在新石器时代就出现用竹子建造的房屋。竹材易加工，取材方便，建造成本相对低廉，应用十分广泛，很多房屋便采用纯天然或者稍作处理的竹材来建造。竹材通常被用来建造房屋的柱、墙、窗框、椽、房间隔断、天花板和房顶等，还可以用作施工中的脚手架。

我国是最早使用竹子作为建筑材料的国家。1929 年发现的中国四川广汉三星堆二期文化遗址的房址中，出土了木棍和有竹片痕迹的火烧土块，推测是竹编木骨泥墙的建筑遗址。考古工作者在成都金沙遗址（商代晚期至西周前期）也发现了大量的房屋建筑遗址，均为挖基槽的木（竹）骨泥墙式建筑。“汉时有竹宫，以竹为之”指的是汉代时期能工巧匠们利用竹子建造的甘泉祠宫。晋代有以竹“为柱为栋”的记载。建于五代末期的苏州虎丘塔，至今仍保留有千年不朽的竹钉，宋代的“黄冈竹楼”是历史上有名的建筑。我国南方住房，不少用竹材建造。云南吊脚楼、傣家竹楼、景颇族竹楼都是我国南方地区传统竹建筑的代表。台湾地区至今还保留了数量不多的竹厝［图 2-25（a），利用竹子和泥土所搭建的房屋］。水利上应用竹材至少有两千多年的历史。公元前 250 年左右修建的四川都江堰，就是用竹笼装卵石（称“石笼”）组成的。“石笼”至今仍广泛用于防止河岸冲刷、巩固堤坝、修建水库等工程。目前，北方农业打井抗旱也大量使用毛竹。

国外的传统建筑中，印度、不丹和尼泊尔有一种名为 Ekra 的竹房十分盛行，是一种传统的竹编墙技术［图 2-25（b）］。公元前 300 年，南美洲开始普遍使用一种名叫 Quincha 的墙体技术［图 2-25（c）］，该技术用竹或木形成基本框架，由甘蔗或竹片制成的薄板形成墙体；墙体外侧涂抹黏土和稻草的混合物。在远古时代，印第安土著人的村落中盛行另一种名为 Bahareque 的传统房屋建造技术［图 2-25（d）］，现多在哥伦比亚、委内瑞拉等国流行。墙体构造分为实心和空心两种：实心技术用木条或者竹竿作框架，并用泥土填充；空心技术采用类似框架的技术，将压平的竹板固定在框架两侧并涂上黏土。现代的 Bahareque 房屋外挂材料可以采用黏土、木板、金属和水泥等。非洲的大多数传统竹建筑的建造工艺和造型同世界其他地区类似；埃塞俄比亚还有一种名叫 Sidama 竹屋的传统民居［图 2-25（e）（f）］，由纵横交错的竹片编织而成的大棚，外形酷似大蒜头。

现代竹结构根据不同需求，主要分为四类：一是民居类竹结构，这类房屋以成本和技术要求较低为特点，在南美洲、东南亚的乡间和很多太平洋小岛较为常见，如孟加拉国 90% 的农村房屋都是用竹子建造的。二是游憩类竹结构，常见于园林中和庭院，尤其是公园、度假村、风景区等，例如竹廊、竹亭、竹桥、竹楼以及一些特殊造型或者文化意义的构筑物等。以哥伦比亚首都波哥大的珍妮·加尔松人行桥为代表作，其主体桥身由瓜多竹建造，跨长

45.6m。三是文教类竹结构，常见于展览馆、学校建筑。米兰世博会的中国馆是利用竹制材料的典型案例。汉诺威世博会，哥伦比亚建筑师西蒙·韦雷（Simon Velez）设计的 ZERI 厅也是代表作。上海世博会（2010 年）有 9 个场馆融入了竹的元素，其中印度馆的竹穹顶直径为 35m，德中同行馆同时应用了巨龙竹和竹胶合材。四是服务类竹结构，包括旅客接待中心、公厕、别墅和餐饮类建筑等，使用竹材更易让这类建筑和周围自然环境融为一体。

(a)　(b)　(c)　(d)　(e)　(f)

图 2-25　各地竹建筑

（a）台湾竹厝（图片提供：INBAR；摄影人：Maximilian Gaspar Bock Giro）；（b）Ekra 竹房（图片来源：https：//image. baidu. com/）；（c）Quincha 竹屋：正在涂抹外墙（图片提供：INBAR）；（d）Bahareque 竹屋实心墙体填土（图片提供：INBAR）；（e）埃塞俄比亚的传统 Sidama 竹屋（图片提供：INBAR）；（f）改进后的埃塞俄比亚 Sidama 竹屋（图片提供：INBAR）

2.5.3 工程竹材在土木工程中的应用

由于原竹材料壁薄中空、直径较小、尖削度大、结构不均匀，其几何尺寸、力学性能有很大的变异性，故原竹结构的使用有较大的局限性，难以满足现代建筑结构对材料的物理力学性能及构件尺寸的要求。工程竹材为解决上述问题提供了有效的途径。

(1) 工程竹材的发展

我国是世界上最早开展竹材工业化利用和研究的国家，也是目前竹材加工产业技术最先进、规模最大、产品最丰富、质量最好的国家，相关研究均处于国际领先水平。工程竹材在我国大致经历了以下几个阶段：

1) 第一阶段：1980 年以前，技术萌发与产品初创期。早在 20 世纪 50 年代，南京林学院（南京林业大学）和中国林科院森工所等单位相关专家在就开发出了竹编胶合材。同一时期，也有专家从三夹板的思路得到启示，将竹片胶合得到了三夹竹板，还对其力学性能进行了相关研究。这一时期的胶合竹材被用来制造飞机机翼，还做成管状制品替代纯铁或无缝钢管应用到高速离心纱罐领域。前述科研机构及一些企业专家还将竹材研磨捣碎制造电木、电料器材、塑料等产品。整体上讲，这一时期的产品相对单一，工业化规模较小，应用范围也较窄。

2) 第二阶段：1980～1992 年，技术开发与产品初创期。1980 年起，以南京林业大学为代表的林业高校及中国林科院，浙江、湖南、江西、安徽等地一些研究机构及一些竹材加工企业围绕竹材工业化制造工艺、设备等方面进行了深入的研究，取得了系列成果，先后研发出了竹篾积成材、竹编胶合材、竹帘胶合材、竹重组材、竹集成材等产品。南京林业大学张齐生院士 20 世纪 80 年代初期开始组织团队进行竹材工业化利用研究。经过联合科研攻关，先后于 1982 年 7 月及 1984 年 5 月通过了小试和中试，又在此基础上研制了完整的制造工艺和竹材加工专用设备，并在江西宜丰、奉新和安徽黟县建设了 3 个年产 1000～2000m^3 的竹胶板厂。20 世纪 80 年代中后期，张齐生又率先提出了以“竹材软化展平”为核心的竹材工业化加工利用方式，发明了新的竹材胶合板生产技术；随后又开发出了以竹篾、竹席、竹帘为构成单元的竹篾积成材、竹编胶合板和竹帘胶合板等。

3) 第三阶段：1993～2004 年，大面积推广及加工技术成熟期。20 世纪 90 年代初期竹材工业发展迅速，竹家具板、竹地板、竹集成材等各种工程结构用竹材人造板的生产规模快速壮大。竹重组材冷压技术被广泛采用，热压制造工艺也被开发出来。20 世纪 90 年代中后期，竹重组材企业在各地不断涌现。杭州大庄、江西飞宇、江西贵竹、江西远南、浙江永裕、贵州新锦、湖南桃花江、华夏竹木、安吉竹宏等一批行业内知名企业均成立于这个阶段。张齐生又适时提出了“竹木复合”的发展理念，建立了竹木复合结构理论体系，开发了竹木复合集装箱底板等 5 种系列产品，竹材加工技术逐步走向成熟。

4) 第四阶段：2005 年至今，蓬勃发展期。这一时期，竹材加工利用的技术更加成熟，机械化、自动化和信息化技术进一步提高，出现了重组竹高频胶合、竹材加工数控机床等技术或设备；产品的种类也更加丰富。各类竹材加工企业如雨后春笋般在竹资源丰富地区涌现。汶川地震发生后，工程竹材示范建筑也开始走进人们的视野。2008 年，南京林业大学张齐生和东南大学吕志涛牵头在南京林业大学校园建造了一栋 2 层的竹楼 [见图 2-26 (a)]，主要用材为竹重组材；江西飞宇也在同一时期建造了竹重组材别墅示范建筑。2009 年，肖岩在湖南大学校园里建成了一栋 2 层竹帘胶合材别墅 [见图 2-26 (b)]。示范建筑的出现，推动了建筑结构用工程竹材制造技术的开发。截至目前，我国在竹工机械、竹基人造板、复合材料与竹材综合利用技术方面一直引领国际前沿。

(a)

(b)

图 2-26　工程竹材示范建筑

(a) 南京林业大学竹重组材示范建筑（拍摄人：李海涛）；(b) 湖南大学竹帘胶合材别墅（图片来源：肖岩等，竹结构轻型框架房屋的研究与应用）

2. 工程竹材的种类与应用

依据不同竹单元（竹束、竹片、竹篾、竹碎料等）、不同排列方式、不同压制工艺，主要分为以下 7 类。

(a)

(b)

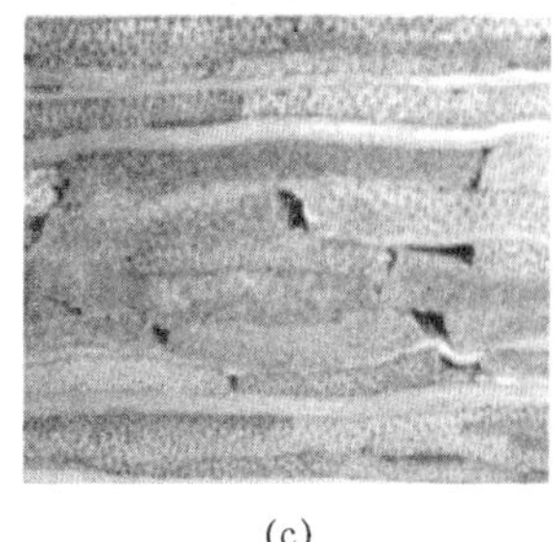

(c)

图 2-27　工程竹材

(a) 竹集成材；(b) 竹重组材；(c) 竹帘胶合材

1) 竹集成材［图 2-27 (a)］：将速生、短周期的竹材加工成定宽、定厚的竹片（去掉竹青和竹黄），再经干燥、施胶、组坯成型后压制而成的竹质型材。

2) 竹重组材［图 2-27 (b)］：将竹材疏解成通长的、相互交联并保持纤维原有排列方式的疏松网状纤维束，再经干燥、施胶、组坯成型后压制而成的竹质型材。

3) 竹编胶合材［图 2-27 (c)］：将竹材断料去青，劈成竹片或竹篾编成竹席或竹帘，干燥至一定含水率，然后浸胶或涂胶，组坯压制而成的竹质型材。

4) 竹篾层积材 ：将竹材破成薄蔑干燥后，不经编席或编帘直接浸胶干燥后，采用模压方法而制成的竹质型材，本质上是竹重组材的一种。

5) 竹碎料型材：将竹材加工边角料，经切片、压碎、筛选、拌胶、铺装，最后热压而成的竹质型材，又称竹材刨花材。

6) 竹塑复合材：竹粉、竹纤维或竹碎料与热塑性树脂及添加剂充分混合，经挤压、模压或平压等加工而成的型材。

7）竹缠绕复合材料：指以旋切竹皮或竹篾为基材，以树脂为胶黏剂，采用缠绕工艺加工成型的生物基材料；可应用到管道、管廊、高铁车厢、现代建筑等领域。

工程竹材可以广泛地应用到土木工程领域，如竹建筑用混凝土模板、竹建筑、竹桥等。

(a)

(b)

图 2-28　工程竹材建筑

（a）沙特竹集成材别墅（图片提供：赣州森泰）；（b）飞宇竹重组材别墅（拍摄人：李海涛）

2.6　土木工程材料的发展前景

土木工程材料是土木工程的重要组成部分，它和工程设计、工程施工以及工程经济之间有着密切的关系。自古以来，工程材料和工程建（构）筑物之间就存在着相互依赖、相互制约和相互推动的关系。一种新材料的出现必将推动建筑设计方法、施工程序或结构形式的变化，而新的结构设计和施工方法必然要求提供新的、更优良的材料。例如，没有轻质高强的结构材料，就不可能设计出大跨度的桥梁和工业厂房，也不可能有高层建筑的出现；没有优质的绝热材料、吸声材料、透光材料及绝缘材料，就无法对室内的声、光、电、热等功能做妥善处理；没有各种各样的装饰材料，就不能设计出令人满意的高级建筑；没有各种材料的标准化、大型化和预制化，就不可能减少现场作业次数，实现快速施工；没有大量质优价廉的材料，就不能降低工程造价，也就不能多、快、好、省地完成各种基本建设任务。因此，可以这样说，没有工程材料的出现，就没有土木工程的发展。

近几十年来，随着科学技术的进步和土木工程发展的需要，一大批新型土木工程材料应运而生，出现了仿生智能混凝土（自感知混凝土、自愈合混凝土、透光混凝土等）、高强钢材、新型建筑陶瓷和玻璃、纳米技术材料、新型复合材料（纤维增强材料、夹层材料）等。随着社会的进步、环境保护和节能减排的需要，对土木工程材料提出了更高、更多的要求。今后一段时间内，土木工程材料将向以下几个方向发展：

（1）高性能与智能混凝土

在 20 世纪，混凝土的强度得到了较大幅度地提高，但高强度混凝土的延性、抗火性能均较差，严重影响了混凝土结构的抗灾性能。近十年来的研究表明，在混凝土的组分中引入纳米材料、短切材料或有机聚合物，可以取得比以往掺合料更好地对混凝土综合性能的改善效果，并不断研究开发出纳米混凝土、高延性纤维混凝土、高耐久性混凝土、良好抗疲劳和耐磨混凝土材料。此外，将混凝土材料与其他聚合物复合，可以增加混凝土材料的阻尼特性，发展高阻尼混凝土材料，提高结构的抗震性能。

通过掺加功能材料，使传统材料在保持原有基本力学性能不变的情况下，获得一些特殊功能，是材料科学发展的一个主要趋势。20 世纪 90 年代，这一概念也得到了混凝土研究学者的认同，并提出了“智能混凝土”的概念。目前，混凝土的智能化主要通过以下三个途径来实现：①在混凝土内复合某些导电或半导体纳米材料，使混凝土具备自感知的功能，制备出自感知混凝土；②将混凝土材料与压电材料、磁致伸缩材料或形状记忆材料等“智能材料”复合，制备出自集能混凝土制品；③在混凝土内埋设一些传感器或感知骨料，使混凝土具有相应的感知功能。

（2）高强钢材

采用高性能钢材可显著减小钢结构构件尺寸和结构质量，相应地减少焊接工作量和焊接材料用量，减少各种涂料（防锈、防火等）的用量及其施工工作量；所取得的经济效益可使整个工程总造价降低，同时在建筑物使用方面，减小构件尺寸能够带来更大的使用空间。目前，工程应用的钢材强度已经达到 460MPa 以上，甚至开始推荐使用屈服强度为 500MPa、590MPa、620MPa、690MPa 等更高强度的结构钢。我国国家体育场“鸟巢”采用了 700 多吨板厚达到 110mm 的 Q460E/Z35 高强度、高性能钢材，中央电视台新址采用了 2300 多吨 Q460E/Z35 高强度、高性能钢材，Q460 高强度型钢已经应用于输电塔架。

欧洲已将 S460～S690 级结构高强度钢材列入规范；美国已在桥梁建设中应用屈服强度 485MPa 级和 690MPa 级高性能钢材；澳大利亚在高层和大跨度建筑中成功应用了屈服强度为 690MPa 级的钢材。可见，发展高强度和高性能钢材符合国家中长期科学和技术发展规划、可持续发展和环境保护的基本国策，是土木工程材料的重要发展方向之一。

（3）纤维增强复合材料

纤维增强材料（FRP，Fiber Reinforced Plastics）具有轻质、高强、耐久、高阻尼等特性，已成为土木工程的一种重要结构材料。FRP 材料主要有碳纤维 CFRP、玻璃纤维 GFRP 和芳纶纤维 SFRP 等几种。随着研究的深入，利用 FRP 复合材料替代传统的土木工程材料受到了越来越多的关注，如 FRP 套管替代钢管约束混凝土结构、FRP 筋代替传统的钢筋以及 FRP 索代替钢索等。图 2-29 给出了国内首座碳纤维 CFRP 索代替钢索的预应力索斜拉桥，该桥总长为 55m，由东南大学、江苏大学以及北京特希达公司共同研究与开发，2004 年建成。实践表明，纤维增强复合材料 FRP 因其良好的力学性能和耐久性，将成为继钢材和混凝土材料之后的第三类结构材料。

图 2-29　国内首座碳纤维 CFRP 索桥（位于江苏大学校内）

(4) 节能减排材料

土木工程材料的生产能耗和建筑物使用能耗，一般占国家总能耗的20%～35%，研制和生产低能耗的新型节能土木工程材料，是构建节约型社会的需要。另外，充分利用工业废渣（如粉煤灰、矿渣等）、生活废渣以及建筑垃圾等生产土木工程材料，将各种废渣尽可能资源化，以保护环境、节约自然资源，是人类社会实现可持续发展的需要。当前，生态混凝土是近几年研究开发出来的一种有利于生态环境、改善自然景观（植生袋绿化功能）的新型混凝土，在国内已有一定的应用（图2-30)，是一种很有发展潜力的混凝土材料。

(a) (b) (c)

图2-30 国内某生态混凝土江堤工程

(a) 施工现场；(b) 浇注完成；(c) 绿化功能实现

(5) 智能材料

智能材料的研究开始于20世纪80年代的航空航天领域，目前，已经在包括土木工程、机械工程、生物医学工程等各个领域得到了广泛地研究和应用。过去的10多年里，以压电陶瓷、电/磁致伸缩材料、电/磁流变液以及形状记忆材料等为代表的智能材料在土木工程领域得到了长足发展，足尺的磁流变阻尼器已经应用于桥梁、海洋平台以及多层建筑的振动控制；形状记忆合金在古建筑的加固以及隔震座限位器等方面已经得到应用；智能型压电摩擦阻尼器和磁致阻尼器也逐步走向了示范工程。进入21世纪，智能材料与智能土木工程结构是土木工程领域最具创新、最有活力的研究方向之一，也是发展高性能土木工程结构和可持续土木工程结构的重要途径。

(6) 绿色建材

产品的设计是以改善生产环境，提高生活质量为宗旨，产品功能多样，不仅无损而且有益于人的健康；产品可循环或回收再利用，或形成无污染的废弃物。鉴于此，绿色建材的含义就是指采用清洁的生产技术，少用天然资源、大量使用工业或城市固体废弃物和农作物秸秆，生产无毒、无污染、无放射性，有利于环保与人体健康的材料。发展绿色建材，改变长期以来存在的粗放型生产方式，选择资源节约型、污染最低型、质量效益型、科技先导型的生产方式是21世纪我国建材工业的必然出路。当前，我国建筑材料的“绿色化”进程已取得了一定的成果。

(7) 纳米技术材料

纳米为细微的长度单位，等于10亿分之一米，一般称毫微米，记作nm。今后建材的主导方向是绿色、环保以及高性能，这些建材的制备主要靠纳米技术来实现。纳米材料对颜料、陶瓷、水泥等制品的改性有很大贡献。如一种既具有颜料又具有分子染料功能的新型纳米粉体，预计将引发彩色印像技术的革命；把纳米氧化铝加入陶瓷中，对陶瓷强度、韧性的增加非常显著。如果应用到陶瓷面砖和卫生洁具中，不但可以提高硬度、减少摩擦、形成自润滑性、耐高温、抗氧化、抗老化，还可以具备抗菌、保洁的功能。纳米无机涂料，可解决混凝土的表面腐蚀、老化及渗水等问题。这种涂料在混凝土或水泥浆表面形成玻璃态或离子化胶态，注入微裂或孔隙中与水泥反应形成新的硅酸盐复合体，不仅可以提高 2～3 倍的弯曲强度，而且可起到防水作用。总之，纳米建材现在还仅仅处于起步阶段，其进一步的发展应用还有很长的路要走。

随着新材料的出现和研究工作的不断深入，以及与材料有关的基础学科的日益发展，人类对材料的内在规律有了进一步的了解，对各种材料的共性知识初步有了科学的抽象认识，从而诞生了“材料科学”这一新的学科领域。材料科学（更准确地说应该是材料科学与工程）是介于基础科学与应用科学之间的一门应用基础科学。其主要任务在于研究材料的组分、结构、界面与性能之间的关系及其变化规律，从而达到按使用要求设计材料、研制材料及预测使用寿命的目的。土木工程材料也属于材料科学的研究对象，随着人们逐渐将土木工程材料的研究纳入材料科学的轨道，在不久的将来，土木工程材料的发展必将有重大突破，土木工程也将发生翻天覆地的变化。

第3章　土木工程荷载及基本构件

在土木工程中，由建筑材料筑成，主要功能是承受或传递荷载，起骨架作用的体系称为工程结构，简称结构。荷载是指作用于结构的外力，如自重、风荷载、雪荷载、积灰荷载等。荷载的确定对于结构设计是非常重要的问题。设计荷载取值偏高会造成浪费，偏低则不安全。各专业方向的相关规范为荷载的确定提供了依据，但在实际的工程设计中，荷载的确定常常不是简单套用规范就能解决的，还要有丰富的实践经验，深入了解工程的实际情况，从而合理确定各项荷载的取值。

结构在受到荷载作用后，结构构件形成的抗力系统之间相互连接，从而将竖向力和侧向力有效地传向基础。如房屋建筑的框架结构中，作用于屋盖和楼层的荷载通过屋面板、楼面板传递到梁，再由梁到柱，由柱到基础，最终传到地基；再如斜拉桥中，车辆和桥梁自重由桥面传递到拉索，再由拉索到桥塔，由桥塔传递到基础和地基。

3.1　荷载的定义

荷载是指主动作用于结构的外力，例如结构的自重（重力），工业厂房结构上的吊车荷载，行驶在桥梁上的车辆荷载以及作用在水工结构上的水压力和土压力等。

进行土木工程结构设计时，荷载的确定应依据相应的国家标准。如进行建筑结构设计时，应根据现行国家标准《建筑结构荷载规范》（GB 50009—2012）确定作用在结构上的各类荷载，并根据使用过程中在结构上可能同时出现的荷载，按照极限状态设计法进行荷载组合，最后取最不利的效应组合进行设计。公路、桥梁设计时则根据《公路桥涵设计通用规范》（JTG D60—2015）及《城市桥梁设计规范》（CJJ 11—2011）确定荷载（作用）及其组合。

荷载能够使结构和构件产生荷载效应，如内力（轴力、剪力、弯矩、扭矩等）、应力（正应力、剪应力等）、变形（轴向变形、剪切变形、弯曲变形、扭转变形等）、应变（轴向应变、剪切应变、弯曲应变等）和位移（线位移、角位移等）。

除荷载外，还有其他一些因素也可以使结构产生内力或位移，例如温度变化、支座沉陷、制造误差、材料收缩以及松弛、徐变等。从广义上来说，这些因素也可视为广义荷载，与荷载一起统称为作用，作用对结构产生的效应，统称为结构的作用效应。

3.2　荷载的种类

根据荷载在结构上出现时间的变异性和可能性，分为永久荷载、可变荷载和偶然荷载；根据荷载作用的性质，亦可分为静力荷载和动力荷载。下面分别简要介绍。

3.2.1　永久荷载

永久荷载是指在结构使用期间，作用在结构上的荷载，其大小、方向、作用点不随时间而变化，或其变化与平均值相比可以忽略不计，或其变化是单调的并能趋于限值的荷载，也称为恒载。如结构的自重，固定于结构上的设备的自重、施加于结构（构件）的预应力等。

计算结构自重，须根据所用工程材料的单位自重，即材料的密度。常用工程材料的单位自重，可以通过《建筑结构荷载规范》（GB 50009—2012）附录 A“常用材料和构件的自重”查得。例如，浆砌普通砖墙自重为 $18kN/m^3$，浆砌机砖自重则为 $19kN/m^3$。

3.2.2　可变荷载

可变荷载是指在结构使用期间，其值随时间而变化，且其变化与平均值相比不可以忽略不计的荷载，例如楼（屋）面活荷载、积灰荷载、吊车荷载、风荷载、雪荷载、汽车荷载、人群荷载等。

3.2.3　偶然荷载

偶然荷载是指在结构使用期间不一定出现，一旦出现，其值很大且持续时间很短的荷载，例如爆炸力、撞击力等。

3.2.4　静力荷载

静力荷载的大小、方向和位置不随时间变化或变化极为缓慢，不会使结构产生显著的振动，因而可略去惯性力的影响。结构的恒载都是静力荷载。只考虑位置移动，不考虑动力效应的可变荷载，也是静力荷载。

3.2.5　动力荷载

动力荷载是指随时间迅速变化的荷载，能使结构产生显著振动，因而惯性力的影响不能忽略。如机械运转时产生的荷载以及爆炸引起的冲击波等都属于动力荷载。

3.3　基 本 构 件

组成土木工程结构的各个部分称为构件，常见的基本构件有板、梁、柱、墙、拱等。

3.3.1　板

从几何特征看，板的厚度 ***h*** 比长度 ***l*** 和宽度 ***b*** 小得多，如图 3-1 所示的平板。如图 3-2 所示为折板，由几块平板组合而成。板通常水平放置（如楼板、屋面板），有时也斜向放置（如楼梯板）。

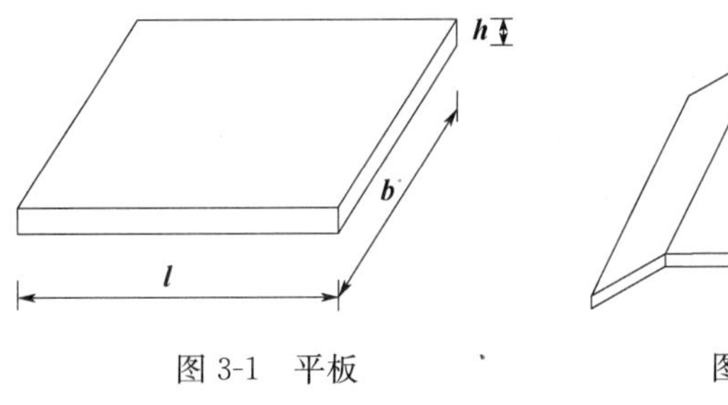

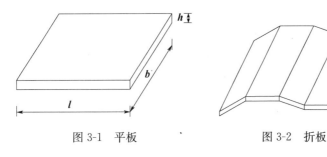

图 3-1　平板　　　　图 3-2　折板

从受力特征来看，板是受弯构件。板按受力形式可分为单向板和双向板。

单向板指主要在一个方向受力的板，其计算方法与梁相同，故又称为梁式板，一般包括悬臂板和对边支承板。悬臂板是指单边支承的板式，如图 3-3 所示为一雨篷，其中雨篷板即为悬臂板。单边支承的板式阳台也是悬臂板。对边支承板如对边支承的装配式铺板（图 3-4）和走廊中的现浇走道等。

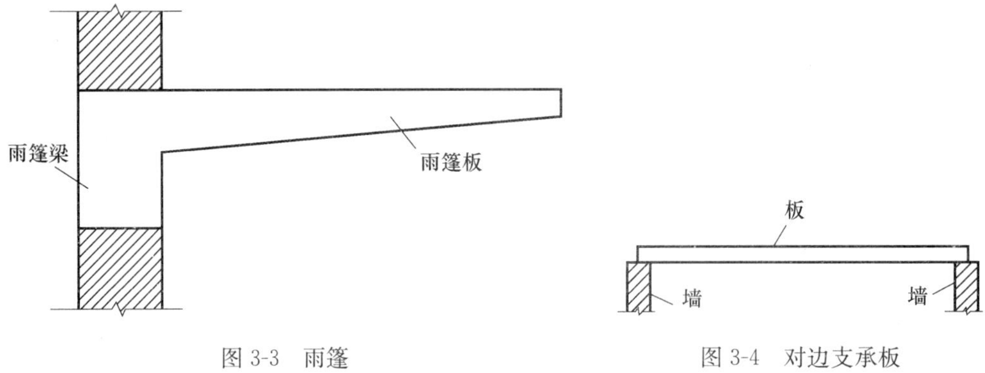

图 3-3　雨篷　　　　图 3-4　对边支承板

双向板是指板上的荷载沿两个方向传递到支承构件上的板，以及纵横两个方向的受力都不能忽略的板。双向板的支承形式可以是四边支承（包括四边简支、四边固定，两边简支、两边固定和三边固定、一边简支）、三边支承或两邻边支承。承受的荷载可以是均布荷载、局部荷载或三角形分布荷载；板的平面形状可以是矩形、圆形、三角形或其他形状。在楼盖设计中，常见的是均布荷载作用下的四边支承矩形板（图 3-5）。

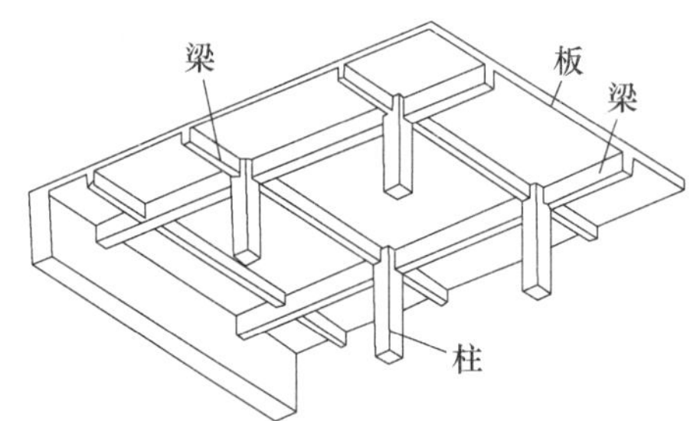

图 3-5　四边支承的双向板

四边支承板上的荷载主要是通过两个方向的弯曲把荷载传递到两个方向上去的。按弹性理论分析，当两个方向计算跨度之比 $l_{02}/l_{01}>2$ 时，在长跨方向分配到的荷载不到 6%，故在设计时可仅考虑板在短跨方向受弯，按跨度为 l_{01} 的单向板设计，计算中忽略荷载在长跨方向的传递，只在构造上对长跨方向的受弯进行适当处理。具体在工程中，对于四边支承的矩形板，当 $l_{02}/l_{01}\leqslant 2$（按弹性理论计算）或 $l_{02}/l_{01}\leqslant 3$（按塑性理论分析）时，都称为双向板。

3.3.2　梁

梁是工程结构中常用的受弯构件，通常水平放置，但也有斜置的梁，称为斜梁，如梁式楼梯的楼梯梁（图 3-6）。梁的截面高度 h 与跨度 l 之比称为高跨比（h/l），一般为 1/16～1/8。当梁的高跨比大于 1/4 时，称为深梁。通常，梁的截面高度大于截面宽度，但因工程需要有时要求梁宽大于梁高，称为扁梁。

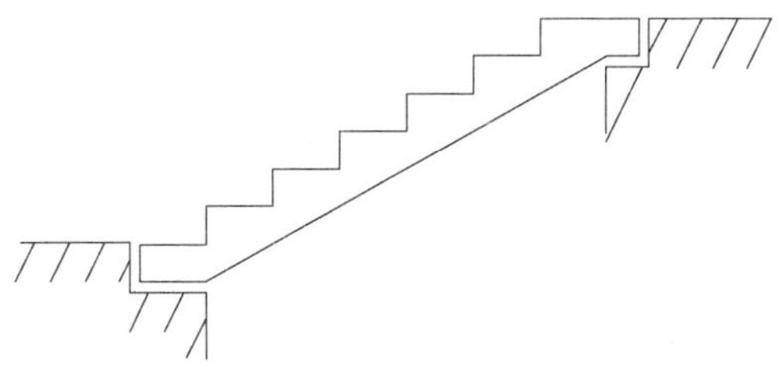

图 3-6　楼梯梁示意图

根据梁的截面形状，分为矩形梁、“T”形梁、倒“T”形梁、“L”形梁、槽形梁、箱形梁、空腹梁等。根据梁所用材料，分为钢梁、钢筋混凝土梁、预应力混凝土梁、木梁及钢与钢筋混凝土组成的组合梁等。图 3-7 所示是钢筋混凝土梁的几种常用截面形式。

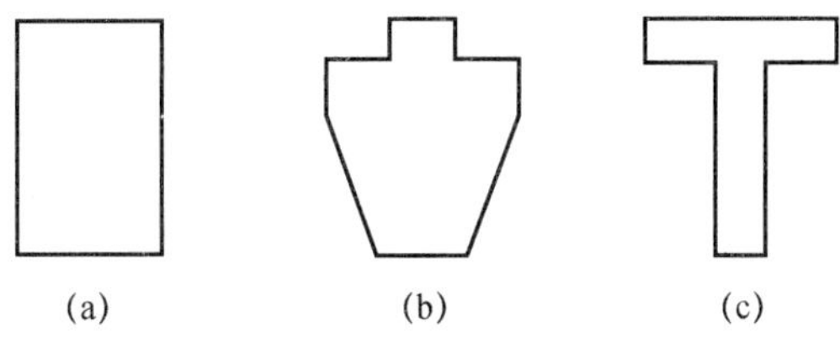

图 3-7　钢筋混凝土梁的截面形式

(a) 矩形梁；(b) 花篮梁；(c)“T”形梁

根据梁跨数的不同，梁可分为单跨梁和多跨梁。其中单跨梁（图 3-8）又可分为：简支梁、悬臂梁、伸臂梁。简支梁，其一端为固定铰支座，另一端为活动铰支座；悬臂梁，其一端为固定端，另一端为自由端；伸臂梁，就是简支梁的一端或两端伸出支座之外，也称为外伸梁。

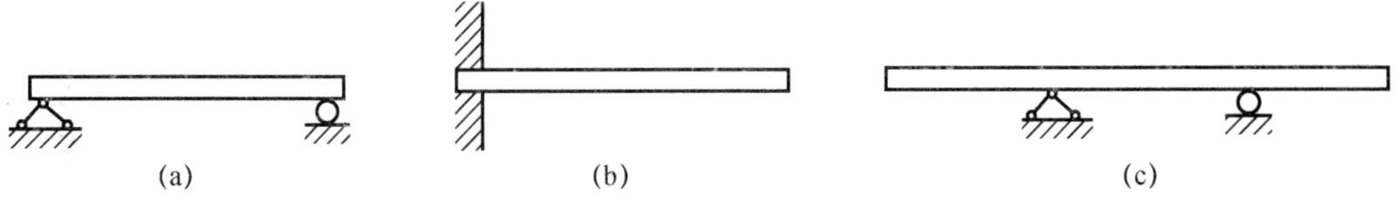

图 3-8　单跨梁的形式

(a) 简支梁；(b) 悬臂梁；(c) 伸臂梁

桥梁工程中应用较多的是多跨梁（图 3-9）。

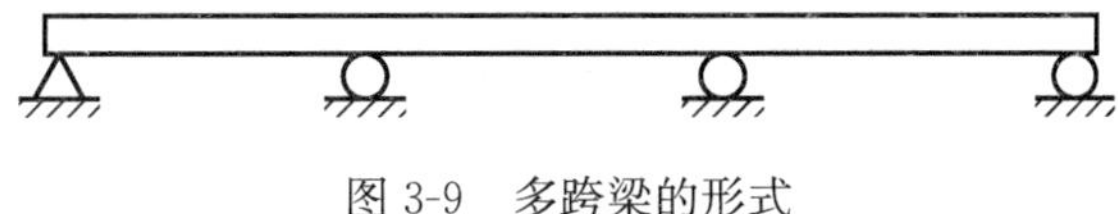

图 3-9　多跨梁的形式

根据梁在结构中的位置和使用功能，梁又可分为主梁、次梁、过梁、圈梁、连梁等。次梁一般直接承受板传来的荷载，再将其传递给主梁。主梁除承受板直接传来的荷载外，还承受次梁传来的荷载。图 3-10 是某框架结构局部梁格布置。

圈梁一般用于砖混结构，是在墙体内沿水平方向设置的封闭的钢筋混凝土梁。设置圈梁可以增强房屋的整体性和空间刚度，防止由于地基不均匀沉降或较大振动荷载等对房屋引起的不利影响。

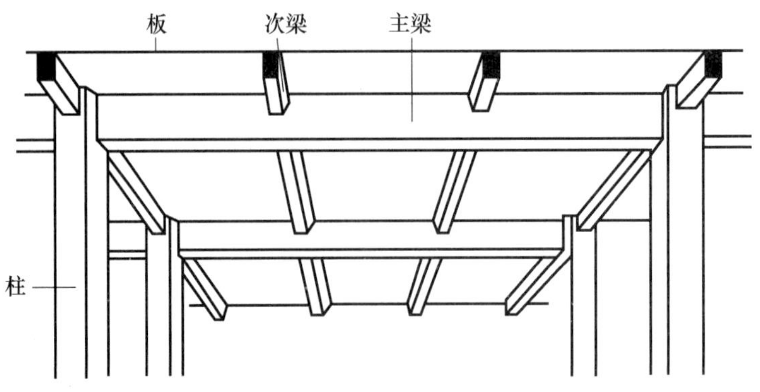

图 3-10 某框架结构的局部梁格布置

过梁是砖混结构房屋中门窗洞口上的常用构件。用来承受门窗洞口上部的墙体自重以及梁、板传来的荷载。常用的过梁有砖砌过梁（砖砌平拱和钢筋砖过梁）和钢筋混凝土过梁两类（图 3-11）。

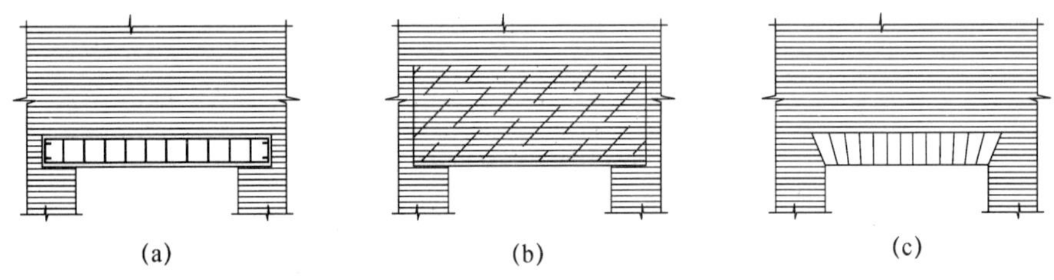

图 3-11 过梁的种类

（a）钢筋混凝土过梁；（b）钢筋砖过梁；（c）砖砌平拱

连梁主要用于连接相邻两榀框架，使其成为一个受力整体。

3.3.3 柱

柱是指截面高度与宽度均较小，而其轴向高度相对较大的构件。柱是工程结构中主要承受压力，有时也同时承受弯矩的竖向构件。

根据柱所用的材料，柱可分为石柱、砖柱、砌块柱、木柱、钢柱、钢筋混凝土柱、劲性钢筋混凝土柱、钢管混凝土柱和其他的组合柱。

根据柱的截面形状，柱分为实腹式和格构式两大类，其中实腹柱的常用形式有方形柱、矩形柱、圆形柱、“工”字形柱、“H”形柱、“L”形柱、“十”字形柱；格构柱包括双肢柱、三肢柱、多肢柱，格构柱中至少有一个主轴是虚轴。图 3-12 是钢柱的几种常用截面形式。

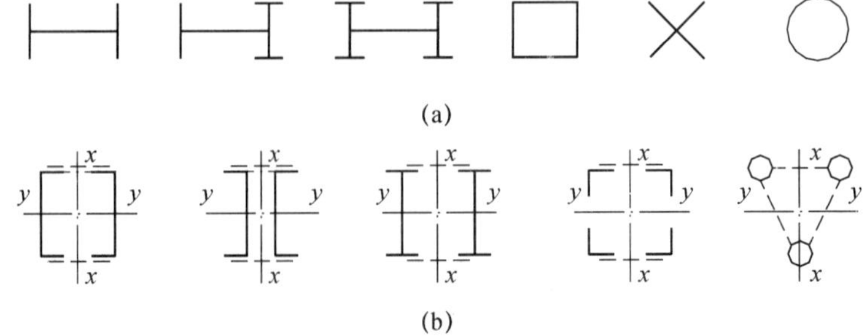

图 3-12 钢柱的常用截面形式

（a）实腹柱；（b）格构柱

根据柱的受力情况，柱可分为轴心受压柱和偏心受压柱。轴心受压柱是指荷载的作用线与柱的轴线重合，柱截面内仅有轴压力的柱；偏心受压柱是指荷载的作用线与柱的轴线不重合，柱除承受压力外还有弯矩的柱。

根据柱的施工方法，柱可分为预制柱和现浇柱。

3.3.4　墙

墙是指竖向尺寸的高与宽较大，而厚度相对较小的构件。

根据墙的承重情况和使用功能，墙可以分为承重墙、非承重墙（围护墙、隔断墙、填充墙）。一般来说，承重墙主要承受平行于墙面的荷载（这一点与板不同），当其荷载作用于墙的形心轴时，其内力为轴向压力；当其荷载偏离形心轴时，其截面内力除轴向压力外还有弯矩产生。但是，在多、高层钢筋混凝土结构的剪力墙结构体系中（图 3-13），墙体则承受全部水平作用和竖向荷载。

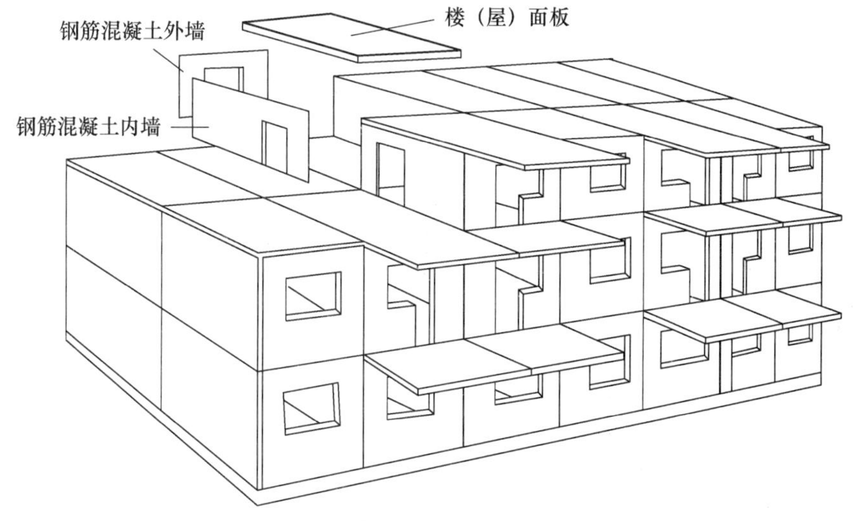

图 3-13　剪力墙结构示意图

根据墙所处的位置，墙可以分为横墙、纵墙、山墙（最外端的横墙）、外墙和内墙等。

根据墙的施工工艺，墙可以分为预制墙、现浇墙和砌筑墙。例如，钢筋混凝土剪力墙属于现浇墙，用砖、料石或其他砌块砌筑而成的墙属于砌筑墙。传统的砖砌体墙，由于强度不高，所需结构尺寸大，因而自重亦大，同时手工砌筑工作量繁重，生产效率低，导致施工进度慢、建设周期长，这显然不符合大规模建设的要求。近年来，作为墙体改革的成果之一，高性能预制墙板的发展引人瞩目。例如，引进日本和瑞典生产技术的“凌佳”牌 ALC（蒸压轻质加气混凝土 Autoclaved Lightweight Concrete）可制成多种板材，用于外墙、内墙、楼板和屋面板。其材料为工厂预制产品，精度高，可刨可锯，为现场装配式板材。施工时采用干作业，安装简便，工艺简单，可以大大缩短工期，提高施工效率及施工质量。目前，在北京和南京及其周边地区有较广应用。图 3-14、图 3-15 分别是北京某工程采用 ALC 的外墙、内墙施工场景。

另外，根据其他特殊功能，墙可分为保温墙、隔热墙、吸声墙和防水墙等。

图 3-14　采用 ALC 的外墙施工

图 3-15　采用 ALC 的内墙施工

3.3.5　拱

拱一般为曲线结构。根据拱铰数的不同，拱可以分为无铰拱、两铰拱和三铰拱（图 3-16）。

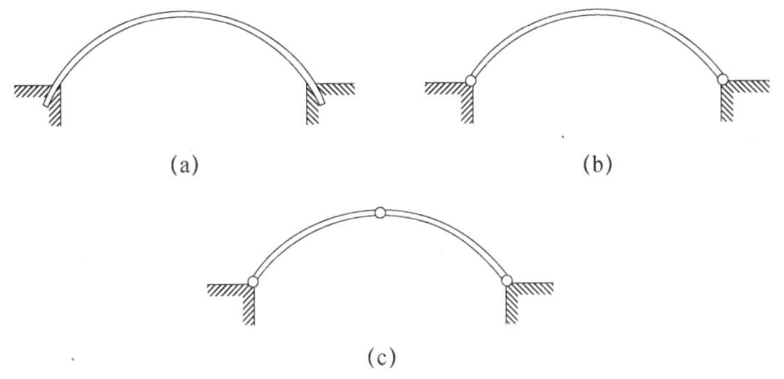

图 3-16　拱的种类

（a）无铰拱；（b）两铰拱；（c）三铰拱

从受力角度看，拱的主要特点是：在竖向荷载作用下，拱脚处有水平推力产生，从而使拱肋内弯矩和剪力减小，而以承受轴向压力为主——这是拱与梁的主要区别。因此，拱可以比梁更充分地发挥材料的强度，便于使用抗压性能好而抗拉性能差的材料，如砖、石、混凝土等，同时可减轻自重和减少用量，适用于较大的跨度。拱广泛应用于桥梁，如河北赵县的赵州桥便是我国古代石拱桥的成功代表（图 3-17）。

图 3-17　赵州桥

目前，拱桥仍是我国最常用的桥梁结构形式之一。随着材料科学、建筑艺术、结构计算功能、建造水平的发展，拱桥所用材料也由砖、石发展到钢筋混凝土、钢材、组合结构，其式样也从传统的上承式发展到下承式、中承式。图 3-18 是总跨度（177＋428＋177＝782m）居世界第一的钢拱桥——广州市新光特大桥主跨合拢时的照片，图 3-19 是单跨 550m 的上海卢浦大桥。

图 3-18　广州市新光特大桥合拢

图 3-19　上海卢浦大桥

图 3-20　砖砌门窗拱形过梁

拱在建筑工程中应用较少。其典型应用为砖混结构或木结构中的砖砌门窗拱形过梁（图 3-20），但也有拱形的大跨度结构，如伦敦证券交易所（图 3-21）。

图 3-21　伦敦证券交易所外观

拱在竖向荷载作用下支座处有水平推力产生，该水平推力的存在，使拱脚处需要有坚固的基础。当基础不好或受限时，可采用带拉杆的拱，且根据功能要求，拉杆可以处于不同高度（图 3-22），以减少对基础的推力。同济大学礼堂的落地拱便进行了这样的结构处理。

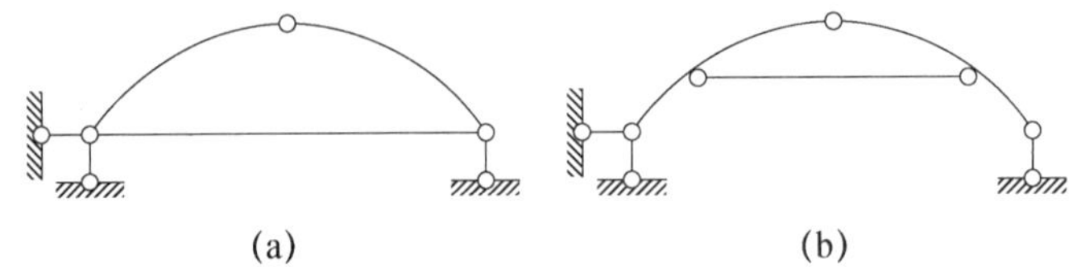

图 3-22 带拉杆的拱
（a）拉杆通过拱脚；（b）拉杆提高

3.4 简单的应力和应变

施加在结构上的荷载能够使结构产生效应 S，如内力（轴力、剪力、弯矩、扭矩等）、变形（轴向变形、剪切变形、弯曲变形、扭转变形等）。结构或构件承受内力和变形的能力称为结构的抗力 R。效应与抗力之间的关系，直接反映了结构的工作状态。即结构是否安全，可以由该结构构件所承受的荷载效应 S 和结构抗力 R 两者的关系来描述：

$$\boldsymbol{Z}=\boldsymbol{R}-\boldsymbol{S}=\boldsymbol{g}\,(\boldsymbol{R},\ \boldsymbol{S}) \tag{3-1}$$

上式中，$\boldsymbol{Z}$ 称为功能函数，可以用来表示结构的三种工作状态：

（1）当 $\boldsymbol{Z}>0$ 时，结构或构件处于安全状态；

（2）当 $\boldsymbol{Z}<0$ 时，结构或构件处于失效状态；

（3）当 $\boldsymbol{Z}=0$ 时，结构或构件处于极限状态。

下面，简单讲述与结构效应、结构抗力、结构功能有关的基本概念。

3.4.1 内力和应力

构件受到外力作用而产生变形时，构件内部各质点间的相对位置将发生变化。同时，各质点间的相互作用力也发生了变化。在力学上，将外力作用下构件各质点间相互作用力的改变量，称为附加分布内力，简称内力。内力包括轴力、剪力、弯矩、扭矩等。一般来讲，内力随外力的增加而增加，达到某一限度时就会引起构件的破坏，因此，它与构件的变形和破坏是密切相关的。

内力包括轴力、剪力、弯矩、扭矩等，其基本受力形式见图 3-23～图 3-26。

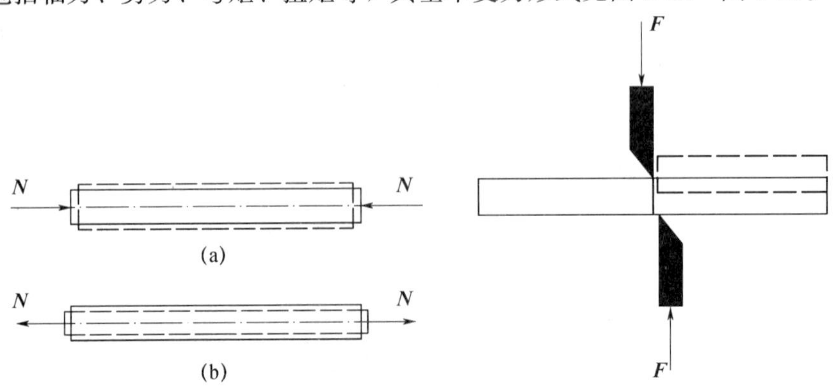

图 3-23 承受轴向力的杆件
（a）轴向压力；（b）轴向拉力

图 3-24 承受剪切力的杆件

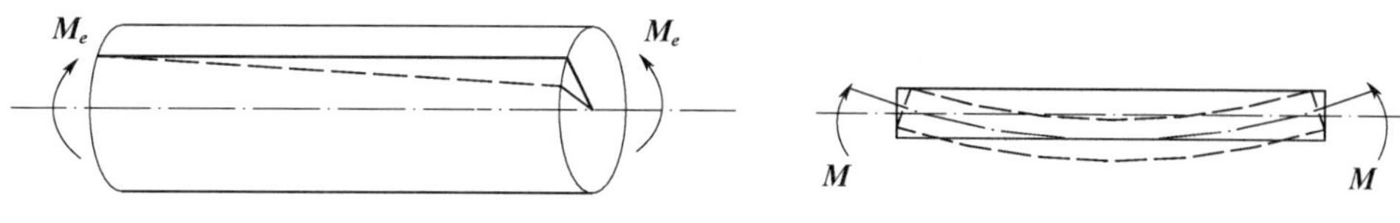

图 3-25　承受扭矩的构件　　　图 3-26　承受弯矩的杆件

（注：以上各图中，实线为变形前的位置，虚线为变形后的位置）

构件还有可能同时受几种内力的作用。由上述基本受力形式中的两种或两种以上共同形成的受力与变形，称为组合受力。组合受力形式中，杆件将产生两种或两种以上的基本变形。

在以上例子中，杆件截面上的内力表示该截面上分布的内力向截面形心简化的结果，还不能说明分布内力在截面某点处的强弱程度。为此，需要引入内力集度的概念。

内力在一点处的集度，称为应力。根据力的分解，一般情形下横截面上的附加分布内力，总可以分解成为：作用线垂直于截面，作用线位于截面内。作用线垂直于截面的应力称为正应力，用字母 σ 表示；作用线位于截面内的应力称为剪应力或切应力，用字母 τ 表示。应力的单位为 N/mm^2，工程上也可以用 MPa 表示。

内力与应力之间存在着微积分关系，这将在以后的基础课——材料力学里进一步讲述。对图 3-23 所示承受轴向拉力或压力的杆件，杆件上任一截面的正应力为：

$$\boldsymbol{\sigma}=\frac{\boldsymbol{N}}{\boldsymbol{A}} \tag{3-2}$$

式中　$\boldsymbol{N}$——截面上的内力，N；

　　　$\boldsymbol{A}$——杆件截面面积，mm^2。

图 3-27 是矩形截面受轴心拉力或轴心压力时的应力图。

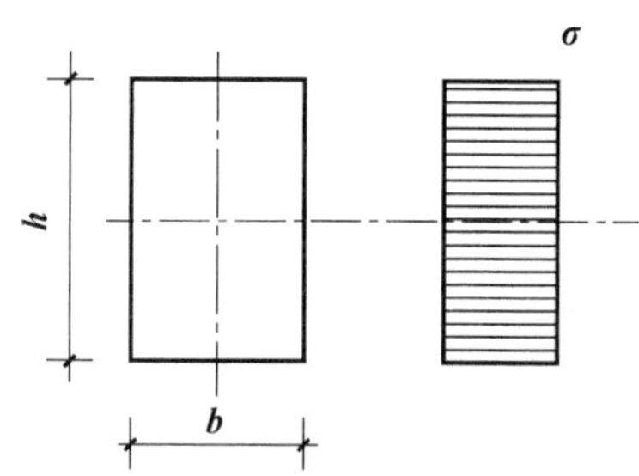

图 3-27　矩形截面轴心受力的截面应力

杆件受纯弯作用时（图 3-26），截面上的正应力沿截面高度线性分布（图 3-28），其表达式为：

$$\boldsymbol{\sigma}=\frac{\boldsymbol{M}}{\boldsymbol{I}}\cdot \boldsymbol{y} \tag{3-3}$$

式中　$\boldsymbol{M}$——截面所受弯矩，N・mm；

　　　$\boldsymbol{I}$——截面惯性矩，对矩形截面，$\boldsymbol{I}=\frac{\boldsymbol{bh}^3}{12}$，$mm^4$；

　　　$\boldsymbol{b}$——矩形截面的边长，mm；

　　　$\boldsymbol{h}$——受弯截面的高度，mm；

　　　$\boldsymbol{y}$——截面计算高度处到截面中心轴的距离，mm。

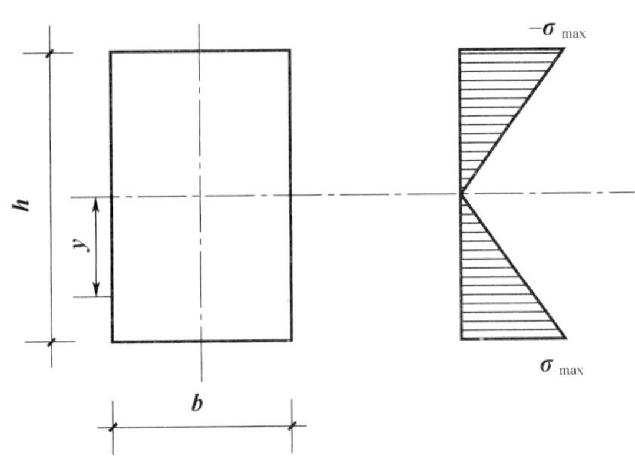

图 3-28　截面受弯时的正应力图

由图 3-28 可见，构件受弯时，截面不同高度处应力不同，外侧应力大、形心处应力小，如果以最大应力达到容许应力作为设计准则，则靠近形心处的材料有较多浪费，这也是轴心受力构件比受弯构件更能发挥材料强度的原因。当 $y=\frac{h}{2}$时，正应力达到最大。

对受剪构件（图 3-24），假设应力在剪切面上是均匀分布的，则名义剪切应力的计算公式为：

$$\tau=\frac{V}{A} \tag{3-4}$$

式中　τ——剪应力，N/mm^2；

V——剪力，N；

A——受剪截面面积，mm^2。

3.4.2　强度条件

截面上的应力超过杆件材料所能承受的最大应力时，杆件会发生强度失效破坏。杆件的强度设计在失效基础上还要考虑有一定的安全裕度，这一设计准则称为强度设计准则，也称为强度条件，属于结构设计方法中的容许应力法。

例如，为了保证轴心受拉（压）构件安全可靠地工作，进行强度设计时不仅需要保证不发生失效，而且需要一定的安全裕度，因此，必须将杆件横截面上的最大正应力控制在许可的范围内，即：

$$\sigma_{max}\leqslant\frac{f_k}{K}=[\sigma] \tag{3-5}$$

这一表达式称为拉压杆的强度设计准则，或拉压杆的强度条件。

式中　σ_{max}——截面正应力（N/mm^2），由公式 3-3 计算得到；

f_k——材料的标准强度（N/mm^2），例如对钢材取其屈服强度，对钢筋混凝土取其强度极限；

K——大于 1 的安全系数，用以考虑各种不定性，凭工程经验取值；

$[\sigma]$——容许正应力（N/mm^2）。

应用式（3-5）可以进行轴心受力构件的强度校核、截面尺寸设计以及确定容许荷载。

同理，纯弯时构件的强度条件为 $\sigma_{max}=\frac{M}{W}\leqslant[\sigma]$

纯剪时的强度条件为 $\tau=\frac{F}{A}\leqslant[\tau]$

根据强度条件，可以解决三类问题：

（1）设计截面尺寸。已知构件所受荷载和所用材料的容许应力，根据强度条件确定截面面积。

（2）强度校核。荷载、杆件的材料和截面尺寸已知，求出杆件截面上的应力，与材料的容许应力相比较，确定是否安全。

（3）计算容许荷载。截面尺寸和材料的容许应力均已知，根据强度条件，求构件所能承受的最大荷载。

3.4.3　变形和应变

当力作用在物体上时，将引起受力体形状和大小的变化，这种变化即为变形。这种变化或者非常明显，或者不易察觉（除非利用仪器进行精确测量）。对于土木工程的大部分材料和工作状况来说，变形和原始尺寸相比总是非常微小的。这样，在研究构件的平衡和运动时，往往忽略构件的变形，仍按变形前的原始尺寸进行分析计算，这种假设称为小变形假设。

构件的形状总可以用它各部分的长度和角度来表示，因此，构件的变形可以归结为长度的改变和角度的改变，即线变形和角变形两种形式。

单位长度线段的伸长或缩短定义为线应变，用字母 ε 表示：

$$\varepsilon=\frac{\Delta L}{L} \tag{3-6}$$

式中　ε——线应变；

ΔL——在轴向力作用下，杆长为 L 的杆的伸长或缩短量，mm；

L——杆长，mm。

角变形是指平面内两条正交的线段变形后其直角的改变量，这种角度的改变量称为切应变或角应变，通常用 γ 表示，用弧度来度量。

第4章 基础工程

任何建筑物都建造在一定的地层（土层或岩层）上。因此，工程结构形式、施工和造价等与工程场地的工程地质条件密切相关。通常把直接承受建筑物荷载的那一部分地层称为地基。未经人工处理就可以满足设计要求的地基称为天然地基。如果地基软弱，其承载力不能满足设计要求时，则需对地基进行加固处理（例如采用换土垫层、深层强夯、高压喷射注浆、水泥粉煤灰碎石桩、排水固结、化学加固、加筋土技术、混凝土连续墙基础等方法进行处理），称为人工地基。

将上部结构荷载传递到地基上、连接上部结构与地基的下部结构的部分称为基础（图 4-1）。基础一般应埋入地下一定的深度，进入较好的地层。根据埋置深度不同，基础可分为浅基础和深基础。通常把埋置深度不大（3～5m）、只需经过挖槽、排水等普通施工工程序就可以建造起来的基础称为浅基础；反之，若浅层土质不良，必须把基础埋置于深处的好地层时，就得借助于特殊的施工方法，建造各种类型的深基础（如桩基、墩基、沉井和地下连续墙等）。

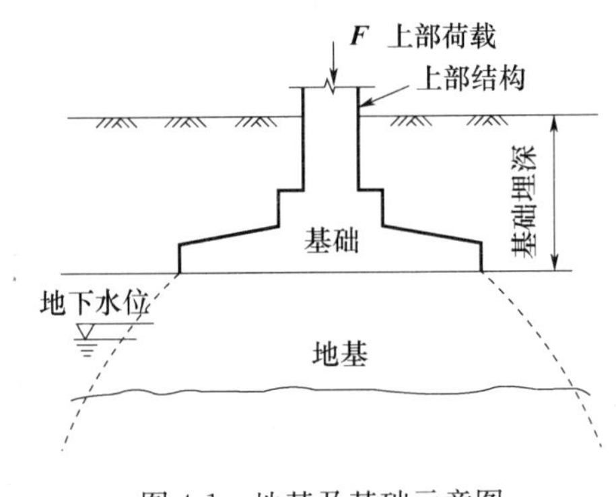

图 4-1 地基及基础示意图

地基与基础设计必须满足两个基本条件：①要求作用于地基的荷载不超过地基的承载能力，保证地基具有足够的防止整体破坏的安全储备；②控制基础沉降使之不超过地基的变形容许值，保证建筑物不因地基变形而损坏或影响其正常使用。在荷载作用下，建筑物的地基、基础和上部结构三部分彼此联系、相互制约。设计时应根据地质勘察资料，综合考虑地基、基础、上部结构的相互作用与施工条件，通过经济、技术比较，选取安全可靠、经济合理、技术先进和施工简便的地基基础方案。

地基与基础是建筑物的根本，统称为基础工程，其勘察、设计和施工质量的好坏将直接影响到建筑物的安危、经济和正常使用。由于基础工程是在地下或水下进行，施工难度大，在一般高层建筑中，其造价约占总造价的 25%，工期占总工期的 25%～30%。当需采用深基础或人工地基时，其造价和工期所占比例更大。此外，基础工程为建筑物的隐蔽工程，一旦失事，不仅损失巨大，且补救十分困难，因此，在土木工程中具有十分重要的作用。

随着我国基本建设的发展，大型、重型、高层建筑和有特殊要求的建筑物日益增多，在基础工程设计与施工方面积累了不少成功的经验。国外也有不少成功的典范，然而也有不少失败的教训。例如，世界著名的意大利比萨斜塔（图 4-2），1173 年动工，高约 55m，因地基压缩层不均、排水缓慢，北侧下沉 1m 多，南侧下沉近 3m。1932 年曾灌注 1000t 水泥，也未奏效，每年仍下沉约 1mm。再如我国 1954 年兴建的上海工业展览馆中央大厅，因地基约有 14m 厚的淤泥质软黏土，尽管采用了 7.27m 的箱形基础，建成后当年就下沉 0.6m，目前，大厅平均沉降达 1.6m。

图 4-2　比萨斜塔

大量事故充分表明，对基础工程必须慎重对待。只有深入了解地基情况，掌握勘察资料，经过精心设计与施工，才能使基础工程做到既经济合理，又能保证质量。

4.1　工程地质勘察

工程地质勘察（也称岩土工程勘察）是土木工程建设的基础工作。工程地质勘察必须符合国家、行业制定的现行有关标准、规范的规定。工程地质勘察的现行标准，除水利、铁道、公路、核电站工程执行相关的行业标准之外，一律执行《岩土工程勘察规范（2009 版）》（GB 50021—2001）。而且，各行业标准应逐渐向国家标准靠拢。本节主要介绍工程地质勘察的一般方法。

4.1.1　基本任务

工程地质勘察是工程建设的前期工作。它是运用工程地质及有关学科的理论知识和各种技术方法，在建设场地及其附近进行调查研究，为工程建设的正确规划、设计、施工和运行等提供可靠的地质资料，以保证工程建筑物的安全稳定、经济合理和正常运用。工程方案的选择、建筑物的配置、设计参数的确定等，都必须以工程地质勘察资料为依据，这就是工程地质勘察的基本任务。

工程地质勘察的目的是查明建设地区的工程地质条件，提出工程地质（岩土工程）评价，为选择设计方案、设计各类建筑物、制订施工方法、整治地质病害提供可靠依据。

工程设计是分阶段进行的，与设计阶段相适应，勘察也是分阶段的。一般建筑工程的勘察分为可行性研究勘察（选址勘察）、初步勘察、详细勘察及施工勘察。

可行性研究勘察主要依据建设条件，完成方案比选所需的工程地质资料和评价；初步勘察结合初步设计，提出工程地质设计与论证；详细勘察应密切结合技术设计或施工图设计，提出工程地质设计计算与评价；施工勘察应提出施工检验与监测设计方案。

一般的工业与民用建筑和中小型单项工程建筑物占地面积不大、建筑经验丰富，且一般都建设在地形平坦、地质和岩层结构单一、岩性均一、压缩性变化不大、无不良地质现象、地下水对地基基础无不良影响的场地，因此，可以简化勘察阶段，采用一次性勘察，但应以能提供必要的依据、做出充分而有效的设计论证为原则。

新建铁路、公路、城市地铁等工程的工程地质工作应与设计阶段相适应，按预可行性研究、可行性研究、初步设计、施工图设计四个阶段开展工作，对应的工程地质勘察分别为草测、初测、定测和补充定测（或称详测）。

由于地质情况的复杂性，很多问题在设计阶段是无法很好解决的。因此，在工程施工阶段利用工程开挖，继续查明地质问题不仅是工程地质勘察的一个组成部分，而且，对检验、修正前期成果，总结提高工程地质勘察水平也是一项十分重要的工作。

各阶段应完成的任务不同，主要体现在对工程地质工作的广度、深度和精度要求有所不同；各阶段工程地质工作的工作程序和基本内容则是相同的。

为了完成工程地质勘察任务，取得完善的勘察成果，工程地质勘察除了勘察的理论指导外，必须有一套行之有效的勘察方法和技术手段，以便恰当地配合使用它们。这些方法是：①工程地质测绘与调查；②工程地质勘探（包括物探、钻探和坑探）；③工程地质试验；④工程地质长期观测；⑤勘察资料的分析整理。

4.1.2 工程地质测绘与调查

工程地质测绘是工程地质勘察中一项最重要且最基本的勘察方法，也是诸勘察工作中走在前面的一项勘察工作。它是运用地质、工程地质理论对与工程建设有关的各种地质现象进行详细观察和描述，以查明拟订建筑区内工程地质条件的空间分布和各要素之间的内在联系，并按照精度要求将它们如实地反映在一定比例尺的地形设计图上。配合工程地质勘探、试验等所取得的资料编制成工程地质图。

工程地质测绘与调查的目的是通过对场地的地形地貌、地层岩性、地质构造、地下水与地表水、不良地质现象进行调查研究与必要的测绘工作。

工程地质测绘研究内容主要是填绘工程地质图，根据野外调查综合研究勘察区的地质条件，填绘在适当比例尺地形图上加以综合反映。其次也应注意对已有建筑区和采掘区的调查。某一地质环境内建筑经验和建筑物兴建后出现的所有工程地质现象，都是极其宝贵的资料，应予以收集和调查。

工程地质测绘方法有实地测绘法和像片成图法。

实地测绘法是在测区实地进行的地质调查工作。工程地质条件中各有关研究内容，凡能在野外地质调查中解决的，都属于工程地质测绘的研究范围。被掩埋于地下的某些地质现象也可通过测绘或配合适当勘察工作加以了解。图 4-3 为用经纬仪配合平板仪测法的测站安置。

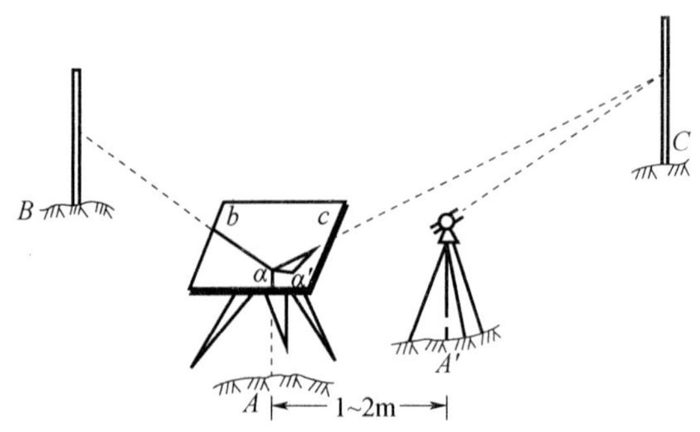

图 4-3　经纬仪配合平板仪测法的测站安置

像片成图法是利用地面摄影或航空（卫星）拍摄的像片，先在室内解释，并结合所掌握的区域地质资料，确定出地层岩性、地质构造、地貌、水系及不良地质现象等，描绘在单张像片上。然后在像片上选择需要调查的若干点和路线，据此去实地进行调查、校对修正，绘成底图。最后，将结果转绘成工程地质图。图 4-4 为航空摄影测量示意图。

图 4-4　航空摄影测量示意图

4.1.3　工程地质勘探

用于工程地质勘探的方法主要有物探、触探、钻探、坑探等。

物探的全称叫地球物理勘探，它是利用专门仪器探测地壳表层各种地质体的物理场，包括电场、磁场、重力场等，通过测得的物理场特性和差异来判明地下各种地质现象，获得某些物理性质参数的一种勘探方法。不断发展和改进物探方法，大量采用先进技术，提高物探质量是当前工程地质工作中的努力方向之一。工程地质工作中当前常用的物探方法有：电阻率法、电位法、地震、声波等。

触探是把装有电阻应变仪或电子电位差计的探头顶入或打入地下，根据探头进入地基土层时所遇到的阻力，直接得到地基承载力的方法。连续缓慢压入者为静力触探；振动冲击打入者为动力触探。静力触探适用于一般黏性土和沙类土中，动力触探可用于碎石或卵石类土中。

钻探是用钻机在地层中钻孔，以鉴别和划分地层，并可沿孔深取样，用以测定岩石和土层的物理力学性质。此外，土的某些性质也可直接在孔内进行原位测试。场地内布置的钻孔，一般分为技术孔和鉴别孔两类。在技术孔中按不同的土层和深度采取原状土样。钻探时，按不同土质条件，常分别采用击入或压入取土器两种方式在钻孔中取得原状土样。钻机一般分为回转式与冲击式两种。钻探基本不受地形、地层软硬及地下水深浅等条件限制，可以克服各种困难，直接从地下深处取出土石试样，满足对勘探的多种要求。因此，钻探是工程地质勘察中应用最为广泛的一种勘探手段，它可以获得深层的地质资料。但是钻探需要大量设备和经费，较多的人力，劳动强度大，工期长。因此，钻探工作必须在充分的地面测绘基础上，根据钻探技术的要求，选择合适的钻机类型，采用合理的钻进方法，安全操作，提高采取率，保证钻探质量，为工程设计提供可靠的依据。

坑探是用人工或机械方式由地表向深部挖掘坑槽或坑洞以取得直观资料和原状土样，以便地质人员直接深入地下了解有关地质现象或进行试验的地下勘探工作。这是一种不必使用专门机具的常用勘探方法。探井的平面形状一般采用1.5×1.0m的矩形或直径为0.8～1.0m的圆形，其深度视地层的土质和地下水埋藏深度等条件而定，一般为2～3m。

物探方法是一种间接的勘探方法，其优点是经济、迅速，能测定一定空间范围内地质体的三维特征，以配合工程地质测绘及时解决某些问题，也可以配合钻探、坑探更好地了解地下地质现象。物探方法也可以单独使用，解决一些专门问题。但物探方法在使用时受地形条件、地质体物性差异程度等一些客观条件制约，物探成果比较粗略，有时在解释上存在一定困难。所以，物探工作应以测绘工作为指导，并可用钻探和坑探加以验证，它们之间互为补充，应合理配合使用。

钻探和坑探是了解深部地质现象的直接手段，它能取得准确、可靠的第一手地质资料。此外，钻探和坑探能为现场试验及取样、长期观测、地基处理等工作提供便利条件。钻探、坑探工作往往耗费过多人力、物力以及过长的作业时间。因此，一般不轻易使用。工程中常以测绘及物探资料作为勘探设计的依据。

4.1.4 工程地质试验

工程地质试验是为评价工程地质条件和问题以及工程设计、施工提供参数而进行的试验的总称，试验工作可分为室内试验和野外（现场）试验。室内试验是根据不同的试验目的，按一定尺寸现场采集具有代表性的样品，在试验室进行的试验。其优点是方便易行，并能对大量样品进行试验以便统计分析求取参数；突出的缺点是样品尺寸小，脱离了现场地质环境，其成果不能完全反映实际情况。野外试验克服了室内试验的上述严重缺陷，某些方面试验（如岩体裂隙性、透水性、应力状态等试验）只能采用野外试验测定。野外试验优越性明显，但耗费人力、物力，试验周期较长，不可能大量进行。所以，两者常常互为补充，合理配合使用。

4.1.5 工程地质长期观测

在工程地质条件十分复杂而某些问题尚无定论、工程运营期间工作效果检验或某些重要地质现象跟踪监测等情况下，往往要进行长期观测。长期观测工作是其他勘察工作的补充和延续，也是其他工作无法代替的。有的长期观测工作在钻孔、坑洞内进行，需要工程地质勘探工作的配合；有的长期观测工作的原理方法本身属于物探方法，因而，它们之间常常联系密切。鉴于长期观测工作周期长，耗费人力、物力，要视具体情况恰当使用。

4.1.6 勘察资料的分析整理

勘察资料的室内整理工作的主要任务是编制工程地质图表及编写报告书；整理和统计分析岩土物理力学性质指标等。只有通过整理工作，才能使原始数据系统归类，总结出规律性，作为专门问题的分析依据以提供给工程设计使用。这项工作主要是在各勘察阶段后期进行的；同时，在整个勘察过程中应随时进行资料分析整理。

工程地质勘察的最终成果以报告书的形式提出。勘察工作结束后，把取得的野外工作和室内试验的记录和数据以及搜集到的各种直接和间接资料分析推理、检查校对、归纳总结后进行建筑场地的工程地质评价。这些内容，最后以简要明确的文字和图表编成报告书。

勘察报告书的编制必须配合相应的勘察阶段，针对所附的图表可以是下列几种：勘探点平面布置图、工程地质剖面图、地质柱状图或综合地质柱状图、土工试验成果表、其他测试成果图表（如现场载荷试验、标准贯入试验、静力触探试验、旁压试验等）。

为了充分发挥勘察报告在设计和施工工作中的作用，必须重视对勘察报告的阅读和使用。阅读勘察报告应该熟悉勘察报告的主要内容，了解勘察结论和岩土参数的可靠程度，进而判断报告中的建议对该项工程的适用性，从而正确地使用勘察报告。这里，必须把场地的工程地质条件与拟建建筑物具体情况和要求联系起来进行综合分析，既要从场地工程地质条件出发进行设计施工，也要在设计施工中发挥主观能动性，充分利用有利的工程地质条件。

4.2　基础类型

地基基础设计是建筑物设计的一个重要组成部分。基础常用的材料有砖石、混凝土（包括毛石混凝土）、钢筋混凝土等。此外，在我国北方还利用灰土，在南方利用三合土等地方性材料作为基础材料。基础材料的选择决定着基础的强度、耐久性和经济效果，应该采取就地取材、充分利用地方材料的原则，并满足技术经济的要求。

基础依其埋置深度，可分为浅基础及深基础。习惯的提法为：埋深不超过 3～5m 的称为浅基础。实际上浅基础和深基础也没有一个很明确的界限。大多数基础埋深较浅，一般可用比较简便的施工方法来修建，属于浅基础。而采用桩基、沉井、沉箱和地下连续墙等某些特殊的施工方法修建的基础则称为深基础。

设计基础时，要考虑上部结构（建筑物的用途和安全等级、建筑布置、上部结构类型等）、工程地质条件（建筑场地、地基岩土和气候条件等）及其他方面的要求（工期、施工条件、造价和环境保护等）。基础一般采用对称形式，使基础底面形心与荷载作用线位于同一垂线上，避免基础发生倾斜。中心荷载作用下产生的基地压应力 $\boldsymbol{p}$（N/mm^2）假定为均匀分布，则可表示为：

$$\boldsymbol{p}=\frac{\boldsymbol{F}+\boldsymbol{G}}{\boldsymbol{A}} \tag{4-1}$$

式中　$\boldsymbol{F}$——基础上的竖向力（N）；

$\boldsymbol{G}$——基础自重和基础上的土重（N）；

$\boldsymbol{A}$——基础底面积（mm^2）。

为了保证建筑物的安全，基地压应力（$\boldsymbol{p}$）不能超过地基的承载力 f_a，即

$$\boldsymbol{p}\leqslant f_a \tag{4-2}$$

直接支承基础的土层称为持力层，其下的各土层称为下卧层。为了保证建筑物的安全，必须根据荷载的大小和性质给基础选择可靠的持力层，以满足式（4-2）。一般当上层土的承载力能满足要求时，就应选择浅基础，以减少造价；当上层土的承载力低于下层土时，如果取下层土为持力层，所需的基础底面积较小，但埋深大，即采用深基础；在工程应用中，应根据施工难易程度、材料用量（造价）等进行方案比较确定。必要时还可考虑采用基础浅埋加地基处理的设计方案。

凡是基础直接建造在未经加固的天然地层上时，这种地基称为天然地基。若天然地基较软弱，需先经过人工加固，再修建基础，这种地基称为人工地基。天然地基施工简单，造价经济；而人工地基一般比天然地基施工复杂，造价也高。因此，在一般情况下，应尽量采用天然地基。

4.2.1 浅基础类型

天然地基上的浅基础埋置深度较浅，一般不需要地基处理和复杂的施工工艺，开挖的基坑也较浅且坑壁围护结构简单，故施工工期短、造价低，在工程中广为应用。

（1）按基础刚度分类

基础按刚度可分为刚性基础和柔性基础。

1）刚性基础　是指用抗压性能较好，而抗拉、抗剪性能较差的材料建造的基础（图 4-5），常用材料有砖、三合土、灰土、混凝土、毛石、毛石混凝土等。刚性基础需具有非常大的抗弯刚度，受荷后基础不允许挠曲变形和开裂。所以，设计时必须规定基础材料强度及质量、限制台阶宽高比、控制建筑物层高和一定的地基承载力，而无须进行繁杂的内力分析和截面强度计算。刚性基础多用于墙下条形基础和荷载不大的柱下独立基础。

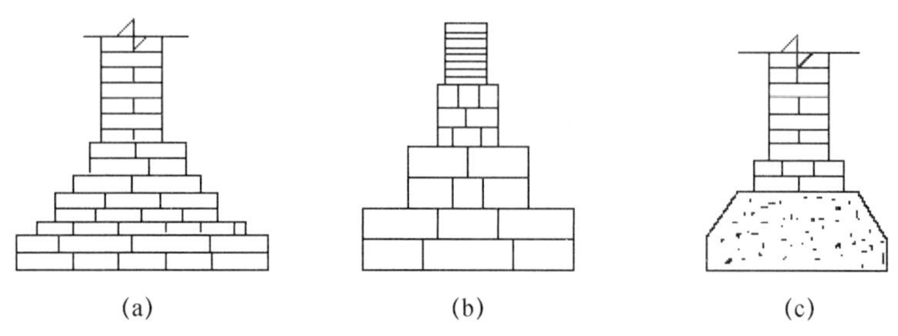

图 4-5　刚性基础

（a）砖基础；（b）砌石基础；（c）素混凝土基础

2）柔性基础　当基础荷载较大，按地基承载力确定的基础底面尺寸也将扩大，为了满足宽高比的要求，相应的基础埋深较大，往往给施工带来不便，此外，刚性基础还存在用料多、自重大等缺点。此时，往往需采用钢筋混凝土材料筑造的基础，这种基础的抗弯和抗剪性能好，可在竖向荷载较大、地基承载力不高以及承受水平力和力矩荷载等情况下使用。由于这类基础的高度不受台阶宽高比的限制，故适用于需要“宽基浅埋”的场合采用。由于钢筋混凝土基础是钢筋受拉、混凝土受压的结构，即当考虑地基与基础相互作用时，将考虑基础的挠曲变形，因此，相对于刚性基础而言，称其为“柔性基础”。

（2）按构造分类

1）独立基础　独立基础（也称“单独基础”）是整个或局部结构物下的无筋或配筋的单个基础。通常柱基、烟囱、水塔、高炉、机器设备基础多采用独立基础（图 4-6）。

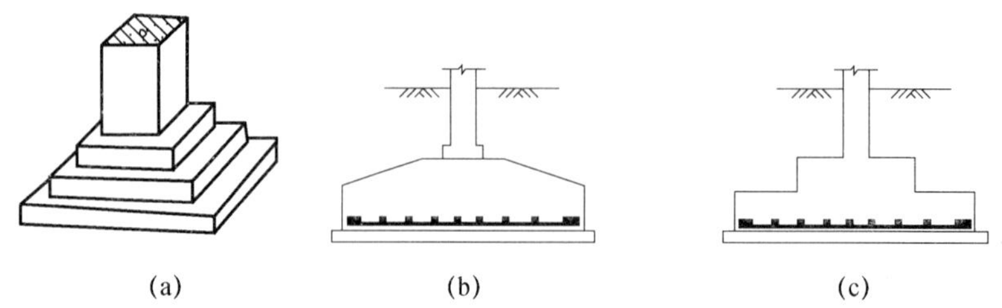

图 4-6　柱下单独基础

（a）、（b）砌石基础；（c）台阶形基础

2）条形基础　条形基础是指基础长度远远小于其宽度的一种基础形式。按上部结构形式，可分为墙下条形基础和柱下条形基础（图 4-7）。

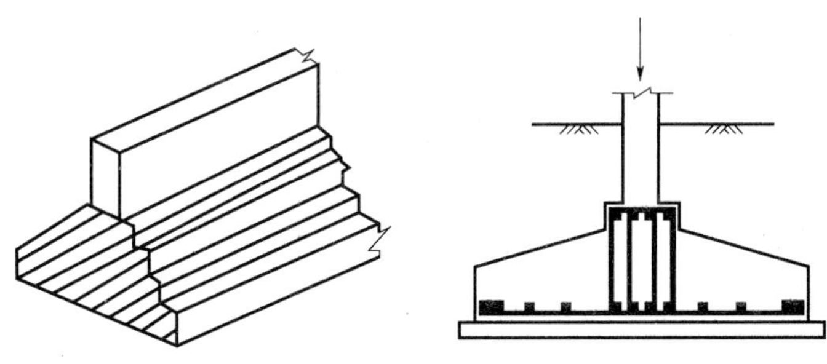

图 4-7　墙下条形基础

3）筏板基础和箱形基础　当柱子或墙传来的荷载很大，地基土较软弱，用单独基础或条形基础都不能满足地基承载力要求时，往往需要把整个房屋底面（或地下室部分）做成一片连续的钢筋混凝土板，作为房屋的基础，称为筏板基础，如图 4-8 所示。为了增加基础板的刚度，以减小不均匀沉降，高层建筑往往把地下室的底板、顶板、侧墙及一定数量的内隔墙一起构成一个整体刚度很强的钢筋混凝土箱形结构，称为箱形基础（图 4-9）。

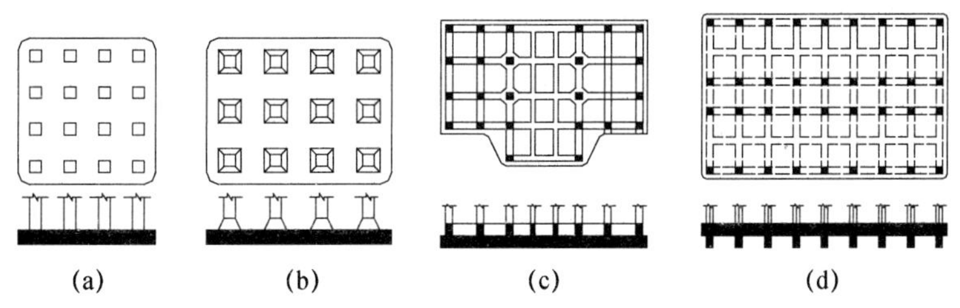

图 4-8　筏板基础
(a)、(b) 平板式；(c)、(d) 肋梁式

4）壳体基础　为改善基础的受力性能，基础的形式可不做成台阶状，而做成各种形式的壳体，称为壳体基础（图 4-10）。高耸建筑物，如烟囱、水塔、电视塔等常做成壳体基础。

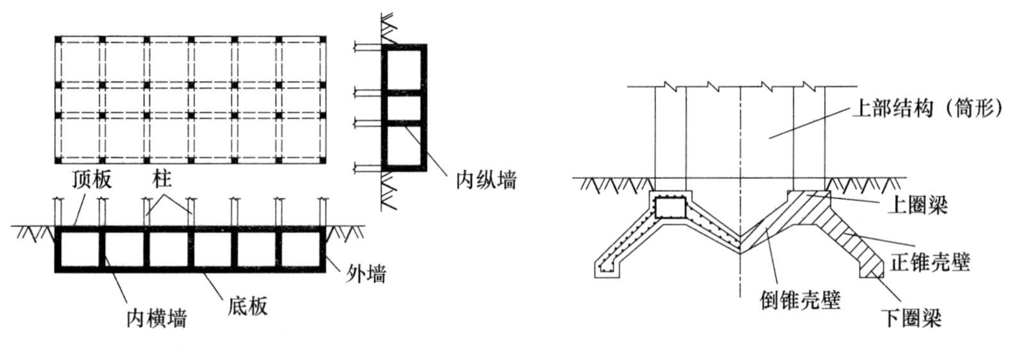

图 4-9　箱形基础

图 4-10　正、倒锥组合壳体基础

4.2.2 减轻不均匀沉降损害的措施

一般地说，地基受力后发生变形使建筑物出现沉降是难以避免的。不同类型的建筑物对地基变形的适应性不同，在验算地基变形时，对不同建筑物应采用不同的地基变形特征与允许变形值进行比较，《建筑地基基础设计规范》（GB 50007—2011）将地基变形特征分为以下四种：

① 沉降量：指基础中心的沉降量，对桩基和高耸结构基础要计算沉降量。

② 沉降差：指两相邻单独基础沉降量的差值，对于建筑物地基不均匀、有相邻荷载影响和荷载差异较大的框架结构、单层排架结构，要验算基础沉降差。

③ 倾斜：指单独基础倾斜方向两端点的沉降差与其距离的比值，对于多层或高层建筑物基础及高耸结构基础，要验算基础的倾斜。

④ 局部倾斜：指砌体承重结构沿纵墙 6～10m 之内基础两点间的沉降差与其距离的比值。根据对实际工程的调查分析可知，砌体结构墙身开裂，大多数都是由于墙身局部倾斜超过允许值所引起的。因此，当地基均匀性较差、荷载差异较大，且建筑体型较复杂时，就需要对墙身进行倾斜验算。

建筑物的地基变形计算值，不应大于地基变形允许值。过量的地基变形将使建筑物损坏或影响其使用功能，特别是软弱地基以及软硬不均匀等不良地基上的建筑物，如果考虑欠周，就更容易因不均匀沉降而开裂损坏。因此，如何防止或减轻不均匀沉降造成的损害，是建筑物设计中必须认真考虑的问题之一。单纯从地基基础的角度出发，通常的解决办法有以下三种：①采用柱下条形基础、筏形基础和箱形基础等；②采用桩基或其他深基础；③采用各种地基处理方法。但是，以上三种方法往往造价偏高，筏形基础和其他深基础以及许多地基处理方法还需要具备一定的施工条件，特定情况下可能难以实施，甚至单纯从地基基础方案的角度出发难以解决问题。因此，我们可以考虑从地基、基础、上部结构相互作用的观点出发，综合选择合理的建筑、结构、施工方案和措施，降低对地基基础处理的要求和难度，同样可达到减轻房屋不均匀沉降损害的预期目的。

（1）工程选址

避开不良地质现象发育的区域，如断层带，选择地基稳定性好的区域。

（2）建筑措施

1）建筑物体型力求简单　建筑物体型系指其平面形状与立面轮廓。平面形状复杂（如“L”“T”“E”“Z”形等）的建筑物，在纵、横单元交叉处基础密集，地基中各单元荷载产生的附加应力互相重叠，使该处的局部沉降量增加；同时，此类建筑物整体刚度差，刚度不对称，当地基出现不均匀沉降时，容易产生扭曲应力，因而更容易使建筑物开裂。建筑物高低（或轻重）变化太大，地基各部分所受的荷载轻重不同，自然也容易出现过量的不均匀沉降。因此，遇软弱地基时，要力求平面形状简单，立面体型变化不宜过大。如图 4-11 所示为建筑物因高差太大而开裂的例子。

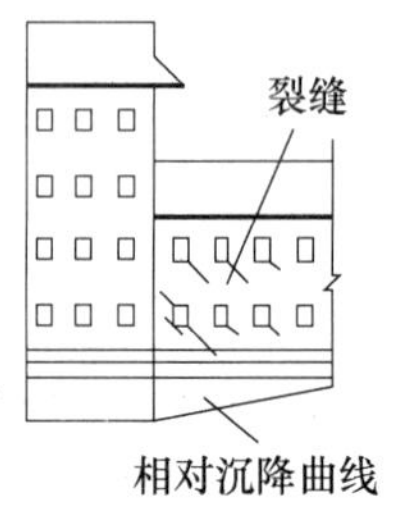

图 4-11　建筑物高差太大而开裂

2）控制建筑物长高比及合理布置纵横墙　长高比大的建筑物整体刚度小，纵墙很容易因挠曲变形过大而开裂，如图 4-12 所示，就是纵墙的长高比达 7.6 的过长建筑物开裂的实例。长高比太大时，可考虑设置沉降缝。

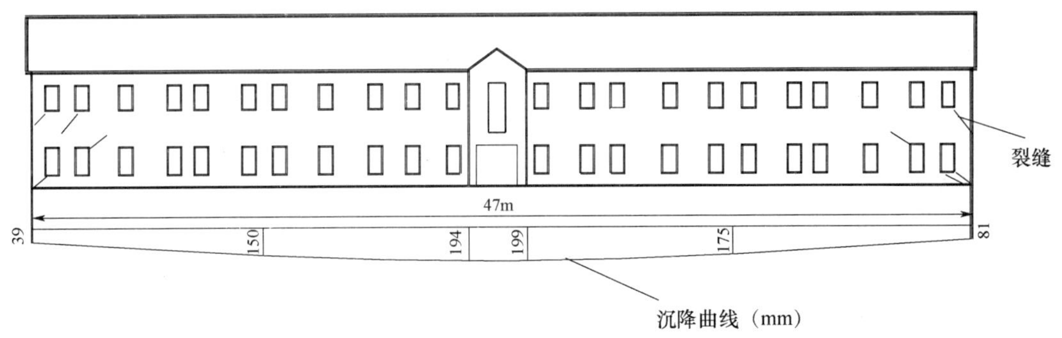

图 4-12　建筑物开裂实例之一

一般地说，房屋的纵向刚度较弱，故地基不均匀沉降的损害主要表现为纵墙的挠曲破坏。内、外纵墙的中断、转折，都会削弱建筑物的纵向刚度，如图 4-13 所示，就是外纵墙多次转折，内纵墙中断的建筑物开裂的实例。当遇地基不良时，应尽量使内、外纵墙都贯通；另外，缩小横墙的间距，也可有效地改善房屋的整体性，从而加强调整不均匀沉降的能力。

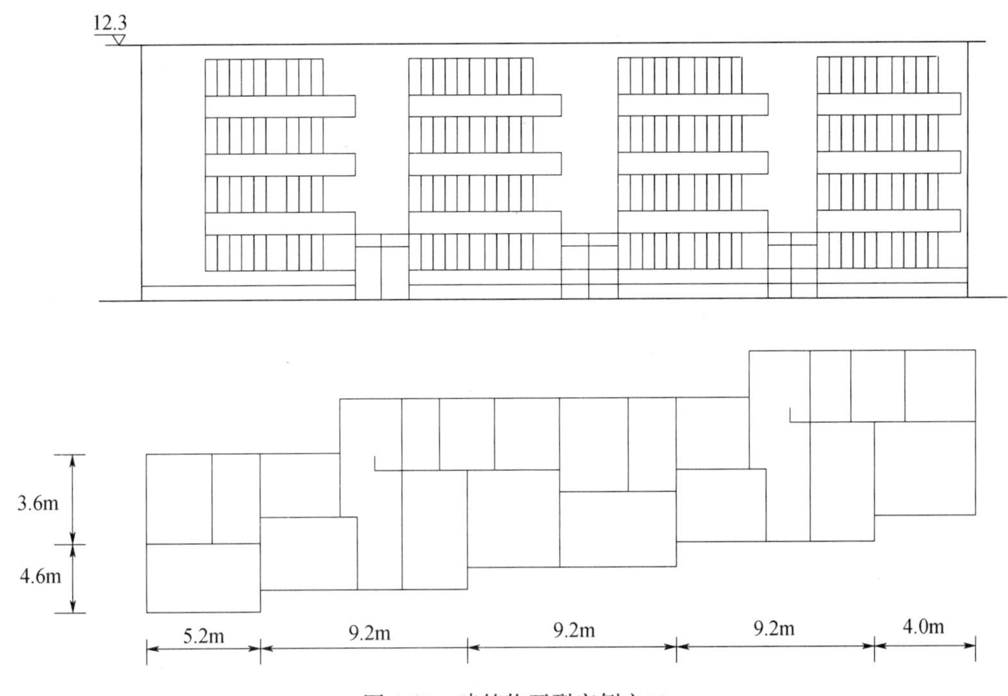

图 4-13　建筑物开裂实例之二

3）设置沉降缝　当地基极不均匀、建筑物平面形状复杂或长度太长、建筑物高差悬殊等情况下，可在建筑物的特定部位设置沉降缝，以有效地减少不均匀沉降的危害。沉降缝是从屋面到基础把建筑物断开，将建筑物划分成若干个长高比较小、体型简单、整体刚度较好、结构类型相同、自成沉降体系的独立单元。根据经验，沉降缝的位置通常选择在下列部位上：

① 平面形状复杂的建筑物的转折部位；

② 建筑物的高度或荷载突变处；

③ 长高比较大的建筑物适当部位；

④ 地基土压缩性显著变化处；

⑤ 建筑结构（包括基础）类型不同处；

⑥ 分期建造房屋的交界处。

沉降缝的构造参见图 4-14。缝内一般不能填塞。沉降缝还要求有一定的宽度，以防止缝两侧单元发生互倾沉降时造成单元结构间的挤压破坏。一般沉降缝的宽度：二、三层房屋为 50～80mm；四、五层房屋为 80～120mm；六层及以上不小于 120mm。

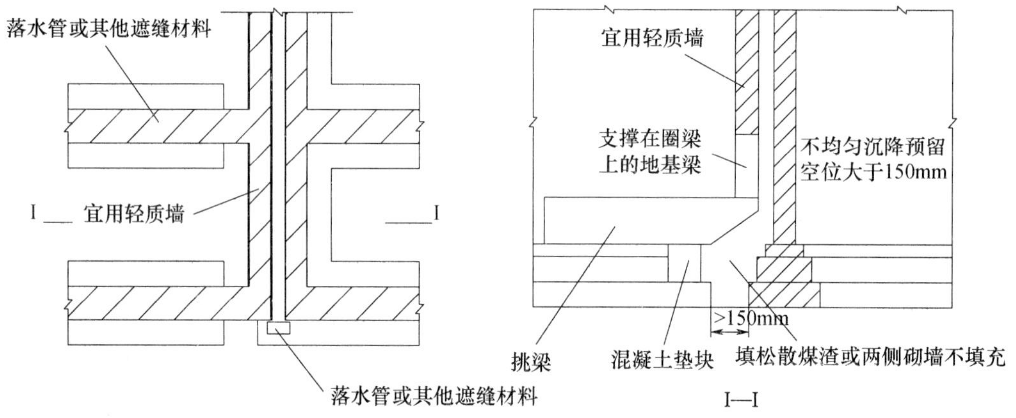

图 4-14　沉降缝构造示意图

沉降缝的造价颇高，且要增加建筑及结构处理上的困难，所以不宜轻率使用。沉降缝可结合伸缩缝设置，在抗震区，最好与抗震缝共用，三缝合一。

4）合理安排建筑物间的距离　由于地基附加应力的扩散作用，使相邻建筑物产生附加不均匀沉降，可能导致建筑物的开裂或互倾。如图 4-15 所示，为原有的一幢二层房屋，在新建五层大楼影响下开裂的实例。

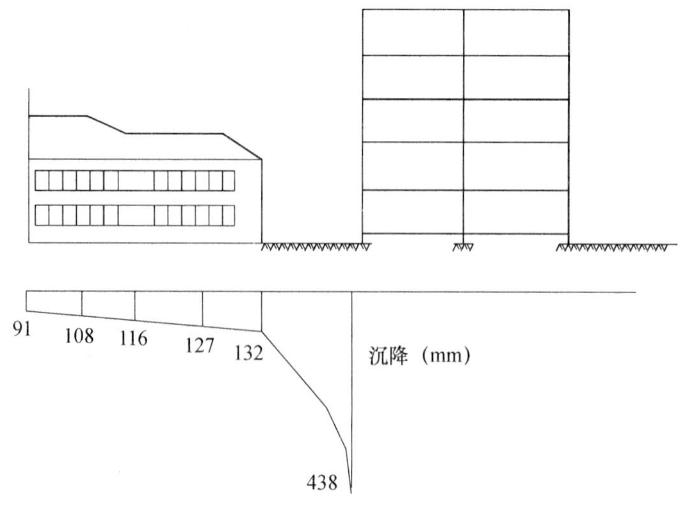

图 4-15　相邻建筑影响实例

5）控制与调整建筑物的各部分标高

基础的沉降将会引起建筑物各组成部分的标高发生变化，从而可能影响建筑物的正常使用。在软土地区，常常可以看到由于沉降过大而造成室内地坪低于室外地坪、地下管道被压坏、设备之间的连接受损坏等现象。为了减少或防止沉降对建筑物正常使用的不利影响，设计时就应根据基础的预估沉降值，适当调整建筑物或其各部分的标高。比较常用的措施有：

① 适当提高室内地坪（不包括单层工业厂房的地坪）和地下设施的标高；

② 建筑物各部分（或设备之间）有联系时，可将沉降较大者的标高提高；

③ 建筑物与设备之间应留有足够的净空；

④ 建筑物有管道穿过时，应预留足够尺寸的孔洞或管道之间采用柔性接头等。

（3）结构措施

1）减轻建筑物自重　基底压力中，建筑物自重（包括基础及回填土重）所占的比例很大，据统计一般工业建筑占 40%～50%，一般民用建筑可高达 60%～80%。因而，减小沉降量可以首先从减轻建筑物自重着手，措施如下：①减轻墙体自重：许多建筑物（特别是民用建筑物）的自重，大部分以墙体自重为主，为了减少这部分自重，宜选择轻型高强墙体材料；②选用轻型结构：采用预应力钢筋混凝土结构、轻钢结构及各种轻型空间结构；③减少基础和回填土质量：首先是尽可能考虑采用浅埋基础（例如，钢筋混凝土独立基础、条形基础、壳体基础等）；如果要求大量抬高室内地坪时，底层可考虑用架空层代替室内厚填土（当整板基础时的效果更佳）。

2）设置圈梁　对于砌体承重房屋，不均匀沉降的损害突出地表现为墙体的开裂。因此，实践中常在基础顶面附近（俗称“地圈梁”）、门窗顶部楼（屋）面处设置圈梁，这是砌体承重结构防止出现裂缝和阻止裂缝开展的一项十分有效的措施。

3）减小或调整基底附加压力　①减小基底附加压力：除了采用本节“减轻建筑物自重”减小基底附加压力外，还可设置地下室（或半地下室、架空层），以挖除的土重去补偿（抵消）一部分甚至全部的建筑物自重，达到减小沉降的目的；②改变基底尺寸：按照沉降控制的要求，选择和调整基础底面尺寸，针对具体工程的不同情况考虑，尽量做到既有效又经济合理。

4）增强上部结构刚度或采用非敏感性结构　根据地基、基础与上部结构共同作用的概念，上部结构的整体刚度很大时，能调整和改善地基的不均匀沉降；与刚性较好的敏感性结构相反，排架、三铰拱等铰接结构，支座发生相对位移时不会引起上部结构中很大的附加应力，故可以避免不均匀沉降对上部主体结构的损害。但是，这类非敏感性结构通常只适用于单层工业厂房、仓库和某些公共建筑。

（4）施工措施

合理安排施工程序、注意某些施工方法，也能收到减小或调整不均匀沉降的效果。

当拟建的相邻建筑物之间轻（低）重（高）悬殊时，一般应按先重后轻的程序施工；有时还需要在重建筑物竣工后歇一段时间后再建造轻的邻近建筑物（或建筑物单元）。当高层建筑的主、裙楼下有地下室时，可在主、裙楼相交的裙楼一侧适当位置设置施工后浇带，同样以先主楼后裙楼的施工顺序进行，以减小不均匀沉降的影响。

细粒土尤其是淤泥及淤泥质土的结构性很强，施工时应尽可能地保持地基土的原状结构。在开挖基槽时，可暂不挖到基底标高，保留约 200mm，等基坑临砌筑或浇筑时再挖，如槽底已扰动，可先挖去扰动部分，再用沙、碎石等回填处理。

（5）后期监测

科学地监测建筑物的沉降变形，可及时发现问题，以便采取有效的手段解决。

4.2.3 深基础

当建筑场地浅层地基土质不能满足建筑物对地基承载力和变形的要求，也不宜采用地基处理等措施时，往往需要以地基深层坚实土层或岩层作为地基持力层，采用深基础方案。深基础主要有桩基础、沉井基础、墩基础和地下连续墙等几种类型，图 4-16 所示为桩基础和墩基础。其中以桩基础的历史最为悠久、应用最为广泛。如我国秦代的渭桥、隋朝的郑州超化寺、五代的杭州湾大海堤以及南京的石头城和上海的龙华塔等，都是我国古代桩基础的典范。近年来，随着生产水平的提高和科学技术的发展，桩的种类、施工机具、施工工艺以及桩基设计理论和设计方法等，都在高速演进和发展。

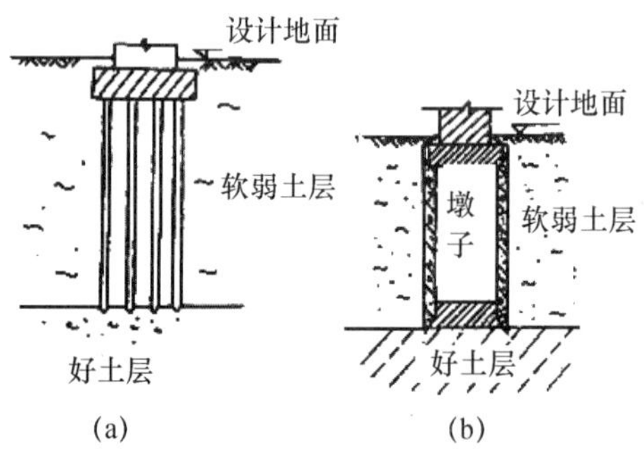

图 4-16　深基础的两种类型

（a）桩基础；（b）墩基础

（1）桩基础

1）桩基设计内容　桩基设计的基本内容包括下列各项：

① 选择桩的类型和几何尺寸；

② 确定单桩竖向（和水平向）承载力设计值；

③ 确定桩的数量、间距和布桩方式；

④ 验算桩基的承载力和沉降；

⑤ 桩身结构设计；

⑥ 承台设计；

⑦ 绘制桩基施工图。

设计桩基时应先根据建筑物的特点和有关要求，进行岩土工程勘察和场地施工条件等资料的收集工作；同时应考虑桩的设置方法及其影响。

2）桩的分类　桩可根据桩身材料、施工方法、成桩过程中挤土效应、承载性状、使用功能及尺寸等进行分类。

按桩身材料不同，可将桩划分为木桩、混凝土桩、钢筋混凝土桩、钢桩、其他组合材料桩，如图 4-17 所示。木桩是最古老的桩型，但是由于资源的限制，易于腐蚀且不易接长等缺点，目前已很少使用。

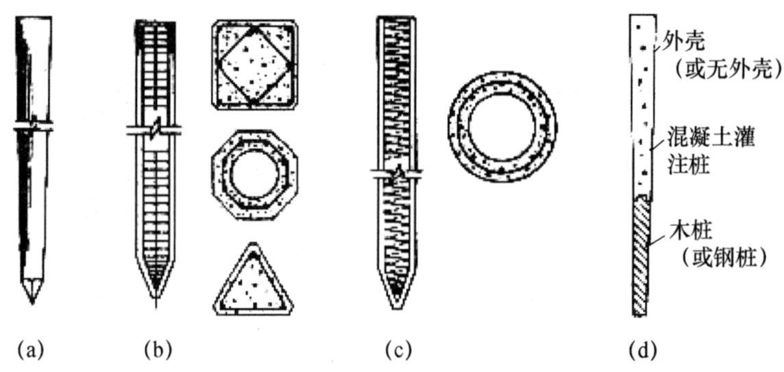

图 4-17　不同材料的桩

（a）木桩；（b）预制混凝土桩；（c）预制混凝土管桩；（d）复合桩

按施工方法可分为预制桩、灌注桩两大类，图 4-18 所示为不同结构形式的混凝土灌注桩。图 4-19 所示为沉管灌注桩施工程序示意图。

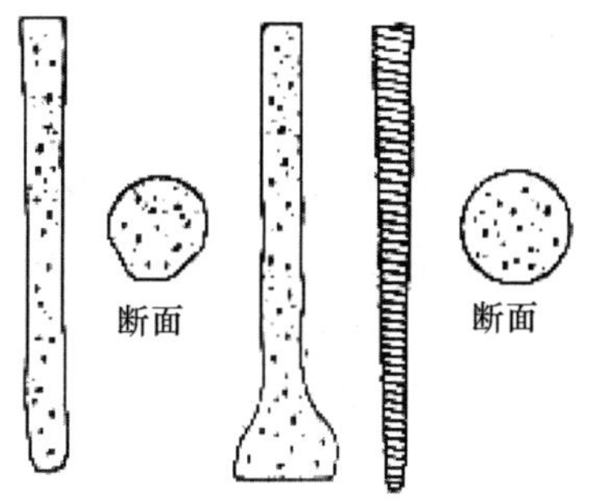

图 4-18　混凝土灌注桩

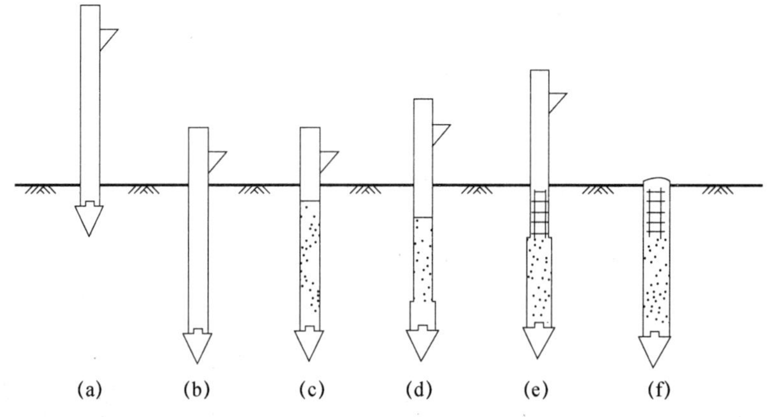

图 4-19　沉管灌注桩的施工程序示意

（a）打桩机就位；（b）沉管；（c）浇灌混凝土；（d）边拔管、边振捣；（e）安放钢筋笼，继续浇灌混凝土；（f）成型

按成桩过程中挤土效应可分为挤土桩、小量挤土桩和非挤土桩三类。随着桩的设置方法（打入或钻孔成桩等）的不同，桩周土所受的排挤作用也很不相同。挤土作用会引起桩周土天然结构、应力状态和性质的变化，从而影响土的性质和桩的承载力。

按达到承载力极限状态时的荷载传递主要方式可将桩分为端承型桩和摩擦型桩两类(图 4-20)。

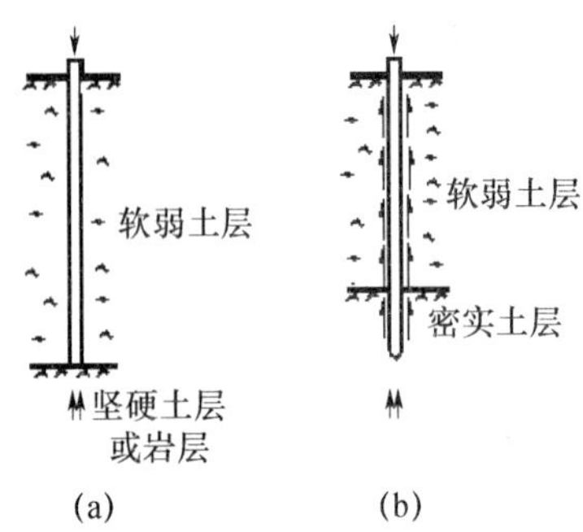

图 4-20　端承型桩和摩擦型桩

(a) 端承型桩；(b) 摩擦型桩

按桩径 d 的大小可以分为大直径桩（$d \geqslant 800$mm）、中等直径桩（250mm$<d<$800mm）和小直径桩（$d \leqslant 250$mm）；按桩长 l（或折算长度）可以分为短桩（$l \leqslant 10$m）、中长桩（10m$<l \leqslant$30m）、长桩（30m$<l \leqslant$60m）和超长桩（$l>$60m）。

（2）地下连续墙

地下连续墙（图 4-21）的优点是刚度大，既挡土又挡水，施工时无振动，噪声低，可用于任何土质。其施工过程是：利用专用的挖槽机械在泥浆护壁下开挖一定长度（一个单元槽段）—挖至设计深度并清除沉渣—插入接头管—吊入钢筋笼—导管浇筑混凝土—待混凝土初凝后拔出接头管—逐段施工。

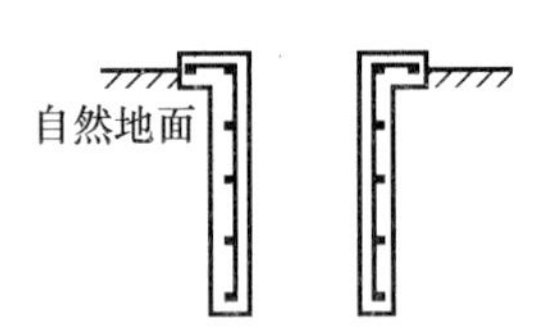

图 4-21　地下连续墙

地下连续墙在成槽之前先要沿设计轴线施工导墙，导墙的作用是挖槽导向、防止槽段上口塌方、存蓄泥浆和作为测量的基准。

（3）墩基础

墩基础是在人工或机械成孔的大直径孔中浇筑混凝土（钢筋混凝土）而成，我国多用人工开挖，亦称大直径人工挖孔桩。墩和桩的工作机理相似，所以许多桩基的设计方法也适用于墩基，但是由于墩体较大、承载力高、刚度大，在许多情况下是单墩工作或者少数墩共同工作，这与群桩基础不同，也比群桩基础中的单桩承担更大的风险。由于墩基承重的复杂性和设计计算方法不完善，所以设计人员必须认真分析周边环境及特殊的条件，进行客观合理的判断与设计。

（4）沉井基础

沉井是以现场浇筑、挖土下沉方式进入地基中的深基础，一般由钢筋混凝土制成。沉井由于断面尺寸大、承载力高而可以作为高、大、重型结构物的基础，在桥梁、水闸及港口等工程中广泛应用，也可用作抽水站的进水池、地下储水池和储油池等。由于施工方便，对邻近建筑物影响小，其本身既可挡土也可挡水，所以沉井成为水下、水边和软土地基中建筑物基础的重要形式。同时由于可以利用它的内部空间，所以也是地下建筑物的主要形式。图 4-22（a）所示为 2007 年开建、2011 年竣工的泰州长江大桥的沉井基础施工现场。

(a)

(b)

图4-22　泰州长江大桥
(a) 施工中的沉井基础；(b) 竣工后的大桥

4.3　地基处理

4.3.1　地基处理的对象与目的

地基处理的历史可追溯到古代，我国劳动人民在地基处理方面有着极其宝贵的丰富经验，许多现代的地基处理技术都可在古代找到它的雏形。根据历史记载，早在两千年前就已采用了软土中夯入碎石等压密土层的夯实法；灰土和三合土的垫层法，也是我国古代传统的建筑技术之一；我国古代在沿海地区极其软弱的地基上修建海塘时，采用每年农闲时逐年填筑，即现代堆载预压法中称为分期填筑的方法，利用前期荷载使地基逐年固结，从而提高土的抗剪强度，以适应下一期荷载的施加，这就是我国古代劳动人民在软土地基中从实践中积累的宝贵经验。

地基处理的对象是软弱地基和特殊土地基。

我国的《建筑地基基础设计规范》(GB 50007—2011) 中明确规定："软弱地基系指主要由淤泥、淤泥质土、冲填土、杂填土或其他高压缩性土层构成的地基"。特殊土地基带有地区性特点，它包括软土、湿陷性黄土、膨胀土、红黏土和冻土等地基。

地基处理的目的是采用各种地基处理方法以改善地基条件，这些措施包括以下五个方面的内容：

(1) 改善剪切特性

地基的剪切破坏表现在建筑物的地基承载力不够；使结构失稳或土方开挖时边坡失稳；使临近地基产生隆起或基坑开挖时坑底隆起。因此，为了防止剪切破坏，就需要采取增加地基土的抗剪强度的措施。

(2) 改善压缩特性

地基的高压缩性表现在建筑物的沉降和差异沉降大，因此，需要采取措施提高地基土的压缩模量。

(3) 改善透水特性

地基的透水性表现在堤坝、房屋等基础产生的地基渗漏；基坑开挖过程中产生流沙和管涌。因此需要研究和采取使地基土变成不透水或减少其水压力的措施。

(4) 改善动力特性

地基的动力特性表现在地震时粉、沙土将会产生液化；由于交通荷载或打桩等原因，使邻近地基产生振动下沉。因此，需要研究和采取防止地基土液化，并改善振动特性以提高地基抗震性能的措施。

(5) 改善特殊土的不良地基的特性

主要是指消除或减少黄土的湿陷性和膨胀土的胀缩性等地基处理的措施。

4.3.2 地基处理的方法与方案选择

(1) 换填法

当建筑物基础下的持力层比较软弱、不能满足上部结构荷载对地基的要求时，常采用换土垫层来处理软弱地基。即将基础下一定范围内的土层挖去，然后回填以强度较大的沙、碎石或灰土等，同时用人工或机械方法进行表层压、夯、振动等处理至密实，满足工程要求的全过程，如图 4-23 所示。换填垫层法常用于处理轻型建筑、地坪、堆料场及道路工程等。

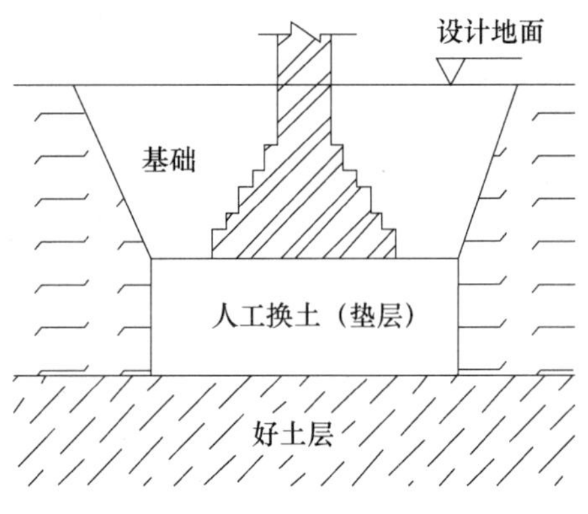

图 4-23　地基用换填法处理

(2) 深层密实法

深层密实法是指采用爆破、夯击、挤压和振动等方法，对松散地基土进行振密和挤密。它和浅层地基加固相比，不仅其所用的施工机具不同，而且它可以使地基土在较大深度范围内得以密实。深层密实法也是当代地基处理工程的重大发展之一。

1) 爆破法　是将炸药放在地面深处，引爆后在地基土内产生高速压力波，爆炸源附近的区域内，压力波使土的疏松结构液化，形成密实结构，以达到地基土加固的目的。如果在水下土面以上较小高度处设置炸药引爆，则对水下土层亦可起到加固作用，它适用于沙土类土，国内很少使用。

2) 强夯法　是法国 L. 梅纳 (Menard) 1969 年首创的一种地基加固方法，即用几十吨重锤从高处落下，反复多次夯击地面，对地基进行强力夯实。实践证明，经夯击后的地基承载力可提高 2～5 倍，压缩性可降低 200%～500%，影响深度在 10m 以上。强夯法处理的工程应用范围极为广泛，有工业与民用建筑、仓库、油罐、储仓地基，公路和铁路路基，飞机场跑道及码头等。

3) 挤密法　是以振动、冲击或带套管等方法成孔，然后向孔中填入沙、石、土（或二灰、灰土)、石灰或其他材料，再加以振实而形成较大直径桩体的方法。按填入材料的不同，可将挤密桩分为沙桩、碎石桩、土（或二灰、灰土）桩和石灰桩。挤密桩主要靠桩管打入地基时对地基土的横向挤密作用，使土粒彼此移动，小颗粒填入大颗粒空隙中，空隙减小，土的骨架作用随之增强，从而使土的抗剪强度提高、压缩性减小。挤密桩属于柔性桩的范畴。

4）沙石桩法　振动沉管沙石桩是振动沉管沙石桩和振动沉管碎石桩的简称。振动沉管沙石桩就是在振动机的振动作用下，把套管打入规定的设计深度，夯管入土后，挤密了套管周围土体，然后在套管中投入沙石，再排沙石于土中，振动密实成桩，多次循环后就成为沙石桩。也可采用锤击沉管方法。桩与桩间土形成复合地基，从而提高地基的承载力和防止沙土振动液化，也可用于增大软弱黏性土的整体稳定性。其处理深度达 10m 左右。

5）水泥粉煤灰碎石桩（Cement Fly-ash Gravel Pile）简称 CFG 桩，是在碎石桩的基础上掺入适量石屑、粉煤灰和少量水泥，加水拌和后制成的一种具有一定胶结强度的桩体。CFG 桩是近几年发展起来的一种新的地基处理方法。与传统的碎石桩法（承载力提高约 1 倍）相比，CFG 桩是一种低强度混凝土桩，因而可以较大幅度地提高地基承载力。CFG 桩法适用于处理黏性土、粉土、沙土和自重固结的素填土等地基。

（3）排水固结法

排水固结法亦称预压法，是一种有效的软土地基处理方法。该方法的实质是，在建筑物或构筑物建造前，先在拟建场地上施加或分级施加与其相当的荷载，使土体中孔隙水排出，孔隙体积变小，土体密实，可提高地基承载力和稳定性。堆载预压法处理深度一般达 10m 左右，真空预压法处理深度可达 15m 左右。排水固结法能解决软黏土地基的沉降和稳定问题。可使地基的沉降在预压期间基本完成或大部分完成，保证建筑物在使用期间不致产生过大的沉降和沉降差（图 4-24）。

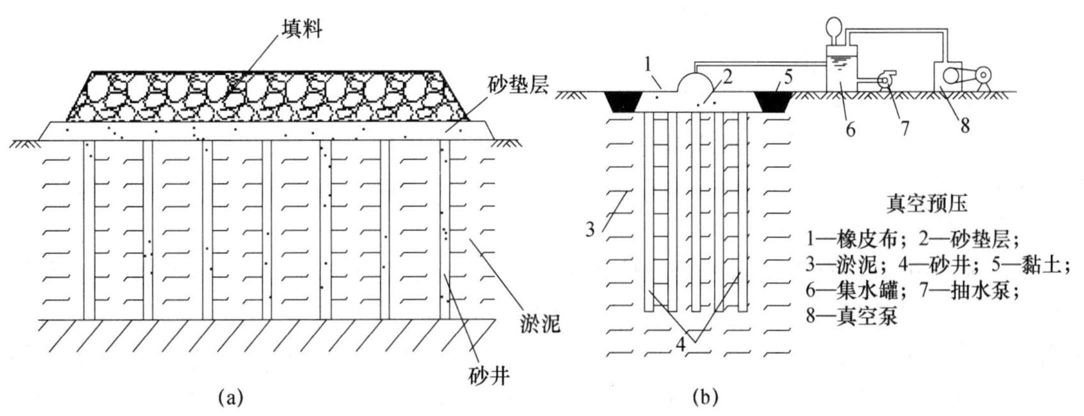

图 4-24　地基用预压法处理

（a）用堆载预压法；（b）真空预压法

（4）化学加固法

化学加固法是指利用水泥浆液、黏土浆液或其他化学浆液通过灌注压入、机械搅拌或高压喷射，使浆液与土颗粒胶结起来，以改善地基土的物理和力学性质的地基处理方法。

灌浆法是指利用液压、气压或电化学原理，通过注浆管把浆液均匀地注入地层中，浆液通过填充、渗透和挤密等方式，赶走土体颗粒间或岩石裂隙中的水气后占据其位置，硬化后形成一个结构新、强度大、防水性能高和化学稳定性良好的结石体。

高压喷射注浆是以高压喷射流直接冲击、破坏土体，浆液与土以半置换或全置换凝固为固结体的高压喷射注浆法，从施工方法、加固质量到适用范围，不但与静压注浆法有所不同，而且与其他地基处理方法相比，亦有独到之处。高压喷射注浆法的主要特征有：

1）适用的范围较广：它既可用于工程新建之前，也可用于工程修建之中，特别是用于工程落成之后，显示出不损坏建筑物的上部结构和不影响运营使用的长处。

2）施工简便：旋喷施工时，只需在土层中钻一个孔径为 50mm 或 300mm 的小孔，便可在土中喷射成直径为 0.4～4.0m 的固结体，因而能贴近已有建筑物基础建设新建筑物。此外能灵活地成型，它既可在钻孔的全长成柱型固结体，也可仅作其中一段，如在钻孔的中间任何部位。

3）固结体形状可以控制：为满足工程的需要，在旋喷过程中，可调整旋喷速度和提升速度，增减喷射压力，可更换喷嘴孔径改变流量，使固结体成为设计所需要的形状。

4）可垂直喷射亦可倾斜和水平喷射：一般情况下，采用在地面进行垂直喷射注浆，而在隧道、矿山井巷工程、地下铁道等建设中，亦可采用倾斜和水平喷射注浆。

5）有较好的耐久性：在一般的软弱地基加固中，能预期得到稳定的加固效果并有较好的耐久性能，可用于永久性工程。

（5）水泥土搅拌法

水泥土搅拌法分为深层搅拌法（简称湿法）和粉体喷搅法（简称干法）。水泥土搅拌法适用于处理正常固结的淤泥与淤泥质土、粉土、饱和黄土、素填土、黏性土以及无流动地下水的饱和松散沙土等地基。

深层搅拌法系利用水泥或其他固化剂通过特制的搅拌机械，在地基中将水泥和土体强制拌和，使软弱土硬结成整体，形成具有水稳性和足够强度的水泥土桩或地下连续墙，处理深度可达 8～12m。施工过程：定位—沉入底部—喷浆搅拌（上升）—重复搅拌（下沉）—重复搅拌（上升）—完毕。

粉体喷搅法是以石灰、水泥等粉体固化材料，通过专用的粉体搅拌机械用压缩空气将粉体送到软弱地层中。凭借钻头叶片，在原位进行强制搅拌，形成土和掺合料的混合物。使其产生一系列的物理—化学反应，从而形成柱状加固体，提高土的稳定性能和力学性能。一般在掺入 15％水泥的情况下，90d 龄期的无侧限抗压强度可达 20MPa。

水泥土搅拌法加固软土的独特优点是：最大限度地利用了原土；搅拌时的施工对原有建筑物影响很小；根据地基土的不同性质和工程要求，可以合理选择固化剂的类型及其配方，设计灵活；搅拌时无振动、无污染、无噪声，可在市区内和密集建筑群中施工；加固后土体的重度基本不变，不会产生附加沉降；与钢筋混凝土桩基相比，降低成本的幅度较大；可根据上部结构的需要，灵活地采用柱状、壁状、格栅状和块状等进行加固。

（6）加筋土技术

加筋土是一种在土中加入加筋材料而形成的复合土。在土中加入加筋材料可以提高土体的强度，增强土体的稳定性。现代加筋土技术是由法国工程师 Hemi Vidal 于 20 世纪 60 年代首先提出的，并于 20 世纪 80 年代初引入我国，现已在水利、铁路、公路、港口和建筑工程中得到大量应用，解决了许多土木工程中的技术难题，取得了良好的社会效益和经济效益，因而该技术得以蓬勃发展。

加筋土结构中，筋土间的摩擦特性对结构的性状有着十分重要的影响。工程应用中，筋土间的摩擦特性通常由室内摩擦（剪切）试验、拉拔试验或现场足尺试验来测定。前者主要用于验算筋土界面的抗剪切强度，后者则用来确定土中筋材受拉时的抗拔强度。目前，用于加筋土技术的筋体材料大致可分为两类：一类是刚度较大的刚性筋材，如各种钢筋质的条带；另一类是刚度较小的柔性筋材，如各种土工织物及土工格栅。从目前应用来看，以柔性筋材居多。

加筋土技术应用于工程结构中形成加筋土结构，目前，在工程中应用较多的是加筋土挡墙、加筋土边坡、加筋土地基（软基处理）。加筋土边坡一般由钢塑复合拉筋带（或土工格栅）和土体填料组成。根据工程条件和需要，坡面可设面板，也可不设面板。加筋土挡土墙是在土中加入拉筋，利用拉筋与土之间的摩擦作用，改善土体的变形条件和提高土体的工程特性，从而达到稳定土体的目的。一般应用于地形较为平坦且宽敞的填方路段上，在挖方路段或地形陡峭的山坡，由于不利于布置拉筋，一般不宜使用。加筋土是柔性结构物，能够适应地基轻微的变形，填土引起的地基变形对加筋土挡土墙的稳定性影响比对其他结构物小，地基的处理也较简便；它是一种很好的抗震结构物；节约占地，造型美观；造价比较低，具有良好的经济效益。

4.4　工程案例——某学院动力馆地基处理工程

4.4.1　工程概况

某学院动力馆是三层混合结构，建造在冲填土的暗浜范围内，上部建筑正立面与基础平剖面布置如图 4-25 和图 4-26 所示。

建筑物场地系一池塘，冲填时塘底淤泥未挖除，地下水位较高，冲填龄期虽然已达 40 年之久，但仍未能固结。其主要物理力学性质指标见表 4-1。在基础平面外冲填土层曾做过两个载荷试验，地基承载力标准值为 50kPa 和 70kPa。

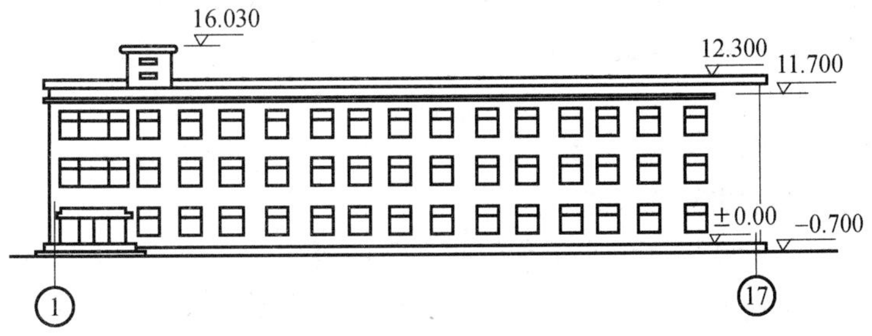

图 4-25　建筑物正立面

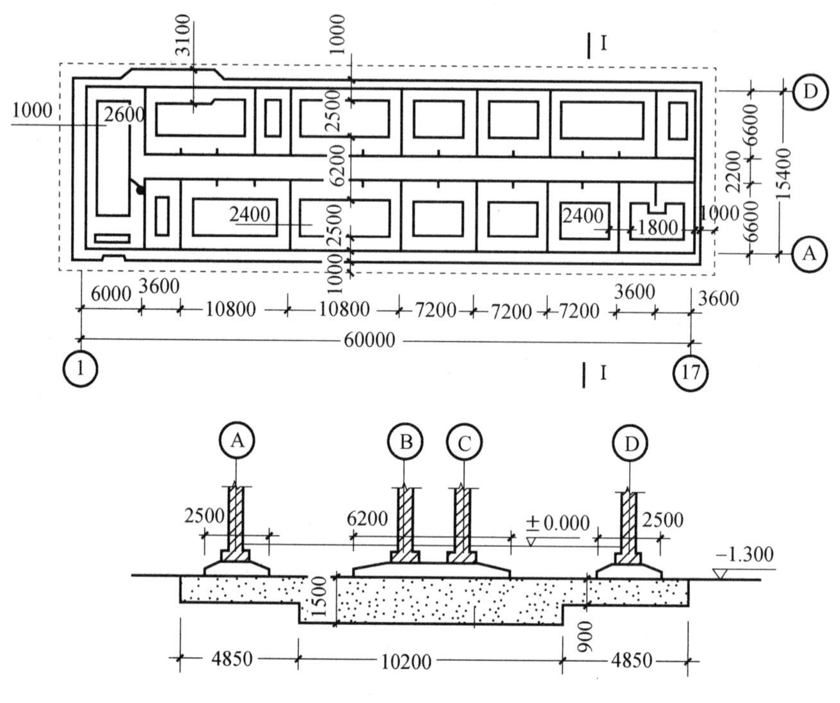

图 4-26　基础平剖面

表 4-1　地基土主要物理力学指标

土层类别	土层厚度 (m)	层底标高 (m)	ω (°)	γ (kN/m³)	I_1	e	c (kPa)	φ' (°)	a_{1-2} (MPa^{-1})	f (kPa)
褐黄色冲填土	1.0	+3.38								
灰色冲填土	2.3	+1.08	35.6	17.74	11.3	1.04	8.8	22.5	0.29	
塘底淤泥	0.5	+0.58	43.9	16.95	14.5	1.30	8.8	16	0.61	
淤泥质粉质黏土	7	−6.2	34.2	18.23	11.5	1.00	8.8	21	0.43	98
淤泥质黏土	未穿		53	16.66	20	1.47	9.8	11.5		59

4.4.2　加固方案及效果

（1）加固方案

设计时曾经考虑了四种方案：

1）挖除填土。将基础“落深”，如将基础“落深”至淤泥质粉质黏土层内，需挖土 4m，因而土方工程量大，地下水位又高，池塘淤泥渗透性差，采用井点降水效果估计不够理想，且施工也十分困难。

2）打钢筋混凝土 20cm×20cm 短桩，长度 5～8m，单桩承载力 50～80kN。通常以暗浜下有黏质粉土和粉沙的效果较为显著。

当无试验资料时，桩基设计可假定承台底面下的桩与承台底面下的土起共同支承作用。计算时一般按桩承受荷载的 70%计算，但地基土承受的荷载不宜超过 30kPa。本工程因冲填土尚未固结，需做架空地板，这样也会增加工程造价。

3）采用基础梁跨越。本工程因暗浜宽度太大，因而不可能选用基础梁跨越方法。

4）采用沙垫层置换部分冲填土。沙垫层厚度选用 0.9m 和 1.5m 两种，辅以井点降水，并适当降低基底压力，控制基底压力为 74kPa，经分析研究，最后决定采用本方案。施工时，垫层材料采用中沙，使用平板振动器分层振实，控制土的干密度为 $1.6t/m^3$。建筑物四周布置井点，开始时井管滤头进入淤泥质粉质黏土层内，但因暗浜底淤泥的渗透性差，降水效果欠佳，最后补打井点，将滤头提高至填土层层底。

（2）加固效果

由于纵横条形基础和沙垫层处理起到了均匀传递扩散压力的作用，并改善了暗浜内列、填土的排水固结条件。冲填土和淤泥在承受上部荷载后，孔隙水压力可通过沙垫层排水消散，地基土逐渐固结，强度也随之提高。实测沉降量约为 200mm，在规范容许沉降范围以内，实际使用效果良好。

第5章　房屋建筑工程

建筑工程是土木工程学科中最有代表性的分支，主要解决社会和科技发展所需的“衣、食、住、行”中“住”的问题。具体表现为形成人类活动所需要的、功能良好和舒适美观的空间，能同时满足人类物质方面以及精神方面的需要。

建筑工程是运用数学、物理、化学等基础知识和力学、材料等技术知识，以及专业知识研究各种建筑物设计、修建的一门学科。建筑工程是兴建房屋的规划、勘察、设计（建筑、结构和设备）、施工的总称。随着我国改革开放的不断深入、国民经济的发展、房地产业的兴起、城市建设的提升，极大地推动了我国建筑业的发展。

5.1　建筑工程的类别和结构形式

一般情况下，建筑工程的对象是指建筑物和构筑物。建筑物是指供人们生活居住、工作学习、娱乐和从事生产的建筑（如住宅、教学楼、办公楼、厂房或体育馆、影剧院等）；而人们不在其中生产、生活的建筑则称为构筑物（如烟囱、水塔、栈桥、堤坝、挡土墙及蓄水池等）。任何建（构）筑物都是由基础、墙柱、楼板、屋盖等构件所组成。这些构件相互连接、相互支撑、单独或协同承受各种作用，构成了建筑的承重骨架——建筑结构（或结构体系）。

建筑工程的分类方法有多种，可以按建筑的层数分，也可以按建筑结构采用的材料或者建筑的使用性质分，还可以按建筑的结构体系（或称建筑主体结构形式）分等。

5.1.1　按建筑的层数分类

建筑工程按层数可分为单层建筑、多层建筑、高层建筑和超高层建筑。一般将2～9层的房屋称为多层建筑；10层及以上的居住建筑或建筑高度在28m以上的公共建筑称为高层建筑；超过100m的高层建筑称为超高层建筑。

5.1.2　按建筑采用的材料分类

根据建筑结构所采用的主体材料的不同，可将建筑物分为以下几种形式。

（1）砌体结构

主要构件采用砖、石、混凝土砌块等用砂浆砌筑形成的结构，习惯上称为砖混结构。这种结构适用于跨度小、高度不高的单层与多层建筑。

（2）钢筋混凝土结构

主要构件采用钢筋混凝土或者预应力混凝土制作，是目前土木工程中广泛应用的结构。该结构利用钢筋与混凝土之间存在的黏结作用，使两者能共同受力，充分发挥两种材料的性能特点，形成强度较高、刚度较大的结构构件，可以认为钢筋混凝土结构是当今最有发展前途的结构。

(3) 钢结构

主要构件采用各种热轧型钢、冷弯薄壁型钢或钢管通过焊接、螺栓或铆钉等连接方法连接而成的结构。钢结构常用于跨度大、高度高、荷载大、动力作用大的各种建筑及其他土木工程结构中。

(4) 木结构

主要构件采用方木、圆木、条木等通过齿、螺栓、钉、键和胶连接而成的结构。木结构的应用历史悠久，我国现存 700 年以上的木结构有 30 多处。近几年发展起来的新型木结构，是将木料或木料与胶合板拼接成形状与尺寸符合要求，又具有整体木材效能的结构构件，具有较广的应用前景。

(5) 其他结构

随着建筑材料的不断发展，不断涌现出一些新型的其他结构，如膜结构、薄壳结构、充气结构等。

5.1.3 按建筑的使用性质分类

建筑按其使用性质一般可以分为民用建筑、工业建筑、农业建筑和特种建筑等四大类。

(1) 民用建筑

主要供人们生活使用的建筑物，如住宅、电影院、写字楼、医院等。按建筑的使用功能，民用建筑还可以分为以下几类。

1) 住宅建筑：如别墅、宿舍、公寓等。其特点是它的内部房间的尺度虽小但使用布局却十分重要，对朝向、采光、隔热和隔声等建筑技术问题有较高要求。它的主要结构构件为楼板和墙体，层数 1～2 层至 10～30 层甚至更多。

2) 公共建筑：如展览馆、影剧院、体育馆、候机大厅等。它是大量人群聚集的场所，室内空间和尺度都很大，人流走向问题突出，对使用功能及其设施的要求很高。经常采用将梁柱连接在一起的大跨度框架结构以及网架、拱、壳结构等为主体的结构，层数以单层或低层为主。

3) 商业建筑：如商店、银行、商业写字楼等。由于它也是人群聚集的场所，因此有着与公共建筑类似的要求。但它往往可以做成高层建筑，对结构体系和结构形式有较高的要求。

4) 文教卫生建筑：如图书馆、试验楼、医院等。这类建筑有较强的针对性，如图书馆有书库、试验楼要安置特殊试验设备、医院有手术室和各种医疗设施。这种建筑物经常采用框架结构，层数以 4～9 层的多层为主。

(2) 工业建筑

主要供生产用的建（构）筑物，如重型机械厂房、纺织厂房、制药厂房、食品厂房等。这类建筑往往有很大的荷载、沉重的撞击和振动，需要巨大的空间，而且经常有湿度、温度、防爆、防尘、防菌、洁净等特殊要求，以及要考虑生产产品的起吊运输设备和生产路线等。

(3) 农业建筑

主要进行农业生产的建筑，如暖棚、畜牧场、大型养鸡场等。

（4）特种建筑

主要指具有特种用途的工程结构，如水池、水塔、烟囱、电视塔等构筑物。

5.1.4 按建筑的结构体系分类

（1）墙体结构

利用建筑物的墙体作为竖向承重和抵抗水平荷载（如风荷载或水平地震荷载）的结构。墙体同时也可作为围护及房间分隔构件用。另外，在高层建筑中墙体结构也称为剪力墙结构，如图 5-1（a）所示。

（2）框架结构

采用梁、柱组成的框架作为建筑的竖向承重结构，同时承受水平荷载。其中，梁和柱整体连接，相互之间不能自由转动但可以承受弯矩时，称为刚接框架结构；如梁和柱非整体连接，其间可以自由转动但不能承受弯矩时，称为铰接框架结构，如图 5-1（b）所示。

（3）错列桁架结构

利用整层高的桁架横向跨越房屋两外柱之间的空间，并利用桁架交替在各楼层平面上错列的方法增加整个房屋的刚度，也使居住单元的布置更加灵活，这种结构体系称为错列桁架结构，如图 5-1（c）所示。

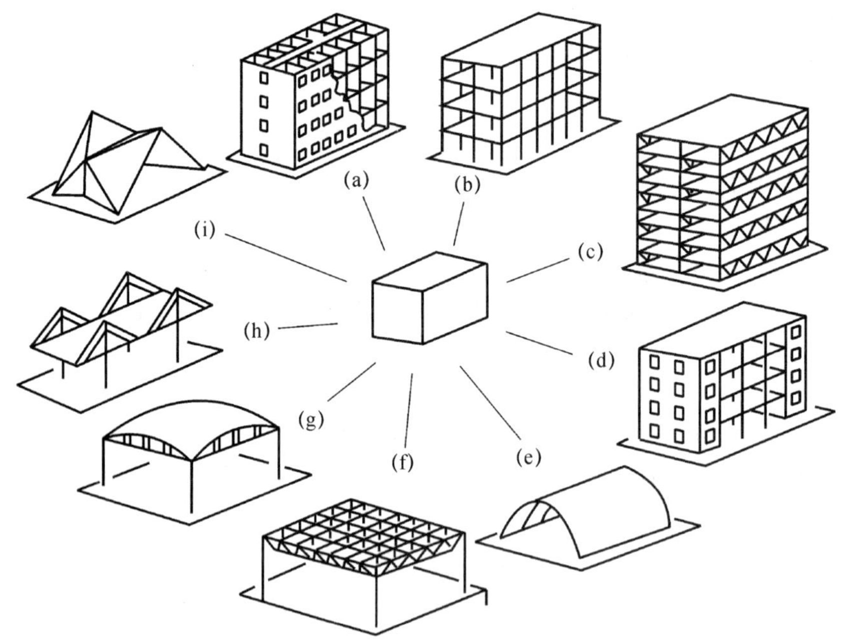

图 5-1　房屋建筑主体结构各种形式示意图

（a）墙体结构；（b）框架结构；（c）错列桁架结构；（d）筒体结构；
（e）拱结构；（f）网架结构；（g）空间薄壳结构；（h）钢索结构；（i）空间折板结构

（4）筒体结构

利用房间四周墙体形成的封闭筒体（也可利用房屋外围由间距很密的柱与截面很高的梁，组成一个形式上像框架，实质上是一个有许多窗洞的筒体）作为主要抵抗水平荷载的结构，也可以利用框架和筒体组合成框架-筒体结构。如图 5-1（d）所示。

（5）拱结构

以在一个平面内受力的由曲线（或折线）形构件组成的拱所形成的结构，来承受整个建筑的竖向荷载和水平荷载的结构，如图 5-1（e）所示。

（6）网架结构

由多根杆件按照一定的网格形式，通过节点连接而成的空间结构，具有空间受力、质量轻、刚度大、可跨越较大跨度、抗震性能好等优点，如图 5-1（f）所示。

（7）空间薄壳结构

由曲面形板与边缘构件（梁、拱或桁架）组成的空间结构。它能以较薄的板面形成承载能力强、刚度大的承重结构，并能覆盖大跨度的空间而无须中间设柱，如图 5-1（g）所示。

（8）钢索结构

楼面荷载通过吊索或吊杆传递到支承柱上去，再由柱传递到基础结构，如图 5-1（h）所示。这种结构形式类似悬索结构的桥梁。

（9）空间折板结构

由多块平板组合而成的空间结构，是一种既能承重又可围护，用料较省，刚度较大的薄壁结构，如图 5-1（i）所示。

5.2　单层与多层建筑

5.2.1　单层建筑

单层建筑一般可以分为一般单层建筑和大跨度单层建筑。

（1）一般单层建筑

公用建筑如别墅、大礼堂、影剧院、工程结构试验室、工业厂房以及仓库等，往往采用单层结构。单层民用建筑在我国城市的应用越来越少，下面主要介绍单层工业厂房。

工业厂房按层数可以分为单层厂房、多层厂房。因为机械制造类和冶金类厂房设有重型设备，生产的产品重、体积大，因此多采用单层厂房。

单层工业厂房按承重结构所采用的材料，可以分为混合结构（砖柱、钢筋混凝土屋架或轻钢屋架）、混凝土结构（钢筋混凝土柱、钢筋混凝土屋架或预应力混凝土屋架）和全钢屋架（钢柱、钢屋架）三类。按结构形式可分为排架结构（图 5-2）和刚架结构，刚架结构一般采用门式刚架（图 5-3），按铰的个数可分为无铰门架、两铰门架和三铰门架。

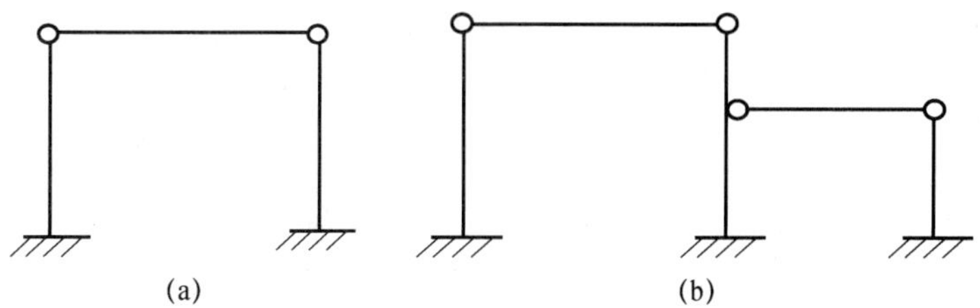

图 5-2　排架计算简图

（a）单跨等高排架；（b）两跨不等高排架

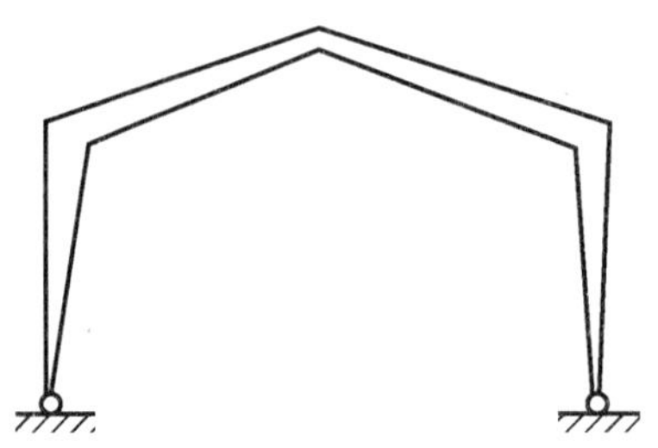

图 5-3　两铰门式刚架

图 5-4 为常见的装配式钢筋混凝土单层工业厂房结构，它是由多个构件组成的空间整体。根据组成构件的不同作用，可以分为承重结构、支撑结构以及围护结构三大类。直接承受荷载并将荷载传递给其他构件的，如屋面结构［包括屋面板（包括天沟板）、屋架或屋面梁（包括屋盖支撑）、天窗架、托架等］、柱、吊车梁和基础，是单层工业厂房的主要承重构件。支撑体系包括屋盖支撑和柱间支撑，主要作用是加强厂房结构的空间刚度，并保证结构构件在安装和使用阶段的稳定和安全；同时起着把风荷载、吊车水平荷载或水平地震作用等传递到主要承重构件上去的作用。围护结构包括纵墙、横墙（山墙）、连系梁、抗风柱（有时还有抗风梁或抗风桁架）、基础梁等构件，主要承受墙面上的风荷载及自重，并将其传到基础梁上。

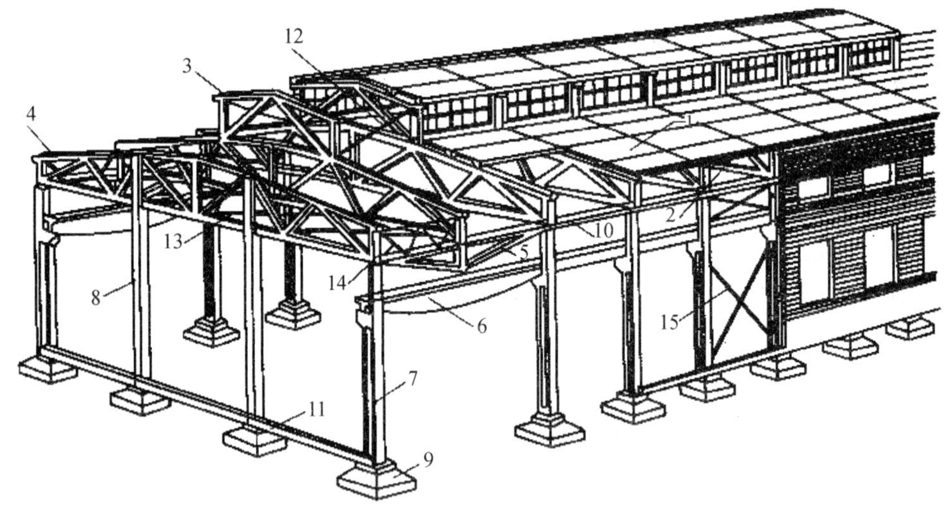

图 5-4　装配式钢筋混凝土单层工业厂房的组成

1—屋面板；2—天沟板；3—天窗架；4—屋架；5—托架；6—吊车梁；7—排架柱；8—抗风柱；9—基础；10—连系梁；11—基础梁；12—天窗架垂直支撑；13—屋架下弦横向水平支撑；14—屋架端部垂直支撑；15—柱间支撑

轻型钢结构的柱子和梁均采用变截面 H 形钢，柱梁的连接节点做成刚接，图 5-5 所示为轻型钢结构工业厂房示意图。因施工方便，施工周期短，跨度大，用钢量经济，在单层厂房、仓库、冷库、候机厅、体育馆中已有越来越广泛的应用。

进入 21 世纪后，轻型钢结构住宅由于其绿色清洁环保、施工方便快捷、自重轻、抗震性能好等优势在国内得到了快速推广（图 5-6）。

图 5-5 轻型钢结构工业厂房

图 5-6 轻型钢结构住宅

(2) 大跨度单层建筑

大跨度单层建筑是指空间结构比较大的单层建筑，如体育馆、大型影剧院、展览馆、飞机场候机厅等。当前，大跨度建筑的屋盖结构体系有很多种，如拱结构、桁架结构、网架结构、悬索结构、薄壳结构、充气结构、应力膜皮结构等。

1) 拱结构

由 T. Y. Lin（林同炎，美籍华人）设计、1981 年建成的美国旧金山 George M. Mascone 会议中心为地下建筑，单层展览厅采用 83.3m 混凝土拱承重，拱水平推力由设在地下的预应力拉杆承受。

2) 桁架结构

2004 年建成的南京奥林匹克体育中心体育馆的主馆屋面采用双曲面大跨度桁架钢结构（图 5-7），主桁架最大跨度 104m，主桁架、侧墙桁架均为平面管桁架结构形式，桁架最大高度达 6m，整个钢屋盖由 20 多榀主桁架、20 榀侧墙桁架及横向次梁、支撑、檩条组成，总投钢量 2500t 左右。

3) 网架结构

网架结构为大跨度结构中，最常见的结构形式，因其为空间结构，故一般称为空间网架。网架结构的形式多种多样，目前常用的达 13 种，分别以平面桁架系、四角锥体和三角形锥体组成（图 5-8）。

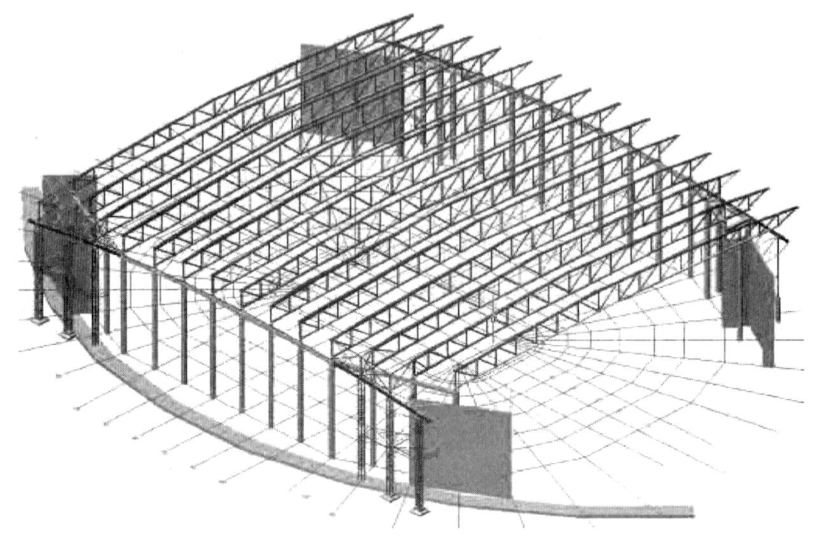

图 5-7 南京奥林匹克体育中心体育馆

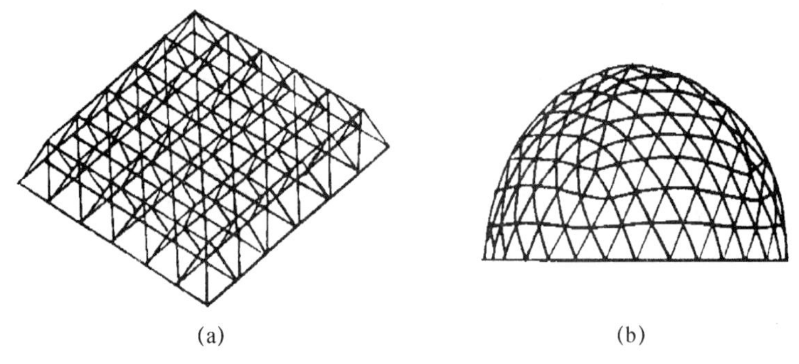

(a) (b)

图 5-8 网架结构

(a) 平面桁架体系；(b) 三角形锥体

网架结构杆件多采用钢管或型钢，一般现场安装。其节点形式可分为焊接钢板节点、焊接空心球节点［图 5-9 (a)］以及螺栓球节点［图 5-9 (b)］等。支承情况可为周边支承、点支承、周边支承（中间）与点支承相结合、三边支承和两边支承等。

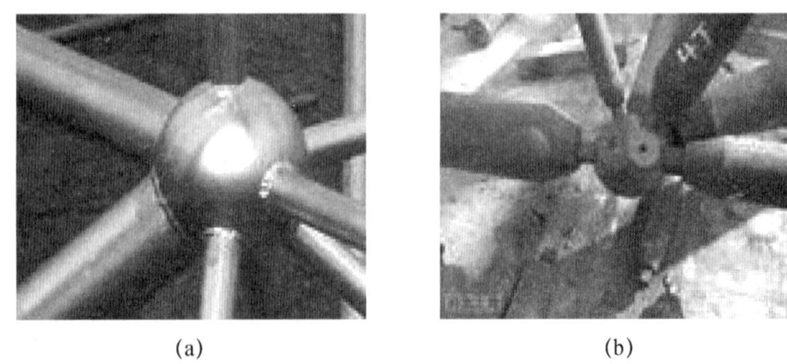

(a) (b)

图 5-9 网架节点形式

(a) 焊接空心球节点；(b) 螺栓球节点

4）悬索结构

悬索结构是将桥梁中的悬索“移植”到房屋建筑工程中。它的主要承重结构是钢索，利用悬索吊桥的原理，将屋盖直接设置在悬索上，可以说它是土木工程中结构形式互通互用的典型范例。悬索屋盖的组成和悬索的受力如图 5-10 所示。

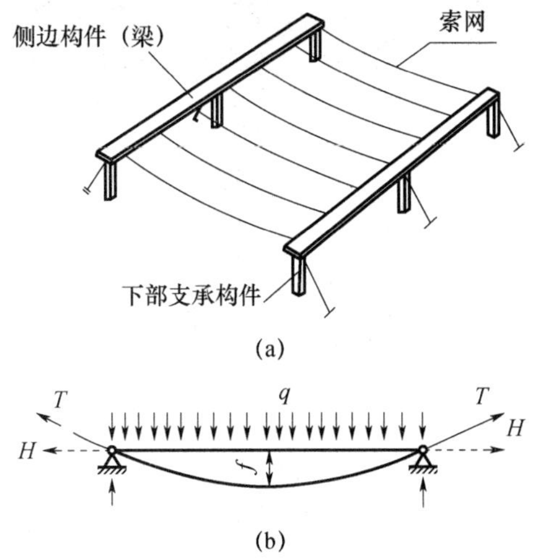

图 5-10　悬索屋盖的组成和悬索的受力

（a）悬索屋盖的组成；（b）悬索的受力原理

5）薄壳结构

薄壳结构常用的形状有球面壳［图 5-11（a）］、圆柱壳［图 5-11（b）］、双曲扁壳［图 5-11（c）］、折板结构［图 5-11（d）］和双曲抛物面壳［图 5-11（e）］等。

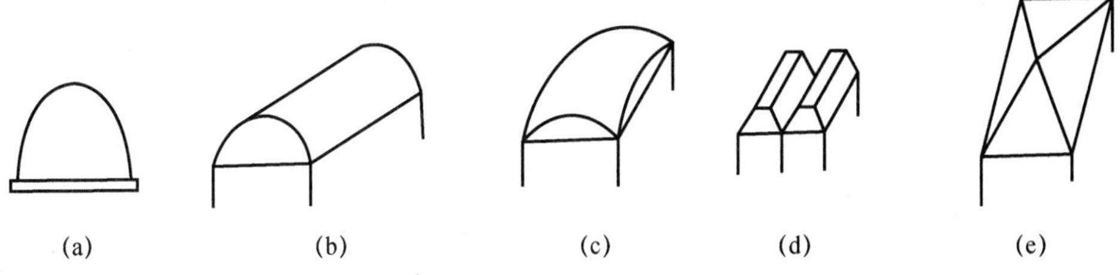

图 5-11　薄壳结构常用形状

（a）球面壳；（b）圆柱壳；（c）双曲扁壳；（d）折板结构；（e）双曲抛物面壳

球面壳结构是轴对称结构，在轴对称荷载作用下，将只产生两种力——径向力和环向力。

圆柱壳，也称筒壳，有长壳和短壳两种，长壳受力相似于圆弧形截面的梁，刚度和承载力都很大，因此，可以做到很大的跨度。折板，也称折壳，由若干厚度很薄的平板构成的多边形截面，最常见的是“V”字形截面［图 5-12（a）］。双曲扁壳是由一条曲线在另一条曲线上移动构成，一般采用抛物线或圆弧线移动曲线［图 5-12（b）、图 5-12（c）］。双曲抛物面壳（我国常称扭壳）是由一根直线沿两根不在同一水平上的直线移动构成的双曲抛物面。

(a)

(b)

(c)

图 5-12　薄壳结构实例

(a) 某预应力 V 形折板屋盖；(b) 悉尼歌剧院；(c) 某修道院教堂

6) 充气结构

充气结构是近年来发展起来的新型大跨屋盖结构。

充气结构也称充气薄膜结构，是在玻璃丝增强塑料薄膜或尼龙布罩内部充气形成一定的形状，作为建筑空间的覆盖物。2015 年扩建后的慕尼黑安联球场（位于德国巴伐利亚州）为充气薄膜结构室内体育馆，平面尺寸为 258m×227m，高 50m，建筑表面由两千多个充气菱形膜结构构成，所用材料具有自清洁、防火、防水以及隔热性能，在夜间会有红、蓝、白三种颜色变换［图 5-13 (a)］。

我国首次在大型建筑上采用膜结构是 1997 年建成的上海八万人体育场，之后膜结构在大型场馆建设中被广泛应用。2008 年北京奥运会的主体育场——国家体育场“鸟巢”的屋顶钢结构上覆盖了双层膜结构，即固定于钢结构上弦之间的透明的上层 ETFE（乙烯-四氟乙烯共聚物）膜结构和固定于钢结构下弦之下及内环侧壁的半透明的下层 PTFE（聚四氟乙烯）膜结构。2018 年建成的苏州奥林匹克体育中心被誉为国内最大跨度马鞍形单层轮辐式索膜结构［图 5-13 (b)］。该体育馆建筑面积约 8.1 万 m^2，设计容纳约 45000 座，屋顶采用大跨度马鞍形索膜结构，最大跨度约 260m。

(a)

(b)

图 5-13　膜结构

(a) 慕尼黑安联球场；(b) 苏州奥林匹克体育中心

5.2.2　多层建筑

多层建筑主要应用于住宅、学校、商场、办公楼、医院、旅馆等公共民用建筑。多层建筑常用的结构形式为混合结构和框架结构。

(1) 混合结构

混合结构又称砖混结构，是指房屋的墙、柱和基础等竖向承重构件采用砌体结构，而屋面、楼面等水平承重构件则采用钢筋混凝土结构（或钢结构、木结构）所组成的房屋结构。混合结构是我国应用最普遍的结构，广泛应用于多层建筑，究其原因主要有以下几个优点：

① 主要承重结构（墙体）是用砖砌，取材方便；

② 造价低廉、施工简单，有很好的经济指标；

③ 保温隔热效果较好。

在混合结构房屋中，对于作为水平承重构件的是钢筋混凝土楼盖，根据施工方法不同可以分为预制、现浇和装配整体式。目前，我国的混合结构建筑最高已达到 11 层，局部已达到 12 层。以前，混合结构的墙体主要采用普通黏土砖，但因普通黏土砖的制作需使用大量的黏土，对宝贵的土地资源是很大的消耗。因此，国家已逐渐在各地区禁止大面积使用普通黏土砖，而推广空心砌块。

(2) 框架结构

框架（刚架）结构体系是指以梁、柱刚性连接形成平面结构，其间以连系梁连接，呈现矩形网格的空间骨架结构，其结构形式如图 5-14 所示。按所用材料不同分，主要有多层钢筋混凝土框架结构和多层钢框架结构。

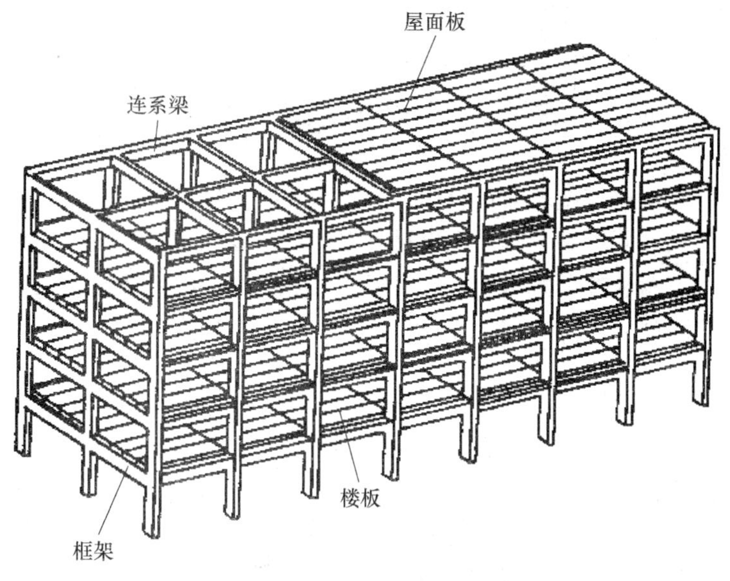

图 5-14　框架结构体系

混凝土框架结构的优点是：强度高、自重轻、整体性和抗震性能好。它在建筑上的最大优点是不靠砖墙承重，建筑平面布置灵活，可以获得较大的使用空间，所以它广泛应用于多层建筑。

混凝土框架结构按施工方法可以分为全现浇框架、装配式框架以及装配整体式框架。其中，全现浇钢筋混凝土框架结构整体性好、抗震性强，适应各种有特殊布局的建筑；装配式框架全部构件为预制，在现场进行吊装和节点连接，便于工业化生产和机械化施工，但整体性较差；装配整体式框架是把预制构件在现场吊装就位后，与现浇构件连成整体的框架。装配式框架以前比较盛行，但随着泵送混凝土的出现，使混凝土的浇筑变得方便快捷，机械化施工程度已较高，近年来，已逐渐趋向于采用全现浇混凝土框架结构。

钢框架结构体系是指沿房屋的纵向和横向用钢梁和钢柱组成的框架结构作为承重和抵抗侧力的结构体系，图 5-15 所示为两个钢框架工程实例。与钢筋混凝土框架结构相比，钢框架结构更具有在“高、大、轻”三方面发展的独特优势。但同时它也存在一定的缺点，如用钢量稍大，耐火性能差，后期维护费用高，造价略高于混凝土框架结构。钢框架结构一般是在工厂预制钢梁、钢柱，运送到施工现场再拼装连接成整体框架，其自重轻，抗震性能好，施工速度快，机械化程度高；结构简单，构件易于标准化和定型化。

图 5-15　多层钢框架结构

5.3　高层与超高层建筑

现代高层、超高层建筑是随着社会生产的发展和人们生活的需要而发展起来的，是商业化、工业化和城市化的发展结果。而随着科学技术的进步、轻质高强材料的不断涌现以及机械化、电气化、计算机技术在建筑中的广泛应用等，又为高层尤其是超高层建筑的发展提供了物质基础和技术保障。

5.3.1　高层与超高层建筑的发展

在国外，高层建筑的发展已经有一百多年历史了。1885 年，美国第一座根据现代钢框架结构原理建造起来的 11 层芝加哥家庭保险公司大厦（Home Insurance Building）是近代高层建筑的开端。1931 年，纽约建造了著名的帝国大厦（Impire State Building），地上建筑高 381m，102 层。帝国大厦是一栋超高层的现代化办公大楼，它和自由女神像一起被称为纽约的标志，雄踞“世界最高建筑”的宝座达 40 年之久。

20 世纪 50 年代后，轻质高强材料的应用、新的抗风抗震结构体系的发展、电子计算机的推广以及新的施工方法的出现，使得高层建筑得到了迅速发展。20 世纪 90 年代起，世界超高层建筑中心移到了亚洲，超高层建筑的高度不断被刷新。目前，最高建筑是阿联酋哈利法塔（图 5-16 为截至 2018 年建成的世界最高建筑前十名），该楼总高 828m，共有 160 层，是人类历史上首个高度超过 800 米的建筑物。当前，世界范围内在建的超高层建筑还有很多，如阿联酋迪拜的 Al Burj 酒店（预计高度 1200m）。

(a) (b) (c) (d) (e) (f)

图 5-16　世界最高建筑前十名

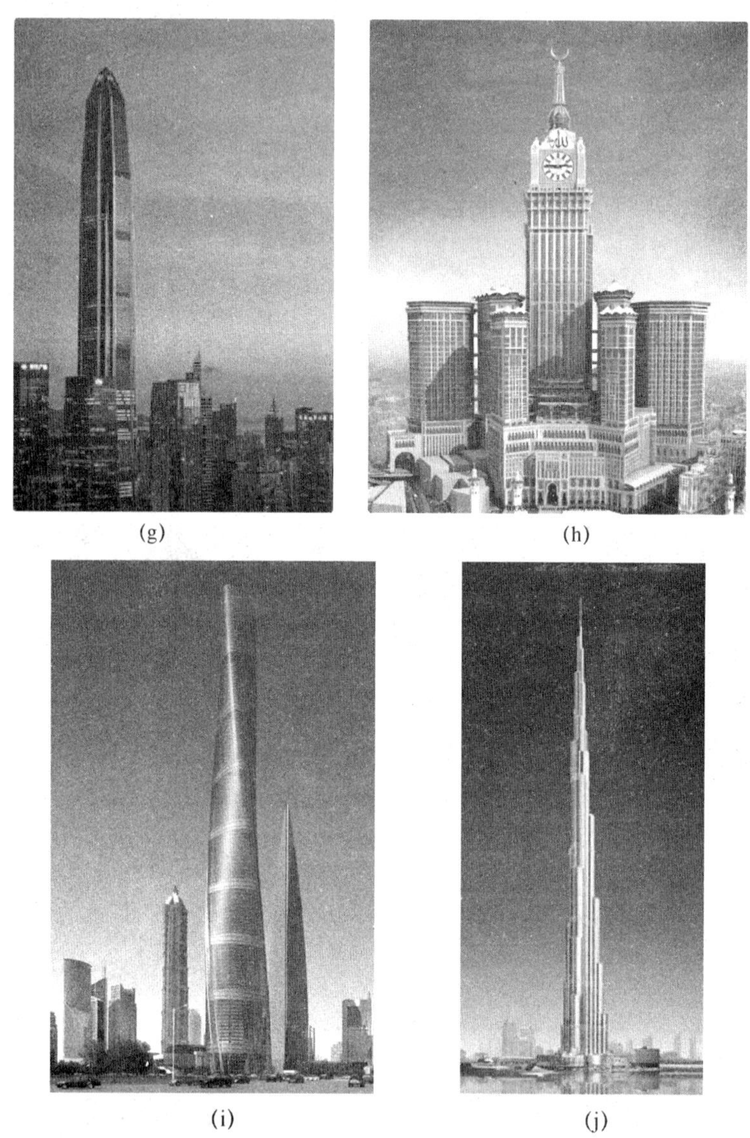

(g)　　(h)

(i)　　(j)

图 5-16　世界最高建筑前十名（续）

(a) 第十名 台北 101；(b) 第九名 中国尊；(c) 第八名 天津周大福金融中心；
(d) 第七名 广州周大福金融中心；(e) 第六名 世贸中心一号大楼；(f) 第五名 首尔乐天世界大厦；
(g) 第四名 深圳平安金融中心；(h) 第三名 麦加皇家钟塔饭店；
(i) 第二名 上海中心大厦；(j) 第一名 迪拜哈利法塔

5.3.2　高层与超高层建筑的结构体系

高层与超高层建筑中，抵抗水平荷载成为确定和设计结构体系的关键问题。高层与超高层建筑中常用的结构体系有框架结构体系［图 5-17（a)]、剪力墙结构体系［图 5-17（b)]、框架-剪力墙结构体系［图 5-17（c)]、框支剪力墙结构体系［图 5-17（d)]、筒体结构体系［图 5-17（e)、图 5-17（f)］以及它们的组合体。

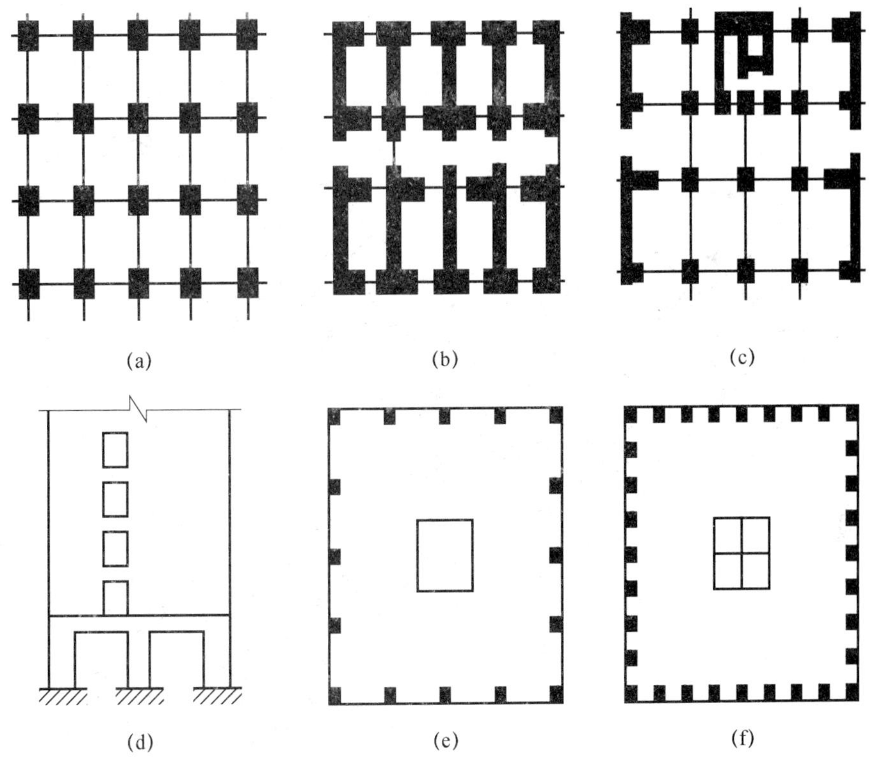

图 5-17　高层建筑结构体系示意图

(a) 框架；(b) 剪力墙；(c) 框架-剪力墙；(d) 框支剪力墙；(e) 筒体；(f) 筒中筒

(1) 框架结构体系

我国高层建筑采用钢筋混凝土框架结构体系较多，图 5-18 所示为 20 世纪 80 年代建造的北京长城饭店柱网布置图，该饭店地下 2 层，地上 22 层，地上总高度为 82.85m，为现浇延性钢筋混凝土框架结构。

框架结构体系因其受力体系由梁、柱组成，用以承受竖向荷载是合理的，在承受水平荷载方面能力较差。即在水平荷载作用下，整个框架的水平位移（也称侧移）比较大，说明它的抗侧移刚度小（框架抗侧移刚度主要取决于梁、柱截面尺寸，通常梁柱截面惯性矩小，故抗侧移刚度小）。这是框架结构的主要缺点，因此也限制了它的使用高度，所以框架结构体系一般不适于超过 20 层或建筑高度超过 60m 的高层建筑。

(2) 剪力墙结构体系

剪力墙一般为钢筋混凝土墙体，除承受垂直荷载外，还有很高的抗剪强度，故称为剪力墙。剪力墙结构体系就是利用建筑物剪力墙承受竖向与水平荷载，并作为建筑物的围护及房间分隔构件的结构体系。

剪力墙在抗震结构中也称抗震墙（水平剪力由地震力引起）。它在自身平面内的刚度大、强度高、整体性好，在水平荷载作用下侧向变形小，抗震性能较好。在国内外历次大地震中，剪力墙结构体系震害较轻，表现出良好的抗震性能。因此，剪力墙结构在非地震区或地震区的高层建筑中都得到了广泛应用。在地震区 15 层以上的高层建筑中采用剪力墙是经济的，在非地震区采用剪力墙建造建筑物的高度可达 140m。目前，我国 10～30 层的高层住宅大多采用这种结构体系。剪力墙结构采用大模板或滑升模板等先进方法施工时，施工速度很

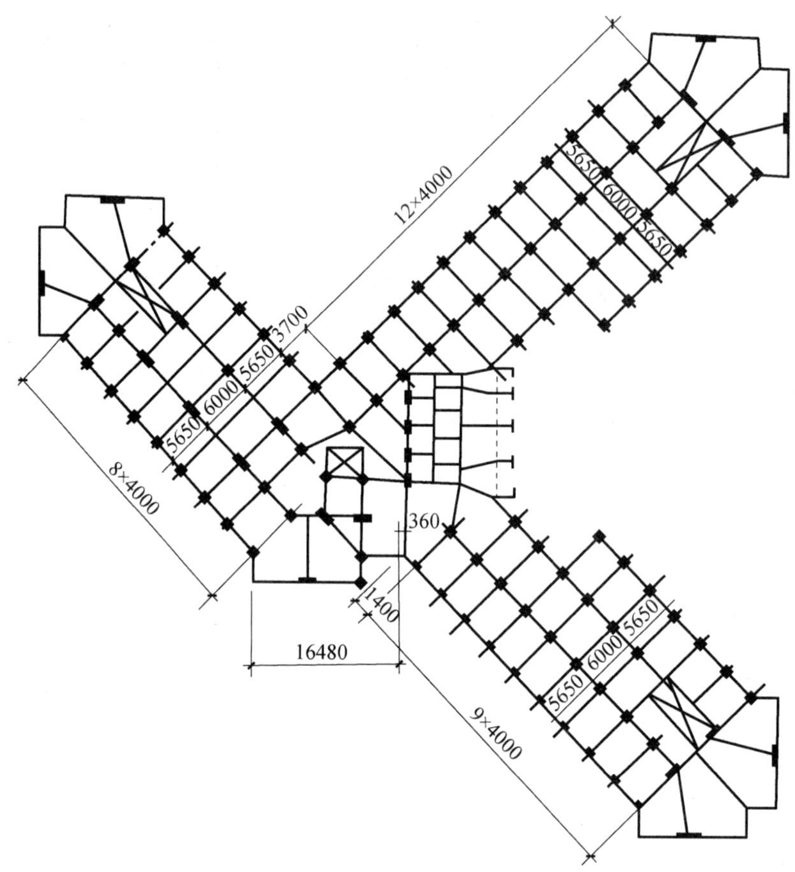

图 5-18　北京长城饭店柱网布置图

快，可节省大量的砌筑填充墙等工作量。

1976 年建成的广州白云宾馆，地上 33 层，高 114m，是我国第一座高度超过百米的高层建筑。该结构采用钢筋混凝土剪力墙结构体系，其主楼平面呈矩形，东西长 70m，南北宽 18m，其标准层平面图见图 5-19。

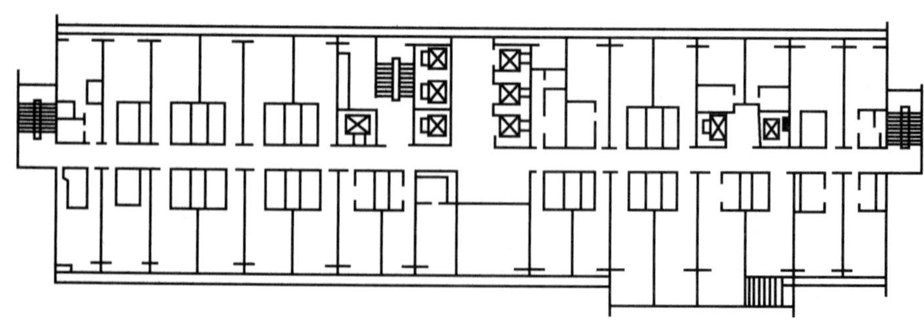

图 5-19　广州白云宾馆标准层平面图

剪力墙结构的缺点和局限性也是很明显的。主要是剪力墙间距不能太大，平面布置不灵活，难以满足公共建筑的使用要求；此外，剪力墙结构的自重也比较大。

（3）框架-剪力墙结构体系

框架-剪力墙结构体系是在框架结构中布置一定数量的剪力墙所组成的结构体系。框架结构的侧向刚度差、水平荷载作用下的变形大、抵抗水平荷载能力较低，但它平面布置较灵活、可获得较大的空间、立面处理易于变化。剪力墙结构则具有强度和刚度大，水平位移小的优点与使用空间受到限制的缺点。将这两种体系结合起来，相互取长补短，可形成一种受力特性较好的结构体系——框架-剪力墙结构体系。剪力墙可以单片分散布置，也可以集中布置。

框架-剪力墙结构体系在水平荷载作用下的主要特征（图 5-20）：

1）受力状态方面，框架承受的水平剪力减少及沿高度方向比较均匀，框架各层的梁、柱弯矩值降低，沿高度方向各层梁、柱弯矩的差距减小，在数值上趋于接近。

2）变形状态方面，单独的框架以剪切变形为主，位移曲线呈剪切形［图 5-20（b）］；而单独的剪力墙在水平荷载作用下以弯曲变形为主，位移曲线呈弯曲形［图 5-20（c）］；当两者处于同一体系，通过楼板协同工作，共同抵抗水平荷载，框架-剪力墙结构体系的变形曲线一般呈弯剪形［图 5-20（d）］。

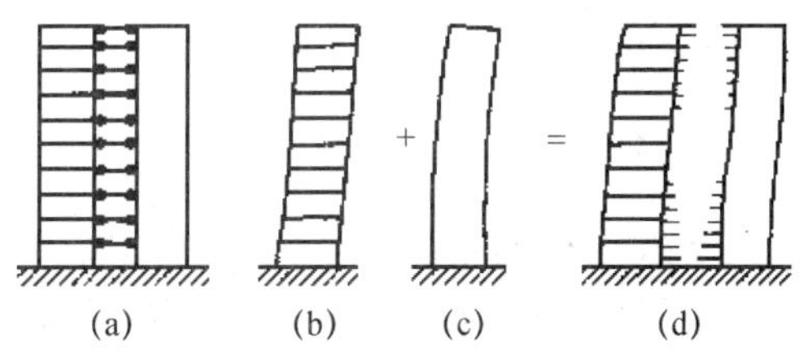

图 5-20　框架-剪力墙结构体系的变形曲线

（a）框架-剪力墙结构分析模型；（b）纯框架结构变形曲线；（c）纯剪力墙结构变形曲线；（d）框架-剪力墙结构变形曲线

由于上述变形和受力特点，框架-剪力墙结构的刚度和承载力较框架结构都有明显提高，在水平荷载作用下的层间变形减小，因而减小了非结构构件的破坏。在我国，无论在地震区还是非地震区的高层建筑中，框架-剪力墙结构体系都得到了广泛应用。

通常，当建筑高度不大（10～20 层）时，可利用单片剪力墙作为基本单元；当建筑高度增大到 30～40 层时，可采用剪力墙筒体（称为实腹筒）作为基本单元，例如上海的联谊大厦（29 层，高 106m），其标准层平面图如图 5-21 所示。

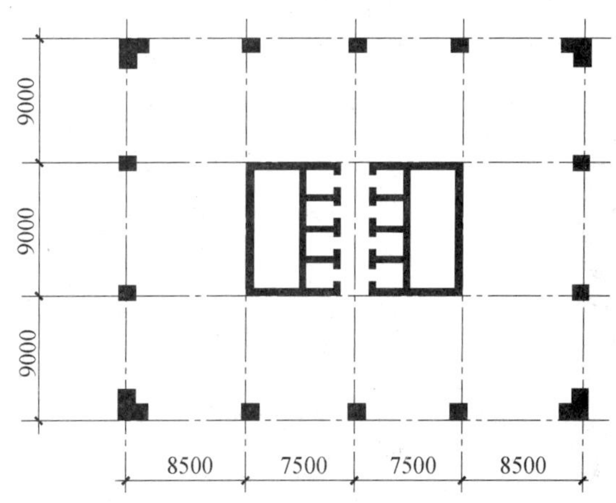

图 5-21　上海联谊大厦框架-剪力墙结构标准层平面图

(4) 框支剪力墙结构体系

考虑到剪力墙结构体系的局限性，为尽量扩大它的适用范围，同时也为满足旅馆布置门厅、餐厅、会议室等大面积公共房间，以及在住宅底层布置商店和公共设施的要求，将剪力墙结构底部一层或几层的部分剪力墙取消，用框架来代替，形成底部大空间剪力墙结构和大底盘、大空间剪力墙结构；标准层则可采用小开间或大开间结构。当把剪力墙结构的底层做成框架柱时，便成为框支剪力墙结构体系（图 5-22）。

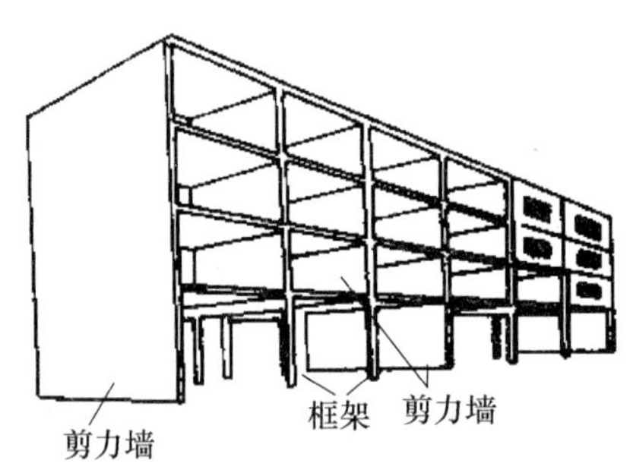

图 5-22　框支剪力墙结构体系

框支剪力墙结构体系，由于底层柱的刚度小，上部剪力墙的刚度大，形成上下刚度突变，在地震作用下底层柱会产生很大的内力及塑性变形，致使结构破坏较重。因此，在地震区不允许完全使用这种框支剪力墙结构，而必须设有部分落地剪力墙。

(5) 筒体结构体系

筒体结构是由一个或多个筒体做承重结构的结构体系，筒体结构为空间受力体系。筒体结构的基本形式较多，有实腹筒体系、框筒体系、桁架筒体系、筒中筒体系以及成束筒体系。

1) 实腹筒和框筒体系

上面提到的用剪力墙围成的筒体称为实腹筒。在实腹筒的墙体上开出许多规则的窗洞所形成的开孔筒体称为框筒，它实际上是由密排柱和刚度很大的窗裙梁形成的密柱深梁框架围成的筒体。

2) 桁架筒体系

如果在筒体结构的四壁增加由竖杆和斜杆形成的桁架，以进一步提高结构刚度的体系，成为桁架筒体系。如 1990 年建成的香港中国银行大厦（图 5-23），上部结构为 4 个巨型三角形，斜杆为钢结构，竖杆为钢筋混凝土结构。

(a)

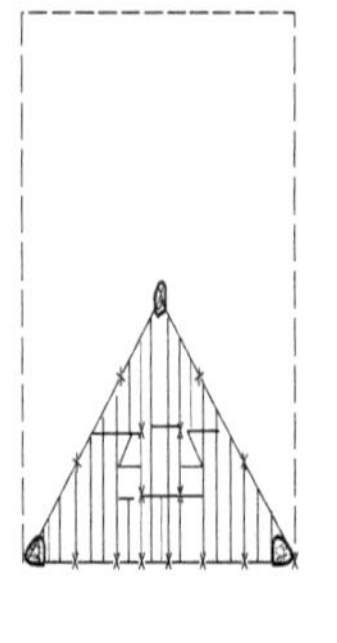
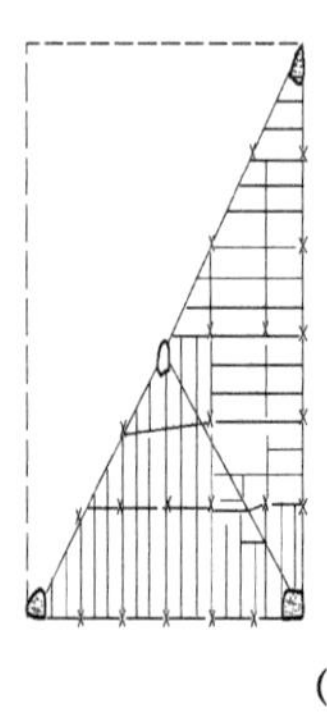
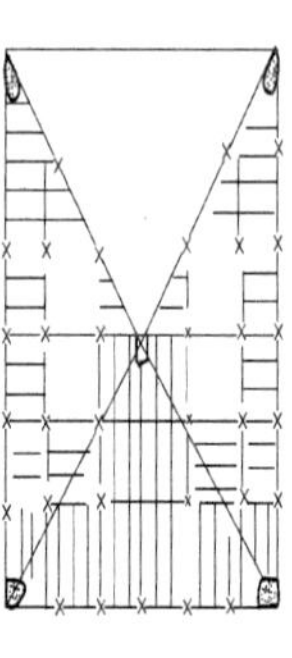
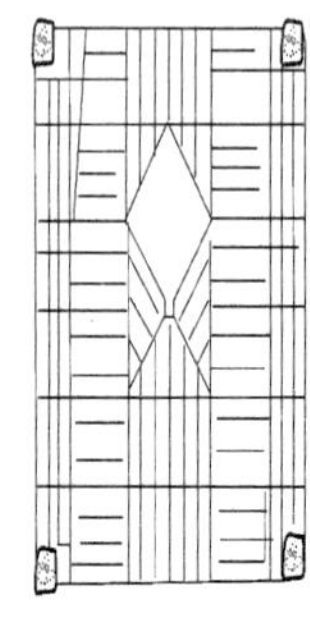

(b)

图 5-23　香港中国银行大厦

(a) 建筑实物图；(b) 不同高度处的平面示意图

3）筒中筒体系

如果体系是由上述筒体单元所组成，称为筒中筒或组合筒体系。通常由实腹筒做内部核心筒，框筒或桁架筒做外筒。筒体最主要的受力特点是它的空间受力性能。无论哪一种筒体，在水平力作用下都可以看成固定于基础上的箱形悬臂构件，它比单片平面结构具有更大的抗侧刚度和承载力，并具有很好的抗扭刚度。因此，该种体系广泛应用于多功能、多用途，层数较多的高层建筑中。如香港中环广场大厦（图 5-24），地上 78 层，地下 3 层，高 374m，平面为角部凹进的三角形，是现浇钢筋混凝土结构，由外筒和内芯筒组成。

图 5-24　香港中环广场大厦

4）成束筒体系

由两个以上筒体排列在一起形成束状的体系称为成束筒体系。最典型的成束筒体系高层建筑应为美国芝加哥的希尔斯大厦（图 5-25）。1～50 层由 9 个小方筒连组成一个大方形筒体，在 51～66 层截去对角线上的 2 个筒，67～90 层又截去另一对角线上的另 2 个筒，91 层以上只保留 2 个筒，里面参差错落，立面简洁明快。

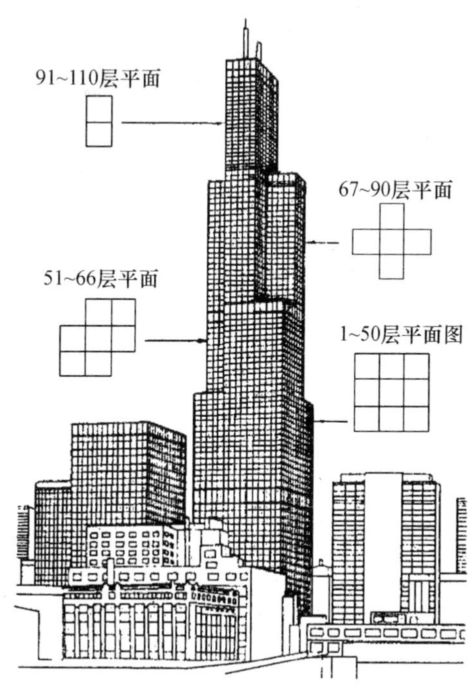

图 5-25　美国芝加哥希尔斯大厦不同高度截面

5.4　特种建筑与智能建筑

特种建筑是指具有特种用途的工程结构，如水池、水塔、烟囱、筒仓、冷却塔、纪念碑、电视塔等。智能建筑是指具有智能化的建筑，是以建筑为平台，兼备建筑电气、办公自动化及通信网络系统，集结构、施工、服务、管理及它们之间的最优化组合，向人们提供一个高效、舒适、便利、安全的建筑环境的建筑物。

5.4.1 特种建筑

(1) 水池和水塔

水池和水塔是建筑工程中常用的给水排水工程构筑物，用于储存水。水池一般位于地表面以上或地下或者半地下，有时还可以放置在建筑物的屋面上，其形状一般为矩形或圆形。我国建造的最大矩形混凝土水池是北京某地的 $1\times10^5\mathrm{m}^3$ 拼装式清水池，其平面尺寸为 255.9m×90.9m。

水塔则是用各种形式的支架支撑，高于地面，矗立在空中（图 5-26）。目前，世界上容量最大的水塔是瑞典的马尔墨水塔，容量为 $1\times10^4\mathrm{m}^3$，水塔顶上还设有供人们用餐的旋转餐厅。

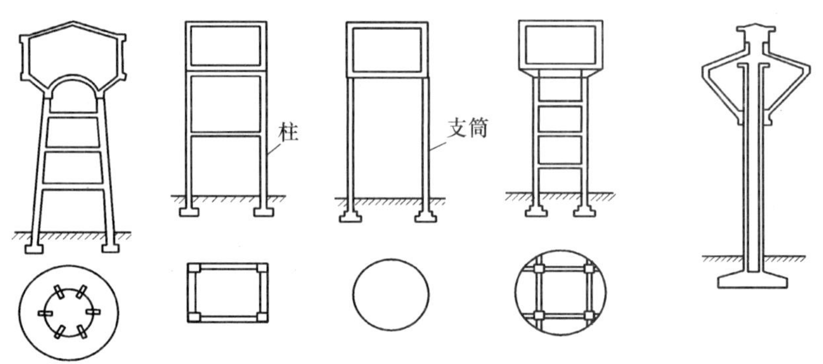

图 5-26 水塔结构形式示意图

(2) 烟囱

烟囱是一种常用于工业生产的构筑物，是把烟气排入高空的高耸结构，能改善燃烧条件，减轻烟气对环境的污染。一般用砖砌体、钢筋混凝土或型钢建造。砖烟囱的高度一般不超过 50m，多数为圆截锥形，用普通黏土砖和水泥石灰砂浆砌筑；钢筋混凝土烟囱多用于高度超过 50m 的烟囱，一般采用滑模施工；而钢烟囱自重小，有韧性，抗震性能好，适用于地基差的场地，但耐腐蚀性差，需经常维护。

烟囱的外形呈圆台形居多。另外，烟囱还可以做成单筒、多筒或筒中筒等结构形式。我国单筒钢筋混凝土烟囱最高的是山西神头二电厂（图 5-27）和辽宁绥中电厂的烟囱，高 270m；最高的四筒钢筋混凝土烟囱高度达 240m。现在世界上已建成的高度超过 300m 的烟囱达数十座。例如，米切尔电站的单筒式钢筋混凝土烟囱高达 368m。

图 5-27 山西神头二电厂烟囱

(3) 筒仓

筒仓是一种立式容器，常用于储存粒状和粉状松散物体。例如，储存谷物、面粉、碎煤、水泥等。平面形状可为圆形、矩形、多边形或者多个筒组合形成群仓。

(4) 冷却塔

冷却塔是为了冷却各种液体、气体和蒸汽的高耸结构。在冷却塔内依靠水的蒸发将水的热量传给空气而使水冷却。冷却塔广泛应用于火力发电厂和化工厂。在水源缺乏的地区利用冷却塔使冷却水回收，循环利用，节约水资源。

目前，为了节约能源，一些大型冷却塔多数采用自然通风冷却塔，它是由通风筒、支柱和基础组成。通风筒的外形和材料多采用钢筋混凝土双曲线旋转壳，充分利用了它的结构力学和流体力学良好的特性。

（5）纪念碑

纪念碑是一种纪念性的建筑，用于纪念重大历史事件或重要历史人物，也可作为城市的标志性建筑。

例如，1956 年我国建成的人民英雄纪念碑为一石砌体结构，高 39.40m，它是我国近代革命历史中具有重要政治意义的纪念性建筑（图 5-28）。1885 年在美国首都华盛顿建成的华盛顿纪念碑高 169.2m，至今仍是世界上最高的砌体承重结构。

（6）电视塔

广播电视事业的快速发展需要电视塔。电视塔一般为筒体悬臂结构或空间框架结构，由塔基、塔座、塔身、塔楼及桅杆等五部分组成。

目前世界上最高的电视塔是 2010 年建成的广州电视塔，整体高 600m；其次是加拿大多伦多 CN 电视塔，塔高 553m，塔身的横断面自上而下逐渐加大，呈等边 Y 形。上海 1994 年建成的东方明珠塔高 468m，其高度居中国第二，世界第四（图 5-29）。

图 5-28　人民英雄纪念碑

图 5-29　上海东方明珠塔

20 世纪 80 年代以后，中国的电视塔逐步朝着多功能方向发展。例如，电视塔除了电视通信方面的功能外，还具有城市旅游景点、环保、气象、娱乐和餐馆等功能。

另外，由法国工程师古斯塔夫·埃菲尔设计和主持建造的埃菲尔铁塔也是世界上著名的塔建筑。埃菲尔铁塔位于法国巴黎的塞纳河畔，高 300m，1887 年始建，1889 年建成，是 19 世纪世界上最高的钢结构构筑物，这个高度保持了 40 年的世界领先地位。

5.4.2　智能建筑

智能建筑的产生是传统建筑工程与新兴信息技术相结合的产物，是现代科学技术迅速发展的结果。从 1984 年世界上的第一幢智能建筑在美国康涅狄格州哈特福德市问世起，之后短短的十几年中，成万幢智能建筑在许多国家和地区迅速崛起，英国、法国、加拿大、德国、瑞典都相继建成了一批具有自己国家特色的智能建筑。我国智能建筑虽然起步较晚，但发展非常迅速。北京、上海、深圳等大城市建成的具有一定水平的智能化建筑已近千座，有的已达到或接近国际先进水平，如首都国际机场新航站楼、中国国际高新技术交易会展览中心、上海博物馆等。目前，工业和信息化产业部和住房城乡建设部都把智能建筑作为今后产业发展的重点，一些在建项目代表了我国智能建筑的新水平，全国用于建筑智能化功能的投资比重已由最初的 5%左右提高到现在的 15%左右，国内智能建筑总投资额每年已超过 100 亿元。

（1）智能建筑的基本概念

智能建筑是信息时代的必然产物，是高科技精灵与现代建筑的巧妙集成，它已成为综合经济国力的具体表征，并将以龙头产业的面貌进入 21 世纪。美国智能建筑学会（AIBI，American Intelligent Building Institute）定义“智能建筑”是将结构、系统、服务、运营及相互联系全面综合，并达到最佳组合，所获得的高效率、高功能与高舒适性的大楼。日本智能大厦研究会认为：智能大厦是指兼备信息通信、办公自动化信息服务以及楼宇自动化各项功能的、便于进行智能活动的建筑物。新加坡国家智能研究机构认为，智能大厦是指建筑物内建立一个综合的计算机网络系统，该系统应能将建筑物内的设备自控系统、通信系统、商业管理系统、办公自动化系统，以及智能卡系统和多媒体音像系统集成为一体。并规定智能大厦必须具备 3 个条件：一是具有保安、消防与环境控制等先进的自动化控制系统，以及自动调节大厦内的温度、湿度、灯光等参数的各种设施，以创造舒适安全的环境；二是具有良好的通信网络设施，使数据能在大厦内进行流通；三是能提供足够的对外通信设施与能力。

住房城乡建设部制定的《智能建筑设计标准》（GB/T 50314—2015）对智能建筑（IB，Intelligent Building）定义为“以建筑物为平台，基于对各类智能化信息的综合应用，集结构、系统、服务、管理及其优化组合为一体，具有感知、传输、记忆、推理、判断和决策的综合智慧能力，形成以人、建筑、环境互为协调的整体，为人们提供安全、高效、便利及可持续发展功能环境的建筑”。一些开发者为了简明形象地表明智能建筑的高科技性，把具有建筑设备自动化系统（BAS，Building Automation System）、通信自动化系统（CAS，Communication Automation System）和办公自动化系统（OAS，Office Automation System）的建筑物简称为 3A 建筑。有的还提出防火自动化系统（FAS，Fire Automation System）和安全自动化系统（SAS，Safety Automation System），因此又有 4A 建筑和 5A 建筑之说。但按国际惯例 BA 系统已包括 FA 和 SA 系统。

建筑物结构化综合布线系统（SCS，Structured Cabling System）是一栋或一组智能型建筑的“神经中枢”系统。通过综合布线系统把其他三大系统有机地综合起来，实现建筑物内各种数据、图像等信息的快速传输和共享。智能化建筑系统的中心，是以计算机为主体的控制管理中心，它通过结构化综合布线系统与各种终端（电话、计算机、传真和数据采集等）和传感器终端（如烟雾、压力、温度、湿度传感等）连接，“感知”建筑内各个空间的信息，并通过计算机处理加工，给出相应的对策，再通过通信终端或控制终端（如步进电机、阀门、电子锁或开关等）做出相应的反应，使得建筑物显示出“智能”，这种建筑物内的所有设施都实行按需控制，提高了建筑物的管理和使用效率，降低了能耗。

（2）智能建筑的特点

智能建筑利用系统集成的方法，将智能型计算机技术、通信技术、信息技术与建筑艺术有机结合，通过对设备的自动监控，对信息资源的管理和对使用者的信息服务及其功能与建筑的优化组合，获得具有投资合理、适合信息社会需要，并且具有安全、高效、舒适、便利和灵活特点的建筑物。因此，智能建筑的主要特点有：

1）环境方面

① 舒适性　使人们在智能建筑中生活和工作，无论心理上，还是生理上均感到舒适。为此，空调、照明、消声、绿化、自然光及其他环境条件应达到较佳或最佳条件。

② 高效性　提高办公业务、通信、决策方面的工作效率；提高节省人力、时间、空间、资源、能量、费用以及建筑物所属设备系统使用管理方面的效率。

③ 适应性　对办公组织机构的变更，办公设备、办公机器、网络功能变化和更新换代时的适应过程中，不妨碍原有系统的使用。

④ 安全性　除了保护生命、财产、建筑物安全外，还要防止信息网信息的泄露和被干扰，特别是防止信息、数据被破坏，防止被删除和篡改以及系统非法或不正确使用。

⑤ 方便性　除了办公机器使用方便外，还应具有高效的信息服务功能。

⑥ 可靠性　努力尽早发现系统的故障，尽快排除故障，力求故障的影响和波及面减至最小程度和最小范围。

2）功能方面

① 具有高度的信息处理功能。

② 信息通信不仅局限于建筑物内，而且与外部的信息通信系统有构成网络的可能。

③ 所有的信息通信处理功能，应随技术进步和社会需要而发展，为未来的设备和配线预留空间，具有充分的适应性和可扩展性。

④ 要将电力、空调、防灾、防盗、运输设备等构成综合系统，同时要实现统一的控制，包括将来新添的控制项目和目前还被禁止统一控制的项目。

⑤ 实现以建筑物最佳控制为中心的过程自动控制，同时还要管理系统实现设备管理自动化。

（3）国内智能建筑的发展现状

我国智能建筑建设始于 1990 年，随后便在全国各地迅速开展。北京的发展大厦可谓是我国智能建筑的雏形，上海金茂大厦（88 层）、深圳地王大厦（81 层）、广州中信大厦（80 层）、南京金鹰国际商城（58 层）等一批智能大厦闻名世界。

设计标准也不断更新完善，随着新的《智能建筑设计标准》（GB 50314—2015）的实施，举国上下正掀起智能小区和智能住宅的建设热潮，全国智能小区的建设数量迅速增加，其发展数量和速度达到世界之最。国内外有关专家普遍认为：21 世纪新建的智能建筑一半在中国；21 世纪世界最大的智能建筑市场在中国。

5.5　工程案例——国家体育场（鸟巢）

5.5.1　工程概况

国家体育场位于北京奥林匹克公园中心区南部，为 2008 年第 29 届奥林匹克运动会的主体育场（图 5-30）。工程总占地面积 21 公顷，建筑面积 258000m^2，场内观众坐席约为 91000 个，其中临时坐席约 11000 个。为特级体育建筑，大型体育场馆。主体结构设计使用年限 100 年，耐火等级为一级，抗震设防烈度 8 度，地下工程防水等级 1 级。

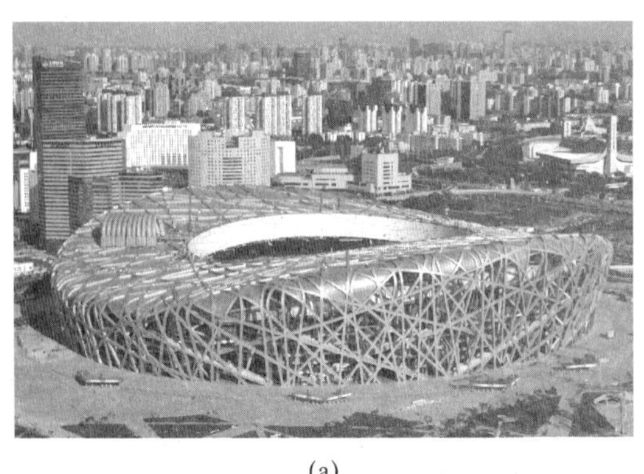

(a)

(b)

图 5-30　国家体育场（鸟巢）

（a）整体效果图；（b）夜景图

5.5.2　建筑方案

国家体育场是由 2001 年普利茨克奖获得者赫尔佐格、德梅隆与中国建筑师合作完成的巨型体育场，形态如同孕育生命的“巢”，它更像一个摇篮，寄托着人类对未来的希望。设计者们对这个国家体育场没有做任何多余的处理，只是坦率地把结构暴露在外，因而自然形成了建筑的外观，并取名为“鸟巢”。“鸟巢”以巨大的钢网围合，观光楼梯自然地成为结构的延伸；立柱消失了，均匀受力的网如树枝般没有明确的指向，让人感到每一个座位都是平等的，置身其中如同回到森林；把阳光滤成漫射状的充气膜，使体育场告别了日照阴影。

体育场工程主体建筑呈空间马鞍椭圆形，南北长 333m、东西宽 294m，高 69m。其外观就是纯粹的结构，立面与结构是统一的；各个结构元素之间相互支撑，汇聚成网格状——就如同一个由树枝编织成的鸟巢。“鸟巢”被誉为“第四代体育馆”的伟大建筑作品，见证的不仅仅是人类 21 世纪在建筑与人居环境领域的不懈追求，也见证着中国这个东方文明古国不断走向开放的历史进程。

5.5.3　结构形式及体系

“鸟巢”的主体结构形式为巨型空间马鞍形钢桁架结构，钢结构的总用钢量为 4.2 万 t；内部看台分为上、中、下三层，采用钢筋混凝土结构，具体为地下 1 层、地上 7 层的钢筋混凝土框架-剪力墙结构体系。钢桁架结构与钢筋混凝土看台上部完全脱开，互不相连，形式上相互围合。基础则坐在一个相连的基础底板上。“鸟巢”屋顶钢结构上覆盖了双层膜结构，即固定于钢结构上弦之间的透明的上层 ETFE 膜和固定于钢结构下弦之下及内环侧壁的半透明的下层 PTFE 声学吊顶。

“鸟巢”所用的钢材是我国自主创新研发的 Q460E/Z35 高强度、高性能钢材，其强度是普通钢的两倍。该钢材集刚强、柔韧于一体，从而保证了“鸟巢”在承受最大 460MPa 的应力后，依然可以恢复到原有形状，也就是说能抵抗当年唐山大地震那样的地震波。托起“鸟巢”最关键的是“肩部”结构，这一部分所用的钢材——“Q460”钢板厚度达到了 110mm，具有良好的抗震性、抗低温性和可焊性等优点。为满足抗震要求，钢构件的节点部位还特别进行了加厚处理，杆件的联结方式一律为焊接，以增加结构整体的刚度和强度。为保证建造在 8 度抗震设防的高烈度地震区的“鸟巢”能站稳脚跟，科研设计人员克服“鸟巢”柱脚集合尺寸大且构造复杂、我国现行规范的计算假定与设计方法难以适用等情况，为这些钢柱脚增加了底座和铆钉，将柱脚牢牢铆在了混凝土中。柱脚下的承台厚度高达 4～6m，24 根巨大钢柱分别与 24 个巨大的钢筋混凝土墩子牢固地连在一起，共同擎起巨大的“鸟巢”。

5.5.4　技术创新

国家体育场设计大纲要求：“国家体育场的设计应充分考虑以信息技术为代表的，包括新材料和环保等技术的高新技术。在建筑、结构、建材、环保、节能、智能化、通信、信息和景观环境等方面，通过采用可靠、成熟、先进的高新技术成果，将国家体育场建设成为一个具有以人为本的信息服务、方便可靠的通信手段、先进舒适的比赛环境和坚实可靠的安全保障的特点的新型场馆。在设计中体现奥运场馆的时代性和科技先进性，使其成为展示我国高新技术成果和创新实力的一个窗口。”

在施工方面，“鸟巢”工程是一个大跨度的曲线结构，有大量的曲线箱形结构，设计和安装均有很大挑战性，在施工过程中处处离不开科技支持。“鸟巢”采用了当今先进的建筑科技，全部工程共有二三十项技术难题，其中，钢结构是世界上独一无二的。“鸟巢”钢结构的最大跨度为 343m，而且结构相当复杂，其三维扭曲像麻花一样的加工，在建造后的沉降、变形、吊装等问题得到很好的解决，相关施工技术难题还被列为科技部重点攻关项目。

第6章　交通土建工程

交通运输是国民经济的动脉，是经济发展中的基础产业，随着改革开放规模的逐步扩大，人民生活水平的稳步提高，人们对交通运输的需求逐年增加，交通运输系统的发展已成为影响国民经济发展的重要因素。

一个完整的交通体系由铁路、道路、水运、航运和管道等运输方式构成，这些运输方式各有特点，承担各自的运输任务，在整个国民经济运输体系中可以合理分工、相互衔接和补充，形成完整的综合运输体系。

铁路的特点是运力大、速度快、成本低，易于承担中长距离的客货运输和大宗物资运输，但只能实现沿线的运输；航空的特点是可快速运送旅客和货物，但成本高，能耗大；水运的特点是运价低廉，但速度慢；管道运油、输气十分方便；而道路以其快速灵活的运输方式，特别适合中、短途运输，它可以与其他运输方式相互配合，承担货运集散、运输衔接的任务，深入到城乡、平原、山区和机场、火车站、港口等各个角落，实现“门到门”“户到户”的直达运输。

目前在我国交通运输体系中，铁路运输的比重逐年下降，公路运输的比重逐年上升，航空旅客运输量突飞猛进，但仍以铁路运输为主。

交通运输作为中国国民经济发展的重要基础产业，是建立和发展市场经济的必要条件，我国现已初步形成了以铁路、公路、水运、航运和管道多种运输方式组成的综合运输体系，但是总体上讲，交通运输系统与国民经济的需求相比仍处于严重滞后状况，其紧张局面仍是制约中国国民经济发展的因素，尤其是我国的城市交通系统日益拥堵，面临着巨大的挑战。

6.1　道路工程

6.1.1　分类及组成

道路是通行各种车辆和行人的工程设施，按其交通性质和所在位置，主要可分为公路和城市道路两类。公路是连接城市、乡村、厂矿和林区的道路，主要供汽车行驶；城市道路是城市范围内的道路，供各种车辆和行人通行，并具有形成和促进城市结构布局、提供通风采光空间，作为上、下水道和煤气、电力、通信设施埋设通道的功能。

（1）公路分类、分级及技术标准

1）公路分类

公路按其在公路网中的地位与作用可分为以下五类：

① 国家干线公路　在国家公路网中，具有全国性政治、经济、国防意义，并经确定为国家干线的公路，简称国道。

② 省干线公路　在省公路网中，具有全省性政治、经济、国防意义，并经确定为省级

干线的公路，简称省道。

③ 县公路 具有全县政治、经济意义，并经确定为县级的公路，亦称县道。

④ 乡公路 主要为乡村生产、生活服务，并经确定为乡级的公路，亦称乡道。

⑤ 专用公路 专为企业或其他单位提供运输服务的道路，如专门或主要供工矿、林区、油田、农场、旅游区、军事要地与外部连接的公路。

2）公路分级

根据现行交通部《公路工程技术标准》（JTG B01—2014）的规定，公路按其使用任务、功能和适应的交通量分为以下五个技术等级：

① 高速公路

为专供汽车分向、分车道行驶，并应全部控制出入的多车道公路。它具有四个或四个以上车道，设有中央分割带，全部立体交叉，并具有完善的交通安全设施、管理设施与服务设施，年平均日设计交通量宜在15000辆小客车以上。

其中，四车道高速公路应能适应将各种汽车折合成小客车的年平均日交通量25000～55000辆；六车道高速公路应能适应将各种汽车折合成小客车的年平均日交通量45000～80000辆；八车道高速公路应能适应将各种汽车折合成小客车的年平均日交通量60000～100000辆。沈大高速公路是中国内地第一条建设的高速公路，自行设计，自行施工，并采用国产材料，运用高新技术和先进设备，工程质量达到国际标准。1984年6月27日开工兴建，1990年10月全线通车。沈大高速的开通标志着我国高速公路的建设拉开了序幕。图6-1为2006年扩建后的沪宁高速公路（江苏段），为双向八车道。

图6-1 沪宁高速公路

② 一级公路

为供汽车分向、分车道行驶并可根据需要控制出入的多车道公路，其设施与高速公路基本相同，只是部分控制出入。一般应设置分隔带，当受到特殊条件限制时，必须设置分隔设施，年平均日设计交通量宜在15000辆小客车以上。

其中，四车道一级公路应能适应将各种汽车折合成小客车的年平均日交通量15000～30000辆，六车道一级公路应能适应将各种汽车折合成小客车的年平均日交通量25000～55000辆。一级公路是连接高速公路或是某些大城市的城乡结合部、开发经济带及人烟稀少地区的干线公路。

③ 二级公路

为供汽车行驶的双车道公路。双车道二级公路应能适应将各种汽车折合成小客车的年平均日交通量5000～15000辆。

④ 三级公路

为主要供汽车行驶的双车道公路。双车道三级公路应能适应将各种车辆折合成小客车的年平均日交通量2000～6000辆。

⑤ 四级公路

为主要供汽车行驶的双车道或单车道公路。双车道四级公路应能适应将各种车辆折合成小客车的年平均日交通量2000辆以下，单车道四级公路应能适应将各种车辆折合成小客车的年平均日交通量400辆以下。

确定一条公路的建设标准，首先应确定公路的技术等级。公路的技术等级应根据公路网规划从全局出发，按照公路的使用目的、功能和远景交通量综合确定。具体原则是：公路技术等级的选用应根据公路功能路网规划交通量并充分考虑项目所在地区的综合运输体系远期发展等经论证后确定；一条公路可分段选用不同的公路技术等级或同一公路技术等级采用不同的设计速度、路基宽度，但不同公路技术等级其设计速度、路基宽度间的衔接应协调，过渡应顺适；预测的设计交通量介于一级公路与高速公路之间时，拟建公路为干线公路时宜选用高速公路，拟建公路为集散公路时宜选用一级公路；干线公路宜选用二级及二级以上公路。其中，交通量的预测对确定技术等级非常关键。《公路工程技术标准》（JTG B01—2014）规定，高速公路和具干线功能的一级公路的设计交通量应按20年预测，具集散功能的一级公路以及二、三级公路的设计交通量应按15年预测，四级公路可根据实际情况确定。设计交通量预测的起算年应为该项目可行性研究报告中的计划通车年。设计交通量的预测应充分考虑走廊带范围内远期社会经济的发展和综合运输体系的影响。

3）公路技术标准

公路的技术标准是交通主管部门颁布的法定技术准则，它是公路路线和结构物的设计、施工，在技术性能、几何尺寸、结构组成方面的具体规定和要求，是在理论和总结设计、施工、使用经验的基础上，经过调查研究和分析列出指标制定出来的。表6-1是各级公路主要技术指标汇总。

（2）道路的基本组成

道路是一种主要供汽车行驶的线形工程结构物，它包括线形组成和结构组成两大类。

1）线形组成

道路的中线是一条三维空间曲线，称为路线。线形就是指道路中线在空间的几何形状和尺寸。

在道路线形设计中，为了便于确定道路中线的位置、形状、尺寸，可从路线平面、路线纵断面和横断面三个方面研究路线。

① 道路中线在水平面上的投影叫路线平面。平面线形的组成要素有直线、圆曲线和缓和曲线。

② 用一曲面沿道路中线竖直剖切展成的平面叫路线纵断面。纵断面线形由直线（坡度线）与曲线（竖曲线）组成，它反映路中线的地面起伏和设计路线的坡度情况。

表 6-1　各级公路主要技术指标汇总

公路等级		高速公路								一级公路				
设计速度（km/h）		120			100			80		100		80		60
车道数		8	6	4	8	6	4	6	4	6	4	6	4	4
车道宽度（m）		3.75	3.75	3.75	3.75	3.75	3.75	3.75	3.75	3.75	3.75	3.75	3.75	3.50
路基宽度（m）	一般值	45.00	34.50	28.00	44.00	33.50	26.00	32.00	24.50	33.50	26.00	32.00	24.50	23.00
	最小值	42.00	—	26.00	41.00	—	24.50	—	21.50	—	24.50	—	21.50	20.00
极限最小半径（m）	一般值	1000			700			400		700		400		200
	极限值	650			400			250		400		250		125
停车视距（m）		210			160			110		160		110		75
最大纵坡（%）		3			4			5		4		5		6
车辆荷载	计算荷载	汽车—超 20 级								汽车—超 20 级 汽车—20 级				
	验算荷载	挂车 120								挂车 120 挂车 100				

公路等级		二级公路		三级公路		四级公路
设计速度（km/h）		80	60	40	30	20
车道数		2	2	2	2	2 或 1
车道宽度（m）		3.75	3.50	3.50	3.25	3.00
路基宽度（m）	一般值	12.00	10.00	8.50	7.50	6.50（双车道） 4.50（单车道）
	最小值	10.00	8.50	—	—	—
极限最小半径（m）	一般值	400	200	100	65	30
	极限值	250	125	60	30	15
停车视距（m）		110	75	40	30	20
最大纵坡（%）		5	6	7	8	9
车辆荷载	计算荷载	汽车—20 级		汽车—20 级		汽车—10 级
	验算荷载	挂车—100		挂车—100		履带—50

③ 沿道路中线上任一点所做的法线方向切面称为横断面，由横断面设计线和地面线构成，反映路基的形状和尺寸，是道路设计的技术文件之一。横断面设计线包括行车道、路肩、分隔带、边沟、边坡、截水沟、护坡道、取土坑、弃土堆、环境保护设施等。城市道路的横断面组成包括机动车道、非机动车道、人行道、绿化带等（图 6-2）。高速公路和一级公路上还设有变速车道、爬坡车道等。横断面的设计目的是保证公路具有足够的断面尺寸、强度和稳定性，使之经济合理，同时为路基土石方工程数量计算、公路的施工和养护提供依据。通常横断面设计在平面设计和纵断面设计完成后进行（图 6-3）。

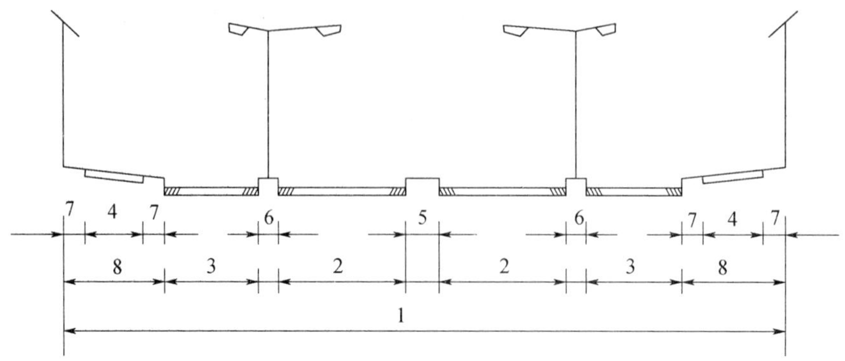

图 6-2　城市道路（四幅式）横断面布置图

1—红线宽；2—行车道；3—非机动车道；4—人行道；5—中间分割带；6—两侧分割带；7—绿化带或设施带；8—路侧带

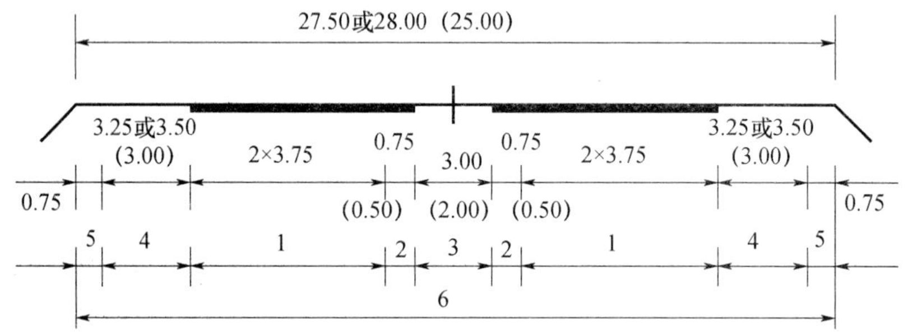

图 6-3　高速公路横断面布置图（m）（括号内为低限值）

1—行车道；2—左侧路缘带；3—中间带；4—硬路肩；5—土路肩；6—路基宽

此外，道路与其他道路及道路与铁路的连接称为交叉，分为平面交叉和立体交叉，图 6-4是立体交叉布置图的一种形式。

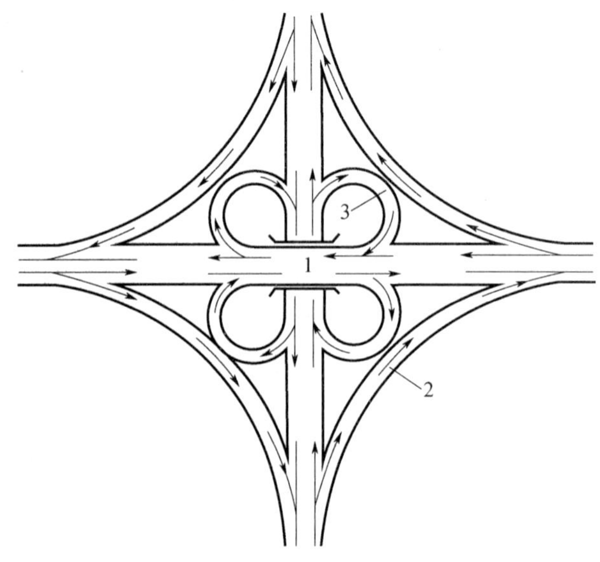

图 6-4　立体交叉（苜蓿形）布置图

1—跨线桥；2—右转匝道；3—左转匝道

2）结构组成

① 路基

路基是道路结构体的基础，是由土、石等材料按照一定尺寸、结构要求所构成的带状土工结构物。路基必须具有足够的强度和整体稳定性。由于路基通常是由天然土石材料构成，因此，还要求路基有足够的水稳定性。道路路基的结构、尺寸用横断面表示。路基横断面根据设计公路路线与地面的关系，按填挖情况可分为路堤、路堑和填挖结合路基三种基本形式。设计线高出地面（包线设计），填方所筑成的路基形式即为路堤［图 6-5（a）］。设计线低于地面（割线设计），挖方所筑成的路基形式即为路堑［图 6-5（b）］。当路线通过山坡，在坡面上半填半挖形成的路基形式称为填挖结合路基，亦称半路堤半路堑［图 6-5（c）］。

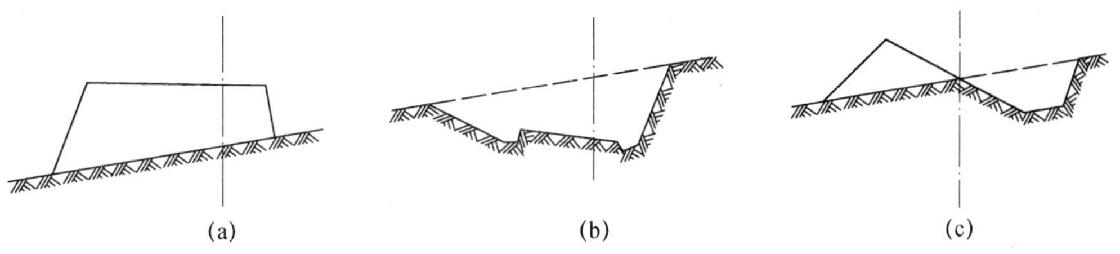

图 6-5　路基横断面形式

（a）路堤；（b）路堑；（c）半路堤半路堑

路基的基本构造由高度、宽度和边坡坡度组成。路基的填土高度要求大于规定的最小填土高度；路基宽度根据设计交通量和道路等级确定；路基边坡影响路基的整体稳定性，由路基高度和土质综合确定。

② 路面

路面是在路基表面的行车部分，通常用力学性能较好的材料分层铺筑而成（图 6-6）。路面按其力学性能可分为柔性路面、刚性路面和半刚性路面；按其所用材料不同可分为沥青路面、水泥混凝土路面、沙石路面等。

路面的基本功能为：能够负担汽车的荷载而不破坏，保证道路全天候通车及保证车辆有一定的行驶速度。

路面设计时，应满足以下基本要求：①强度、刚度、稳定性和耐久性；②平整度；③抗滑性；④灰尘少；⑤低噪声等。

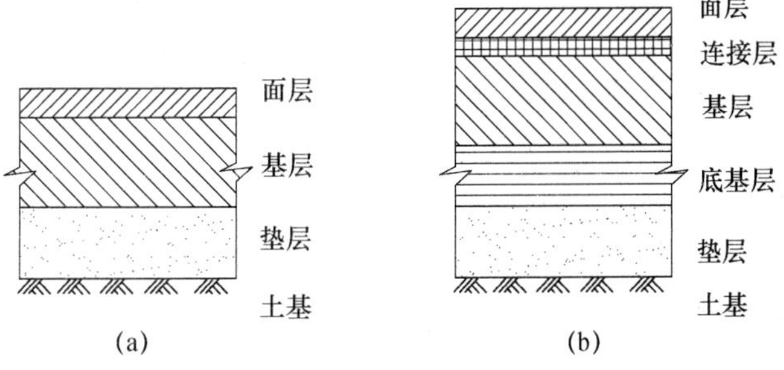

图 6-6　路面结构示意图

（a）中低级路面；（b）高级路面

③ 排水系统

为确保路基稳定、免受自然水侵蚀，道路应修建专用的排水系统。道路排水系统按照其排水方向的不同，可分为纵向排水系统和横向排水系统：纵向排水系统有边沟、截水沟和排水沟等；横向排水系统有桥涵、路拱、过水路面、透水路堤和渡水槽等。道路排水系统按照排水位置又分为地面排水和地下排水设施两部分：地面排水设施用以排除危害路基的雨水、给水及外来水；地下排水设施主要用于降低地下水位及排除地下水。

④ 特殊结构物

除上述常见的结构物外，为了保证道路连续、路基稳定及行车安全，遇有山区地形地质特别复杂的路段还应修建一些特殊结构物，如隧道、悬出路台、半山桥、防石廊以及挡土墙和防护工程等。其中，隧道是为道路从地层内部或水下通过而修筑的构筑物，能在道路中缩短路线里程、避免道路翻山越岭，保证道路行车平顺。当陡峻的山坡或沿河一侧的路基边坡受水流冲刷时，会威胁路段的稳定。为保证路基的稳定，加固路基边坡所修建的人工构造物称为防护工程。

⑤ 沿线设施

沿线设施是道路沿线交通安全、管理、服务以及环保美化设施的总称。

交通安全设施包括跨线桥、地下横道、色灯信号、护栏、防护网、反光标志、照明等。

交通管理设施包括道路标志（如指示标志、警告标志、指路标志、禁令标志等）、路面标志、立面标志、紧急电话、道路情报板、道路监视设施、交通控制设施、交通监视设施以及安全岛、交通岛、中心岛等。

服务设施包括停车设施（包括抗滑坡构造物、防雪走廊、防沙棚、挑坝等）、路用房屋及其他沿线设施（包括养护用房屋、营运房屋、收费站、加油站、公共厕所等）。

环保绿化设施包括道路分割带、路旁、立交枢纽、休息设施以及人行道等处的绿化，以及道路防护林带和集中的绿化区等，起到美化和保护环境的作用，同时使司机和旅客缓解视觉疲劳，以不影响司机的视线和视距为宜。

6.1.2 公路建设

（1）高速公路建设

高速公路是 20 世纪 30 年代在西方发达国家开始出现的专门为汽车交通服务的基础设施。高速公路在运输能力、速度和安全性方面具有突出优势，对实现国土均衡开发、缩小地区差别、建立统一的市场经济体系、提高现代物流效率具有重要作用。目前，全世界已有 80 多个国家和地区拥有高速公路，通车里程超过了 2.5×10^5km。高速公路不仅是交通运输现代化的重要标志，也是一个国家现代化的重要标志。

从 1988 年上海至嘉定高速公路建成通车至今，在“五纵七横”国道主干线系统规划的指导下，我国高速公路从无到有，总体上实现了持续、快速和有序的发展，特别是 1998 年以来，国家实施积极财政政策，加大了包括公路在内的基础设施建设投资力度，高速公路建设进入了快速发展期，年均通车里程超过 4000km。到 2018 年年底，我国高速公路通车里程超过了 14 万 km，位居世界第一。

按照 2004 年 12 月国务院审议通过的《国家高速公路网规划》，我国将用 30 年时间，建成总里程 8.5 万 km 的国家高速公路网。7 条首都放射线，9 条南北纵向线和 18 条东西横向线，构成国家高速公路网（简称为“7918 网”）。国家高速公路网的布局目标是：

① 连接省会城市，形成国家安全保障网络；
② 连接各大经济区，形成省际高速公路网络；
③ 连接大中城市，形成城际高速公路网络；
④ 连接周边国家，形成国际高速公路通道；
⑤ 连接交通枢纽，形成高速集疏运公路网络。

到 2010 年，国家高速公路网总体上已实现“东网、中联、西通”的目标。东部地区基本形成高速公路网，长江三角洲、珠江三角洲、环渤海地区形成较完善的城际高速公路网络；中部地区实现承东启西、连南接北，东北与华北、东北地区内部的连接更加便捷；西部地区实现内引外联、通江达海，建成西部开发八条省际公路通道。基本贯通“7918 网”中的“五射两纵七横”14 条路。

2013 年 6 月 20 日，交通运输部在国务院新闻办举行的新闻发布会上正式公布了《国家公路网规划（2013—2030 年）》，在新的规划里国家高速公路网进一步完善，在西部增加了两条南北纵线，称为“71118”网，规划总里程增加到了 11.8 万 km。

（2）农村公路建设

农村公路是我国公路网的重要组成部分，规模大、覆盖面广，其里程占全国公路通车总里程的 3/4 以上，连接广大的县、乡、村，直接服务于农业、农村经济发展和农民出行，是解决“三农”问题的基础条件之一。改革开放以来，国家投入大量车购税、国债、以工代赈等资金以改变农村公路的落后面貌，使农村公路总里程显著增长。县乡公路由 1978 年约 59 万 km增至 2017 年的约 401 万 km，技术等级逐年提高，等级路所占比例不断提高，路面状况不断改善。

尽管我国农村公路的面貌发生了较大改观，但总体上看水平不高，路网密度、技术等级低，路况差；东、中、西部间发展不均衡；各地区不同程度地存在重建设、轻养护，建养不协调等问题。2018 年 6 月 1 日，《农村公路建设质量管理办法》（后简称《办法》）开始施行，让农村公路建设质量管理有法可依、有章可循，落实农村公路参建各方质量责任，创新质量管理措施，提升农村公路质量耐久性。《办法》还提出加强农村公路全寿命周期质量管理，鼓励推行代建制、设计施工总承包、“建养一体化”等模式，鼓励有条件地区推行集约化建设、标准化施工、工厂化生产、信息化管理，推进农村公路建设实现现代工程管理。

6.2　铁路工程

世界铁路已有一百多年的历史，1804 年英国人特雷维西克试制了第一台驶于轨道上的蒸汽机车，1825 年英国在大林顿到斯托克顿之间修建了世界上第一条铁路，长 21km。之后，欧美发达国家竞相效仿。自 1825 年到 1860 年间，世界铁路已修建了 105000km。

第一次世界大战后到第二次世界大战前的 20 年间，主要资本主义国家的铁路基本停止发展。而殖民地、半殖民地、独立国、半独立国的铁路则发展较为迅速。到 1940 年世界铁路营运里程已达 135.6 万 km。

20 世纪 60 年代末，世界铁路的发展又开始复苏。尤其是在 20 世纪 70 年代中期世界石油产生危机后，由于铁路的能源消耗较飞机、汽车低，噪声污染小，运输能力强，安全可靠，其路上运输的骨干地位重又得到确认。目前，高速铁路方兴未艾，重载运输日新月异，一些发达国家还将磁悬浮列车列入研究和发展计划。

我国的铁路建设始于1876年英国人在上海修建的淞沪铁路。中华人民共和国成立以后的50多年来，新建了大量铁路，我国的铁路网布局基本形成并趋于均衡。在高速铁路建设上，分为两步走：第一步，选定一条或几条既有线路进行改造，以较少的投资、较短的时间实现列车时速160km的准高速铁路，为在我国的既有线路进一步提高速度提供技术储备；第二步，在21世纪初，建成第一条时速达250～300km的高速客运专线，以后再逐步发展。目前，此规划的第一步已经实现，时速160km的准高速首先在广州至深圳的铁路上实现，规划的第二步以2006年京沪高速铁路（时速定为200～300km）的立项为标志展开。此外，上海浦东机场至龙阳路地铁站的磁悬浮铁路的兴建，标志着我国铁路建设已逐渐步入世界先进行列。此外，城市轻轨与地下铁道已是各国发展城市公共交通、缓解交通拥挤问题的重要手段。

6.2.1 铁路的基本组成——铁路线路设计概述

铁路线路是机车车辆和列车运行的基础，是铁路最重要的设备之一。铁路线路设计是整个铁路工程设计中一项关系全局的总体性工作。

铁路由路基、桥隧建筑物及轨道三部分组成。路基是轨道的基础，它承受轨道的质量和列车的作用力，并将这些力传递到地基上；桥隧建筑物是铁路线为跨越沟壑及穿越山岭而修建的，用于减少工程量或避免修建过长的迂回线路；轨道则用以引导列车沿着制定的方向运行，直接承受车轮的移动荷载，并将其传递到路基上。

1. 线路分类

每一条铁路，在路网中所起的作用和所担负的运输任务是不同的。我国《铁路线路设计规范》（TB 50090—2017）把铁路划分为四个等级（表6-2）。

表6-2 铁路等级

铁路等级	铁路在路网中的作用	近期年客货运量
Ⅰ	骨干作用	≥20Mt
Ⅱ	联络、辅助作用	20Mt＜且≥10Mt
Ⅲ	为某一地区或企业服务	10Mt＜且≥5Mt
Ⅳ	为某一地区或企业服务	＜5Mt

注：年客货运量为重车方向的货运量与由客车对数折算的货运量之和。一对/天旅客列车按1.0Mt年货运量折算。

铁路的设计年度分为近期和远期。近期为交付运营后第10年，远期为交付运营后第20年。近、远期运量均采用预测运量。

铁路按线路轨距可划分为标准轨铁路、宽轨铁路和窄轨铁路。我国铁路大多采用标准轨距，即轨距为1435mm的铁路。

铁路按线路用途可划分为正线、站线、站管线、岔线、特别用途线。

（1）铁路按线路正线数目可划分为：

1）单线铁路——区间内只有一条正线的线路；

2）双线铁路——区间内有两条正线的线路；

3）部分双线线路——在一个区段内只有部分区间为双线的线路；

4）多线线路——区间内有三条以上正线的线路。

（2）铁路按行车速度可划分为：

1）常速铁路——最高营运速度为 80～120km/h；

2）快速铁路——最高运营速度为 120～160km/h；

3）准高速铁路——最高运营速度为 160～200km/h；

4）高速铁路——最高运营速度为 200～400km/h；

5）超高速铁路——最高运营速度为 400km/h 以上。

2. 选线设计

铁路定线是在地形图上或地面上选定线路的方向，确定其空间位置，布置各种相关建筑物，是铁路勘察设计中的重要环节。铁路定线的第一步即确定线路的基本走向。确定线路走向应考虑以下因素：

（1）设计线的意义及与行经地区其他建设项目的配合；

（2）设计线的经济效益和运量要求；

（3）自然条件；

（4）设计线主要技术标准和施工条件。

上述各项条件互为影响，应综合考虑以获得理想的线路方向。

铁路线路在空间的位置用它的线路中心线表示。如图 6-7 所示，路基横断面上距外轨半个轨距的铅垂线 AB 与路肩水平线 CD 的交点 O 在纵向的连线，称为线路的中心线。

线路空间由它的平面和纵断面决定。线路平面是线路中心线在水平面上的投影，表示线路平面位置；线路纵断面是沿线路中心线所作的铅垂剖面展直后线路中心线的立面图，表示线路的起伏情况，称其高程为路肩高程。

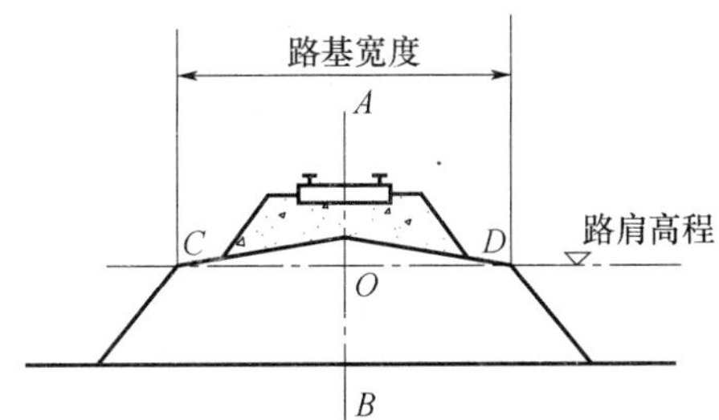

图 6-7　线路中心线位置

进行线路平面设计和纵断面设计时要考虑以下基本要求：

1）保证行车安全平顺，做到不脱钩、不断钩、不断轨、不途停、不运缓，使旅客舒适；

2）多方案比较，争取节约资金。既要减少工程量、降低造价，又要考虑施工、运营、维修的便利，使运营成本降低；

3）满足各类建筑物的技术要求，还要保证其能够协调配合，成为一个有机整体。

线路平面由直线和曲线组成。列车在直线上运行条件最好，线路应多采用长直线。但当线路改变方向时，为保证列车运行的平顺和安全，相邻不同方向的直线间必须用合适的曲线连接。曲线包括圆曲线和缓和曲线。圆曲线由一定半径的圆弧构成，按其半径的数目不同又可以分为单曲线和复曲线。单曲线只有一个半径，使用最多；复曲线有两个半径，多用于地形困难地段。缓和曲线是设在直线和圆曲线之间曲率逐渐变化的曲线。设置缓和曲线的目的是使车辆的离心力缓慢增加，利于行车平稳，同时使得外轨超高，以增加向心力，使其与离心力的增加相一致。另外，为使列车运行平稳，防止列车由于突然转向而引起摇摆和振动，则需要在相邻曲线或缓和曲线间设置一段长度适宜的夹直线。

线路的纵断面由平道、坡道和竖曲线组成。坡道用坡度表征。坡度不同，对列车牵引质量的影响也不同。在一个区段上，限定列车牵引质量的最大坡度，叫作限制坡度。限制坡度是用一台机车牵引规定的货物列车，以规定的计算速度做等速运行所能爬上的最大坡度。线路的限制坡度愈小，机车牵引力愈大，运行速率愈高。但同时会造成工程量大，造价提高。因此，根据我国地形条件，《铁路技术管理规程》规定了不同等级不同地段的限制坡度。

3. 铁路路基

铁路路基是为满足轨道铺设和运营条件而修建的土工结构物。路基必须保证轨顶设计标高，并与桥梁隧道相接，组成贯通的铁路线路。路基高程以路肩标高表示。

路基及桥隧建筑物都是轨道的基础，直接承受轨道的质量，以及机车车辆传来的荷载。因此，路基应保证足够的强度、刚度，以保证路基能够承受负荷且保持平顺。路基面宽度，视土壤类别、线路等级、轨道类型而具体确定，使之能满足轨道铺设、附属构筑物设置和线路养护维修的要求，一般单线为5.7～7.0m，复线为9.7～11.1m。此外，路基的构造形式必须充分考虑地面排水、降低地下水位和坡面防护，以保证路基稳定坚固。

与道路路基类似，铁路路基也分为路堤、路堑和填挖结合路基三种基本形式。

4. 轨道

当路基、桥隧建筑物修成以后，就可以在上面铺设轨道。轨道对机车车辆的运行起着导向作用，直接承受车轮传来的荷载，并把荷载传递给路基或桥隧建筑物。

轨道是一个整体结构，经常处于列车运行产生的动力荷载作用下，因此各组成部分均应具有足够的强度和稳定性，保证列车按照规定的最高速度，安全、平稳、连续地运行。

轨道由钢轨、轨枕、连接零件、道床、防爬设备和道岔等组成（图6-8）。

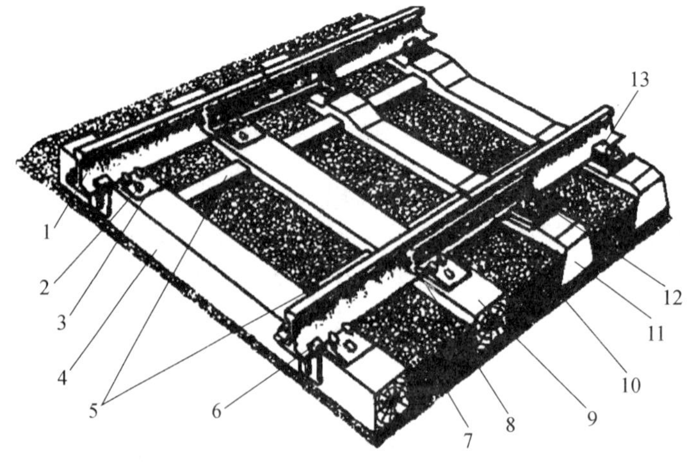

图6-8 轨道的基本组成

1—钢轨；2—普通道钉；3—垫板；4、9—木枕；5—防爬撑；6—防爬器；7—道床；8—鱼尾板；10—螺栓；11—钢筋混凝土轨枕；12—扣板式中间连接零件；13—弹片式中间连接零件钢轨的作用是直接承受车轮传来的巨大压力并引导车轮的运行方向，应具有足够的强度、稳定性及耐磨性。钢轨的截面一般采用“工”字形（图 6-9），可以获得较大的截面惯性矩，又比相同截面高度的矩形截面减轻质量，节省材料。

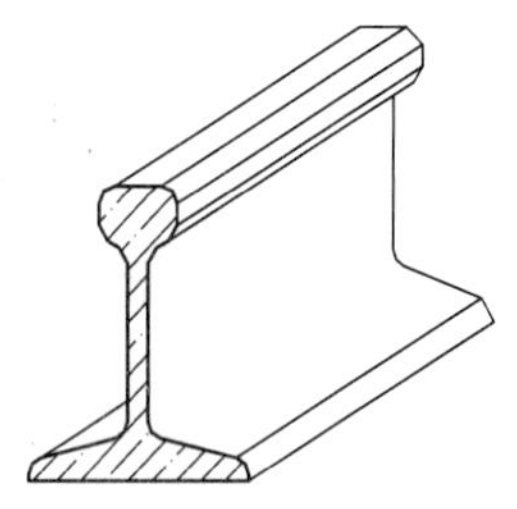

图 6-9　铁轨横截面示意图

轨枕的作用是支承钢轨，并将钢轨传来的压力传递给道床，同时保持钢轨位置和轨距。轨枕有钢筋混凝土枕和木枕两种。木枕弹性好，加工简便，质量轻，铺设和更换方便，但需消耗大量木材，使用寿命较短。为保护森林资源，目前我国大量使用钢筋混凝土枕。钢筋混凝土轨枕使用寿命长，稳定性好，材料来源不受限制，且有利于提高轨道的强度和稳定性。

连接零件包括接头连接零件和中间连接零件两类。其中接头连接零件用来连接钢轨间的接头。钢轨接头处需保留一定的缝隙，称为轨缝。轨缝的作用是调节由于温度变化带来的钢轨长度的变化。钢轨接头处是铁路线路的薄弱环节，是线路维修的重点对象。中间连接零件也称扣件，它的作用是将钢轨扣紧在轨枕上。根据所用轨枕的不同，有混凝土轨枕用的扣件和木轨枕用的扣件两类。

道床是铺设在路基面上的道砟垫层。道床的主要作用是支承轨枕，把从轨枕上部的压力均匀地传递给路基；固定轨枕的位置，阻止轨枕纵、横向的移动，缓和机车车辆对钢轨的冲击作用。

用作道床的材料必须坚硬、不易风化、富有弹性、利于排水。常用的材料有碎石、卵石、粗沙等。其中以碎石最优。我国铁路一般采用碎石道床（图 6-10）。

图 6-10　碎石道床

列车运行时，对钢轨产生纵向力，钢轨在纵向力的作用下产生纵向移动，有时甚至带动轨枕一起移动，这种现象称为轨道爬行。轨道爬行对轨道的破坏极大，甚至会危及行车安全。可以采取的措施是：①加强钢轨与轨枕间的扣压力和道床阻力；②设置防爬设备，如防爬器和防爬撑。

道岔（图 6-11）是铁路线路、线路间连接和交叉设备的总称，其作用是使机车车辆由一股道转向另一股道，多铺设在车站。

图 6-11　道岔

6.2.2　高速铁路

自 1825 年世界上第一条铁路诞生，一百多年来，世界各国始终在为提高列车的速度进行着不懈的努力。高速铁路代表着铁路客运的发展方向，它是高科技发展的产物，高度概括了铁路在牵引动力、线路结构、行车控制、运输组织和经营管理方面的先进技术，涉及力学、机械、电子、信息、能源、材料、建筑、环保等科学领域。

如前所述，高速铁路的最高运营速度为 200～400km/h，超高速铁路的最高运营速度为 400km/h 以上。

日本于 1956 年开始建设东海道新干线，全长 515.4km，于 1964 年正式运行。该线创造了良好的经济效益，使一度被人们认为是“夕阳产业”的铁路又出现了生机，显示出强大的生命力，标志着“铁路第二个大时代”的来临。目前日本拥有十条新干线，总营业里程 2765km。

1971 年法国政府批准修建 TGV 东南线，1976 年开工，1983 年全线建成通车。该线通过十年运营后创造了预期经济效益，证明高速铁路在欧洲的适应性。

德国的高速铁路建设虽然起步较晚，高速铁路投入运营也比法国晚了十年，但其对高速铁路技术进行了长期研究，目前其高速铁路技术系统 ICE 成为世界先进的高速铁路技术系统之一，在国际市场上具有极强的竞争力。

在其他欧洲国家，如西班牙、意大利、比利时等，高速铁路也得到较快的发展。图 6-12～图 6-15 所示是几种典型高速列车照片。

在亚洲，韩国从 1992 年开始修建汉城至釜山的高速铁路，采用法国 TGV 系统，2004 年开始运营；我国台湾地区 2000 年开始建设台北至高雄的高速铁路，采用日本和欧洲技术，2007 年 1 月 5 日开始试运行。我国大陆的高速铁路建设，经多次论证，以 2006 年京沪高速铁路（时速定为 200～300km）的立项为标志展开。

在高速铁路上，随着列车运行速度的提高，铁路线路的建设标准也随之提高，包括最小曲线半径、缓和曲线、外轨超高等线路平面标准；坡度值和竖曲线等纵断面标准，以及高速行车对线路构造、道岔等的特定要求。

图 6-12　日本 E2 系列高速列车

图 6-13　德国 ICEI 高速列车

图 6-14　法国 TGV Reseau 型高速列车

图 6-15　英国的 Apt 摆式列车

高速线路的修建与养护标准高，容许误差要求严格，因此要提高钢轨质量，采用焊接长钢轨、新型弹性扣件、高质量的衬垫及新型道岔等，同时还必须加强线路监测、监视和维修养护工作。另外，高速列车运行时产生的振动和噪声，对周边居民的生活产生污染和危害，也是需要解决的课题之一。

高速牵引动力是实现高速行车的重要技术关键之一。高速牵引动力本身又涉及许多新技术，如大功率的新型动力装置和传动装置、牵引动力的配置方式、高速条件下的制动技术、减小空气阻力的外形设计等。

总之，高速铁路的发展，一方面需要科学技术、经济发展的支持，另一方面也将带动科学技术和经济发展。随着我国科学、经济的迅猛发展，近年来我国逐渐把铁路提速作为加快铁路运输业发展的重要战略。2007 年 4 月 18 日起，实施全国铁路第六次大面积提速和新的列车运行图。调速运营中首次在我国铁路既有线上开行时速 200km 的动车组，其速度目标值、技术含量、提速规模和范围都超过前五次，标志着我国铁路既有线提速水平跻身世界铁路先进行列。

6.2.3　城市轻轨

轻轨电车是城市公共交通客运方式的一种，它是在有轨电车的基础上发展起来的现代化技术水平很高的客运系统。与原有的有轨电车相比，它有较大比例的专用道，可以采用地面、地下或高架的线路方式，轻轨车辆新颖，有较好的消声和减震设施。轻轨属于中运量的公共交通形式，客运能力为1万～3万人次/h，介于地铁（3～6万人次/h）和公共汽车（4000～8000人次/h）之间，为城市公共交通系统中中量客运技术填补了空白。由于城市轻轨克服了原有有轨电车的运行速度慢、正点率低、噪声大的缺点，又比公共汽车速度快、运客量大、节省能源、空气污染小，比地铁建设造价低，因此世界上很多发达国家乃至发展中国家掀起了建设轻轨电车的高潮。

我国的第一条城市轻轨系统出现在上海，即上海明珠线一期工程（图6-16），是上海市沟通中心城区与南北两翼的客运交通线，是上海主体交通中的一条客运设施。明珠线一期工程起自徐家汇老沪闵路，沿上海市原有沪杭铁路线北上，经过徐汇区、长宁区、普陀区、闸北区、虹口区至江湾镇。工程全长24.975km，其中高架线24.455km，地面线3.52km，地面线与城市道路无交叉。全线设有19座车站，其中高架车站16座，地面车站3座。在石龙路站出岔，设轨道交通停车场一处，在虹桥路站及东宝兴路站附近设置2座110/35kV中心变电所，11座牵引变电所，各车站均设降压变电站。此后，明珠线二期工程、莘闵轻轨相继建成。其他大中城市，如北京、天津、大连、长春、重庆、武汉、厦门等的轻轨建设工作也有不同程度的进展。

图6-16　城市轻轨——上海明珠线

6.2.4　磁悬浮铁路

磁悬浮铁路的产生源于人们对轮轨黏着式铁路局限性的认识。传统的轮轨黏着式铁路是利用车轮与钢轨之间的黏着力使列车前进的。其黏着系数随列车速度的增加而减小，走行阻力却随列车速度的增加而增大。当车速增至黏着系数曲线和走行阻力曲线的交点时，就达到了极限。为了解决这一难题，20世纪60年代初，一些国家开始着手研究非黏着式超高速铁路。磁悬浮铁路就是非黏着式铁路的一种。

磁悬浮列车是一种全新的列车。它是将列车用磁力悬浮起来，使列车与导轨脱离接触，以减小摩擦，提高车速。列车由直线电机牵引。所谓直线电机就是工作时做直线运动的电机，而不是如同传统电机在工作时都是转动的。直线电机的一个极固定于地面，跟导轨一起延伸到远处；另一个极安装在列车上。电极通以交流电，列车就沿导轨前进。列车上装有磁体（有的就是兼用直线电机的线圈），磁体随列车运动时，使设在地面上的线圈（或金属板）中产生感应电流，感应电流的磁场和列车上的磁体（或线圈）之间的电磁力把列车悬浮起来。

与传统的轮轨铁路相比，磁悬浮列车在速度上的优势是不言而喻的，其时速可达400～550km。它比较突出的优点还在于因为采用电力而不是燃油驱动，使得其发展较少受燃油供应方面的限制；无有害气体排放，利于环保；而且对磁悬浮列车的维修主要集中在电子技术方面，不再需要大量的体力劳动。除此之外，列车启动、停车快，爬坡能力强也是磁悬浮列车优于传统的轮轨铁路的地方。

当然，磁悬浮列车从出现至今，制约其发展的因素还是很多的。首先，目前磁悬浮列车仍属于高风险，高投资项目。磁悬浮铁路利润回收期较长，投资的风险系数也较高，因而也在一定程度上影响了投资者的信心，制约了磁悬浮列车的发展。其次，兼容性差。磁悬浮铁路无法与既有铁路网连通，只适应于点对点的直通客流，这一点与高速铁路无法相比。另外，从技术上讲，磁悬浮铁路的可靠性仍需检验。由于磁悬浮系统是以电磁力完成悬浮、导向和驱动功能的，断电后磁悬浮的安全保障措施尤其是列车停电后的制动仍然是要解决的问题。其高速稳定性和可靠性还需很长时间的运行考验。常导磁悬浮技术的悬浮高度较低，因此对线路的平整度、路基下沉量及道岔结构方面的要求较超导技术高。

目前，在世界上对磁悬浮列车进行过研究的国家主要有德国、日本、英国、加拿大、美国、前苏联和中国。美国和前苏联分别在20世纪70年代和80年代放弃了研究计划，但美国最近又开始了研究计划。英国从1973年才开始研究磁悬浮列车，却是最早将磁悬浮列车投入商业运营的国家之一。对磁悬浮列车研究最为成熟的是德国和日本。

我国从20世纪80年代开始了常导磁悬浮列车的研究。1992年国家正式将磁悬浮列车关键技术研究列入“八五”攻关计划，成立了磁悬浮列车“八五”攻关课题组。1994年10月，西南交通大学建成了我国首条磁悬浮铁路试验线，并同时开展磁悬浮列车的载人试验。1995年，国防科技大学在株洲电力机车研究所的支持下，花费90万元研制成一台磁转向架，首次实现了全尺寸单转向架的载人运行。四个磁转向架可承载一辆14m长的磁悬浮车。2001年2月10日，国家“863”计划课题《高温超导磁悬浮试验车》又在西南交通大学通过了验收。该车是2000年12月底在西南交通大学研制成功的，采用的是国产高温超导体块材，液氨工作温度为77K，车辆悬浮质量为530kg，悬浮净高度为23mm，加速度为$1m/s^2$，直线电机驱动。首次试验研究了钇（Y）—钡（Ba）—铜（Cu）—氧（O）氧化物超导体块（简称YBCO）用在磁导轨上的磁悬浮性能，为高温超导磁悬浮试验车的研制成功奠定了坚实的科学基础。块材达到并超过了国际商业产品应用水平。

被誉为世界商运之首的上海磁悬浮快速列车工程于2001年3月1日在浦东新区正式开工。上海磁悬浮快速列车项目西起地铁二号线浦东龙阳路站，东至浦东国际机场，线路正线全长约30km，设计最大时速430km，单程运行时间仅8min。2003年元旦建成试通车（图6-17），标志着我国磁悬浮建设已经逐步进入国际先进行列。

图 6-17　上海磁悬浮列车

6.3　机 场 工 程

6.3.1　民航机场的组成、分类及飞行区等级

1. 民航机场的组成

民用航空是指使用各类航空器从事除军事性质（包括国防、警察和海关）外的所有的航空活动。这个定义明确了民用航空是航空的一部分，同时以“使用”航空器界定了它和航空制造业的界限，用“非军事性质”表明了它和军事航空的不同。

民航机场系统由空侧和陆侧两部分组成（图 6-18）。空侧是飞机活动的区域，又称飞行区，主要包括跑道、滑行道、机坪、航站空域等。陆侧是旅客或货物活动的区域，又称航站区，主要包括地面出入机场的交通系统、航站楼等。

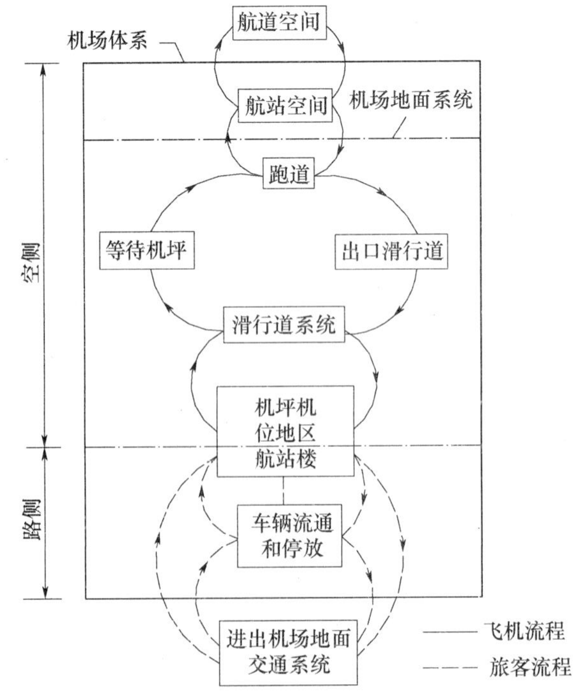

图 6-18　民航机场系统的组成

2. 民用机场分类

民用机场按航线性质可分为国际机场和国内机场。国际机场是指为国际航班出入境而指定的机场，它应有办理海关、移民、公共健康、动植物检疫和类似程序手续的机构。国内机场是指供国内航班使用的机场。

民用机场按航线的布局又可分为枢纽机场、干线机场和分线机场。枢纽机场为全国航空运输网络的枢纽，是民航地区管理局所辖区域内的航空客货集散中心。其中，北京首都国际机场、广州白云国际机场和上海虹桥国际机场是联结国内外航线的大型枢纽机场，也是我国主要的国际门户机场。三大机场的年旅客吞吐量均超过千万人次。干线机场是指省会、自治区首府及重要旅游、开发城市的机场，一般以年旅客吞吐量达到 100 万人次作为衡量标准，如合肥机场。分线机场又称地方航线机场，指各省、自治区内地面交通不便的地方所建的机场，其规模通常较小，如西藏机场。

此外，民用直升机机场按物理特性分为三种类型：地面直升机机场、高架直升机机场和直升机甲板。

3. 飞行区等级

跑道是一个机场的重要组成部分，它决定了机场的等级标准，跑道及其相关设施的修建、标识等均有严格规定。跑道的性能及相应的设施决定了什么等级的飞机可以使用这个机场，机场按这种能力分类，称为飞行区等级。

飞行区等级用两部分编码来表示，第一部分是数字，表示飞机性能所对应的跑道性能和障碍物的限制；第二部分是字母，表示飞机的尺寸所要求的跑道和滑行道的宽度。因而对于跑道来说飞行区等级的第一位的数字表示所需要的飞行场地长度，第二位的字母表示相应飞机的最大翼展和最大轮距宽度，如 B757-200 飞机需要的飞行区等级为 4D。它们相应数据见表 6-3。

表 6-3　飞行区等级

第一位　数字		第二位　字母		
数字	飞机基准飞行长度	字母	翼展	轮距
1	＜800m	A	＜5m	＜4.5m
2	800～1200m	B	5～24m	4.5～6m
3	1200～1800m	C	24～36m	6～9m
4	＞1800m	D	36～52m	9～14m
		E	52～60m	9～14m

注：1. 飞机基准飞行长度是指标准条件下，即标高为 0、气温 15℃、无风、跑道无坡的情况下，该机型最大质量起飞时所需的平衡场地长度。

2. 第二部分的代号，选用翼展和主要起落架外轮外侧间距两者中要求高的数字。

目前我国大部分开放机场飞行区等级均在 4D 以上，厦门高崎、福州长乐、北京首都、沈阳桃仙、大连周水子、上海虹桥、上海浦东、南京禄口、杭州萧山、广州白云、深圳宝安、武汉天河、三亚凤凰、重庆江北、成都双流、昆明巫家坝、拉萨贡嘎、西安咸阳、乌鲁木齐地窝铺等机场拥有目前最高飞行区等级 4E。

6.3.2　机场规划

机场建设属于大型投资项目，因此做好机场建设规划至关重要。机场规划可用于新建和改建各项机场设施，提出一些指导性原则，达到：①确定机场各项设施的发展规模；②规划机场毗邻地区的土地使用；③分析机场的修建和使用对周围环境的影响；④提出对机场出入交通的要求；⑤分析所提规划的经济和财政可行性；⑥安排规划中所列各项设施的优先次序和分阶段实施计划等目的。

机场规划可按照下列四个步骤进行：

1. 确定机场设施

主要进行以下几个方面的考察：

1）现状考察

大量收集数据，如现有机场的性质、规模和使用情况、场址的物理特性和环境特性、土地使用情况和规划、财政情况等，为规划提供基础信息。

2）航空运输需求预测

需求预测是规划的核心，主要预测年和高峰小时旅客量、年货运量、年高峰小时飞行次数、机队组成等。预测时需要考虑人口、地区人均收入、地区经济、地理位置、其他运输方式的发展情况、社会、政治等因素。预测时可由有经验并能综合平衡各方面影响因素的人员进行经验判断；也可利用以往交通资料，通过回归分析得到交通增长的回归方程——即历史趋势。

3）需求—容量分析

对场道、航站区、空域、地面出入道路和空中交通管制设施五个方面进行容量分析，由此得到大致的设施要求。

4）环境影响研究

主要为场址选择和机场设计时的环境影响研究提供数据。

2. 场址选择

主要进行以下几个方面的工作：

1）可利用空域

飞机在机场附近的起飞、着陆、盘旋等待等飞行活动，要求有足够大的空域保证其安全。当附近还有其他机场时，还应考虑拟建机场和现有机场之间的距离，以确保双方飞机的飞行仪表互不干扰。

2）净空要求

为保证飞机的起降安全和机场的正常使用，在机场及其附近一定范围内，规定一定假想面作为障碍物限制面。天然物体或人工建筑物的高度伸出这些假想面之上的部分，称为障碍物，应予以拆除或设标志和障碍灯。这些假想面（图 6-19）包括：升降带——跑道和停止带外围一定宽度和长度范围的条带；内水平面——高出机场基准标高 45m 的一个水平面，范围为以跑道入口中点为圆心，按一定半径画出的圆弧，两圆弧以公切线相连；锥形面——从内水平面周边起向上向外倾斜的面，其坡度为从内水平面的高程算起。

选址时必须确保场址处无严重不满足障碍物限制面要求的物体存在，同时还要确保将来也没有不满足要求的物体出现。

3）机场的物理性质

机场最好建在地形平坦、地基条件良好的地方，以节约建设成本和避免对机场的不利影响。还应注意气候因素的干扰，雾、阴霾、烟雾、风最小。

4）其他

选址时还应考虑机场建成后对附近环境的影响，尽可能接近航空业务需求点，并可利用现有交通系统和公用设施等。

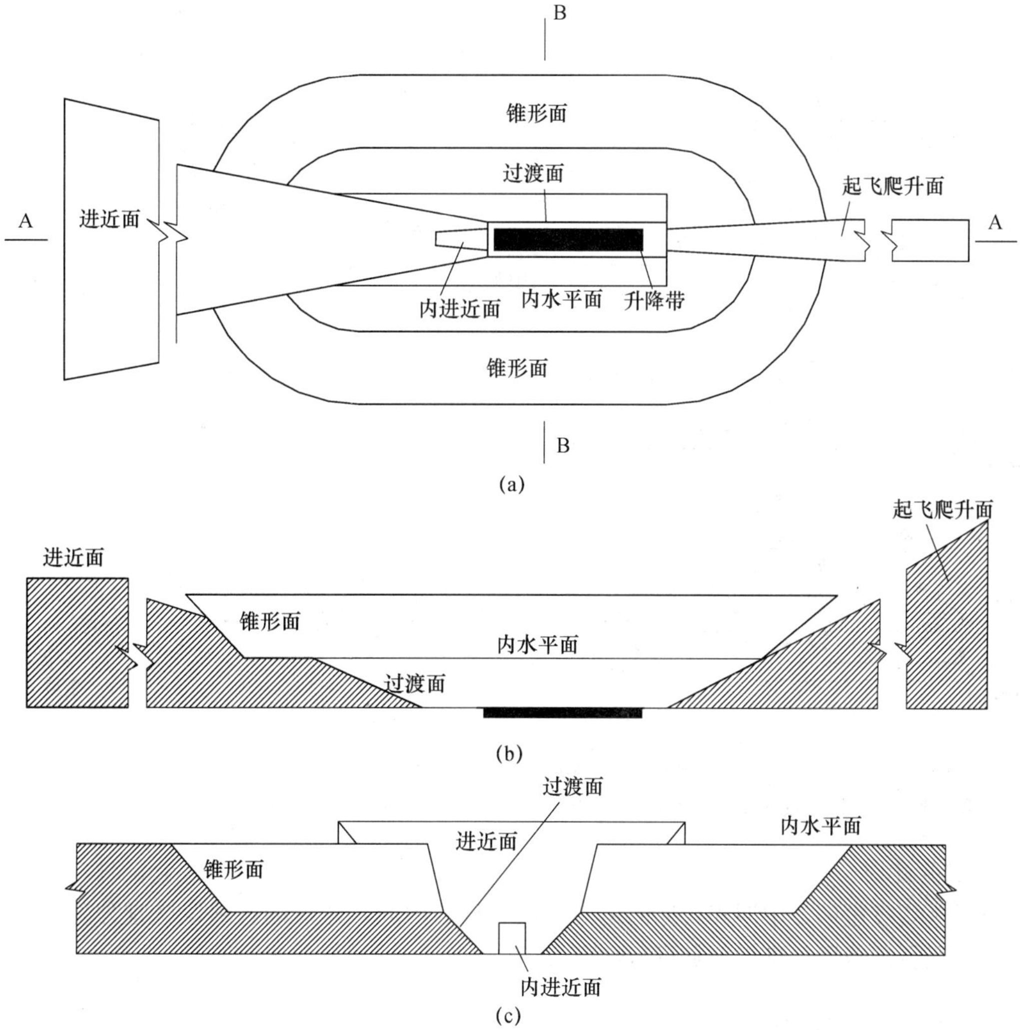

图 6-19　障碍物限制面（以飞行区等级 1～4 为例）

(a) 平面图；(b) 断面 A—A；(c) 断面 B—B

3. 确定机场平面布置

机场平面布置图指用图示形式展现现有的和建议的各项机场设施。机场平面布置应适应所提供场地的形状和面积，满足交通需求和使用需求，并保证交通安全。还应有土地使用图、航站区设计图和机场出入交通线路图。图 6-20 是几种典型机场的布置示意图。

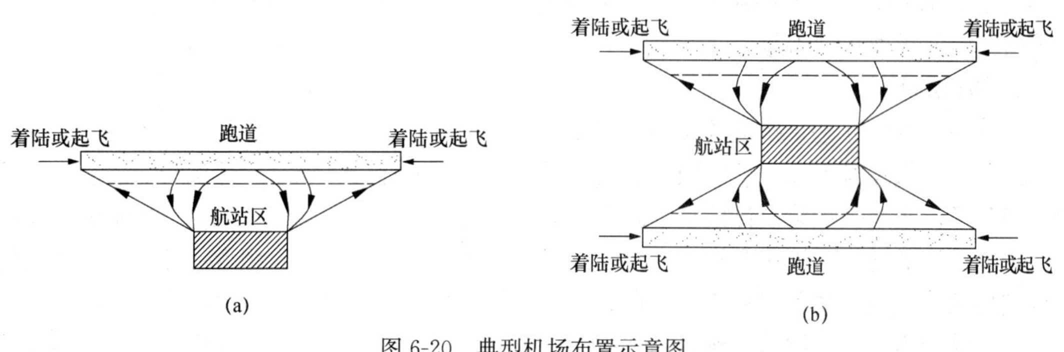

图 6-20　典型机场布置示意图

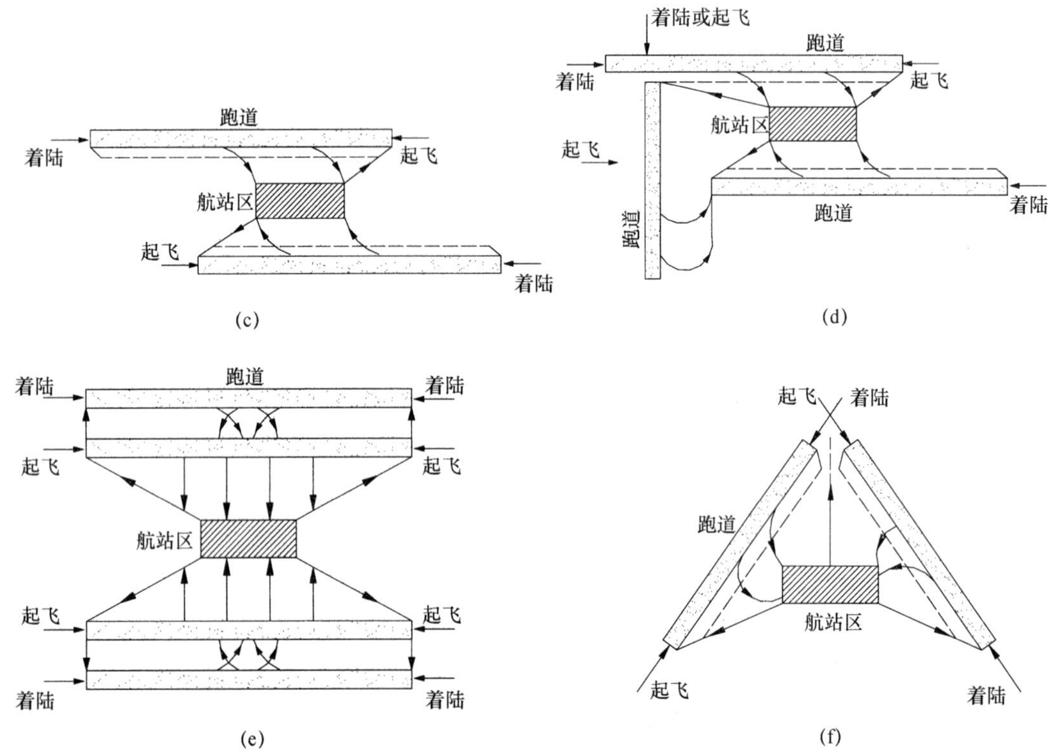

图 6-20 典型机场布置示意图（续）

(a) 单条跑道；(b) 平行跑道；(c) 端部错位平行跑道；(d) 增加垂直方向跑道；(e) 四条平行跑道；(f) V形跑道

4. 财务计划

机场规划按短期、中期和长期的运输需求制订。因此，建议的各项设施宜分阶段实施。估算各阶段所需费用，进行财务可行性研究。

6.3.3 跑道与滑行道

1. 跑道方向和跑道号

主跑道的方向一般和当地的主风向一致，跑道号按照跑道中心线的磁方向以10°为单位；四舍五入用两位数表示。以台北桃园中正机场为例，磁方向为233°的跑道，跑道号为23，而这条跑道的另一端的磁方向为53°，跑道号为05，因此一条跑道的两个方向有两个编号，磁方向两者相差180°；跑道号相差18。另外，如果机场有两条平行跑道，则用左（L）和右（R）区分，有三条时，中间跑道编号加上字母C。为了防止误会，如果机场有两条或更多条平行跑道时可取相邻编号。

2. 跑道的基本尺寸

跑道的基本尺寸是指跑道的长度、宽度和坡度。

跑道直接供飞机起飞、着陆用，是机场最重要的组成部分。如果设计偏长，就会造成浪费，而且多占土地。如果设计偏短，就会影响飞机起飞、着陆的安全，或是飞机不能满载起飞，影响经济效益。所以跑道长度设计是机场设计的主要项目之一。跑道的长度取决于所能允许使用的最大飞机的起降距离、海拔及温度。海拔高，空气稀薄，地面温度高，发动机功率下降，因而需要加长跑道。跑道的宽度取决于飞机的翼展和主起落架的轮距，一般不超过

60m，具体见表 6-4。

表 6-4　跑道宽度（m）

飞行区指标Ⅰ	飞行区指标Ⅱ					
	A	B	C	D	E	F
1	18	18	23	—	—	—
2	23	23	30	—	—	—
3	30	30	30	45	—	—
4	—	—	45	45	45	60

注：飞行区指标Ⅰ为 1 或 2 的精密进近跑道的宽度应不小于 30m。

一般来说，跑道是没有纵向坡度的，但在有些情况下可以有 3°以下的坡度，在使用有坡度的跑道时，要考虑对跑道性能的影响。

3. 跑道道面

跑道道面分为刚性道面和非刚性道面。刚性道面由混凝土筑成，能把飞机的载荷承担在较大面积上，承载能力强，在一般中型以上航空港都使用刚性道面。国内几乎所有民用机场跑道均属此类。

跑道道面要求有一定的摩擦力。为此，在混凝土道面上一定距离要开出 5cm 左右宽的槽，并定期（一般为 6～8 年）打磨，以保持飞机在跑道积水时不会打滑。当然，有一种方法，就是在刚性道面上加盖高性能多孔摩擦系数高的沥青，既可减少飞机在落地时的振动，又能保证有一定的摩擦力。国内近期新建、扩建的少量机场如厦门、上海浦东机场为此类型跑道。非刚性道面有草坪、碎石、沥青等各类道面，这类道面只能抗压不能抗弯，因而承载能力小，只能用于中小型飞机起降的机场。

对于起飞质量超过 5700kg 的飞机，为了准确表示飞机轮胎对地面压强和跑道强度之间的关系，国际民航组织规定使用飞机等级序号（ACN，Air Craft Classification Number）和道面等级序号（PCN，Pavement Classification Number）方法来决定该型飞机是否可以在指定的跑道上起降。

ACN 数是依据飞机的实际质量、起落架轮胎的内压力、轮胎与地面接触的面积以及主起落架机轮间距等参数由飞机制造厂计算得出的。ACN 数和飞机的总质量只有间接的关系，如 B747 飞机由于主起落架有 16 个机轮承重，它的 ACN 数为 55，B707 的 ACN 数为 49，而它的总质量只有 B747 的 2/5，两者 ACN 却相差不大。

PCN 数则是依据道面的性质、道面基础的承载强度经技术评估而得出的，每条跑道都有一个 PCN 数。

4. 跑道附属区域

1）跑道道肩

跑道道肩是在跑道纵向侧边和相接的土地之间有一段隔离的地段，这样可以在飞机因侧风偏离跑道中心线时，不致引起损害。有的机场在道肩之外还要放置水泥制的防灼块，防止发动机的喷气流冲击土壤。

跑道道肩一般每侧宽度为 1.5m，道肩的路面要有足够强度，以备在出现事故时，使飞机不致遭受结构性损坏。

2）跑道安全带

跑道安全带的作用是在跑道的四周划出一定的区域来保障飞机在意外情况下冲出跑道时

的安全，分为侧安全带和道端安全带。侧安全地带是由跑道中心线向外延伸一定距离的区域，对于大型机场这个距离应不小于 150m，在这个区域内要求地面平坦，不允许有任何障碍物。在紧急情况下，可允许起落架无法放下的飞机在此地带实施硬着陆。道端安全地带是由跑道端至少向外延伸 60m 的区域，建立道端安全地带的目的是减少由于起飞和降落时冲出跑道的危险。在道端安全地带有的跑道还有安全停止道，简称安全道。安全道的宽度不小于跑道，一般和跑道等宽，它由跑道端延伸，它的长度视机场的需要而定，它的强度要足以支持飞机中止起飞时的质量。

3）净空道

净空道是指跑道端之外的地面和向上延伸的空域。它的宽度为 150m，在跑道中心延长线两侧对称分布，在这个区域内除了有跑道灯之外不能有任何障碍物，但对地面没有要求。净空道可以是地面，也可以是水面。

5. 滑行道

滑行道的作用是连接飞行区各个部分的飞机运行通路，它从机坪开始连接跑道两端，在交通繁忙的跑道中段设有一个或几个跑道出口和滑行道相连，以便降落的飞机迅速离开跑道，这些叫作联络道。

滑行道的宽度由使用机场最大的飞机的轮距宽度决定，要保证飞机在滑行道中心线上滑行时，它的主起落轮的外侧距滑行道边线不少于 1.5～4.5m。在滑行道转弯处，它的宽度要根据飞机的性能适当加宽。

滑行道的强度要和配套使用的跑道强度相等或更高，因为在滑行道上飞机运行密度通常要高于跑道，飞机的总质量和低速运动时的压强也会比跑道所承受的略高。

滑行道在和跑道端的接口附近有等待区，地面上有标志线标出，这个区域是为了飞机在进入跑道前等待许可指令。等待区与跑道端线保持一定的距离，以防止等待飞机的任何部分进入跑道，成为运行的障碍物或产生无线电干扰。

例如，2000 年 10 月 20 日中国民航总局批准的福建省厦门高崎机场等级标准为：飞行区等级——4E；跑道系数——PCN83/F/W/B/T。

6.4 工程案例——京沪高铁工程

6.4.1 工程概况

京沪高速铁路客运专线于 2008 年 4 月全线开工，从北京南站出发终止于上海虹桥站，总长度 1318km，总投资约 2209 亿元。它的建成使北京和上海之间的往来时间缩短到 5h 以内。全线纵贯北京、天津、上海三大直辖市和河北、山东、安徽、江苏四省。京沪高速铁路客运专线是《中长期铁路网规划》中投资规模大、技术含量高的一项工程，也是我国第四条引进国际先进技术的高速铁路，与既有京沪铁路的走向大体并行，全线为新建双线，设计时速 350km，安全运营速度 300/250km/h，共设置 24 个客运车站（图 6-21）。车站的位置、布局、规模，参照沿线城市的经济、客运量、铁路运输组织、通过能力和技术作业需要，结合工程条件、城市规划等统筹研究确定。主要客站按照现代综合交通枢纽的建设理念，实现多种交通方式无缝衔接。

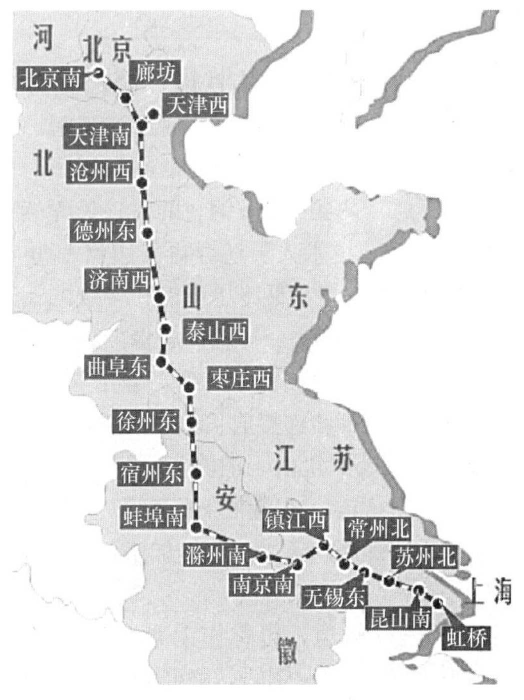

图 6-21　京沪高铁主要客运站点（截图）

京沪高铁线路中，桥梁长度约 1140km，占正线长度的 86.5%；隧道长度约 16km，占正线长度的 1.2%；路基长度 162km，占正线长度的 12.3%；全线铺设无砟正线约 1268km，占线路长度的 96.2%。有砟轨道正线约 50km，占线路长度的 3.8%。全线用地总计 5000km^2（不包括北京南站、北京动车段、大胜关桥及相关工程）。

京沪高速铁路客运专线全线实现道口的全立交和线路的全封闭。既方便沿线群众、车辆通行，又可确保高速列车运行安全。全线优先采用以桥代路方式，最大限度节约十分宝贵的土地资源。

6.4.2　线路方案的选择及路基地基处理

1. 线路方案

线路方案的选择中，采用工程地质选线手段，避免高填、深挖和长路堑等路基工程，尽可能绕避不良地质地段；在路基、桥梁工程类型选择中，结合工程地质、道路及水系条件，宜桥则桥，宜路则路，宜隧则隧，京沪高铁全线桥梁比率达 80%以上。

2. 路基地基处理

路基地基处理中，针对不同地质条件采取 CFG 桩（Cement Fly-ash Grave 的缩写，意为水泥粉煤灰碎石桩，由碎石、石屑、沙、粉煤灰掺水泥加水拌和，用各种成桩机械制成的可变强度桩）、管桩、搅拌桩等技术措施，确保路基、桥涵、隧道、轨道等各类结构物的设计满足强度、刚度、稳定性、耐久性要求，并加强各结构物的协调和统一，使车、线、桥（或路基、隧道）的组合具有良好的动力特性，严格控制结构物的变形及工后沉降。

6.4.3 京沪高铁工程主要技术特点

1. 全线铺设无缝轨道

高铁运行对轨道的光滑度要求极高。目前既有铁路上铺设的钢轨长度均为25m。而京沪高铁采用500m的长轨，是由5根长100m的钢轨在出厂后经过精密加工焊接起来的。无缝焊接前，两条钢轨对接处的间隙要精准到27mm，经过添加模具、封箱、预热、浇注、剔除模具、热打磨、平滑度检测等一系列工序后，两条500m钢轨的对接处浑然一体，比传统钢轨的平整度要好得多。不仅如此，钢轨上道后，技术人员还会再采用目前世界上最先进的移动焊接设备，将500m的超长钢轨之间进行二度焊接，最终尽可能让全线的钢轨都保持在同一个水平面上。无缝线路的应用，使1318km的轨道都是一体的，就像两根完整的大钢条，轨道平滑性非常好，与车轮结合度也非常好。与传统铁轨相比，无缝轨道的主要优点是：①减噪。减少了噪声污染。超长无缝线路是由许多根标准钢轨连接成长轨条铺成，一般长度为2～3km。②节约。磨损大大减少，与普通铁轨相比，无缝钢轨由于消除了大量钢轨接头，因而消除了接头冲击力，减少了线路损害，节省了大量原材料，线路维修可节约费用30%～75%。③提速。提高了轨道的可靠性，火车的运行速度相应提高。④平稳。增加旅客的平稳、舒适感。

2. 无砟轨道

京沪高铁全线96.2%采用了无砟轨道，也称作无砟轨道。常规铁路都在小块石头的基础上，再铺设枕木或混凝土轨枕，最后铺设钢轨，路砟和枕木均起加大受力面、分散火车压力、帮助铁轨承重的作用，防止铁轨因压强太大而下陷到泥土里。此外，路砟（小碎石）还有几个作用：减少噪声、吸热、减振、增加透水性等。这就是有砟轨道。传统有砟轨道具有铺设简便、综合造价低廉的特点，但容易变形，维修频繁，维修费用较大。同时，列车速度受到限制。因此这种线路不适于列车高速行驶。高速铁路的发展史证明，其基础工程如果使用常规的轨道系统，会造成道砟粉化严重、线路维修频繁的后果，安全性、舒适性、经济性相对较差。无砟轨道克服了上述缺点，它的轨枕本身是混凝土浇筑而成，而路基也不用碎石，钢轨、轨枕直接铺在混凝土路上。无砟轨道平顺性好，稳定性好，使用寿命长，耐久性好，维修工作少，而且列车时速可以达到200km以上，是当今世界先进的轨道技术。京沪高铁所采用的CRTSⅡ型无砟轨道（图6-22）技术，源于德国博格板，却超越德国技术。在德国，高速铁路相对较短，轨道成本昂贵。而京沪高速铁路一次建成上千公里，必须要用合格的国产材料，达到甚至超过严格的德国质量标准。

图6-22 京沪高铁所采用的CRTSⅡ型无砟轨道

3. 节能与环保方面的创新

京沪高铁因地制宜地利用太阳能、风能、地热能等可再生能源，提高能源、资源的利用效率，减少污染。坚持统筹规划，在满足运输生产和安全防护要求的基础上，少占耕地。重视保护生态环境、自然景观和人文景观；重视水土保持，重视生态环境敏感区的保护、防灾减灾及污染防治工作。选线、选址绕避自然保护区、风景名胜区、饮用水源保护区、国家重点文物保护单位等环境敏感区；通过城市或居民集中地区时，采用适宜的速度值或降噪减振措施，满足国家环保标准和要求。路基边坡采用绿色植物与工程相结合的防护措施，兼顾美观与环保、水保等要求。

第7章 桥梁工程

发展交通运输事业，建立四通八达的现代交通网，离不开建设桥梁。道路、铁路、桥梁建设的突飞猛进，对创造良好的投资环境，促进地域性的经济腾飞，起到关键的作用。桥梁既是一种功能性的建筑物，又是一种立体的造型艺术工程，也是具有时代特征和地域标志的景观工程。

在19世纪20年代铁路出现以前，造桥所用的材料是以石材和木材为主的，铸铁和锻铁只是偶尔使用。第二次世界大战后，大量被破坏的桥梁急待修复，新桥急需修建，而造桥的钢材短缺，于是，利用30年代以来所积累的关于高强材料和高效工艺（焊接、预应力张拉及锚固、高强度螺栓施工工艺）的经验，推广了箱形截面实腹梁桥，预应力混凝土桥和斜拉桥几种新型桥。中华人民共和国成立以前数千年间，我国桥梁工程发展缓慢，以我国第一大河流长江为例，长江上没有一座永久性大桥。过江的人流、物流只能通过轮渡，交通十分不便。中华人民共和国成立以后，于1954年，开始在长江上建造长江第一桥——武汉长江大桥，结束了长江无桥的历史。改革开放后，特别是1990年以来，随着经济的高速发展，我国掀起了基础设施建设前所未有的高潮，国内公路、铁路路网建设的不断扩大，客观上要求修建更多的大桥以满足人流、物流的沟通和往来，加以建桥资金来源的多元化及造桥技术的迅猛发展，大桥就如雨后春笋般纷纷修建起来。有人说，“华夏巨变桥为证”。桥梁事业的蓬勃发展，的确从一个侧面验证了改革开放政策的巨大威力。当前桥梁建设已进入了一个飞速发展的黄金时期。以长江上修建的桥梁为例，长江及其正源流金沙江、通天河、沱沱河上的大桥（隧道）已达一百多座。

桥梁工程要涉及较多的基础知识和应用学科，桥梁工程中的知识结构应包括数学、力学、计算机科学技术、工程材料学、工程地质学、岩土力学、水力学、水文学、结构工程、基础工程、桥梁美学等。

7.1 桥梁的种类

7.1.1 按用途分

桥梁按用途分有公路桥、铁路桥、公铁两用桥、城市桥、人行及自行车桥、农桥、管线桥和渡槽桥等。

图7-1为1998年5月建成通车的温州大桥，全长17.1km，桥梁长达6977m，总投资12.53亿元，是当时全国最长的公路桥。大桥由北桥主跨为270m的斜拉桥、七都岛高架桥、南航道桥和龙湾互通立交组成，桥面宽27m，为双向六车道。其中北航道斜拉桥下可通行浅底万吨轮和7500t级客货轮。

图7-1 温州大桥

铁路桥其活荷载相对较大，桥宽不大，必须结实耐用；与铁路桥相比，公路桥相对活荷载较轻，桥的宽度相对较大，一般认为，将公路、铁路桥合建，共用桥梁墩台和基础，较为经济。图 7-2 为 2010 年 10 底通车的郑州黄河公铁两用桥，该桥为世界上最长的公铁两用大桥，总长 9.37km，公路桥在上，桥面宽 32m，双向六车道；铁路桥在下，按双铁路线布置，总投资 50 亿元。

图 7-3 为人行天桥，由于其上作用荷载小，所以造型轻巧，美观。

图 7-2　郑州黄河公铁两用桥

图 7-3　城市中人行天桥

图 7-4 为建于公元前 19 世纪的尼姆（Nimes）水槽（亦称嘎尔渡槽、嘎尔输水桥），位于法国，跨嘎尔河，用于供水。桥长 275m，高 48.8m，由上、中、下三层石灰石拱券组成。下层 6 个拱，中层 11 个拱，上层 36 个拱支承着输水槽。下层是人行桥，上层小拱平均跨径 4.8m，水槽宽 1.22m，顶面覆盖石板。

图 7-4　嘎尔输水桥

7.1.2　按桥梁上部结构的建筑材料分

按桥梁上部结构所用建筑材料的不同，桥梁又可分为：木桥、石桥、钢桥、混凝土桥、钢筋混凝土桥、预应力混凝土桥等。

图 7-5 为日本保存至今的 5 孔锦带木拱桥，跨度 27.5m，始建于 1673 年。

图7-6为世界上现存最古老的石桥，在希腊的伯罗奔尼撒半岛，是一座用石块干垒的单孔石拱桥，距今3500年左右。

图7-5　5孔锦带木拱桥

图7-6　希腊单孔石拱桥

图7-7是位于宁波市的明州大桥。该桥是目前世界上跨度最大的中承式钢箱系杆拱桥，2011年5月通车，桥梁总长1250m，大桥主孔跨度为450m。主桥采用全钢、全焊接结构，主体结构钢量达3万余吨。大桥建设过程中，融合斜拉桥、拱桥、悬索桥等三种不同类型的桥梁施工工艺，是目前单座桥梁建造中采用的施工工艺最多、最复杂的一种桥型。

图7-8为1997年建成的重庆万县长江大桥，是世界上最大的钢筋混凝土箱形拱桥，跨度420m。箱形拱是大跨径拱桥中用得最多的桥型。拱券往往由若干个箱所组成。吊装完成后，各箱腹板间及顶板上浇筑整体混凝土，形成整体拱券。

图7-7　宁波明州大桥

图7-8　重庆万县长江大桥

7.1.3　按施工方法分

按施工方法分桥可分为现场浇注和装配式桥两类。也有两者结合，即装配现浇式（一般为钢筋混凝土桥）。

图7-9为建成于1931年的悉尼大桥，为钢桁架组合式拱桥，拱跨长度为503m。图7-10为该桥吊装合拢时的图片。

图7-9　悉尼大桥

图 7-10　施工中的悉尼大桥

图 7-11 为装配式桥梁施工中的大型运梁机，运载的是钢筋混凝土箱形梁。

图 7-11　施工中的运梁机

7.1.4　按主要承重结构体系分

按主要承重结构体系分桥又可分为：梁式桥、悬索桥、拱桥、刚架桥、斜拉桥和组合体系桥等，前三种是桥的基本体系。这三种基本的桥形都源于自然界天然之作，梁式桥起源于模仿倒伏于溪沟上的树木而建成的独木桥，由此演变为木梁桥、石梁桥、直到 19 世纪的桁架梁桥；悬索桥起源于模仿天然生长的跨越深沟而可资攀援的藤条而建成的竹索桥，演变为铁索桥、柔式悬索桥，直至有加劲梁的悬索桥；拱桥起源于模仿石灰岩溶洞所形成的“天生桥”而建成的石拱桥道，演变为木拱桥和铸铁拱桥。在漫长岁月里，勤劳智慧的工匠创造了多种多样的桥型，它们都是从基本桥型发展而来。

图 7-12 所示梁式龙脑桥，位于四川省泸州，建于明代洪武年间（1378—1398 年）。桥高 5m，长 54m，宽 1.9m，共 13 孔，由 30 块长 3.6m 的青石板组成。中间 8 个桥墩上分别雕有龙、象和麒麟的头像，石雕艺术精湛，造型别致，布局奇特。因石雕中有 4 个龙头故名龙脑桥。

图 7-13 为 2011 年竣工的舟山西堠门大桥，西堠门大桥的悬索桥部分跨度达到 1650m，全长在悬索桥中居世界第二、国内第一，但钢箱梁悬索长度为世界第一。

图 7-14 为 1999 年 12 月 22 日建成通车的重庆黄花园嘉陵江大桥，南起渝中区黄花园，北到江北区廖家台，全长 1208m，双向六车道，桥面宽 31m，为五跨预应力混凝土连续钢构结构，中间三跨跨距 250m，边跨为 137m，通航净高 20m，桥下的公路净空大于 5.2m。

图 7-12　梁式龙脑桥

图 7-13　舟山西堠门大桥

图 7-15 为 2007 年建成通车的苏通长江大桥，位于江苏省东部的南通市和苏州（常熟）市之间，是交通部规划的黑龙江嘉荫至福建南平国家重点干线公路跨越长江的重要通道。桥梁全长 7687m，主桥采用双塔双索面钢箱梁斜拉桥，长 2044m，其中斜拉桥主孔跨度 1088m；南北引桥采用 30m、50m、75m 预应力混凝土连续梁桥，北引桥长 3085m，南引桥长 2010m，专用航道桥长 548m。桥面宽度 34m（不含布索区），路基宽度 33.5m，总投资 81 亿元。

图 7-14　重庆黄花园嘉陵江大桥

图 7-15　苏通长江大桥

图 7-16 为 2004 年竣工的钱江四桥（又称复兴大桥），全长 1376m，宽 26.4m，桥型方案为双层双主拱的钢管混凝土组合系杆拱桥，钢系梁与主拱肋共同形成拱梁组合受力体。

图 7-16　钱江四桥

7.1.5　按跨越障碍分

按跨越障碍分，桥梁又可分为跨河桥、跨谷桥和高架线路桥等。

图 7-17 为美国西弗吉尼亚州的新河峡桥，该桥建于 1977 年，桥长 518m，桥面宽 22m，在水面之上长 268m。

图 7-17　新河峡桥

图 7-18 为四渡河特大桥，2009 年竣工，大桥全长 1365m，主桥为单跨 900m 的双铰钢桁架加劲梁悬索桥，是沪蓉西高速公路跨四渡河的山区特大型桥梁，主跨为 900m 的钢桁架悬索桥，跨越 500m 深的深切峡谷。桥面与峡谷谷底高差达 560m，相当于 200 层楼高，是目前国内在深山峡谷里修建的最大跨度悬索桥，比目前世界最高桥法国米约大桥还要高 290m，被誉为世界第一高悬索桥。

图 7-18　沪蓉西四渡河特大桥

图 7-19 为杭州彩虹互通式立交桥，为华东最高的城市高架桥，高达 33m，共 5 层。图 7-20为天津滨海立交桥，是国内最大城市间互通式立交桥。整座桥横跨京山及地方铁路线 11 条，穿过天津碱厂和老城区的稠密民宅，将天津开发区、塘沽和天津港三个区域串联起来，堪称滨海新区核心区域的交通枢纽。

图 7-19　杭州彩虹高架立交桥

图 7-20　天津滨海立交桥

7.1.6　按桥梁长度分

桥梁在技术要求和养护设施等方面需要按桥梁长度进行分类。表 7-1 为我国桥梁规范中桥梁的长度划分标准。

表 7-1　桥梁按桥梁长度分类

分类	公路桥梁涵洞按跨径分类		铁路桥梁按桥梁长度分类
	多孔跨径总长 L（m）	单孔跨径 l（m）	桥梁长度 L（m）
特大桥	$L \geqslant 500$	$l \geqslant 100$	$L > 500$
大桥	$L \geqslant 100$	$l > 40$	$100 < L \leqslant 500$
中桥	$30 < L < 100$	$20 \leqslant l < 40$	$20 < L \leqslant 100$
小桥	$8 \leqslant L \leqslant 30$	$5 \leqslant l < 30$	$L \leqslant 20$
涵洞	$L < 8$	$l < 5$	

7.1.7　按桥面结构的开启方式分

按桥面结构的开启方式桥梁分为固定式桥梁和活动式桥梁两种。绝大部分的桥梁在建成后不可移动，称为固定式桥梁；在特殊情况下，为同时满足线路高程要求和河流通航要求，也修建活动桥，活动桥指一部分桥跨结构（通常为钢梁）可以提升或转动（平转或竖转）的桥梁。而升高或转动的目的则是在桥下可通过较高的船舶。与固定式桥梁相比，活动桥的总造价较节省，但交通量受限制，且维修管理费较高。

图 7-21 是著名的伦敦塔桥，位于泰晤士河口，是伦敦的标志性建筑。1894 年 6 月 30 日对公众开放。该桥将伦敦南北区连接成整体，河心建有两墩，相距 76m，墩上建有高耸的方形尖塔，在两塔间建成一跨双层两用桥。下层是活动桥，6 车道桥面，可通行万吨海轮；上层（高出水面 43m）为固定的人行桥。桥塔内设楼梯上下，并设博物馆、展览厅、商店、酒吧等。登塔远眺，可尽情欣赏泰晤士河上下游十里风光。

图 7-21　伦敦塔桥

7.2　桥梁结构形式及受力特点

桥梁由桥梁上部结构（桥跨结构）、下部结构（桥墩、桥台、桥梁基础）以及桥梁防护建筑物（护坡、防洪堤等）组成（图 7-22）。下面介绍常见桥梁上部结构形式及受力特点。

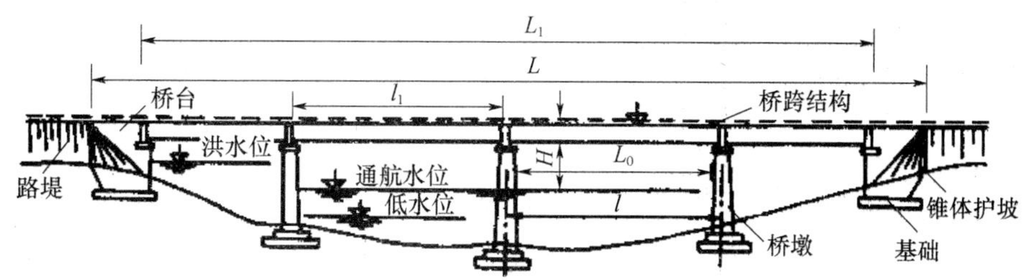

图 7-22　梁式桥基本组成

7.2.1　梁式桥

所谓梁式桥，是指以受弯为主的主梁作为桥跨结构的桥梁。主梁可以是实腹梁或者是桁架梁（空腹梁）。实腹梁主要用钢筋混凝土、预应力混凝土制作，也可以用钢材做成钢板梁或钢箱梁；桁架梁一般用钢材制作。按照主梁的静力图式，梁桥又可分为简支梁桥、连续梁桥和悬臂梁桥（图 7-23）。

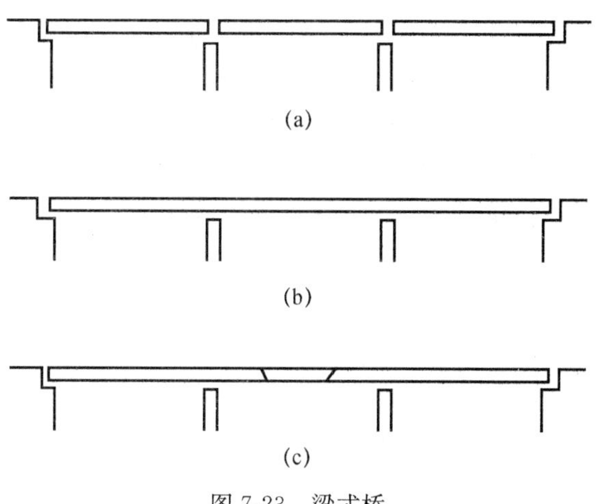

图 7-23　梁式桥

(a) 简支梁桥；(b) 连续梁桥；(c) 悬臂梁桥

1. 简支梁桥

主梁简支在墩台上，各孔独立工作，不受墩台变位影响。实腹式主梁构造简单，设计简便，施工时可用自行式架桥机或联合架桥机将一片主梁一次架设成功。但简支梁桥各孔不相连续，车辆在通过断缝时将产生跳跃，影响车速的提高。因此，目前趋向于把主梁做成简支，而把桥面做成连续的形式。简支梁桥随着跨径增大，主梁内力急剧增大，用料便相应增多，因而大跨径桥一般不用简支梁。钢筋混凝土或预应力混凝土简支梁桥是中小跨径桥梁中应用最广的桥梁。简支梁桥的结构尺寸易于设计成系列化和标准化，有利于工厂化施工，节约模板支架，并用现代化的起吊设备进行安装，提高劳动生产率，工期短。因此，近年来国内外中小跨径的桥梁，绝大部分采用装配式钢筋混凝土简支梁桥或预应力混凝土简支梁桥。

如图 7-24 所示为简支梁计算简图，简支梁桥的支座，一端为固定铰支座，用以固定主梁位置，使桥端在平面内不得发生移动，但可竖向转动；另一端为活动铰支座，用以保证主梁在荷载、温度、钢筋混凝土收缩和徐变作用下能自由伸缩和转动，以免梁内产生额外附加内力。此外，公路桥在活动端的桥面处要求设置桥面伸缩缝，以保证行车平稳；铁路钢桥当跨度超过 100m（位于无缝线路上为 60m）时，应设钢轨伸缩调节器。

装配式钢筋混凝土简支梁桥的截面形式主要有三种类型：“冂”形、“T”形和箱形（图 7-25）。

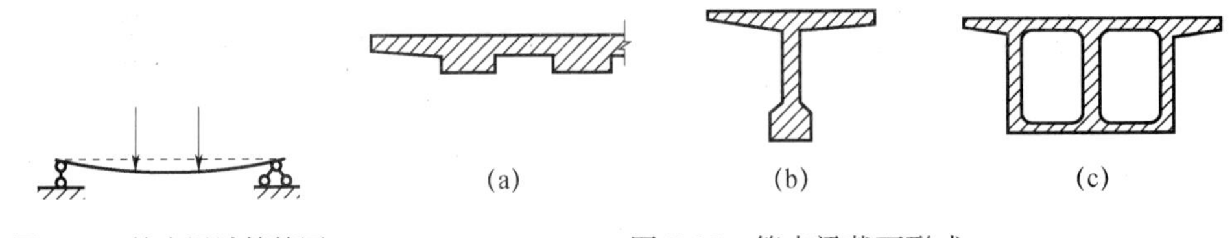

图 7-24　简支梁计算简图

图 7-25　简支梁截面形式

2. 连续梁桥

桥梁简支体系跨径受到限制，一般不超过 40m。对于较大跨径的桥梁，为了降低材料用量，宜采用跨中弯矩较小的其他桥梁体系，连续梁桥便为其中之一。一般连续梁桥由若干梁跨（通常为 8 跨）组成一联，整座桥梁可由一联或多联组成，为使连续梁桥的平面位置得到固定，且能将纵向水平力传给墩台，每一联必须设立一固定支座，其余为活动支座。每联两端留出伸缩缝并设置伸缩装置，每联跨数的增加对结构受力和行车有利，但会增加桥梁设计和施工的难度，也对伸缩装置提出了更高的要求。连续梁桥更适合采用悬臂拼装和悬臂灌筑、纵向拖拉或顶推法施工。由于它是超静定结构，当一孔受到破坏时，邻孔可给予支持而不坠落，对修复与加固有利，而且刚度较大，抗震性能良好。

连续梁桥的缺点是，当地基发生差异沉降时，梁内要产生额外的附加内力，为此在设计中必须考虑在支座处设置顶梁及调整支座标高的装置。

图 7-26 为 1990 年竣工的宜昌乐天溪桥。乐天溪桥跨越长江支流乐天溪出口处，系为配合三峡工程而建的一座四孔一联预应力混凝土连续梁桥。桥墩采用建于同一基础上的双壁式墩，系中国首次在连续梁桥桥墩中采用双排支座，这样可以削减支点弯矩与剪力。

图 7-26　宜昌乐天溪桥

3. 悬臂梁桥

又称伸臂梁桥，是将简支梁向一端或两端悬伸出短臂的桥梁。这种桥式有单悬臂梁桥和双悬臂梁桥。悬臂梁桥往往在短臂上搁置简支的挂梁，相互衔接构成多跨悬臂梁。悬臂端的挠度也较大，行车条件并不比简支梁桥有所改善。悬臂梁一片主梁的长度较同跨简支梁长，施工安装也相应要困难些。

在 20 世纪 50 年代后，一种在悬臂梁的基础上发展形成的桥形——预应力混凝土“T”形刚架桥，在工程中得到了广泛的应用。

7.2.2　拱式桥

拱桥为桥梁的基本体系之一，建筑历史悠久，外形优美，古今中外名桥遍布各地，在桥梁建筑中占有重要地位。它适用于大、中、小跨公路或铁路桥，尤宜跨越峡谷，又因其造型美观，也常用于城市、风景区的桥梁建筑。

拱式桥的主要承重结构是拱券（或称拱肋），这种结构在竖向荷载作用下，桥墩或桥台将承受水平推力，这种水平推力将显著抵消荷载所引起的在拱券内的弯矩作用，因此，与同跨径的梁式桥相比，拱的弯矩和变形要小得多。拱桥通常采用抗压能力强的圬工材料（砖、石、混凝土、钢筋混凝土）。拱桥结构向轻型结构发展，并逐步打破传统的上承式石拱桥的型式，创造出新型的拱桥。拱桥的拱券发展成为分离式拱肋，桥面发展成新型板梁式结构，借立柱支承于拱肋之上（上承式），或用吊杆悬挂于拱肋之下（下承式）。当受地势或桥梁建筑高度限制时，还可做成中承式拱桥（图 7-27）。

拱桥按拱券（肋）结构的静力图式分为无铰拱、双铰拱、三铰拱（图 7-28）。

前两者属超静定结构，后者为静定结构。无铰拱的拱券两端固结于桥台（墩），结构最为刚劲，变形小，比有铰拱经济；无铰拱是拱桥中，尤其是圬工拱桥和钢筋混凝土拱桥中普遍采用的形式。但桥台位移、温度变化或混凝土收缩等因素对拱的受力会产生不利影响，因而修建无铰拱桥要求有坚实的地基基础。双铰拱是在拱券两端设置可转动的铰支承，铰可允许拱券在两端有少量转动的可能。结构虽不如无铰拱刚劲，但可减弱桥台位移等因素的不利影响。三铰拱则是在双铰拱拱顶再增设一铰，结构的刚度更差些，但可避免各种因素对拱券受力的不利影响。三铰拱顶铰的构造和维护也较复杂。因此，三铰拱除有时用于拱上建筑的腹拱券外，一般不用作主拱券。

拱桥按照主拱券的构成形式，拱又可分为板拱、肋拱、双曲拱、桁架拱、箱形拱等。

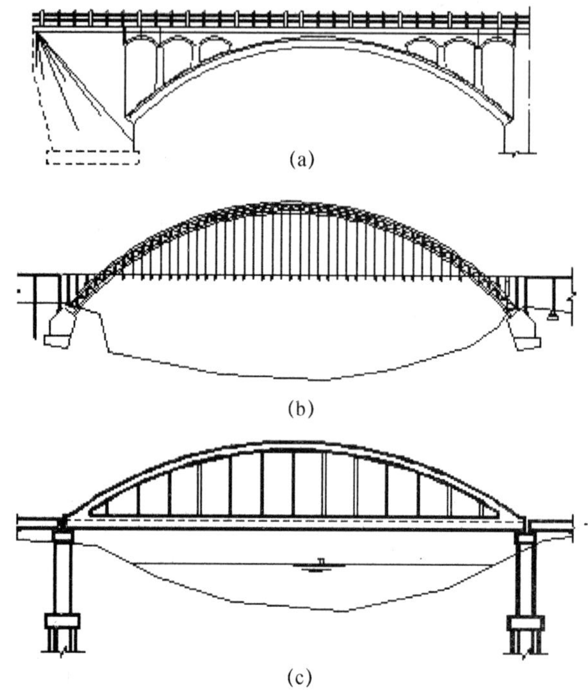

图 7-27　拱桥的结构形式

（a）上承式拱桥；（b）中承式拱桥；（c）下承式拱桥

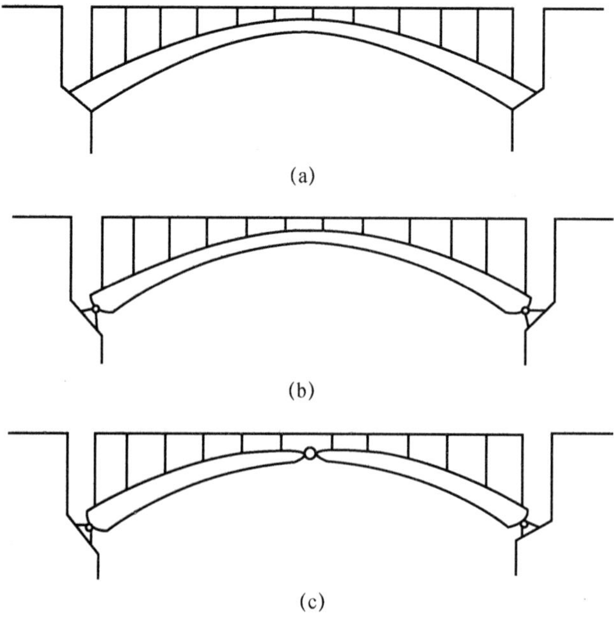

图 7-28　拱桥形式示意图

（a）无铰拱；（b）双铰拱；（c）三铰拱

1. 板拱

拱券横截面呈矩形实体截面，它横向整体性较好、拱券截面高度小、构造简单，但抵抗弯矩能力较差，一般用于圬工拱桥。图7-29九溪沟桥所示为1972年建成的四川九溪沟桥，为石砌的板拱桥，跨径达到116m，为目前世界上最大跨径的石拱桥。

2. 肋拱

拱券是由两条或多条拱肋组成，肋与肋之间用横系梁相联系，拱肋形状可以是矩形、“工”字形、箱形或圆管形，它的抗弯能力较板拱为优，用料较省，但制作较板拱复杂，多用于钢筋混凝土拱桥或钢拱桥。图7-30所示为三峡配套工程的九畹溪大桥，跨径160m，高160m，属上承式钢管混凝土大桥。

图7-29 九溪沟桥

图7-30 九畹溪大桥

3. 双曲拱

所谓双曲拱是指桥梁有纵、横两个方向的桥拱。纵向拱是指桥梁的主拱券，在外形上与一般拱桥完全一样，为弧度不同的拱券。横向拱是双曲拱的主要奥秘，它是指在纵向的大拱券上，并排砌筑几组小拱券，就像是一排排向上鼓起的瓦垄，由于切面像波浪一样，所以称为拱波。这个波形的展开方向与纵向拱券相互垂直，使桥梁整体表现为纵横两个方向的曲形，因此叫双曲拱。

双曲拱桥的最大优点是提高了桥梁的强度和稳定性，它克服了一般拱桥在重压下横向容易弯曲变形的弱点，使桥梁压力较好地分布于桥梁整体。另外，双曲拱还可以以同样的材料，获得比一般拱桥大得多的跨度。如跨度相同，则可以节约一半左右的钢材等建筑材料。在造型上，双曲拱桥由于双向曲形，更富于变化，更加美观、舒展。图7-31为1974年建成通车的湘西罗依溪酉水特大桥，该桥跨越酉水，为四孔悬链线等截面空腹式无铰不等跨双曲拱桥型。桥高80m，全长365m，为当时全国主孔跨径大、不等跨的双曲拱桥典型。此桥具有墩高不等、跨径不等的特点：墩高分别为39m、35m、63.5m（圬工体积6692m^3）、45.68m；第1孔53m，矢度1/6，小孔横墙采用墙式，第3、4孔72m，矢度1/8，小孔为立柱式，均系拱上结构腹拱墩，主拱肋均为倒“T”形，第2孔（主孔）跨径116m，矢度1/7，主拱肋为矩形截面，拱上结构梁式，分为预制“U”形截面与现浇混凝土填心两部分。

4. 桁架拱和箱形拱桥

图7-32是建于1995年位于贵州省瓮安县的江界河桥，跨越乌江中游峡谷，主跨为一孔330m组合预应力混凝土桁架拱，桥面高出常水位近270m。

图 7-31　罗依溪西水特大桥

图 7-32　江界河桥

前面提到的重庆万县长江大桥就是一座大型劲性骨架钢筋混凝土箱拱桥，总长 856.12m，宽 24m，4 车道，净跨 420m，单孔跨江。

7.2.3 悬索桥

悬索桥也称吊桥。其主要承重结构由缆索（包括吊杆）、塔和锚碇三者组成的桥梁（图 7-33）。其缆索几何形状由力的平衡条件决定，一般接近抛物线。从缆索垂下许多吊杆，把桥面板吊住，在桥面和吊杆之间常设置加劲梁，同缆索形成组合体系，以减小活载所引起的挠度变形。现代悬索桥，是由索桥演变而来，适用范围以大跨度及特大跨度公路桥为主。

缆索过去曾用竹索、铁索、调质钢眼杆，现主要使用冷拔碳素钢丝制成平行丝大缆、钢丝绳缆平行钢丝绳股组成的大缆。

塔以往常用石塔，今则以钢塔为主，有时也用钢筋混凝土塔。

缆索的拉力通过灌筑在混凝土中的钢质构件传递给混凝土和地基称为锚碇。当地基为坚实岩层时，只需顺缆索方向凿一隧道（坑洞），将固定缆索的钢质构件置于其中，再用混凝土将隧道填实即成。这种锚碇称隧道式。当地基没有岩层可利用时，则需灌筑巨型混凝土块，凭质量及相应的摩擦阻力来抵抗拉力。这种锚碇称重力式。

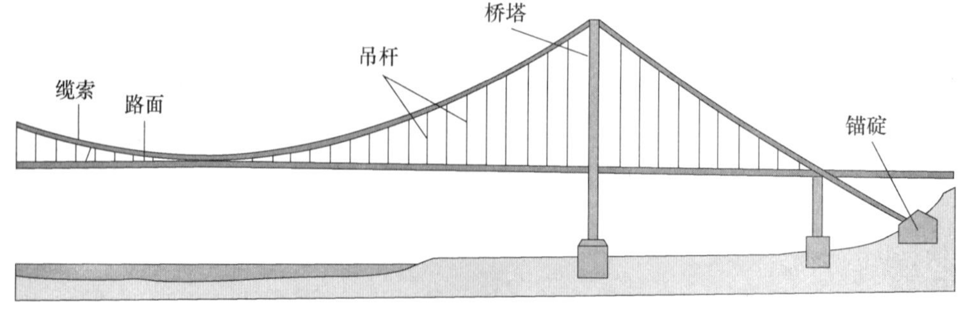

图 7-33　悬索桥组成示意图

悬挂在两边塔架上的强大缆索作为主要承重结构，吊杆承担桥面板传来的竖向荷载，并把荷载传给主缆索，主缆索承受很大的拉力，通常需要在两岸桥台的后方修建巨型锚碇结构，现代悬索桥广泛采用高强度的钢丝股编制的钢缆，结构自重较轻。悬索桥在施工上的优点是：成卷的钢缆易于运输，结构组成构件便于无支架拼装。

目前最大跨度的悬索桥是日本的明石海峡桥，主塔塔顶高度 297.3m，跨度 1991m（图 7-34）。

图 7-34　日本的明石海峡桥

7.2.4　斜拉索桥

斜拉索桥的主要组成部分有缆索、塔柱、桥墩、桥台、主梁和辅助墩等。高强钢材制成的斜索将主梁多点吊起，将主梁的恒荷载和车辆荷载传给塔柱，通过塔柱积储传给地基，跨度较大的主梁类似一根多点弹性支承的连续梁，从而可使主梁尺寸大大减小，减轻结构自重，又能大幅度增大桥梁的跨越能力。与悬索桥相比，斜拉索桥的结构刚度大，相同荷载作用下结构变形小，其抵抗风振的能力优于悬索桥。

斜拉索桥根据纵向斜缆布置分为辐射形、扇形、竖琴形等（图 7-35）。

图 7-36 所示为建于 1999 年、主跨经为 890m 的日本多多罗桥；图 7-37 所示为建于 1995 年、主跨径 856m 的法国诺曼底桥。

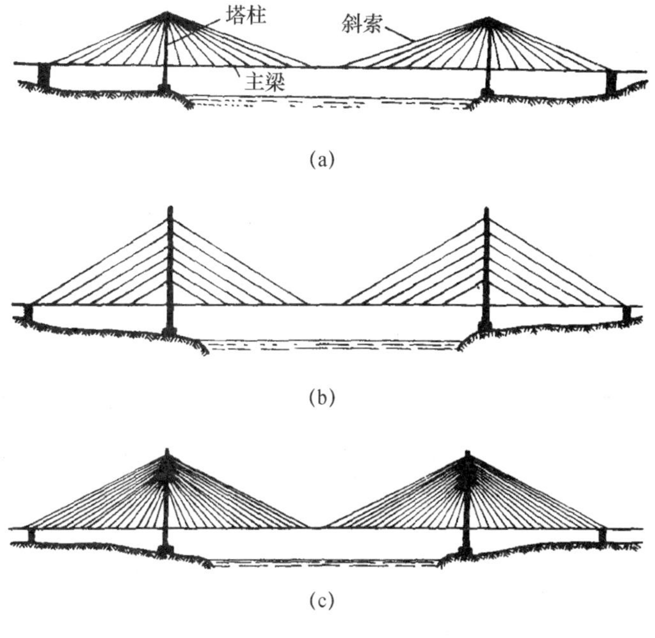

图 7-35　斜拉桥斜缆布置形式

(a) 辐射形；(b) 扇形；(c) 竖琴形

图 7-36　日本多多罗桥

图 7-37　法国诺曼底桥

7.2.5　刚架桥

刚架桥也称刚构桥，其主要承重结构是板和立柱或板与竖墙整体结合在一起的刚架结构，刚架的腿形成墩（台），梁、柱连结的刚节点具有很大的刚性，可用钢、钢筋混凝土或预应力钢筋混凝土制造。在竖向荷载作用下，梁部主要受弯，而在柱脚处也具有水平反力，其受力状态介于梁桥和拱桥之间，当遇到线路立体交叉或需要跨越通航江河时，采用这种桥型能尽量降低线路标高，以改善纵坡并能减少路堤土方量。

当跨越陡峭河岸和深邃峡谷时，修建斜腿式的刚架桥既经济合理，又造型轻巧美观。由于斜腿墩柱置于岸坡上，有较大斜角，在主梁跨度相同的条件下，斜腿刚构桥的桥梁跨度比门式刚构桥要大得多（图 7-38）。

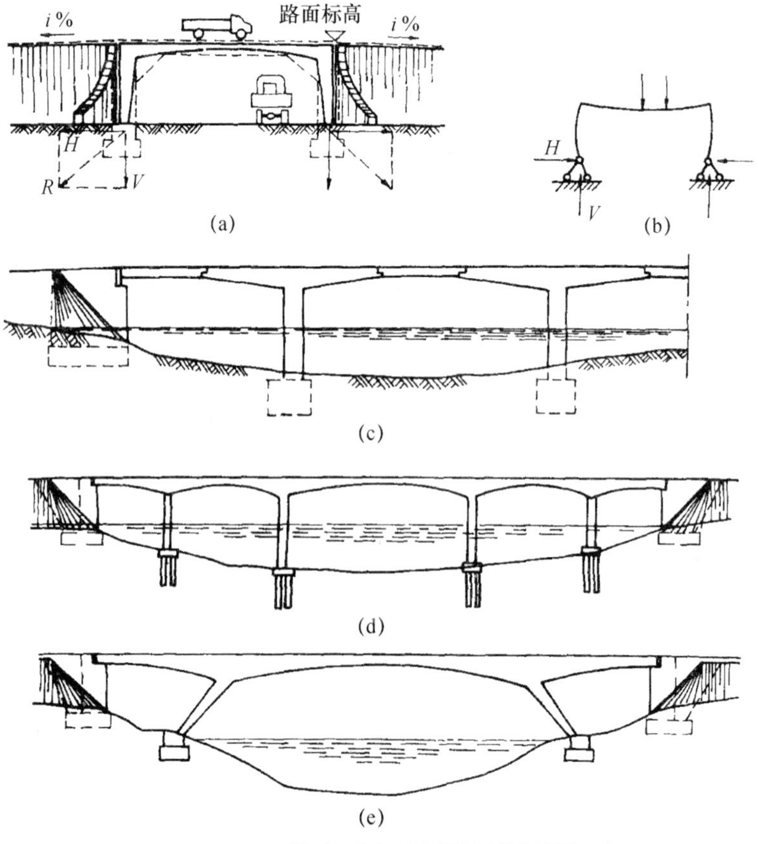

图 7-38　刚架桥受力示意图及计算简图

(a) 受力示意图；(b) 计算简图；(c) “T” 形刚架桥；(d) 连续刚架桥；(e) 斜腿刚架桥

图 7-39 所示为重庆长江大桥，建于 1980 年，是我国目前最大跨径的预应力混凝土“T”形刚构桥。正桥全长 1073m，宽 21m，分跨为 86.5＋4×138＋156＋174＋104.5，主跨跨度 174m。

图 7-39　重庆长江大桥

图 7-40 所示为广东虎门珠江辅航道桥是位于广东东莞和番禺市之间跨越珠江的公路大桥，桥全长 3618m。辅航道桥建于 1997 年，主跨 270m，属于连续刚构桥。主航道桥为跨径 888m 的钢箱梁悬索桥。

图 7-40　广东虎门珠江辅航道桥

图 7-41 所示为安康汉江桥，位于陕西省安康市，建于 1982 年。其主跨为 176m，斜腿刚构桥。梁长 305.10m，桥全长 542.08m，桥墩采用圆形空心墩，墩台均采用明挖基础，斜腿刚构的斜腿支墩为悬臂式，其悬臂部分为钢筋混凝土矩形结构。

图 7-41　安康汉江桥

7.3 桥墩与桥台

桥墩与桥台是桥梁的下部支承结构。桥台设置在桥梁两端，除了支撑桥跨结构，它又是道路与桥梁的连接构筑物，既要能挡土护岸，又能承受背填土及填土上车辆荷载所产生的附加侧压力。桥墩是多跨桥的中间支承结构，它除承受上部结构产生的竖向力、水平力和弯矩之外，还承受风力、流水压力以及可能发生的地震力、冰压力、船只和漂流物的撞击力。

7.3.1 桥墩

1. 重力式桥墩

重力式桥墩即实体桥墩，主要靠自重来平衡外力，从而保证桥墩的强度和稳定，墩身厚实，可以不用钢筋而用天然石材或片石混凝土砌筑，适用于地基良好的大中型桥梁或流冰漂浮物较多的河流中（图 7-42）。从减少水流阻力来说，桥墩的截面以尖端形、圆形、圆端形较好。

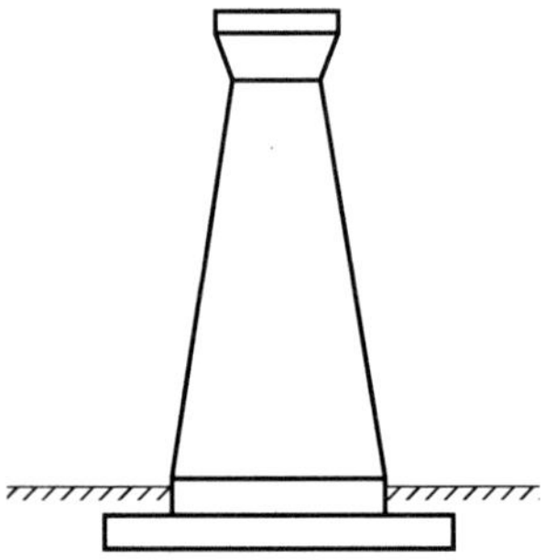

图 7-42　重力式桥墩

2. 薄壁空心桥墩

针对重力式桥墩材料用量多、材料强度得不到充分发挥，空心薄壁桥墩应运而生。可以节约圬工材料，减轻质量，缺点是经不起外物撞击。

空心桥墩的截面形式有圆形、圆端形、长方形等，如图 7-43 所示。

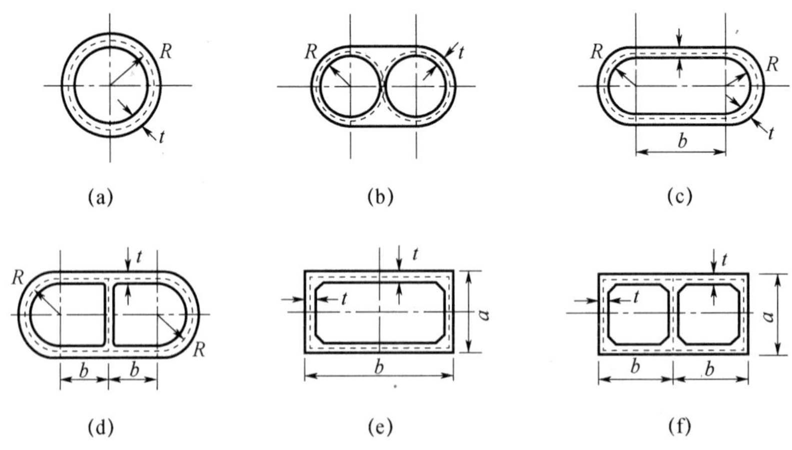

图 7-43　空心桥墩截面形式示意图

3. 桩或柱式轻型桥墩

桩式墩是将钻孔桩基础向上延伸作为桥墩的墩身，在桩顶浇注盖梁，如图 7-44 所示。柱式桥墩的墩身沿桥横向常由 1～4 根立柱组成。

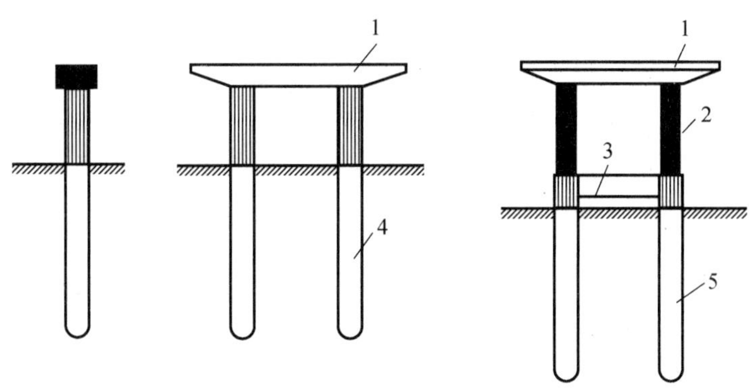

图 7-44　桩式桥墩示意图

1—顶帽；2—柱；3—系梁；4、5—桩

7.3.2　桥台

1. 重力式桥台

重力式桥台也称实体式桥台，它主要靠自重来平衡桥台后的土压力，桥台台身多用石砌、片石混凝土或混凝土等圬工材料建造。其构造简单，适合于填土高度在 8～10m 以下、跨度稍大的桥梁。缺点是桥台体积和自重较大，也增加了对地基的要求。图 7-45 所示为常见的两种桥台形式：埋置式和八字形翼墙式桥台。

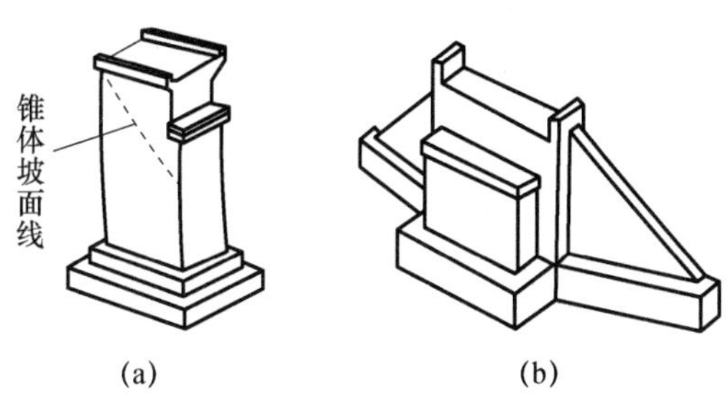

图 7-45　桥台的形式

(a) 埋置式；(b) 八字形翼墙式

2. 薄壁轻型桥台

薄壁轻型桥台是利用钢筋混凝土结构的抗弯能力来减少圬工体积而使桥台轻型化。常用的形式有悬臂式、扶壁式、撑墙式及箱式等（图 7-46）。一般情况下，悬臂式桥台的混凝土数量和用钢量较高，撑墙式与箱式的模板用量较高。

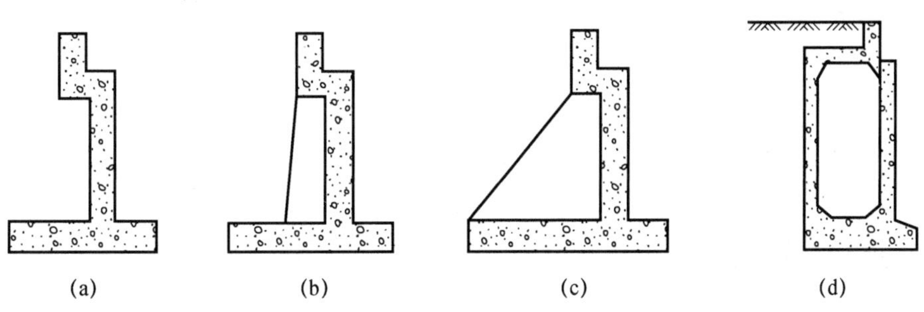

图 7-46　薄壁轻型桥台

(a) 悬臂式；(b) 扶壁式；(c) 撑墙式；(d) 箱式

3. 组合式桥台

为使桥台轻型化，桥台本身主要承受桥跨结构传来的竖向力和水平力，而桥台的土压力由其他结构来承受，形成组合式桥台。组合的方式很多，如桥台与锚碇板组合、桥台与挡土墙组合、桥台与梁及挡土墙组合、框架式的组合、桥台与重力式后座组合等。图 7-47 所示为锚碇板式组合桥台。

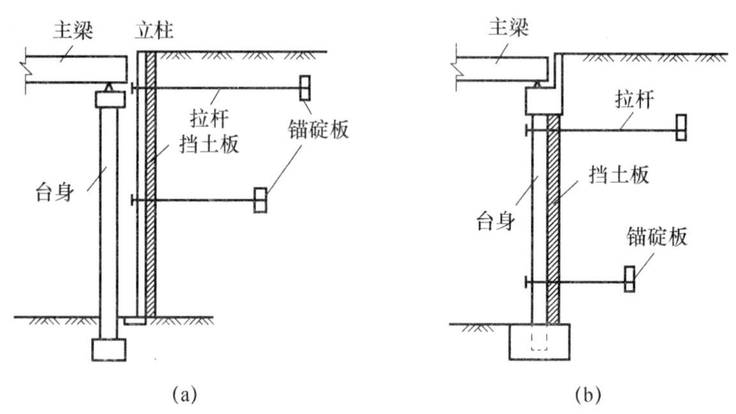

图 7-47　组合式桥台

7.4　桥梁的总体规划和设计要点

7.4.1　桥梁的总体规划

桥梁总体规划的原则是：根据其使用任务、性质和将来发展的需要，全面贯彻安全、经济、适用和美观的方针。一般需考虑下述各项要求：

1. 使用上的要求

桥上的行车道和人行道应保证车辆和行人安全畅通，满足将来交通发展的需要。桥型、跨度大小和桥下净空还应满足泄洪、安全通航和通车的要求。

2. 经济上的要求

桥梁的建造应体现经济合理。桥梁方案的选择要充分考虑因地制宜和当地取材以及施工水平等物质条件，力求在满足功能要求的基础上，使总造价和材料等消耗量最少，工期最短，尽早投入使用。

3. 结构上的要求

整个桥梁结构及其部件，在制造、运输、安装和使用过程中应具有足够的强度、刚度、稳定性和耐久性。

4. 美观上的要求

桥梁应具有优美的外形，应保证周围环境与景色协调。

7.4.2　桥梁的设计要点

1. 选择桥位

桥位在服从路线总方向的前提下，选在河道顺直、河床稳定、水面较窄、水流平稳的河段。中小桥的桥位服从路线要求，而路线的选择服从大桥的桥位要求。

2. 确定桥梁总跨径与分孔数

总跨径的长度要保证桥下有足够的过水断面，可以顺利地宣泄洪水，通过流冰。根据河床的地质条件，确定允许冲刷深度，以便适当压缩总跨径长度，节省费用。分孔数目及跨径大小要考虑桥的通航需要、工程地质条件的优劣、工程总造价的高低等因素。一般是跨径越大，总造价越高，施工亦越困难。桥道标高也在确定总跨径、分孔数的同时予以确定。设计通航水位及通航净空高度是决定桥道标高的主要因素，一般在满足这些条件的前提下，尽可能取低值，以节约工程造价。

3. 桥梁的纵横断面布置

桥梁的纵断面布置是在桥的总跨度与桥道标高确定以后，来考虑路与桥的连接线形与连接的纵向坡度。连接线形一般应根据两端桥头的地形和线路要求而定。纵向坡度是为了桥面排水，一般控制在3%～5%。桥梁横断面布置包括桥面宽度、横向坡度、桥跨结构的横断面布置等。桥面宽度含车行道与人行道的宽度及构造尺寸等，按照道路等级，国家有统一规定可循。

4. 公路桥型的选择

桥型选择是指选择什么类型的桥梁，是梁式桥，还是拱桥；是刚架桥，还是斜拉桥；是多孔桥，还是单跨桥，等等。一般应从安全实用与经济合理等方面综合考虑，选出最优的桥型方案，在实际操作中，往往需要准备多套可能的桥型方案，综合比较分析以后，才能找出符合要求的最优方案来。

7.5 工程案例——港珠澳大桥

7.5.1 港珠澳大桥工程概况

港珠澳大桥是我国继三峡工程、青藏铁路、南水北调、西气东输、京沪高铁之后又一重大基础设施项目，东连香港、西接珠海、澳门，是集桥、岛、隧为一体的超大型跨海通道。

港珠澳大桥，以公路桥的形式连接香港、珠海和澳门，整座大桥将按六车道高速公路标准建设，设计行车时速160km/h，建成通车后，开车从香港到珠海的时间由原来的三个多小时缩短到约30min。

大桥路线如图7-48所示，起自香港大屿山散石湾，接香港口岸，经大澳，跨越珠江口，最后分成“Y”字形，一端连接珠海，另一端连接澳门，止于珠海/澳门口岸人工岛。

大桥走线经香港水域，穿越珠江口铜鼓航道、伶仃西航道、青州航道、九洲航道，全长为49.968km，包括桥梁工程、海中隧道工程以及4大人工岛工程（为实现桥隧转换的海底隧道入口处的东、西人工岛、珠澳口岸人工岛、香港口岸人工岛）。1983年，香港的建筑师胡应湘最早提出了建造港珠澳大桥的想法；2009年12月15日，港珠澳大桥正式开工建设；2016年9月27日港珠澳大桥主体工程中的桥梁工程全线贯通；2017年5月2日，港珠澳大桥沉管隧道顺利合龙；2017年7月7日，港珠澳大桥海底隧道段的连接工作顺利完成，从而跨海大桥主体工程全面实现贯通。2018年9月28日，港珠澳大桥开展首次三地联合试运行，测试口岸运作情况，为大桥全线开通做准备。2018年10月24日上午9时正式通车。港珠澳大桥的设计使用寿命是120年，总投资规模约720亿人民币。

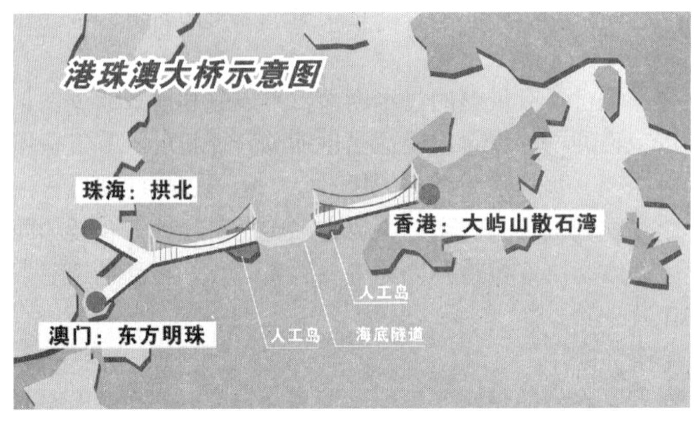

图 7-48　港珠澳大桥路线示意图截图

7.5.2　港珠澳大桥工程特点

1. 桥隧方案

隧道造价大约是大桥的 3 倍，但是考虑到通航的需要，主体工程采用桥隧结合方案，穿越伶仃西航道和铜鼓航道段约 6.7km 采用隧道方案，其余路段约 28.9km 采用桥梁方案。主体桥梁部分共设三个通航孔桥，自东向西分别为：青州航道桥、江海直达船航道桥、九洲航道桥（图 7-49）。

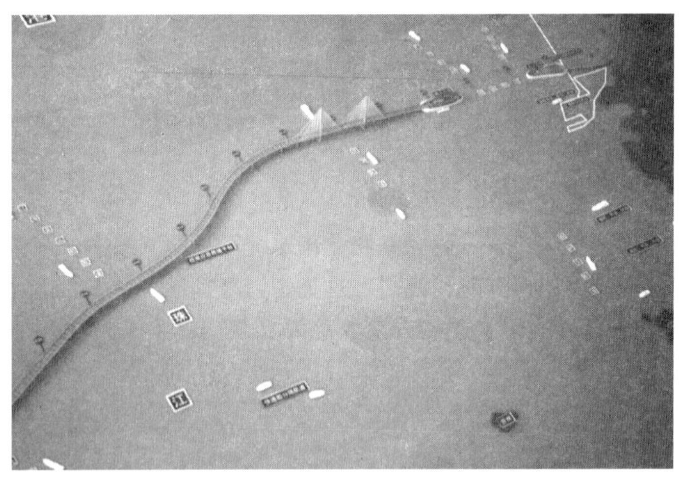

图 7-49　港珠澳大桥海中桥隧工程效果图

大桥采用主跨“双塔双索面钢箱梁斜拉桥”。该斜拉桥的整体造型及断面形式除了满足抗风、抗震等高要求外，还充分考虑了景观效果。大桥能抗击 51m/s 的风速，这相当于最大风力 16 级；建成后可抗 8 级地震。桥梁采用钻石型索塔，总高 170.69m（图 7-50）。长达 6.7km 的海底超长隧道采用两孔一管廊截面形式（图 7-51）的沉管技术，两侧为行车道孔，中间管廊内上层为专用排烟通道，中层为横向安全通道，下层为电缆沟和海底泵房，中隔墙上每间隔 90m 设置一处逃生安全门。沉管是迄今世界上埋深最深、规模最大、单节管道最长的海底公路沉管，全部采用工厂法流水预制，完成后拖运至施工地点进行安装。隧道里如何通风、保证安全，在复杂的海洋条件下预制沉管的浮运和沉放，都是施工中面临的世界性难题。中国交建港珠澳大桥岛隧项目团队自主创新，攻坚克难，成功攻克这一世界级工程难题。

为实现桥隧转换和设置通风井，主体工程隧道两端各设置一个蚝贝造型的海中人工岛，东人工岛东边缘距粤港分界线约 150m，西人工岛东边缘距伶仃西航道约 1800m，两人工岛最近边缘间距约 5250m。

图 7-50　港珠澳大桥效果图

图 7-51　海底隧道沉管截面

2. 工程防撞

在港珠澳大桥设计中，防撞问题也是工程研究重点。大桥设计有 3 个通航孔，每个可防 3 万 t 冲击力。在海底隧道两端人工岛周围排放了石头形成斜坡，如果有船太靠近就会搁浅。建有防撞墩，它们可防 30 万 t 撞击。有关方面表示，建成后的大桥保证大撞不倒，中撞可修。

3. 东、西人工岛工程

东、西人工岛各用直径 22m 的巨型钢制圆筒 59 个和 61 个，这些钢制圆筒均由振沉系统打入海底深处，首尾相接，在海上造出止水区域后，抽水填沙成岛。图 7-52 所示为施工中的人工岛。

以西人工岛为例，该工程采用施工船作业，船体长 70m、宽 30m，桩架高 90.2m，可施打最大直径 2m、水面以下深度 70m 沙桩。西人工岛外侧 7.7 万 m^2 海域共需施打挤密沙桩 9616 根。该项工艺成功应用于外海作业，在国内水上施工中尚属首例，同时填补了人工岛成岛基础建设领域的技术空白。

2011 年 9 月 11 日，西人工岛主体的结构工程完成，2011 年 12 月 7 日，东人工岛主体的结构工程完成。12 月 21 日，人工岛的主体外围结构工程完成，图 7-53 所示为桥隧工程出入口人工岛效果图。

图 7-52 人工岛施工

图 7-53 桥隧工程出入口人工岛效果图

4. 口岸人工岛工程

人工岛工程具有标志性及相关性，是景观设计考虑的重点。每个人工岛都是集交通、管理、服务、救援和观光功能为一体的综合运营中心，除造型外，还充分重视岛区范围内的绿化工程，在海景较美的地方设置“观景平台”。除人工岛之外，还设计了中华白海豚观赏区和海上观景平台。

香港口岸人工岛约 130 公顷，位于香港国际机场东面，口岸将与深港两地机场共用，并可为机场的延伸，接驳屯门至赤鱲角的公路和深港机场的连接铁路。该口岸的人工岛于 2010 年开始填海。

珠澳口岸人工岛填海工程约 216.4 公顷，工程内容还包括人工岛护岸、陆域形成、地基处理及海巡交通船码头等。护岸长 6079.344m。项目完成后，形成的陆域标高为+4.8m，可抵御珠江口 300 年一遇的洪潮。2009 年 12 月 15 日珠澳口岸人工岛填海工程开工。

图 7-54 和图 7-55 所示为口岸人工岛效果图。

图 7-54 香港口岸人工岛

图 7-55 珠澳口岸人工岛

第 8 章　港口工程与海洋工程

现代交通是由公路、铁路、水运、航空、管道等各种运输方式组成的综合性运输系统。港口是综合运输系统中水陆联运的重要枢纽。港口由一定面积的水域和陆域组成，是供船舶出入和停泊、旅客及货物集散并变换运输方式的场地。港口为船舶提供安全停靠和进行作业的设施，并为船舶提供补给、修理等技术服务和生活服务。港口建设是一项综合性工程建设，一般分为规划、设计、施工三个阶段，港口建设应该执行交通部现行《港口工程技术规范》（1998）等相关规定。

我国是一个约有 18000km 大陆海岸线的国家，也是一个岛屿众多的国家，拥有大小岛屿 6500 多个，岛屿岸线长约 14000km。同时，我国江河众多，内河流域面积在 100km^2 以上的共有 5700 多条，总长约 430000km，发展水运和建设港口的条件十分优越。截至 2017 年中国亿吨级大港数量达 34 个，万吨级及以上泊位 2300 余个，形成了环渤海、长三角、东南沿海、珠三角和西南沿海五个港口群，在 2017 年的统计数据中显示，世界第一大港为中国的上海港。

海洋工程是指以开发、利用、保护、恢复海洋资源为目的，并且工程主体位于海岸线向海一侧的新建、改建、扩建工程。其具体包括：围填海、海上堤坝工程，人工岛、海上和海底物资储藏设施、跨海桥梁、海底隧道工程，海底管道、海底电（光）缆工程，海洋矿产资源勘探开发及其附属工程，海上潮汐电站、波浪电站、温差电站等海洋能源开发利用工程，大型海水养殖场、人工鱼礁工程，盐田、海水淡化等海水综合利用工程，海上娱乐及运动、景观开发工程，以及国家海洋主管部门会同国务院环境保护主管部门规定的其他海洋工程。由于海洋环境变化复杂，海洋工程除需要考虑海水腐蚀、海洋生物影响等作用外，还必须能承受台风、海浪、潮汐、海流和冰凌等的强烈作用，在浅海区还要经受得了岸滩演变和泥沙运动等的影响。

目前，最主要的海洋工程就是海洋平台。供海洋石油钻探与生产所需的平台，主要分为钻井平台和生产平台两大类。在钻井平台上设钻井设备，在生产平台上设采油设备，平台与海底井口有立管相连。海洋平台一般都高出海面，能够避免波浪的冲击，形状主要有三边形、四边形或多边形。上下两层甲板或单层甲板供安装、储存钻井或采油设备用。海洋面积占地球总面积的 71%，海洋中蕴藏着丰富的石油及天然气。在能源消耗与日俱增的今天，对海洋石油及天然气的钻探、开采和生产，有着非常重大的意义，这也促进了海洋平台技术的不断发展。

8.1　港口分类与组成

8.1.1　港口的分类

港口可按多种方法分类：

（1）按所在位置可分为海岸港、河口港和河港，海岸港和河口港统称为海港。

（2）按用途可分为商港、军港、渔港、避风港和工业港。

(3) 按成因可分为天然港和人工港。

(4) 按港口水域在寒冷季节是否冻结可分为冻港和不冻港。

(5) 按潮汐关系、潮差大小，是否修建船闸控制进出港，可分为闭口港和开口港。

(6) 按对进口的外国货物是否办理报关手续可分为报关港和自由港。

8.1.2 港口的组成

港口由水域和陆域两大部分组成，如图 8-1 所示。

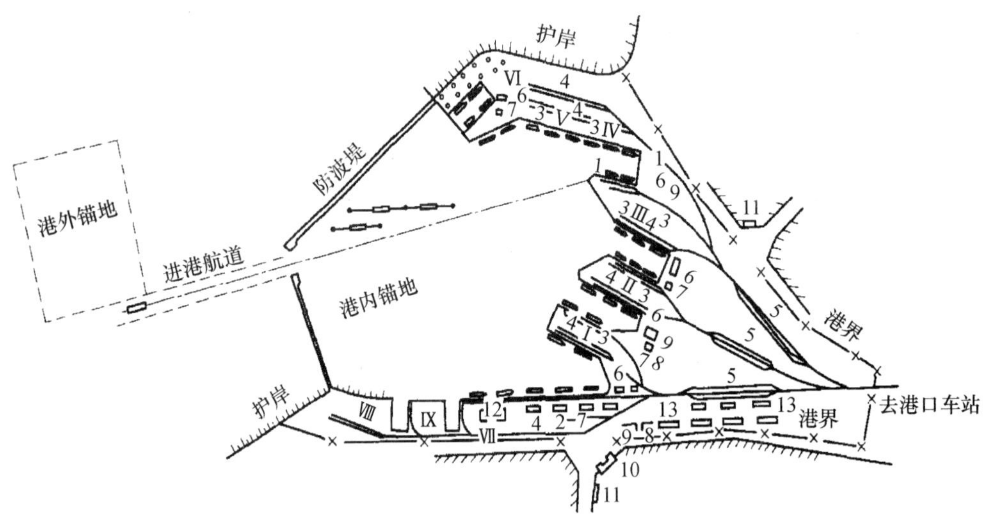

图 8-1 港口的组成

Ⅰ—杂货码头；Ⅱ—木材码头；Ⅲ—矿石码头；Ⅳ—煤炭码头；Ⅴ—矿物材料码头；Ⅵ—石油码头；Ⅶ—客运码头；Ⅷ—工作船码头及维修站；Ⅸ—工程维修基地

1—导航标志；2—港口仓库；3—露天货场；4—铁路装卸线；5—铁路分区调车场；6—作业区办公室；7—作业区工人休息室；8—工具库房；9—车库；10—港口管理局；11—警卫室；12—客运站；13—储存仓库

水域包括进港航道、港池和锚地，对天然掩护条件较差的海港需建造防波堤。港口陆域岸边建有码头，岸上设港口仓库、堆场、港区铁路和道路，并配有装卸和运输机械，以及其他各种辅助设施和生活设施。

水域是供船舶航行、运转、锚泊和停泊装卸之用，要求有适当的深度和面积，水流平缓、水面稳静。陆域是供旅客集散、货物装卸、货物堆存和转载之用，要求有适当的高程、岸线长度和纵深。

港口水域可分为港外水域和港内水域。港外水域包括进港航道和港外锚地。有防波堤掩护的海港，在口门以外的航道称为港外航道。港外锚地，供船舶抛锚停泊，等待检查及引水。

港内水域包括港内航道、转头水域、港内锚地和码头前水域或港池。

为了克服船舶航行的惯性，要求港内航道有一个最低长度，一般不小于 3～4 倍船长。船舶由港内航道驶向码头或者由码头驶向航道，要求有能够进行回转的水域，称为转头水域。在内河港口，为便于控制，船舵逆流靠离岸［图 8-2 (a)］。当船舶从上游驶向顺岸码头时，先调头，再靠岸；当船舶离开码头驶往下游时，要逆流离岸，再调头行驶［图 8-2 (b)］。为此，要求顺岸码头前水域有足够宽度。海港港内锚地供船舶避风停泊，等候靠岸及离港，进行水上由船转船的货物装卸。河港锚地供船舶解队及编队，等候靠岸及离港，进行水上装卸。在河口港及内河港，水上装卸的货物构成港口吞吐量的重要组成部分。供船舶停靠和装卸货物用的毗邻码头水域，称为码头前水域或港池。它必须有足够的深度和宽度，使船舶能方便地靠岸和离岸，并进行必要的水上装卸作业。

为了保证船舶安全停泊及装卸，港内水域要求稳静。在天然掩护不足的地点修建海港，需建造防波堤，以满足泊稳要求。

港域则由码头、港口仓库及货场、铁路及道路、装卸及运输机械、港口辅助生产设备等组成。

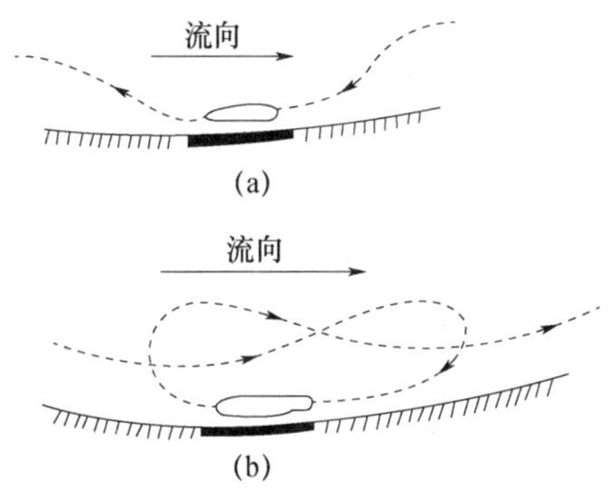

图 8-2　河港中船舶离靠码头的方法

(a) 逆流靠离码头；(b) 调头靠离码头

8.2　港口规划与布置

8.2.1　港口规划

1. 规划的主要阶段划分和规划主要依据

规划是港口建设的重要前期工作，规划涉及面广，关系到城市建设，铁路、公路等线路的布局。规划之前要对经济和自然条件进行全面的调查和必要的勘测，当经济与自然条件满足要求后再拟定新建港口或港区的性质、规模，选择具体港址，提出工程项目、设计方案，然后进行技术经济论证，分析判断建设项目的技术可行性和经济合理性。规划一般分为选址可行性研究和工程可行性研究两个阶段。

一个港口每年从水运转陆运和从陆运转水运的货物数量总和（以吨计），称为该港口的货物吞吐量，它是港口工作的基本指标。在港口锚地进行船舶转载的货物数量（以吨计）应计入港口吞吐量。

港口吞吐量的预估是港口规划的核心。港口的规模、泊位数目、库场面积、装卸设备数量以及集疏运设施等均以吞吐量为依据进行规划设计。

远景货物吞吐量是远景规划年度进出港口货物可能达到的数量。因此，要调查研究港口腹地的经济和交通现状及未来发展，以及对外贸易的发展变化，从而确定规划年度内进出口货物的种类、包装形式、来源、流向、年运量、不平衡性、逐年增长情况以及运输方式等；有客运的港口，同时还要确定港口的客运流量、来源、流向、不平衡性及逐年增长情况等。

船舶是港口最主要的直接服务对象，港口的规划与布置，港口水、陆域的面积与尺度以及港口建筑物的结构，均与到港船舶密切相关。因此，船舶的性能、尺度及今后的发展趋势也是港口规划设计的主要依据。

2. 港址选择

港址选择是一项复杂而重要的工作，是港口规划工作的重要步骤，是港口设计工作的先决条件。一个优良港址应满足下列基本要求：

1）有广阔的经济腹地，以保证有足够的货源，且港址位置适合于经济运输，与其腹地进出口货物重心靠近，使货物总运费最低。

2）与腹地有方便的交通运输联系。

3）与城市发展相协调。港口的发展会逐步形成城市，港口建设与城市发展有着密切的关系。出于环境方面的考虑，现代港口活动与城市居民正常生活分离的概念越来越被广泛采用。因此，现代化港口的港址，不应位于被居民区包围的城市中心区附近的岸线（客运码头除外），而应形成港口与城市发展互不干扰的城市用地结构和布局。

4）有发展余地。我国是一个发展中国家，所以港口的发展必须留有较大的余地。一个优良的港址，至少要满足30～50年港口发展的需要。

5）满足船舶航行与停泊要求。进港航道和港池水深要满足设计船舶吃水要求。要有宽阔的水域，足够布置船舶的锚泊、回旋、港内航行、停泊作业。水域受波浪影响少，水流、流冰等不致过分影响船舶作业。底质最好是适宜船舶锚泊的细沙及黏土等的混合底质。

6）有足够的岸线长度和陆域面积，用以布置前方作业地带、库场、铁路、道路及生产辅助设施。

7）战时港口常作为海上军事活动的辅助基地，也常成为作战目标而遭破坏。故在选址时，应注意能满足船舰调动的迅速性，航道进出口与陆上设施的安全隐蔽性以及疏港设施及防波堤的易于修复性等。

8）对附近水域生态环境和水、陆域自然景观尽可能不产生不利影响。

9）尽量利用荒地劣地，少占或不占良田，避免大量拆迁。

我国的湛江港，水深及泊稳条件好，泥沙来源少（避免港口淤积），是天然条件好的海湾良港，就可不建防波堤。大连湾内的大连港，有一定的天然掩护，但不能完全满足泊稳要求，则建造了防波堤。连云港，在开敞海岸建港，利用岬角或岛屿掩护可以减少防波堤工程量，但要防止在泥沙活跃地区、岛后荫避区可能发生的严重淤积。

在泻湖海岸建港，可考虑采用挖入式港池，如沿岸泥沙运动影响通海航道，可用双导堤保护航道，并用疏浚方法进行维护。由于挖泥及填筑机械的发展，还可以利用海湾天然地形，在深水填筑陆地，修建港口。近代散货船及油轮船型较大，选择有一定避风条件、离岸较近的深水区，修建岛港、外海码头或系泊设施，以引桥、引堤或水下管道与岸连接，是减少工程规模、节省投资的有效措施。我国的天津新港港水深、水域宽阔、航道及岸坡稳定，是良好的港址选择实例（图8-3）。

3. 工程可行性研究

工程可行性研究是指从各个侧面研究规划实现的可能性，把港口的长期发展规划和近期实施方案联系起来。通过进一步的调查研究和必要的钻探、测量等工作，进行技术经济论证，分析判断建设项目的技术可行性和经济合理性，为确定拟建工程项目方案是否值得投资提供科学依据。

工程可行性研究为近期建设方案服务，对项目进行技术经济论证和方案比较，通过不同方案的研究，找到投资少、建设工期短、综合效益最好的方案。工程可行性研究的主要研究内容包括：

图 8-3　天津新港

1）现状评价，指出生产能力“瓶颈”所在，提出加强薄弱环节的措施。

2）预测运量发展，论述运输发展的经济合理性及建设项目的必要性与紧迫性。

3）建设的合理规模。

4）结合自然条件论证技术的可能性，提出推荐方案，同时论证各方案的优缺点及其对环境的影响。

5）进行平面布置设计，确定项目范围、装卸工艺和设备、主要水工建筑工程。

6）建设期的三通（通水、通电、通路），征地拆迁和材料供应问题。

7）施工条件与工期安排。

8）企业组织管理和人员编制。

9）投资估算及效益分析。

10）结论及建议。

工程可行性研究是确定项目是否可行的最后研究阶段，是编制设计任务书的依据，因此工程投资估算的精确度应控制在±10%以内。一般初步可行性研究投资估算精度控制为±（20%～30%），以后完成的设计概算若超出任务书投资的10%，则必须重新立项编报任务书。

可行性研究是确定工程项目是建设还是放弃（或暂缓）的重要科学依据，也是限定工程项目规模大小、建设周期、资金筹措等重要问题的主要依据，是工程项目前期工作的核心，因此必须以调查研究为基础，采用科学的方法，尊重客观实际，实事求是，使可行性研究确实起到“把关作用”。使项目投资后能达到预期的效果，减少投资风险。

应特别注意，可行性研究结果包括“可行”与“不可行”两种可能。有时得出“不可行”的结论，也是一次成功的可行性研究。

8.2.2　港口布置

港口布置必须遵循统筹安排、合理布局、近远期结合、分期建设等原则。港口布置方案在规划阶段是最重要的工作之一。图 8-4 所示的是一些港口布置的形式，这些形式可分为三种基本类型。

（1）自然地形的布置：如图 8-4（f）（g）（h）所示，可称为天然港；

（2）挖入内陆的布置：如图 8-4（b）（c）（d）所示；

（3）填筑式的布置：如图 8-4（a）（e）所示。

挖入内陆的布置形式，一般地说，为合理利用土地提供了可能性。在泥沙质海岸，当有大片不能耕种的土地时，宜采用这种港口布置形式。但这种布置，如图 8-4（b）所示，狭长的航道可能使侵入港内的波高增加，因此必须进行模型研究。

如果港口岸线已充分利用，泊位长度已无法延伸，但仍未能满足增加泊位数的要求，这时，只要水域条件适宜，便可采用［图 8-4（e）］的解决方法，即在水域中填筑一个人工岛。

对于天然港，如果疏浚费用不太高，则图 8-4（h）所示的河口港可能是单位造价最低而泊位数最多的一种形式。

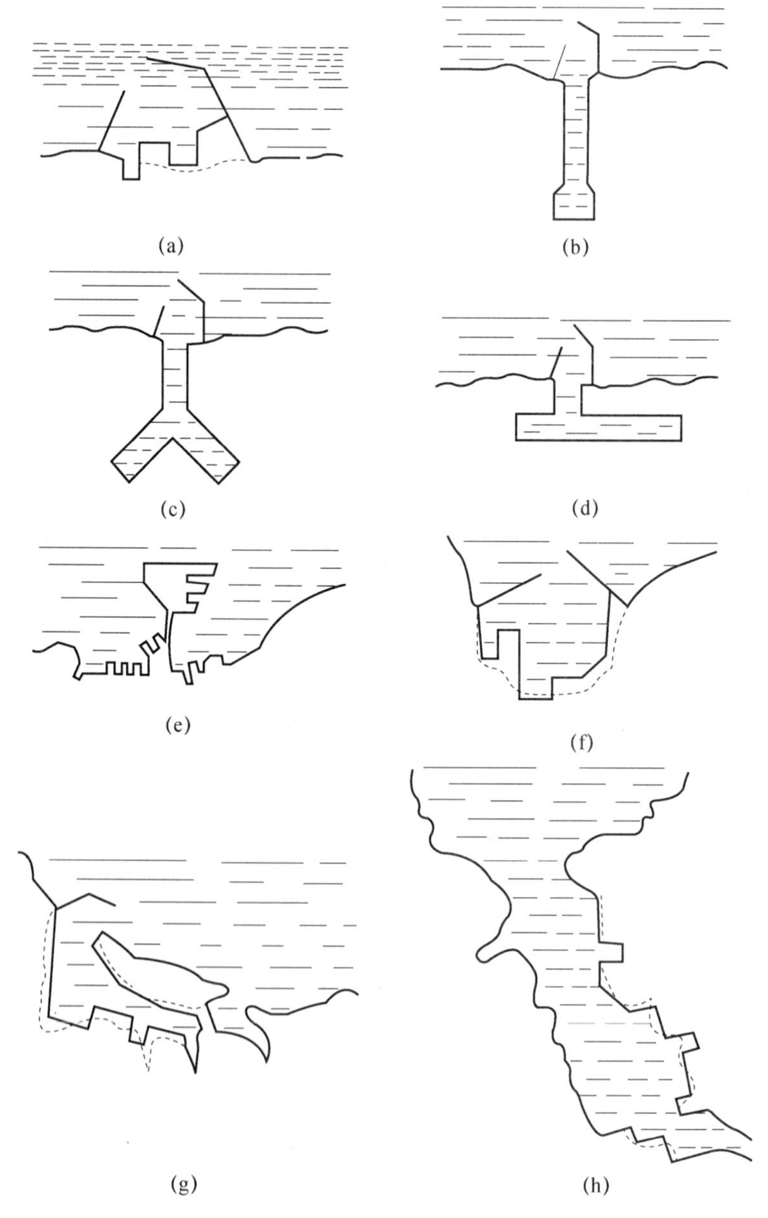

图 8-4　港口布置的基本形式

（a）凸出式（虚线表示原海岸线）；（b）挖入式航道和调头地；（c）“Y”形挖入式航道；（d）平行的挖入式航道；（e）老港口增加人工港岛；（f）天然港的建设；（g）天然离岸岛；（h）河口港

8.3　港口中的主要建筑物

8.3.1　码头建筑

码头是供船舶系靠、装卸货物或上下旅客的建筑物的总称，它是港口中主要的水工建筑物之一。

1. 码头的布置形式

常规码头的布置形式有以下三种：

1）顺岸式

码头的前沿线与自然岸线大体平行，在河港、河口港及部分中小型海港中较为常用。其优点是陆域宽阔、疏运交通布置方便，工程量较小（图 8-5）。

图 8-5　顺岸式码头的布置形式

2）凸堤式

码头的前沿线与自然岸线有较大的角度。其优点是在一定的水域范围内可以建设较多的泊位，缺点是凸堤宽度往往有限，每个泊位的平均库场面积较小，作业不方便（图 8-6）。

图 8-6　凸堤式码头的布置形式

3）挖入式

港池由人工开挖形成，在大型的河港及河口港中比较常见。挖入式港池布置，也适用于泻湖及沿岸低洼地建港，利用挖方填筑陆域，有条件的码头可采用陆上施工，如图 8-7 所示的荷兰鹿特丹港就是典型的挖入式港口。

图 8-7　荷兰鹿特丹港

随着船舶大型化和高效率装卸设备的发展，外海开敞式码头已被逐步推广使用，并且已应用于大型散货码头，我国大连港 30 万吨矿石专用码头就属这种类型，如图 8-8 所示。

图 8-8　大连港 30 万吨矿石专用码头

此外，在岸线有限制或沿岸浅水区较宽的港口以及某些有特殊要求的企业（如化工厂），岛式港方案已在开始发展，日本的神户岛港就属于这一类型（图 8-9）。

2. 码头形式

1）码头横断面形式

码头按其前沿的横断面外形有直立式、斜坡式、半直立式和半斜坡式（图 8-10）。

直立式码头岸边有较大的水深，便于大船系泊和作业，不仅在海港中广泛采用，在水位差不太大的河港也常采用；斜坡式适用于水位变化较大的情况，如天然河流的上游和中游港口；半直立式适用于高水时间较长而枯水时间较短的情况，如水库港；半斜坡式适用于枯水时间较长而高水时间较短的情况，如天然河流上游的港口。

图 8-9　日本神户岛港

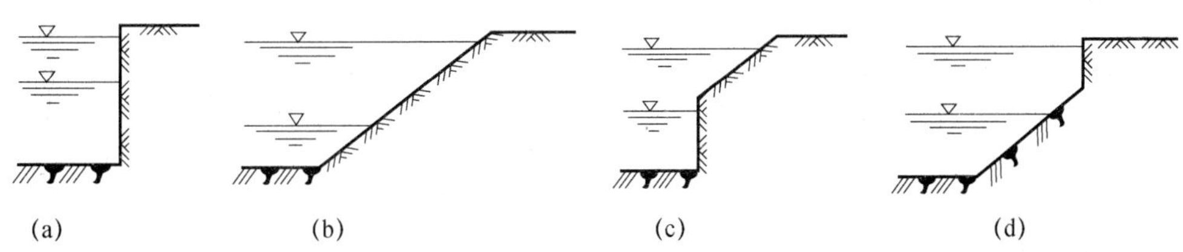

图 8-10　码头断面形式

(a) 直立式；(b) 斜坡式；(c) 半直立式；(d) 半斜坡式

2）码头结构形式

码头按结构形式可分为重力式、板桩式、高桩式和混合式（图 8-11）。重力式码头是靠自重（包括结构质量和结构范围内的填料质量）来抵抗滑动和倾覆的［图 8-11（a)］。从这个角度说，自重越大越好，但地基将受到很大的压力，使地基可能丧失稳定性或产生过大的沉降。为此，需要设置基础，通过它将外力传到较大面积的地基上（减小地基应力）或下卧于硬土层上。这种结构一般适用于较好的地基。

板桩式码头是靠打入土中的板桩来挡土的，它受到较大的土压力［图 8-11（b)］。为了减小板桩的上部位移和跨中弯矩，上部一般用拉杆拉住，拉杆力传给后面的锚碇结构。由于板桩是一种较薄的构件，又承受较大的土压力，所以板桩式码头目前只用于墙高不大的情况，一般在 10m 以下。

高桩式码头主要由上部结构和桩基两部分组成［图 8-11（c)］。上部结构构成码头地面，并把桩基连成整体，直接承受作用在码头上的水平力和竖向力，并把它们传给桩基，桩基再把这些力传给地基。高桩式码头一般适用于软土地基。

除上述主要结构形式外，根据当地的地质、水文、材料、施工条件和码头使用要求等，也可采用混合式结构。例如，下部为重力墩，上部为梁板式结构的重力墩式码头，后面为板桩结构的高桩栈桥码头［图 8-11（d)］；由基础板、立板和水平拉杆及锚碇结构组成的混合式码头［图 8-11（e)］。

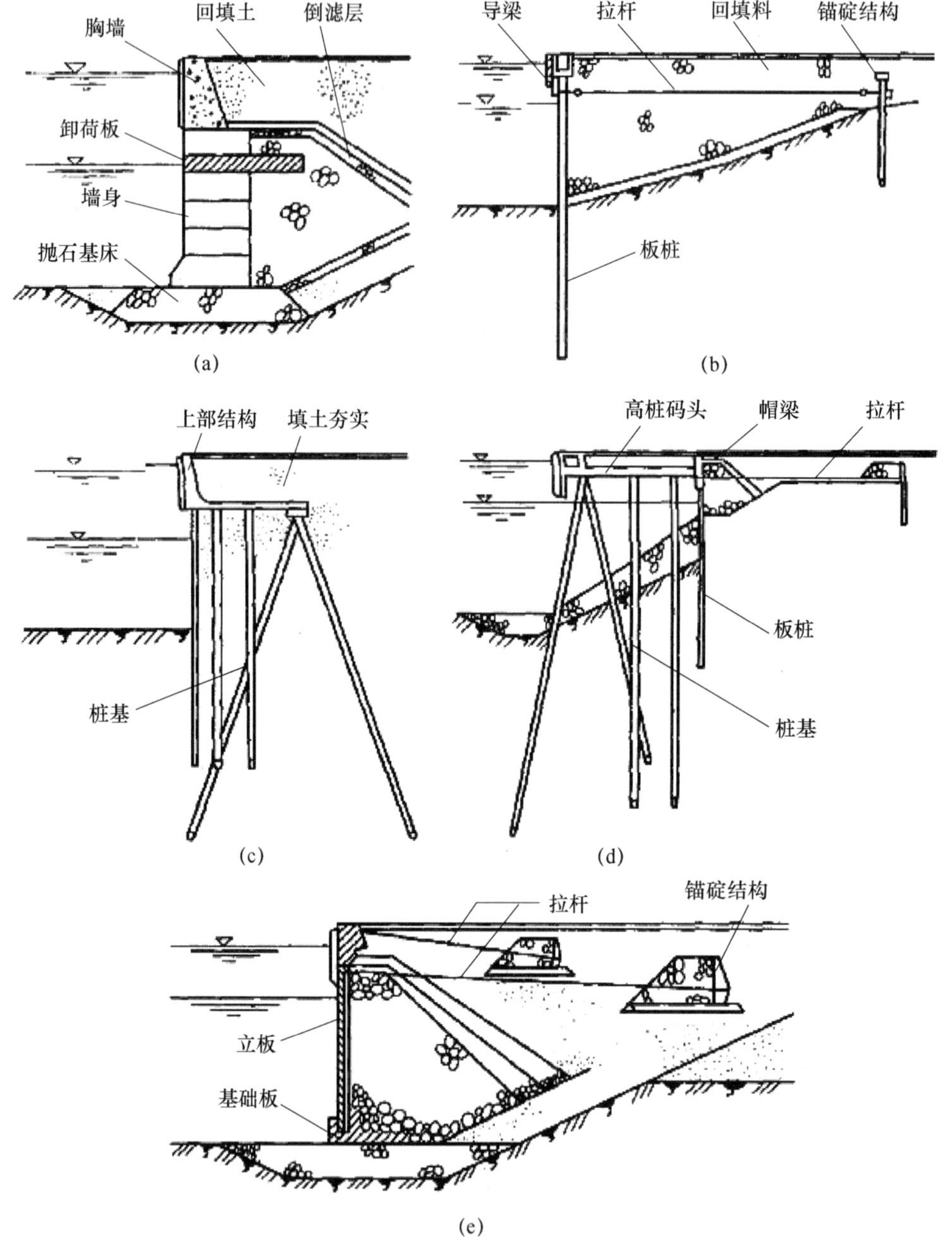

图 8-11　码头的结构形式

(a) 重力式码头；(b) 板桩式码头；(c) 高桩式码头；(d) 高桩栈桥码头；(e) 混合式码头

8.3.2　防波堤

1. 防波堤的主要功能

防波堤的主要功能是为港口提供掩护条件，阻止波浪和漂沙进入港内，保持港内水面的平稳和所需要的水深，同时，兼有防沙、防冰的作用。

2. 防波堤的平面布置

防波堤的平面布置，因地形、风浪等自然条件及建港规模要求等而异，一般可分为四大类型（图 8-12）。

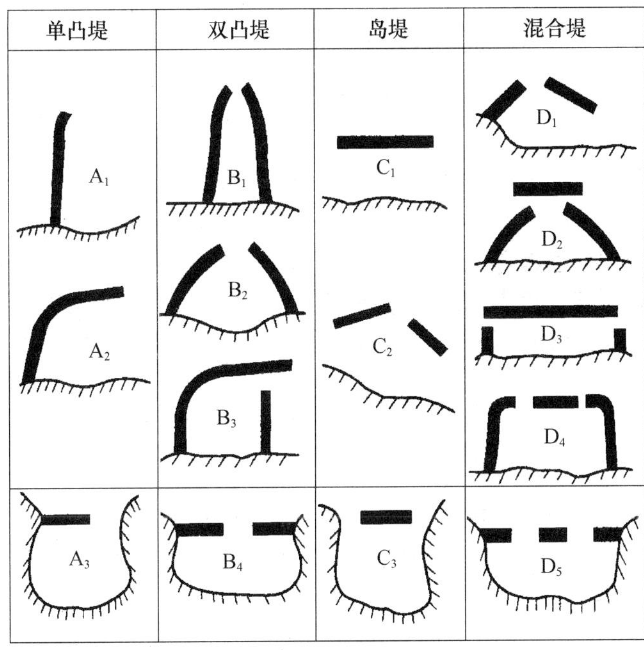

图 8-12　防波堤布置形式

1）单凸堤式

单凸堤式是在海岸适当地点筑一条堤，伸入海中，使堤端到达适当水深处。当波浪频率比较集中在某一方位，泥沙运动方向单一，或港区一侧已有天然屏障时可采用 A_1或 A_2式。但它所围成的水域有限，多半仅能形成小港。当强风浪变化范围较大时，此种布置形式只能一时阻挡一面风浪，而不能挡住全年各方风浪，也不能有效地阻止漂沙进入港内，故在沿岸泥沙活跃地区，不宜采用。A_3式适用于海岸已有天然湾澳，其水域足以满足港区使用的情况。此种天然湾澳，漂沙量一般不大（因为若漂沙量大，即无法形成广阔的天然湾澳），最适合布置单凸堤。

2）双凸堤式

双凸堤式是自海岸两边适当地点，各筑凸堤一道伸入海中，遥相对峙，达深水线，两堤末端形成一凸出深水的口门，以围成较大水域，保持港内航道水深。B_1式双凸堤用于海底平坦的开敞海岸，形成狭长而凸出的港内水域，可以阻拦两侧方向的波浪与漂沙进入港内，迎面而来的波浪亦因港口缩凸而减小。在漂沙方面，亦因堤端已伸达深海，含沙量较小。但此种堤式只适用于中、小型海港。B_2式用于海底坡度较陡，希望形成较宽港区的中型海港。两堤轴线向内弯曲环抱而成近似三角形或方形的港口水域，如一侧风浪特强，两堤可长短不一，下风侧堤可较上风侧堤短。B_3式多建于迎面风浪特大，海底坡度较陡且水深的海岸。B_4式为海岸已有天然湾澳，湾口中央为深水的情况，港内水面平衡，淤沙极少，筑堤费用亦较低。

3）岛堤式

岛堤式是筑堤于海中，专拦迎面袭来的波浪与漂沙。堤身轴线可以是直线、折线或曲线。C_1式岛堤堤身与岸平行，可形成窄长港区，适用于海岸平直、水深足够、风浪迎面而方向变化范围不大的情况。C_2式岛堤适用于港址海岸稍具湾形而水深的情况。港内水域进深长度不够时，C_2式堤比C_1式堤距岸较远，可以增加港内水域面积。C_3式堤用于已有足够宽度的水域之湾澳，两岸水较深而湾口有暗礁或沙洲，利用此情势，筑岛堤于港口外，形成两个港口口门，以供船舶进出并阻挡迎面的风浪。

4）组合堤式

组合堤式亦称混合堤，是由凸堤与岛堤混合应用而成。大型海港多用此类堤式。D_1式堤是因凸堤端有回浪而必须再建岛堤以阻挡。D_2式是岛堤建于双凸堤门外，以阻挡强波侵入港内。D_3式堤适合于岸边水深大，海底坡度甚陡的地形。若海岸曲折或海底等高线曲折，岛堤轴线也可因形而曲折，此式能建成大港。D_4式堤适用于岸边水深不大，海底坡度平缓，须借防浪堤在海中围成大片港区的情况。D_5式堤适用于已有良好掩护并足够开阔的天然湾澳，可建成大型海港。

3. 防波堤的类型

防波堤按其构造形式（或断面形状）及对波浪的影响有斜坡式、直立式、混合式、透空式、浮式以及喷气消波设备和喷水消波设备等（图 8-13）。防波堤形式的选用，应根据当地情况，如海底土质、水深大小、波浪状况、建筑材料、施工条件等以及使用上的不同要求等，经技术经济比较后确定。

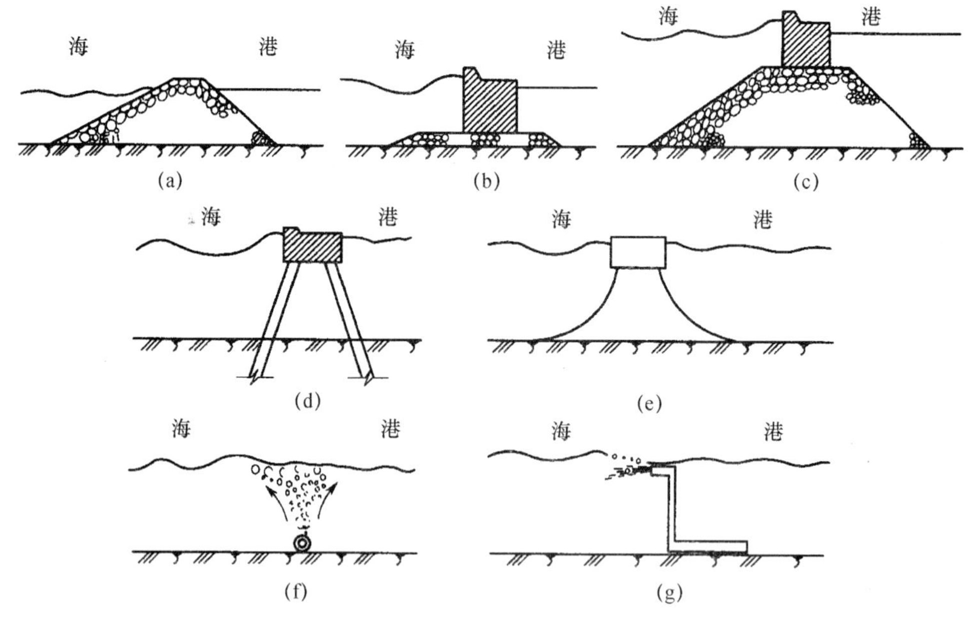

图 8-13　防波堤类型

（a）斜坡式；（b）直立式；（c）混合式；（d）透空式；（e）浮式；（f）喷气消波设备；（g）喷水消波设备

1）斜坡式防波堤

斜坡式防波堤在我国使用最广泛，它对地基沉降不甚敏感，一般适用于地基土质较差、水深较小且当地盛产石料的情况（图 8-14）。斜坡式防波堤的主要优点在于：它对地基承载力的要求较低；施工比较简单，在施工过程中或建成之后，如有损坏，较易修复；在使用方面，由于波浪在坡面上破碎和较少反射，所以消波性能良好。缺点是：需要的材料量大，斜坡上的护面石块或人工块体如质量不足，将受波浪作用而滚落走失，需要经常修补；在使用方面，堤的内侧不能作为靠船码头。

图 8-14　斜坡式防波堤

2）直立式防波堤

直立式防波堤一般比较适用于海底土质坚实，地基承载能力较好和水深大于波浪破碎水深的情况（图 8-15）。但如水深过大，墙身过高，又将使地基承受较大的压力。直立式防波堤的优点在于：当水深较大时，它所需的材料比斜坡式堤节省；在使用上，其内侧可兼供靠船之用。它的缺点是：由于波浪在墙面反射，消波的效果较差，影响港内水面平静；同时，直立式堤的地基应力较大，不均匀沉降可使堤墙产生裂缝；建成后如发生损坏，较难修复。

图 8-15　直立式防波堤

3）混合式防波堤

混合式防波堤是直立式上部结构和斜坡式堤基的综合体。严格来说，在混合式和直立式之间并不存在明显界限，增加直立式堤的基床厚度，即形成混合式防波堤。混合式防波堤适用于水深较大的情况。因为在水深大的情况下，建造直立式防波堤在技术上比较困难，同时，因墙身很高，使作用在地基上的压力很大，天然地基可能承受不了。建造斜坡式防波堤，因堤体断面随着水深增大而急剧增加，耗用材料很多，也不经济。采用混合式可减少直立墙高度和地基压力，斜坡式堤基断面也不必过大，所以，比较经济合理。

4）透空式防波堤

透空式防波堤的理论根据是：波浪能量大部分是集中在水面附近的，因此，没有必要使建筑物下部挡波，只需挡住从水面到某一深度的波浪，就能达到减小波浪的目的。透空式防波堤从材料使用和经济上来看都较为合理，特别适用于水深较大、波浪较小的条件。但透空式堤不能阻止泥沙入港，也不能减小水流对港内水域的干扰。

5）浮式防波堤

浮式防波堤不受地基基础的影响，可随水位的变化而上下浮动，能削减波浪，修建迅速，且拆迁容易，但不能防止其下的水流及泥沙运动。一般说来，浮式防波堤较适合于波浪较陡和水位变化幅度较大的场合，又由于它易于拆迁，因而可以用作临时工程的防浪措施。

6）喷气消波和喷水消波设备

喷气消波设备是利用水下管中喷出的空气与水掺和所形成的空气帘幕来削减波浪的。它的最大优点是：当喷气管安装在足够的水深时，船舶可以经越其上驶入港内，畅通无阻。喷气消波设备的初期投资小，造价与水深无关，施工简单，拆迁方便。但喷气消波设备在使用时，空气压缩机等所需动力较大，运转费用较高。喷水消波设备的消波作用是利用逆着波向的喷射水流，阻碍波浪前进，使波长缩短，波浪破碎，从而消耗波浪的能量，使波高减小。喷水所需能量很大，运转费用甚高。此外，还有另一种消波方法是用推进器产生迎面水流，以迫使波浪破碎，按其作用，它可与喷水消波设备归为一类。

7）新式防波设备

新式防波设备有塑料帘幕和浮毯等形式。帘幕破坏波浪水质点的轨道运动，浮毯利用浮体运动和波浪运动的相位差以迫使波浪衰减，按其作用原理来说，与浮式防波堤类似。但用作帘幕或浮毯的尼龙袋或其他材料费用较高，锚系问题也还存在困难，做到简单、经济和耐久是这类防波设备需解决的问题。

8.3.3 护岸建筑

1. 护岸建筑的作用

天然河岸或海岸，因受波浪、潮汐、水流等自然力的破坏作用，会产生冲刷和侵蚀现象。这种现象可能是缓慢的，水流逐渐地把泥沙带走，但也可能在瞬间发生，较短时间内出现大量冲刷，因此，要修建护岸建筑物。护岸建筑物可用于防护海岸或河岸免遭波浪或水流的冲刷。而港口的护岸则是用来保护除了码头岸线以外的其他陆域边界。

2. 护岸建筑的分类与构造

护岸方法可分为两大类：一类是直接护岸，即利用护坡和护岸墙等加固天然岸边，抵抗侵蚀；另一类是间接护岸，即利用在沿岸建筑的丁坝或潜堤，促使岸滩前发生淤积，以形成稳定的新岸坡。

1）直接护岸建筑

斜面式护坡和直立式护岸墙，是直接护岸方法所采用的两类建筑物。若波浪的经常作用方向与岸线正交或接近于正交，对于较平坦的岸坡，应采用护坡或下部采用护坡而上部加筑护岸墙；对于较陡的岸，则应采用护岸墙。护坡一般是用于加固岸坡。护岸坡度常比天然岸坡陡，以节省工程量，但也可接近于天然岸坡的坡度。护坡材料可以是干砌块石与浆砌块石护坡（图 8-16），护坡材料还可用混凝土板、钢筋混凝土板、混凝土方块或混凝土异型块体等。护岸墙多用于保护陡岸。过去常将墙面做成垂直或接近垂直，当波浪冲击墙面时，飞溅很高，下落水体对于墙后填土有很大的破坏。而凹曲墙面使波浪回卷，这对于墙后填土的保护和岸上的使用条件都较为有利（图 8-17）。

图 8-16　块石护坡

图 8-17　波浪在凹曲墙面回旋入海

此外，护坡和护岸墙的混合式护岸也颇多被采用，在坡岸的下部做护坡，在上部建成垂直的墙，这样可以缩减护坡的总面积，对墙脚也有保护。图 8-18 所示为护坡和护岸墙混合结构的一个实例。

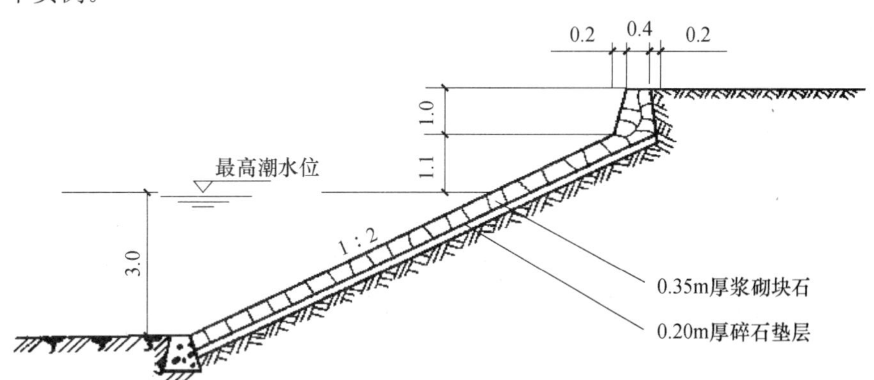

图 8-18　护岸和护岸墙的混合结构

2）间接护岸建筑

利用潜堤促淤就是将潜堤位置布置在波浪的破碎水深以内而临近于破碎水深之处，大致与岸线平行，堤顶高程应在平均水位以下，并将堤的顶面做成斜坡状，这样可以减小波浪对堤的冲击和波浪反射，而越过堤顶的水量较多（图 8-19）。波浪在堤前破碎后，一股水流越过潜堤，携带着被搅动起来的泥沙落淤在潜堤和岸线之间。滩地淤长后，将形成新的岸线，有利于原岸线的巩固。所以，修筑潜堤的作用不仅是消减波浪，也是一种积极的护岸措施。

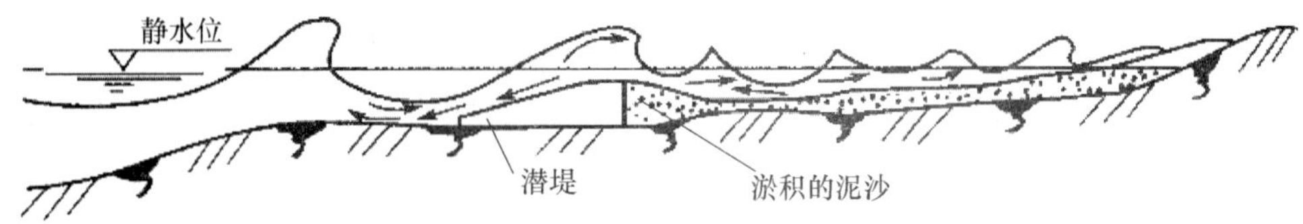

图 8-19　潜堤促淤

丁坝自岸边向外伸出，对斜向朝着岸坡行进的波浪和与岸平行的沿岸流都具有阻碍作用，同时也阻碍了泥沙的沿岸运动，使泥沙落淤在丁坝之间，使滩地增高，原有岸地就更为稳固。在波浪方向经常变化不定的情况下，丁坝轴线宜与岸线正交布置；否则，丁坝轴线方向应略偏向下游。丁坝的结构形式很多，有透水的，有不透水的；其横断面形式有直立式的，有斜坡式的（图 8-20）。

图 8-20　丁坝

8.4　海洋工程的种类及特点

海洋工程种类繁多，在目前的技术水平下，最主要的海洋工程就是海洋平台。海洋平台按其功能可分为钻井平台、生产平台、生活平台、近海平台等。

8.4.1　钻井平台

海上钻井的目的是了解海底地质构造及矿物储藏情况，这项工作通常是由钻井平台来完成的。

海上钻井的设备相当复杂，包括井架、提升设备、转动系统、泥浆循环系统、动力系统、井口系统、封井系统、水下钻井设备的控制操作系统、运动补偿系统等。因为海上钻井要受到风、浪、流的影响，所以比陆上钻井要复杂得多。从海洋钻井平台建造的发展来讲，作业的水深由浅入深，离岸的距离由近到远，经受的风浪由小到大，所以平台由固定式发展到移动式。固定式平台只能适用于浅水区域，且只能局限于一个地点作业，不能移动。固定式平台由于钻井完毕后不能移动，所以多用作采油平台。另外一种虽称平台，实质上是一种移动式的钻井船。海洋钻井装置的演变过程，如图 8-21 所示。

图 8-21　海洋钻井装置的演变过程

利用平台本体或另外设备的下体、浮箱或沉垫的浮力，使平台能漂浮于水面。这种平台具有适当的稳定性与耐波性，能在海上进行定点作业，且有抗御风浪侵袭的能力。有些移动平台，除钻井任务外，在石油开采早期阶段，也有暂时兼作采油平台的。

1. 固定式栈桥平台

在离海岸不远，水深较浅的地区，用打入海底的桩柱来支承平台，通过栈桥把平台与海岸连接起来，这是一种由陆地向海滩延伸的固定式平台。它所受的外界环境的作用力不大，适用于海湾浅滩、风平浪静的区域，是早期由海岸向海滩发展，进行石油钻采时所采用的一种平台。

2. 坐底式钻井平台

坐底式钻井平台是早期在浅水区域作业的一种移动式钻井平台。平台分本体与下体，由若干立柱连接平台本体与下体，平台上设置钻井设备、工作场所、储藏与生活舱室等。钻井前在下体中灌入压载水使之沉底，下体在坐底时支承平台的全部质量，而此时平台本体仍需高出水面，不受波浪冲击。在移动时，将下体排水上浮，提供平台所需的全部浮力。如属自航者，动力装置安装在下体中。坐底式平台的工作水深比较小，水越深则所需的立柱越长，结构越重，而且立柱在拖航时升起太高，容易产生事故。由于坐底式平台的工作水深不能调节，已日渐趋于淘汰（图 8-22）。

图 8-22　坐底式平台

3. 自升式钻井平台

自升式钻井平台是由一个上层平台和整个能够升降的桩腿所组成的海上平台。这些可升降的桩腿能将平台升到海面以上一定高度，支撑整个平台在海上进行钻井作业。这种平台既要满足拖航移位时的浮性、稳性方面的要求，又要满足作业时桩底稳性和强度的要求以及升降平台和升降桩腿的要求。自升式钻井平台分独立腿式和沉垫式两类。独立腿式由平台和桩腿组成，各桩腿互相独立，不相互连接，整个平台的质量由各桩腿分别承受。一般来说，独立腿式虽可在任何地方工作，但通常适用于硬土区、珊瑚区或不平整的海底。沉垫式钻井平台由平台、桩腿和沉垫组成，设在各桩腿底部的沉垫，将各桩腿联系在一起，整个平台的质量由相互连接在一起的各桩腿支承。沉垫连接在自升式钻井平台的桩腿下端，用来将整个平台支承于海底的公共箱形基座上，沉垫增大了平台坐底时的支承面积，减少了支承压应力，使桩腿陷入海底的深度减小。当平台定位后要升起时，不需要预压。沉垫式平台一般适用于泥土剪切值低的地区，要求保持的承载力较低，作业区的海底要求相当平坦（图 8-23）。

图 8-23　自升式钻井平台

自升式钻井平台在平台与桩腿或桩腿沉垫之间有升降装置可使它们作相对的上下移动，可分为齿轮齿条式和液压插销式。自升式钻井平台可适用于不同海底土壤条件和较大的水深范围，移位灵活方便，所需钢材少，造价低，因而得到了广泛的应用。

4. 半潜式钻井平台

半潜式钻井平台，又称立桩稳定式钻井平台。它是大部分浮体没于水中的一种小水线面的移动式钻井平台，它由坐底式钻井平台演变而来，由平台主体、立柱和下体或浮箱组成。此外，在下体与下体、立柱与立柱、立柱与平台本体之间还有一些支撑与斜撑连接，在下体间的连接支撑一般都设在下体的上方，当平台移位时，可使它位于水线之上，以减小阻力；平台上设有钻井机械设备、器材和生活舱室等，供钻井工作用。平台本体高出水面一定高度，以免波浪的冲击。下体或浮箱提供主要浮力，沉没于水下以减小波浪的扰动力。平台主体与下体之间连接的立柱，具有小水线面的剖面，立柱与立柱之间相隔一定距离，以保证平台的稳性，所以又有立柱稳定式之称。半潜式钻井平台的类型有多种，其主要差别在于水下浮体的式样和数目，按下体的式样，大体上可分为沉箱式和下体式两类（图 8-24）。

图 8-24　半潜式钻井平台

由于半潜式钻井平台在波浪上的运动响应较小，得到很大发展，在海洋工程中，不仅可用于钻井，其他如生产平台、铺管船、供应船、海上起重船等都可采用。随着海洋开发逐渐由浅水向深水发展，这类平台的应用将会日渐增多，诸如石油与天然气的储存，离海岸较远的海上工厂，海上电站等都将是半潜式平台的发展领域。

5. 钻井船

钻井船是设有钻井设备、能在水面上钻井和移位的船，也属于移动式（船式）钻井装置。较早的钻井船是用驳船、矿沙船、油船、供应船等改装的，现在已有专为钻井设计的专用船。目前，已有半潜、坐底、自升、双体、多体等类型。钻井船在钻井装置中机动性最好，但钻井性能却比较差。钻井船与半潜式钻井平台一样，钻井时浮在水面。井架一般都设在船的中部，以减小船体摇荡对钻井工作的影响，且多数具有自航能力。钻井船在波浪中的垂荡要比半潜式平台大，有时要被迫停钻，增加停工时间，所以更需采用垂荡补偿器来缓和垂荡运动。

钻井船适用于深水作业，但需要适当的动力定位设施。钻井船适用于波高小、风速低的海区。它可以在 600m 水深的海底进行探查，掌握海底油、气层的位置、特性、规模、储量，提供生产能力等（图 8-25）。

图 8-25　浮式钻井船

8.4.2 生产平台

生产平台通常又叫浮油平台，是专门从事海上油、气等生产性的开采、处理、贮藏、监控、测量等作业的平台。有的是单个平台，也可以由几个不同用途的平台用引桥相连，组成石油生产基地。按建筑材料可分为钢筋混凝土平台和钢平台；按结构形式可分为固定式平台和移动式平台。固定式平台又可分为桩基式和重力式两种；移动式平台又可分为自升式、张力腿式与牵索塔式等。最常见的生产平台为桩基式平台，它是由导管架（平台上甲板下缘至海底的支撑结构）、上甲板（导管架上的封顶结构）、上层建筑模块（安装在上甲板上的舱室与其附属设备预置组件）、桩基（打入海底的垂向与横向荷载构件，用来支撑整个平台的荷载）等四个主要部分组成。

1. 重力式采油平台

它一般都是钢筋混凝土结构，作为采油、储存和处理用的大型多用途平台，它由底部的大贮油罐、单根或多根立柱、平台甲板和组装模块等部分组成，规模较大的，可开采几十口井，贮油十几万吨，平台的总质量可高达数十万吨。根据作业要求，重力式采油平台配备相应的采油、处理及生活等设施。

2. 桩式平台

桩式平台是由打入海底的桩柱支承整个平台，能经受风、浪、流等外力作用的一种固定式平台。桩式平台又有群桩式、腿柱式和导管架桩基式（简称导管架式）三种，其中以导管架式固定平台应用最广泛。

1）群桩式固定平台

这种平台出现于海洋石油开发的早期。它建造时是先向海底打入一群头部露出水面的桩柱，然后在桩顶上逐步安装甲板和有关的系统、设备。由于其海上作业量大，工艺又落后，建造速度慢、施工周期长，仅适用于风平浪静、水浅的近岸油井，故逐渐被淘汰，目前已很少采用。

2）腿柱式固定平台

它应用于有流冰的海域。其结构由少数几根直径为 5～8m 的粗大腿柱以及少量的撑材所组成。平台本体依靠腿柱来支承，这样可减少结构的杆件，使得杆件间开档空阔，在潮差带尽量少设甚至不设撑材，便于流冰通过，减少由于流冰聚集拥挤而造成的压力，避免平台因过大的冰压而被推倒。每根腿柱内除了打有若干根桩柱外，隔水套管也可设于其内，保护它们不会被挤碰损坏。腿柱式固定平台按腿柱的数目，分为单腿柱式、三腿柱式和四腿柱式。

3）导管架式平台

导管架式平台用钢桩固定于海底。钢桩穿过导管打入海底，并由若干根导管组合成导管架。导管架先在陆地预制好后，拖运到海上安装就位，然后顺着导管打桩，桩是打一节接一节的，最后在桩与导管之间的环形空隙里灌入水泥浆，使桩与导管连成一体固定于海底。这种施工方式，使海上工作量减少。平台设于导管架的顶部，高于作业区的波高，具体高度需视当地的海况而定，一般高出海平面 4～5m，这样可避免波浪的冲击。导管架式平台的整体结构刚性大，适用于各种土质，是目前最主要的固定式平台。但其尺度、质量随水深增加而急剧增加，所以在深水中的经济性较差（图 8-26）。

图 8-26　导管架式平台

3. 张力腿式平台

张力腿式平台是利用绷紧状态下的锚链产生的拉力与平台的剩余浮力相平衡的生产平台（图 8-27）。张力腿式平台采用锚泊定位，其所用锚索是绷成直线的，不是悬垂曲线的，钢索的下端与水底是几乎垂直的。用的锚是锚桩（即打入水底的桩作为锚用）或重力式锚（重块）等，不是一般容易起放的转爪锚。张力腿式平台的重力小于浮力，所相差的力可依靠锚索向下的拉力来补偿，且此拉力应大于由波浪产生的力，使锚索上经常有向下的拉力，起着绷紧平台的作用。

图 8-27　张力腿式平台

作用于张力腿式平台上的各种力并不是稳定不变的，在重力方面会因荷载与压载水的改变而变化；浮力方面会因波浪峰谷的变化而增减；在扰动力方面会因风浪的扰动在垂直方向与水平方向产生周期性变化，所以张力腿式平台的设计必须周密考虑不同的荷载与海况。对于平台的水下构件，不论垂向的或水平的，都会因波浪的波峰与波谷的作用而产生影响，因此如何选取水下构件的形状与尺度，使波浪扰动力的作用为最小，减小平台在波浪中的活动以及锚索上的周期性荷载是个重要问题。一般张力腿式平台的重心高、浮心低。非锚泊情况时要求初稳定性高、为正值，为此要求稳心半径大或水线面的惯性矩大，这样在平台发生严重事故时，仍能正浮于水面。为达到这个目的，就要把立柱设计得较粗，这样必然会使平台在波浪中的运动相应增大。也可把立柱设计得很细，虽然初稳定性可能出现负值，但在锚索拉力的作用下也是稳定的。这种平台在波浪中的运动响应较小，造价也可能低些，不过安全性差些。

4. 牵索塔式平台

牵索塔式平台是一瘦长的桁架结构，其下端依靠重力基坐落于海底或是依靠支柱加以支撑，其上端支承作业甲板。桁架的四周用钢索、重块、锚链和锚组成的锚泊系统加以牵紧，使它能保持直立状态。由于这种平台是由锚泊系统牵紧的，它在小风浪时仅发生微幅摆动；风浪大时，由于桁架结构摆动幅度大，会把重块拉得离开海底，从而吸收掉风浪的一部分能量，因此平台的摆动仍可维持在许可范围内（图 8-28）。

图 8-28　牵索塔式平台

8.4.3　生活平台

生活平台是供近海工作人员生活食宿的平台，它将生活区和作业区分隔开，以改善生活条件，保证安全。对于一般的深海自给式平台，由于经济上的原因，生活仓室常制成单独的完整部分。在较浅些的水域中，生活仓室可以按工作人员的安全原则与钻井和采油的活动区分开。生活平台的建造尽量接近钻井或生产平台，以使两者有一个过桥连接。在某些情况下，为了增加原有的自给式平台的设备，可以把生活仓室部分从原有平台上拆除，建造一个分离的生活平台（图 8-29）。

8.4.4　近海平台

近海平台是在近海水域供施工作业，并能自行升降的单一甲板平台。根据施工作业的需要，在平台上分别安装起重机、打桩机、空气压缩机、挖掘机、钻孔机、泥浆泵等机械设备与仪表。施工作业的范围，包括桥梁基础的建造、架桥、水下隧道与水管铺设、岩石地质的钻孔、爆破、平整、海区泊地、大型灯塔及其他海上与港湾工程的建造等。作业时因桩腿着底，稳定性较好，能在风、浪、流较大的水域中工作，较一般工程船所能作业的水域要广，精度也较高，作业效率较高，但机动性差。这种平台在设计、建造、操作等方面均与自升式平台无异，仅尺度稍小些。

图 8-29　生活平台

8.5　工程案例 1——北洋山港区总体规划

8.5.1　工程概况

规划北洋山港区位于杭州湾口、南汇芦潮港东南向的崎岖列岛海区、上海国际航运中心洋山深水港区的东北侧，与小洋山港区接壤。地理概位为 30°38′04″N、122°03′25″E，西北距上海芦潮港 32km，东北距嵊泗菜园镇 40km。

依托小洋山岛屿链北侧围海造地，形成自小洋山观音山岛—薄刀嘴长达 10km 的顺直岸线，同时在北侧水域平行布置防波堤、导流堤，形成由南北两大港区、中间港内水域组成的港口形态。

码头布置采用大顺岸形式，南港区依托小洋山岛屿链形成陆域建设，北侧设置防波堤，预留北港区依托防波堤建设。

8.5.2　港口功能分区

南港区为集装箱港区，北港区为集装箱及能源港区。

1. 南港区

岸线长度 10km，为集装箱港区，后方为物流商贸区。是以中转为主的集装箱干线港，主要承担长三角和长江流域经济腹地的远洋及近洋集装箱运输吞吐，除服务远洋班轮外，还集中了长江各港、杭州湾嘉兴港、连云港和温州港等港的喂给航线，是货物在干线航线和支线（或喂给）航线之间中转的枢纽。

2. 北港区（预留）

岸线长度 11km，为集装箱及能源港区。

原油：为原油中转港，满足 25 万 t 级油轮靠泊，满足长江沿线各港 5 万 t 级以下船舶原油中转运输需要，以及 12 万 t～25 万 t 级原油船减载进江需要。

成品油：为成品油中转港，满足长江沿线各港 5 万 t 级以下船舶成品油中转运输需要，以及 10 万 t 级成品油船减载进江需要。

LNG：以管道供应上海地区，为上海地区 LNG 的接收站。

煤炭：为北煤南运和进口煤炭的华东中转基地，满足 25 万 t 级煤轮靠泊，满足长江沿线和浙江沿海 5 万 t 级以下船舶煤炭中转运输需要，以及 12 万 t～25 万 t 级煤炭船减载进江需要。

3. 港内水域

南港区与预留北港区之间为港内水域，满足泊位、回旋水域、制动水域和港内航道需要。

8.5.3 码头及泊位布置

1. 码头布置形式

纵向采用大顺岸布置形式，横向采用短引桥布置形式。

2. 驳岸前沿线

根据岛屿地形及海域水深条件、物模数模试验结果，南港区驳岸前沿线基本沿小洋山观音山岛—薄刀嘴直线布置，为避开深潭影响，两侧局部转折。北港区驳岸前沿线即为防波堤、导流堤前沿线。

3. 码头前沿线

根据码头及驳岸结构确定，码头前沿线与驳岸前沿线间距 150m。

4. 码头结构尺度

根据地形、地质和水文条件，结合洋山港区建设经验，考虑驳岸码头结构形式及布置形式采用短引桥方案。

斜坡式驳岸（袋装沙）、引桥式码头（高桩梁板结构）。码头及平台宽度根据工艺要求确定：码头结构宽度 37m，岸桥轨距 30m，设 5 条作业线，码头前沿至岸桥海侧轨道中心 3.5m，岸桥陆侧轨道至码头后沿 3.5m；平台宽度 23m，其中 7m 为通道（也可预留为装卸线），16m 用于堆放舱盖板。考虑到远期工艺对平台要求的提高，再预留 30m 的平台宽度。引桥长度根据驳岸结构确定为 90m，引桥宽度 35～40m。则码头前沿线与驳岸前沿线间距为 150m。

优点：波浪反射小，泊稳条件好；码头桩基受驳岸沉降变形影响小；驳岸与码头前沿线距离远，驳岸适应港池疏浚及冲刷能力好；可先促淤并形成陆域，后建码头；有利于一次形成顺直岸线，归顺潮流，增强潮流动力，实现港池整治目标；码头、平台、驳岸总造价较低；工期较短。

8.5.4 港池横向布置（南港区）

1. 港内水域横向布置

本港区平面布置为大顺岸，且泊位数量达 29 个（19 个深水泊位、10 个支线泊位），船舶进出港与回旋调头作业频繁，为避免船舶进出港与船舶调头作业的相互干扰，采用以下横向布置：南港区驳岸与码头间距—南港区泊位—回旋水域—港内航道—预留水域—防波堤。

2. 驳岸与码头间距

南港区根据码头平台宽度、驳岸结构、水流结构，确定间距 150m。

3. 泊位

南港区泊位宽度 100m，深度 10 万 t 级—15.5m，15 万 t 级—18m。

4. 回旋水域

按 15 万 t 级集装箱船 2 倍船长计算，取 770m，深度 10 万 t 级—15.5m，15 万 t 级—18m。

5. 港内航道

港区航道宽度 600m，深度 10 万 t 级—16m，15 万 t 级—18m。

6. 预留水域

宽度 380m。

7. 港内水域总宽度

港内水域总宽度 2000m。

8.5.5　港区陆域布置

1. 陆域纵深

港区陆域纵深 1500m，其中生产陆域纵深 1300m，辅助区陆域纵深 200m。

2. 堆场布置

一线、二线堆场：为重箱、冷藏箱装卸作业场地。

三线堆场：为空箱、危险品箱作业场地。

其余作为预留场地。

3. 道路布置

港内道路：分为主干道、次干道和一般道路，采用环形系统布置。

港外道路及闸口：每期港区独立设置进出闸口。集港大门和疏港大门分开并排布置，均采用“一岛一道”式。

8.5.6　港区竖向布置

1. 码头面设计高程

码头面设计高程按有掩护码头，根据设计高水位、极端高水位和波浪情况，取 7m。

2. 码头前沿泥面高程

码头前沿泥面高程 10 万 t 级—15.5m，15 万 t 级—18m。

3. 港区陆域高程

港区陆域高程 6m（略高于极端高水位 5.85m），由码头引桥 7m 逐渐下降至 6m。

8.5.7　进港航道及锚地

1. 进港航道线路

国际习惯航线自然水深航道—宝钢马迹山矿石码头口外航道（自然水深航道）—口外航道（自然水深航道）—进港外航道（自然水深航道）—进港内航道（人工挖槽 14.5m）—港

内水域。

2. 建设规模

近期：第 5（7 万 t 级）、第 6（10 万 t 级）代集装箱船全天候双向航道。

远期：15 万 t 级集装箱船全天候双向航道。

3. 航道尺度

近期：航道宽度 550m，通航深度－16m。

远期：航道宽度 600m，通航深度－18.5m。

4. 港外锚地

候泊锚地设置在口外航道附近，避风锚地利用绿华山锚地。

5. 港内锚地

在港内水域西侧设置中小船候泊、避风锚地。

8.5.8 防波堤规划

为消除风浪影响，考虑在港区前方设置一道防波堤。防波堤结合导流堤布置，防波堤长度 17.8m。

8.6 工程案例 2——“海洋石油 981”平台

8.6.1 “海洋石油 981”平台概况

“海洋石油 981”平台是中国首次自主设计、建造的第六代深水半潜式钻井平台，具有勘探、钻井、完井与修井作业等多种功能，最大作业水深 3000m，钻井深度可达 10000m，设计使用寿命 30 年。

2010 年 2 月 26 日 9 时 30 分许，巨大的“海洋石油 981”平台在 10 艘拖轮共同发力下，开始从外高桥造船 1 号船坞缓缓移出；至 11 时 30 分许，平台顺利出坞并靠泊于外高桥造船码头 5 号泊位，开始后期建造工程。这标志着中国首艘超深水钻井平台的钢结构建造和主要设备安装已经基本完成，平台的建造将由坞内搭载进入码头舾装、调试阶段。2011 年 5 月 26 日下午在 8 艘拖轮和 4 艘海事巡逻艇的拖带、护航下，平台顺利从长江口北槽航道出口通过，这标志着长江口深水航道再创最大宽度的钻井平台出航纪录，开启了我国深水石油勘探向中国南海探油的开发之路。

该平台采用美国 F&G 公司 ExD 系统平台设计，在此基础上优化及增强了动态定位能力，以及锚泊定位。该平台设计自重 30670t，长度为 114m，宽度为 79m，面积比一个标准足球场还大；从船底到钻井架顶高度为 130m，相当于 40 多层楼高；电缆总长度大于 800km，相当于围绕北京四环路跑 10 圈。“海洋石油 981”平台拥有多项自主创新设计，平台稳性和强度按照南海恶劣海况设计，能抵御南海 200 年一遇的波浪载荷；选用大马力推进器及 DP3 动力定位系统，在 1500m 水深内可使用锚泊定位，甲板最大可变载荷达 9000t。平台总造价近 60 亿元（图 8-30）。

图 8-30　“海洋石油 981”平台

8.6.2　平台设计建造特点

（1）国内首次拥有第六代深水半潜式钻井平台船型基本设计的知识产权，通过基础数据研究、系统集成研究、概念研究、联合设计及详细设计，使国内形成了深水半潜式平台自主设计的能力。

（2）国内首次应用 6 套闸板及双面耐压闸板的防喷器（BOP）、防喷器声呐遥控和失效自动关闭控制系统，以及 3000m 水深隔水管及轻型浮力块系统，大大提高了深水水下作业安全性。

（3）国内首次建造了国际一流的深水装备模型试验基地，为在国内进行深水平台自主设计、自主研发提供了试验条件。

（4）国内首次完成世界顶级的深水半潜式钻井平台的建造。三维建模、超高强度钢焊接工艺、建造精度控制和轻型材料等高端技术的应用，使国内海洋工程的建造能力一步跨进世界最先进行列。

（5）国内首次成功研发液压铰链式高压水密门装置并应用在实船上，解决了传统水密门不能用于空间受限、抗压和耐火等级高、布置分散和集中遥控的难题。国内水密门的结构设计和控制技术处于世界先进水平。

（6）国内首次应用一个半井架、BOP 和采油树存放甲板两侧、隔水立管垂直存放及钻井自动化等先进技术，大大提高了深水钻井效率。

（7）国内首次应用了远海距离数字视频监控应急指挥系统，为应急响应和决策提供更直观的视觉依据，提高了平台的安全管理水平。

（8）国内首次完成了深水半潜式钻井平台双船级入级检验，并通过该项目使中国船级社完善了深水半潜式平台入级检验技术规范体系。

（9）国内首次建立了全景仿真模拟系统，为今后平台的维护，应急预案制定、人员培训等提供了最好的直观情景与手段。

（10）国内首次建立了一套完整的深水半潜式钻井平台作业管理、安全管理、设备维护体系，为在南海进行高效安全钻井作业提供了保障。

8.7 工程案例3——蓝鲸1号深海钻井平台

8.7.1 蓝鲸1号深海钻井平台工程概况

蓝鲸1号是由中集来福士海洋工程有限公司建造的第七代超深水半潜钻井平台，于2017年2月13日在山东烟台交付，将由中国石油集团海洋工程有限公司用于海洋能源勘探。该平台采用Frigstad D90基础设计，配备DP3动力定位系统，长117m，宽92.7m，高118m，最大作业水深可达3658m，最大钻井深度可达15240m，甲板面积相当于一个标准足球场大小，从船底到钻井架顶端相当于37层楼高，是目前全球作业水深、钻井深度最大的半潜式钻井平台。该平台可适用于全球深海作业，已入级挪威船级社。蓝鲸1号拥有27354台设备，40000多根管路，50000多个MCC报验点，电缆拉放长度120万m。此外，与传统单钻塔平台相比，蓝鲸1号配置的高效液压双钻塔和全球领先的西门子闭环动力系统，可提升平台30%作业效率以及节省10%的燃料消耗。

蓝鲸1号代表了当今世界海洋钻井平台设计建造的最高水平，将我国深水油气勘探开发能力带入世界先进行列，也是中集集团践行“一带一路”倡议的国家宏伟战略、提升国家高端能源装备实力的重要实践。该平台先后荣获2014年《World Oil》颁发的最佳钻井科技奖以及2016 OTC最佳设计亮点奖（图8-31）。

图8-31 蓝鲸1号深海钻井平台

8.7.2 试采可燃冰的大国重器——蓝鲸1号

可燃冰是天然气水化合物的俗称，是分布于深海沉积物或陆域的永久冻土中，由天然气与水在高压低温条件下形成的类冰状的结晶物质。因其外观像冰一样而且遇火即可燃烧，所以又被称作“可燃冰”。

可燃冰的开采一直是一个世界性的难题，其所用的关键设备往往由日韩、欧美提供。中集此次建造的蓝鲸1号深海钻井平台打破了国外的垄断。2017年5月18日，我国宣布由蓝鲸1号深海钻井平台进行的可燃冰试采实验成功，我国因此成为全球首个海域可燃冰试采获得连续稳定气流的国家。在人类日益为能源所困的今天，可燃冰的成功试采成为了人们谈论的焦点，这也要归功于蓝鲸 1 号深海钻井平台在环境保护与技术突破方面取得的成就。

可燃冰被誉为未来能源，但与此同时开采可燃冰的难度之大也是公认的。可燃冰靠低温高压封存，如果温度升高，水合物中的甲烷就会溢出。或者如果冰块融化，一旦控制不当，有可能会造成海底滑坡等地质灾害。蓝鲸 1 号在试采可燃冰之前，中国地质调查局开展了 10 余个航次的环境基线调查，获取了海洋地质、海洋生物、海洋化学等本底数据。在试采过程中，蓝鲸 1 号配备的双钻塔分别作业，并按照国际环境管理体系、工艺安全风险管理等标准，采取了严格的环境保护措施。在试采过程中通过大气、海水、海底和井下四位一体检测体系，对甲烷、二氧化碳和海底沉降等进行了实时检测。与本底数据对比显示，甲烷无异常变化，海底地形无变化，没有环境污染，未发生地质灾害。

蓝鲸 1 号深海钻井平台在保护环境的同时也实现了多项理论技术的突破。此次试采中我国实现了诸多关键技术的自主创新。第一，防沙技术 3 项。包括“地层流体抽取”、未成岩超细储层防沙和天然气水合物二次生成预防技术。第二，储层改造技术 3 项。包括储层快速精细评价、产能动态评价等技术。第三，钻井和完井技术 3 项。包括窄密度窗口平衡钻井、井口稳定性增强和井中测试系统集成技术。第四，勘察技术 4 项。包括 4500m 级无人遥控潜水器探测、保压取样、海洋高分辨率地震探测和海洋可控源电磁探测技术等。这些技术的突破有效地解决了开采可燃冰时的出沙问题，也为蓝鲸 1 号安全开采提供了保障。

此次蓝鲸 1 号深海钻井平台成功开采可燃冰为中国实现可燃冰的商业开采打下了坚实的基础。

8.8　工程案例 4——响水海上风电

8.8.1　响水海上风电工程概况

响水海上风电项目位于江苏省响水县灌东盐场、三圩盐场外侧海域。风电场离岸距离约 10km，沿海岸线方向长约 13.4km，涉海面积 34.7km^2，场区水深 8～12m，总投资 35 亿元，是发展改革委核准的江苏沿海第一家近海 200MW 风电示范项目，享有“海上三峡”的美称。该项目全场安装 37 台单机容量为 4.0MW 的风电机组和 18 台单机容量为 3.0MW 的风电机组，总装机容量 202MW。风电场配套建设一座 220kV 海上升压站、35kV 场内集电线路、220kV 送出海缆和一座陆上集控中心。所有电能通过海上升压站汇集升压后通过 220kV 海底电缆并入江苏电网。项目于 2013 年 6 月获发展改革委核准，同期开始建设准备工作；2015 年 4 月海上主体工程全面开始施工，2016 年 10 月主体工程全部机组并网发电，每年可向江苏电网提供 5 亿 kW・h 绿色能源，相当于节约标准煤 17.2 万 t，满足 20 万户家庭的用电需求。作为国内首批海上风电商业示范项目之一，响水海上风电工程在建设过程中积极探索技术创新并推进国产化。其中，工程投运国内首条 220kV 电压等级三芯海缆，建成亚洲首座 220kV 电压等级海上升压站，并在全球范围内首次实现复合筒型基础带风机一步式安装。该工程填补了我国海上风电升压站的行业空白（图 8-32）。

图 8-32 响水海上风电

8.8.2 海底电缆敷设施工

在离岸距离较远的海上风电场工程中，220kV 海底电缆是整个风电场的心脏（海上升压站）与指挥中枢（路上集控中心）的唯一联系，即海上风电场工程的主动命脉。因此，220kV 海底电缆敷设施工在海上风电场建设中处于至关重要的地位。

1. 海底电缆敷设主要施工工艺流程

海底电缆敷设主要施工工艺流程见图 8-33。

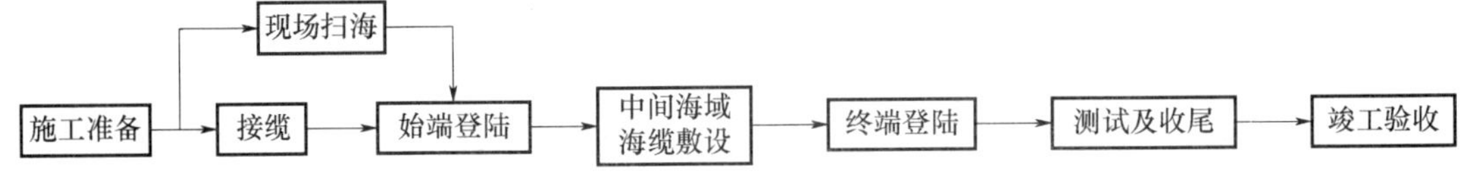

图 8-33 海底电缆敷设主要施工工艺流程图

2. 接缆

接缆地点一般为海缆生产厂家的码头，采用海缆敷设船进行接缆，动力转盘方式过缆，根据海缆输送速度调节转盘速度，使海缆输送速度与转盘转绕速度一致，接缆过程中人工辅助将海缆盘放整齐，接缆速度宜控制在平均 600m/h 以内。

3. DGPS 工程测量

施工船抵达施工现场前，利用 DGPS 对路由各端登陆点以及工程的各主要控制点进行测量复核。进行测量复核时，为确保数据的准确，待复核的测量控制点必须不少于 3 个，对两端登陆点进行单独复核。单点的复核次数必须大于 3 次，并取多次测得的固定偏差值的平均数进行设置，以防止产生较大误差。

4. 扫海

扫海作业主要是解决施工路由轴线上影响施工顺利进行的一切障碍物，如旧有废弃缆线、插网、渔网等。路由扫海一般用锚艇在船首或船尾部系扫海设备，沿电缆路由往返扫海一次。扫海施工时，采用 DGPS 系统精确定位导航，控制范围为海缆路由范围内左右 50m 之内。在对 220kV 主海缆路由扫海中，应特别注意对深水沟槽的了解，便于施工时采取相应措施。

对扫海清除的障碍物不能就地丢入海中，必须存放在甲板上或距离电缆路由较远的地方丢弃，不能影响施工作业。

5. 始端登陆

海底电缆登陆前，施工船应乘高潮位尽量驶进岸边，以减小登陆距离，并利用锚泊系统定泊于 220kV 海缆登陆轴线上。

用船上工作艇将尼龙缆沿预挖缆沟从海缆敷设船牵引登陆点，并将拖缆绞车上的牵引钢缆连接，然后用海缆敷设船上的绞盘回绞尼龙缆绳，直到拖拉绞车被牵引至海缆敷设船尾，然后将钢缆与将铺设海底电缆拖拉网套连接。

登陆时，海缆头从缆盘内拉出，从船头入水槽入海，在海底电缆入水前在其上绑扎泡沫浮筒，进行助浮，控制海底电缆在水中的质量不大于 5g/m，浮筒绑扎位置可使电缆呈往复弧状，以防止复合缆因涨潮浮出电缆沟。

利用预先设置在始端登陆点处的绞磨机牵引海缆浮运登陆。用登陆点布置的卷扬机设施回卷牵引钢缆，牵引海底电缆至登陆点设定位置。

完成海缆始端登陆施工后，小艇沿登陆段海缆逐个拆除浮运海缆的浮筒，将海缆沿设计路由沉放在预先采用水陆两栖挖掘机趁落潮时挖设的沟槽内。

6. 中间海域海缆敷设施工

220kV 海缆始端登陆完成后，进行中间海域的海缆敷设施工。中间海域水深条件相对较好，一般可满足海缆敷设船正常航行所需要的吃水要求，同时满足海缆船自带的射水挖沟犁高压射水挖沟所需要的水压条件。

海底电缆装入电缆挖沟犁头内，用海缆敷设船自身的吊机将电缆挖沟犁吊离甲板，慢慢放入水中，然后潜水员下水检查海底电缆及电缆挖沟犁姿态，如海底电缆及电缆挖沟犁姿态正常，则进入正常海缆敷设状态。开启电缆挖沟犁的射流泵，同时海缆敷设船向前移动进行海缆敷设。

电缆正常敷设过程中，埋设机姿态仪随时反映出埋设机的姿态。海缆埋深通常按不小于 2.0m 控制，对具有通航功能的海域或冲刷严重的海沟等敷设深度应适当加深。

海缆敷设船敷设海缆时，高压水冲击联合作用成初步断面，在淤泥坍塌前及时进行海缆敷设，一边开沟一边海缆敷设，开沟与海缆敷设同时进行，电缆敷设时采用 GPS 定位系统进行定位，牵引钢缆的敷设精度控制在拟定路由±5m 范围内。

7. 终端穿“J”形管登陆

220kV 海底电缆在海上升压站平台的登陆，需穿过和桩基固定的“J”形管，登陆前应由潜水员将海床面以下 2m 深度的“J”形管口冲出，将钢丝绳置换管子内部预先设置的牵引绳索。

海缆敷设船上的布缆机将海缆通过入水槽送入水中，海缆入水段绑扎泡沫浮筒助浮。海缆不断送出后在水面上逐渐形成一个不断扩大的“Q”形状。工作艇监视和控制海面上海缆弯曲情况，防止海缆弯曲半径小于允许弯曲半径及打扭。

在海缆终端穿“J”形管登陆前，准确测量送出海缆长度，继续送出海缆直至满足登陆长度后，将海缆截断、封头。待海缆头牵引出施工船后，在海缆头上设置活络转头，与设置在升压站平台上的牵引机钢丝连接，启动牵引机牵引海缆。随着海缆的牵引，逐个拆除助浮海缆的泡沫浮筒，最终牵引就位。

第9章　隧道及地下工程

隧道，是修筑在岩体、土体或水底的，两端有出入口的通道，它是交通运输线路穿越山岭、丘陵、土层、水域等天然障碍最有效的途径。1970年经合组织（OECD）的隧道会议对隧道所下的定义为：以某种用途，在地面下用任何方法按规定形状和尺寸，修筑的断面积大于$2m^2$的洞室。隧道除可应用于铁路、公路交通和水力发电、灌溉等领域，也用于上下水道、输电线路等大型管路的通道。

21世纪，水下交通隧道在沿江、沿海城市进入建设高潮，已经建成投入运营的港珠澳的跨海工程，以及正在规划中的琼州海峡的跨海工程、大连到烟台的渤海湾跨海隧道工程等，这些工程方都采用了桥隧结合，其中海底隧道将是主要的部分。

在人类漫长的历史中，地下空间曾作为人类防御自然和外敌侵袭的防御设施而被利用。随着科学技术和人类文明的发展，这种利用也从自然洞穴向人工洞室方向发展，目前，地下空间利用的形态已千姿百态。各国政府都把地下空间的利用作为一项国策，来推进其发展，使地下空间利用获得了迅速的发展。人类热衷于地下空间的开发利用，概括起来有三个理由：第一，大城市空间的严重不足。第二，为了保护历史建筑物和城市景观环境。第三，地下空间具有独特的优越性。当今世界各国都极为重视地下空间资源的开发利用，这已成为世界性发展趋势和衡量城市现代化的重要标志。对于我国这样一个人口庞大、资源相对贫乏的国家来说，拓展新的城市发展空间、走集约化城市发展道路，势在必行。向地下要空间，开发城市第二空间——地下空间资源是我国城市发展的必由之路，是解决城市发展面临的人口、环境、资源危机的重要措施和医治城市综合症的重要途径。地下空间的开发利用常以地铁网络为骨架体系，建设地下城市综合体、地下生产设施及其他设施等。

隧道有多种分类方法，按照隧道所处的地质条件可分为土质隧道和石质隧道；按照隧道所在的位置可分为山岭隧道、水底隧道和城市隧道；按照隧道的长短可分为短隧道（公路隧道规定：$L\leqslant500m$）、中长隧道（公路隧道规定$500m<L<1000m$）、长隧道（公路隧道规定$1000m\leqslant L\leqslant3000m$）和特长隧道（公路隧道规定：$L>3000m$）；按照隧道的用途可分为交通隧道、水工隧道、市政隧道和矿山隧道等。本章首先介绍交通隧道，包括山区公路隧道和铁路隧道以及水下交通隧道，然后就地下工程中的地下储藏设施、城市地下综合体、地下工业设施及地铁进行介绍，最后对隧道和地下工程的施工方法作一概述。

9.1　公路隧道

9.1.1　概述

在山岭地区，为克服高程障碍、缩短线路长度，提高道路的可靠性和安全性，隧道起着重要的作用；在经济、社会活动高密度的城市中，为有效利用土地、保护生态自然环境等，公路隧道的延长比例也在逐年增加。

目前世界上最长的公路隧道位于挪威西部山区的拉达尔隧道，2000 年年初正式投入运营，总长 24.5km，是单洞双向行驶。该隧道拥有完善的通风照明、安全防火、通信监控等设施，它的建成使挪威西部到首都奥斯陆的公路交通大为改观。

我国公路隧道起步较晚但发展迅速，大规模的建设始于 20 世纪 90 年代初，截至 2017 年年底，我国已建成公路隧道 16229 座，总里程 15285km。已建成秦岭终南山隧道等超长山岭隧道、崇明长江隧道等大直径盾构隧道、港珠澳海底隧道等沉管隧道，长度 10km 以上的公路隧道已达十余座，成为世界隧道大国。值得一提的是，2007 年 1 月正式通车的秦岭终南山特长公路隧道，该隧道位于西安至安康高等级公路上，隧道净高 5m、净宽 10.5m，按上下行双洞双车道设计，单洞全长 18km，其长度在公路隧道中为亚洲第一，世界第二，也是中国自行设计施工的世界最长的双洞单向公路隧道。人们驱车 15min 就可以穿越秦岭这一天然屏障。

9.1.2 公路隧道的线形及横断面设计

（1）线形设计

公路隧道的平面线形和一般道路相同，应根据公路规范的要求进行设计，原则上采用直线或大半径曲线，并确保视距。公路隧道的纵断面坡度依据通风、排水和施工等要求而决定：坡度大，汽车排放的有害气体量（特别是烟雾）增加，为此要求的通风量增大，通常坡度最好在 2%以下；在隧道出现涌水时，为了能在自然状态下排水，坡度最小需在 0.30%，若考虑施工时排水顺利，则需 0.50%左右坡度；从洞口两端开挖的隧道，通常采用向两洞口排水的双向坡；施工时，当出碴和材料运输使用有轨运输的，坡度不宜超过 3%。

（2）横断面设计

隧道衬砌的内轮廓线所包围的空间称为隧道净空。公路隧道的横断面净空，除包括建筑限界外，还包括通过管道、照明、防灾、监控、运行管理等附属设备所需要的空间，以及富裕量和施工允许误差等。隧道净空断面的形状，即衬砌的内轮廓形状，应使衬砌受力合理、围岩稳定。净空断面的形状根据土的性质可使用圆拱直墙或曲墙的组合形式、全断面圆形或接近圆形等形式。一般而论，在地质条件较好的地层采用拱形直墙式断面，反之采用接近圆形的断面。公路隧道常见的断面形状如图 9-1 所示。图 9-2 为 2007 年 1 月通车的秦岭终南山特长公路隧道的横断面形式，为三心圆内轮廓形式。

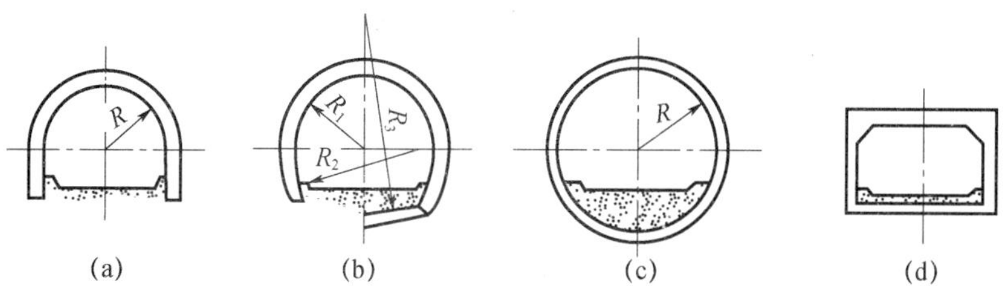

图 9-1 公路隧道主要断面形状

（a）圆拱直墙式；（b）圆拱曲墙；（c）圆形断面；（d）矩形断面

图 9-2 秦岭终南山隧道

9.1.3 公路隧道的通风

汽车排出的废气含有多种有害物质，浓度大时甚至会危及生命；同时，烟雾会恶化视野，降低车辆安全行驶的视距，需要用通风的方法从洞外引进新鲜空气，使有害气体处于安全浓度。

隧道通风方式很多，可按送风形态、空气流动状态、送风原理等划分，如图 9-3 所示。

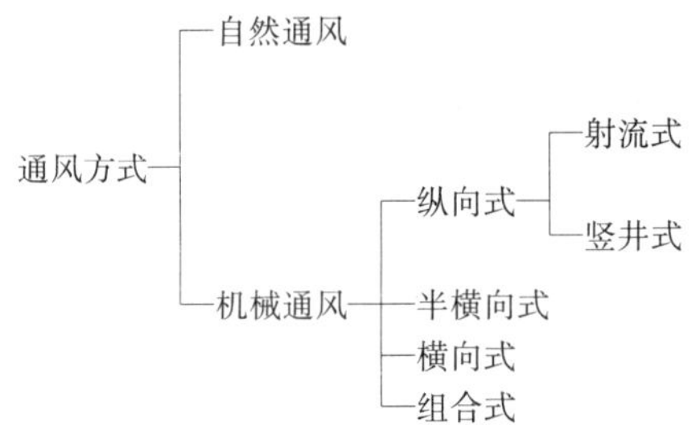

图 9-3 隧道的通风方式分类

自然通风不设置专门的通风设备，是利用洞口间的自然压力差或汽车行驶时活塞作用产生的交通风力，来达到通风目的。对长度不超过 2000m 左右的隧道通风可采用这种方式。但在双向交通的隧道中，交通风力相互抵消，造成阻力，其适用的隧道长度将降低。

机械通风根据风流的方式可分为纵向式、横向式、半横向式和组合式等。

(1) 纵向式通风

纵向式通风的特点是从一个洞口直接引进新鲜空气，由另一洞口排出污染空气。图 9-4 为射流式纵向通风，是将射流式风机设置于车道的吊顶部，吸入隧道内的部分空气，并将其高速喷射吹出，用以升压，使空气加速，达到通风的目的。射流式通风经济，设备费少，但噪声较大。

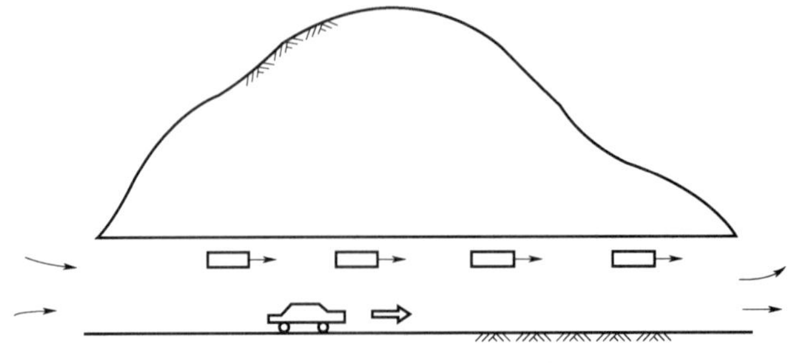

图 9-4 射流式纵向通风

如图 9-5 所示为竖井式纵向通风示意图，从设在隧道中央附近的竖井吸出空气，使洞门与竖井底部产生压差，迫使隧道内空气流动。这种通风方式有烟囱效应，效果良好。在长隧道中常设置竖井进行分段通风。终南山隧道就是采用分段送排式纵向通风。

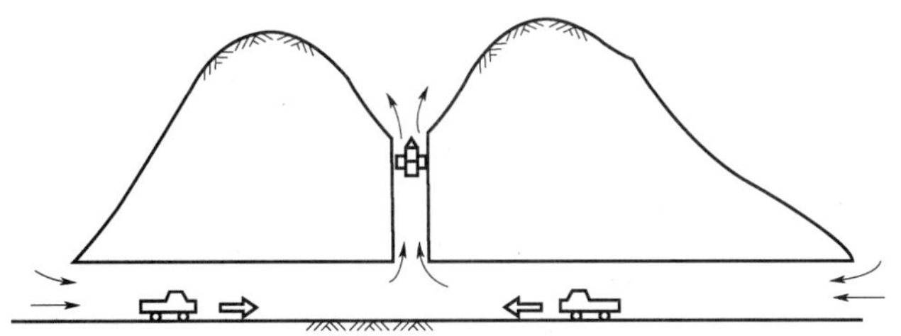

图 9-5　竖井式纵向通风

(2) 横向式通风

横向式通风的特点是风在隧道的横断面方向流动，一般不发生纵向流动，因此有害气体的浓度在隧道轴线方向分布均匀（图 9-6）。该通风方式有利于防止火灾蔓延和处理烟雾。但需设置送风道和排风道，增加建设费用和运营费用。这种通风方式一般情况下只使用在交通量大且重要的隧道和其他通风方式不能适用的场合。

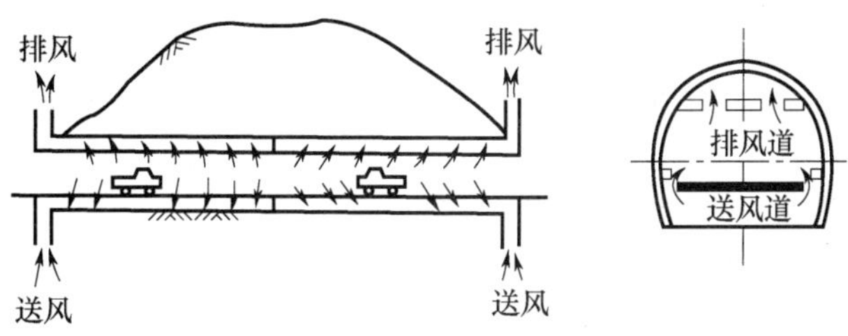

图 9-6　横向式通风

(3) 半横向式通风

如图 9-7 所示，半横向式通风的特点是仅设置送风道，新鲜空气经送风道直接吹向汽车的排气孔高度附近，直接稀释排出气体，污染的空气在隧道上部扩散，经过两端洞门排出洞外。半横向式通风，因仅设置排风道，所以较为经济。

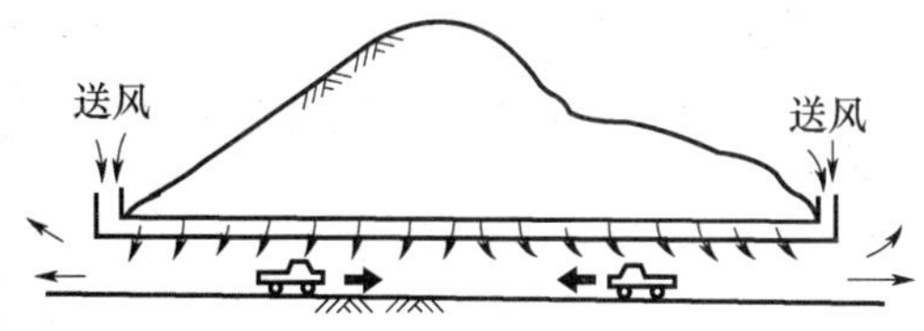

图 9-7　半横向式通风

(4) 组合式通风

根据隧道的具体条件和特殊需要，由竖井与上述各种通风方式组合形成合理的通风系统。例如，有纵向式和半横向式的组合、横向式与半横向式的组合等。

9.2 铁路隧道

9.2.1 概述

当铁路线路在穿越天然高程时（如分水岭、山峰、丘陵、峡谷等），克服高程障碍的有效方法是修建铁路隧道。随着铁路建设向山区发展，隧道越来越显示出其优越性，如大幅度缩短线路长度、降低线路标高、改善通过不良地质地段的条件、降低铁路造价等。

随着铁路的发展，从19世纪30年代起，各国都相继修建铁路隧道。目前世界上最长的陆地铁路隧道是瑞士中部阿尔卑斯地区戈特哈德铁路隧道，单洞长57km（全长153.5km），耗资约103亿美元，2016年12月正式投入使用。

中国自主建成的第一座铁路隧道是京张铁路八达岭隧道。它是中国杰出的工程师詹天佑亲自规划督造，依靠中国人自己的力量建成的。这座单线越岭隧道全长1091m，工期仅用了18个月，于1908年建成。它与京张铁路的建成，至今仍为世人称道。

我国大规模的铁路隧道建设是20世纪80年代以后，尤其是90年代，呈现出隧道的长大化，例如2000年开通运营的西康铁路青岔车站和营盘车站之间的秦岭隧道，由两座基本平行的单线隧道组成，两线间距为30m，其中Ⅰ线隧道全长18460m；Ⅱ线隧道全长18456m。秦岭隧道Ⅰ、Ⅱ线均为单线电气化铁路隧道。兰渝铁路西秦岭隧道全长28.2km，是兰渝铁路全线控制性工程。隧道采用TBM（全断面硬岩掘进机）和钻爆法相结合施工，是国内结合两种方法掘进里程最长的铁路隧道。

2014年4月位于青海省天峻县和乌兰县境内的新关角隧道全线贯通，该隧道于2007年11月6日全面开工，采用钻爆法施工，全长32.6km。新关角隧道海拔为3324.05～3494.45m，是目前国内最长的铁路隧道，也是世界最长的高原铁路隧道。新关角隧道通过的地质断层和岭脊地段超过10km，面临着围岩变形失稳、突泥涌水、板岩地段大变形、施工通风等诸多工程技术难题。被誉为中国第一长隧——全长32.6km（图9-8）。

图9-8 新关角特长铁路隧道

截至 2017 年年底，中国铁路隧道已达 14547 座，总长度 15326km，均为世界第一。成为名副其实的“铁路隧道大国”。

我国铁路隧道的修建技术大致经历了 4 个发展阶段，各阶段的特点见表 9-1。

表 9-1　我国铁路隧道修建技术发展的 4 个阶段

阶段	年代	典型隧道				技术特点
		名称	长度（m）	建成年限	平均单洞月成洞速度（m/mon）	
1	20 世纪 50 年代	秦岭	2364	1965	45	使用动钻岩机，从人力开挖过渡到机械开挖
2	20 世纪 60～70 年代	凉风垭 关村坝 沙木拉达	4270 6187 6383	1960 1966 1966	78 152 109	小型机械化施工，有轨运输，分部开挖
3	20 世纪 80 年代后	大瑶山	14295	1987	双线 99.2 最高 203	大型机械化施工，全断面开挖，无轨运输
4	20 世纪 90 年代后	秦岭Ⅰ号特长隧道	18400	1998	平均 301.06m 最高 508.96m	全断面岩石掘进机（TBM）施工技术

1998 年我国引进全断面掘进机，修建长达 18.4km 的秦岭特长隧道，开始了采用机械开挖施工的新纪元。可以说我国铁路隧道的兴建迈出了新的一步。

随着国家铁路网建设向偏远山区的推进以及隧道修建技术的进步，隧道占铁路线的比重越来越大，表 9-2 为我国西南地区几条铁路的隧道工程。

表 9-2　我国西南地区几条铁路的隧道工程概况

线路名称	宝成	贵昆	成昆	湘黔	襄渝
线路长度（km）	668	664	1091	820	860
隧道长度（km）	84.5	80	344.4	112.6	287
隧道长度比例（%）	12.6	12.0	31.6	13.7	33.4
隧道数量（座）	304	187	427	297	405

9.2.2　铁路隧道的几个技术问题

（1）线路走向与隧道位置

铁路隧道是铁路线上的一种建筑物，其位置选择与线路走向有着密切关系。一般而言，中、短隧道的位置服从于线路走向的大体位置，可作小幅度的调整。对于长大隧道，如遇到复杂地质情况，修建技术上有一定困难时，隧道成为线路修建的控制工程，其位置往往影响线路走向的位置，这时线路就得服从隧道所选择的最优位置。所以，隧道位置的选择与线路的选线是相互关联的，应该综合考虑两者的利弊来决定。影响隧道位置选择的主要因素一般有：工程和水文地质条件、地形地貌条件、工程难易程度、投资和工期、施工技术和运营条件等。

（2）隧道的平、纵断面规划设计

铁路隧道是线路的一个组成部分，平、纵断面设计首先应满足露天线路地段的各种技术要求，还应考虑适应隧道内特定的一些要求，如养护、运营、施工等。

1）隧道平面设计

隧道平面是指隧道中心线在水平面上的投影，显然是越直越好。因此，在可能的情况下，隧道平面线形应尽量采用直线或大半径曲线，避免小半径曲线。这是因为曲线隧道建筑限界需加宽，净空尺寸相应加大，增加了开挖和衬砌的工程量；列车在曲线隧道内运行，空气阻力加大，抵消了部分机车牵引力，并使洞内通风条件恶化；列车在曲线隧道内行驶，产生的离心力使钢轨磨耗严重，增加了线路维修工作量；曲线隧道施工难度增加，支护和衬砌技术较为复杂。

2）隧道纵断面设计

隧道纵断面是中心线展直后在垂直面上的投影。纵断面设计主要是对坡度的设计，具体地说，包括隧道内线路的坡道形式、坡度大小和折减、坡段长度和坡段间的衔接等内容。隧道内线路坡度形式一般有单面坡和“人”字坡两种，如图 9-9 所示。

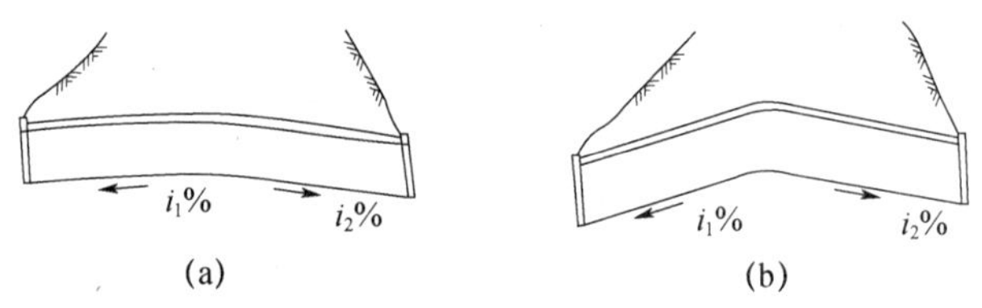

图 9-9　隧道纵断面形式示意图

(a) 单面坡；(b)“人”字坡

考虑隧道排水需要，也不宜采用平坡，坡度一般不小于 3‰，特殊情况下也不应小于 2‰；在严寒地区的隧道为防止冻害，还应考虑适当增大排水坡。列车在隧道内运行时，其作用犹如一个活塞，空气阻力远远大于明线地段，削弱了列车的牵引力；另外，隧道内环境潮湿，机车轮与钢轨间的黏着系数减小，当列车在上坡方向以最小计算速度运行时，机车牵引力因黏着系数降低而不能充分发挥。基于上述原因，隧道坡度设计时应尽量采用较缓的坡度，不宜用足限制坡度。按现行规范，当隧道长度小于 400m 时，上述影响不甚显著，隧道纵断面坡度，仍按明线地段标准设计；隧道长度大于 400m 时，隧道内限制坡度应考虑折减。

（3）铁路隧道净空

铁路隧道衬砌内轮廓所包络的空间称为隧道净空。新建铁路隧道的净空是根据国家标准规定的铁路隧道建筑限界，并考虑远期隧道内轨道的类型确定的。建筑限界是指隧道衬砌不得侵入的一种限界，确定的依据是根据机车和车辆限界在横断面外轮廓线上的最大尺寸需要，再考虑洞内通信、信号、照明等其他设备设置的尺寸要求，并考虑一定的富裕拟定的。隧道净空比隧道建筑限界要大，这是因为净空除必须满足建筑限界的要求外，还应考虑列车运行的摆动和衬砌结构受力合理等因素。新建和改建电力牵引的单线和双线隧道建筑限界形状和尺寸如图 9-10 所示。

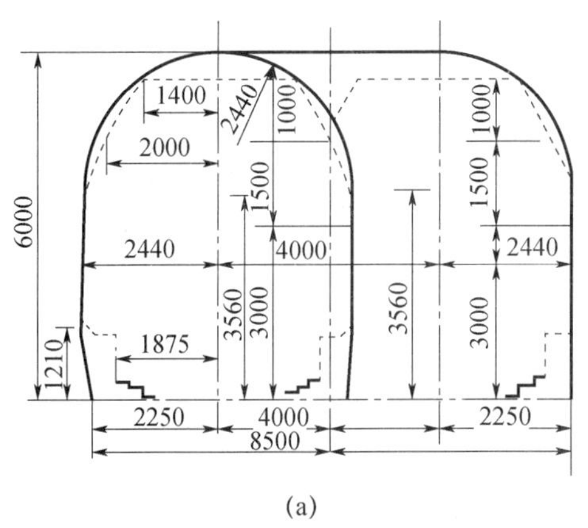

(a)

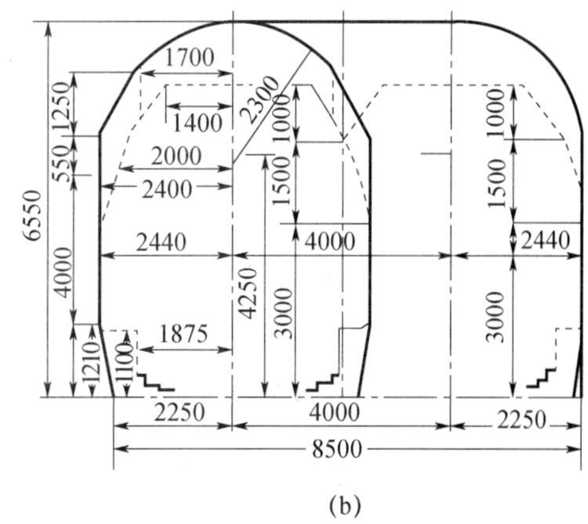

(b)

图 9-10　铁路隧道建筑限界（单位：mm）

(a) 蒸汽及内燃机牵引；(b) 电力牵引

对于曲线隧道，为保证列车在曲线隧道内运行安全，净空必须作适当的加大。

(4) 隧道内附属建筑物

为使铁路隧道能正常使用，确保列车运营的安全，在隧道内还需修建一些附属建筑物来配合主体建筑物，如安全避让设备（避车洞）、排水设施、通信与信号、供电与通风设备等。

9.3　水底隧道

9.3.1　概述

水底隧道是指修建在河、湖、海水面以下的建筑物，水底隧道与桥梁工程相比，具有隐蔽性好，可保证平时与战时的畅通，抗自然灾害能力强，并对水面航行无任何妨碍的优点，但其造价较高。水底隧道可以作为铁路、公路、地下铁道、航运、行人隧道，也可作为管道输送给排水隧道。1894—1969 年 70 多年间，世界上仅修建了 40 座长沉管式隧道，而 1970—1995 年 25 年间就修建隧道 60 余座，仅 1990—1995 年就高达 20 座。

进入 21 世纪以来，我国水下隧道进入快速发展阶段，取得了辉煌的成就。全长 6.7km 的世界最长公路沉管隧道和唯一深埋沉管隧道——港珠澳海底隧道（2017 年贯通，全长 6.7km)、世界首座设计时速 350km 高铁狮子洋水下隧道（左、右线各长 10.8km，2011 年贯通）、世界最深的水下 70m 南京扬子江隧道（2015 年贯通，双管双层八车道“X”形隧道，南线全长 7363m，北线全长 7014m）以及世界直径第二的 14.93m 的南京长江隧道（2009 年贯通，左右线盾构隧道的总长度为 6042m）为代表，我国水下隧道沉管和大盾构技术为水下通道建设提供了坚实的技术支撑，同时对今后海峡隧道工程建设完成了理论和核心技术储备，目前正朝大断面、长距离、高水压和复杂水文地质条件方向发展。

纵观世界各地，水下隧道发展极其迅速。英吉利海峡跨海隧道、直布罗陀海峡隧道、日韩对马海峡隧道、日本青函隧道的实现不仅形成了一股海峡热，而且还是人类开发地下空间的杰作。

青函隧道由 3 条隧道组成。主隧道全长 53.85km，为双线隧道，直径有 11m，用以铺设铁路新干线复线和较窄的普通铁道，其中海底部分长 23.3km。隧道内部高 9m，宽 11m，最深部分在海面下 240m，海底下 100m。这条隧道于 1964 年 5 月开始动工，1988 年竣工，工期长达 24 年，耗资 37 亿美元，至今仍为世界上最长的交通隧道，它的修建结束了日本本州与北海道之间只能靠海上运输的历史。英吉利海峡隧道（The Channel Tunnel），又称欧洲隧道（Euro tunnel）的建成，使伦敦到巴黎的时间缩短 3 小时，使铁路可与航空竞争，1994 年通车。英吉利海峡隧道由两条铁路洞和中间一条后勤服务洞共三条长 51km 的平行隧洞组成，总长度 3×51km，其中海底段的隧洞长度为 3×38km（图 9-11）。这条隧道 1987 年正式开工，历时 8 年多，耗资约 100 亿英镑。

图 9-11　英吉利海峡隧道洞口布局

9.3.2　水底隧道的几个技术问题

1. 水底隧道位置的选择

① 应尽量选在具有良好的地质和水文地质条件的位置；

② 尽量选在河流顺直，河床较窄、水深较浅的地段；

③ 选择在地面交通比较方便的地点，以利于施工物资和机械的运输；

④ 尽量远离水库，绝不允许穿越水库，否则会带来水压增大、隧道施工和防水困难。

2. 水底隧道的平面线形

平面线形选择时应根据地形、地质、水文、经济等因素综合考虑确定，常有“一”字形、“U”形、“S”形三种形式（图 9-12）。

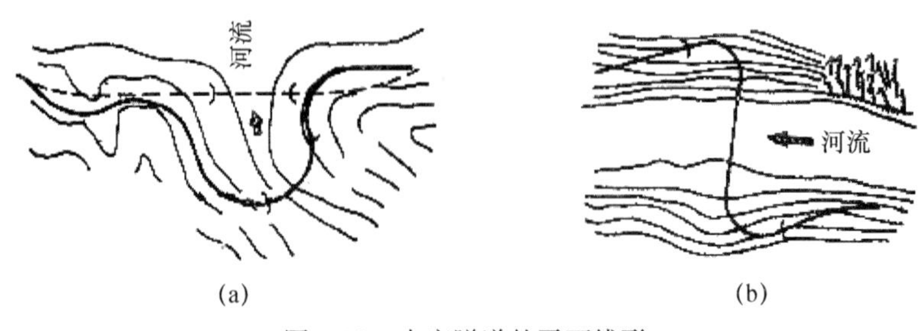

图 9-12　水底隧道的平面线形

(a)“U”形；(b)“S”形

3. 水底隧道的埋置深度

水底隧道的埋置深度是指隧道在河床下的岩土的覆盖厚度。埋深的大小，关系到隧道长短、工程造价和工期等。尤其重要的是覆盖层厚度关系到水下施工的安全问题，设计水底隧道的埋置深度需考虑以下几个主要因素：

1）地质及水文地质条件

隧道穿越河床的地质特征、河床的冲刷和疏浚状况。

2）施工方法要求

不同的隧道施工方法，对其顶部的覆盖厚度有不同的要求。

矿山法施工，埋深的经验数据依围岩的强弱程度取毛洞跨径的 1.5～3 倍。

沉管法施工，只要满足船舶的抛锚要求即可，约 1.5m 左右。

盾构法施工，经国内外专家多年研究，认为最小覆盖层厚度应为盾构直径的 1 倍。但不少成功的施工实例并未满足该数值要求。

3）抗浮稳定的需要

埋在流沙、淤泥中的隧道，受到地下水的浮力作用，此浮力该由隧道自重和隧道上部覆盖土体的质量加以平衡。

4）防护要求

水底隧道应具备一定的抵御常规武器和核武器的破坏能力。根据在常规武器攻击中非直接命中、减少损失和早期核辐射的防护要求，覆盖层应有适当的厚度。

4. 水底隧道的纵断面设计

水底隧道的纵断面一般呈折线形斜坡的凹形断面，其坡度值根据使用性质（铁路隧道、公路隧道等）同样应满足交通的需要，此处不作赘述。但应指出，处于河流下的水底隧道，当洞口标高和隧道埋深确定后，隧道坡度对隧道长度起决定性作用。为了缩短隧道长度，一般在两端引入最大坡度值。另外为了排水要求，河床中间部分设为最小坡度的单面坡（3‰～5‰）或双向坡（2‰～3‰）（图 9-13）。

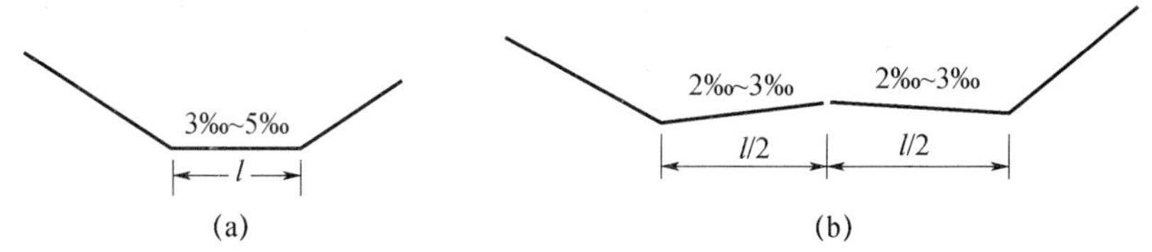

图 9-13　水底隧道纵断面示意图

（a）单向坡；（b）双向坡

5. 水底隧道横断面的形式

水底隧道横断面的内部净空应满足其所收容交通类型现行的建筑限界，至于断面形式，20 世纪主要考虑交通类型发展的影响，现在更多的是考虑建筑方法。一般有圆形、拱形和矩形等形式。

采用矿山法施工时，一般用拱形断面。采用该断面形式，受力与断面利用率均好。图 9-14所示为 2005 年开工的厦门东通道海底隧道，该隧道全长约 6050m，跨越海域总长约 4200m，最深处位于海平面下约 70m，采用三孔隧道方案，两侧为行车主洞，中孔为服务隧道，它是连接厦门市本岛和翔安区陆地的重要通道，为双向六车道，是我国大陆第一座采用钻爆暗挖法修建的大断面水底隧道，它的建设对我国隧道建设技术的进步和发展起到里程碑式的作用，于2010年4月建成通车。

图 9-14　厦门东通道海底隧道

采用盾构法施工，其断面多为圆形。图9-15为1998年建成通车的全长15km的日本东京湾跨海公路隧道断面形式及布置，采用盾构法施工。

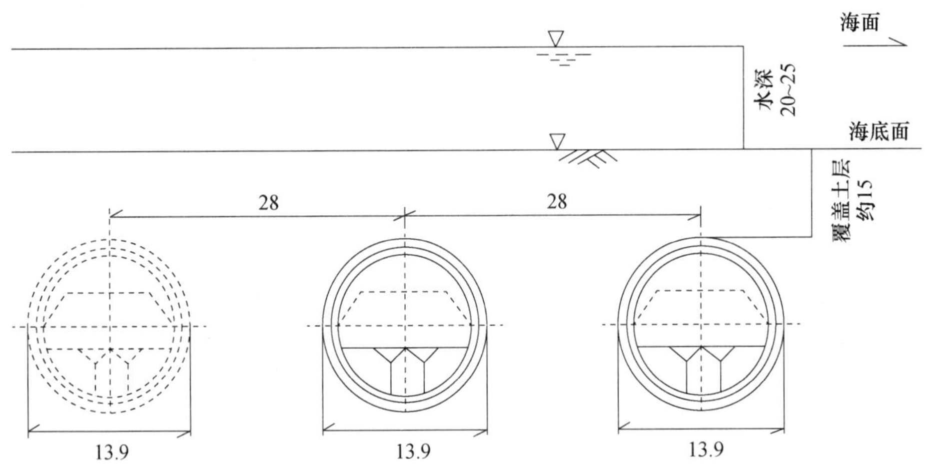

图 9-15　东京湾公路隧道横断面布置（单位：m）

矩形截面箱式混凝土结构成为当今沉管隧道的主流形式。图9-16所示是位于黄浦江吴淞口的上海外环沉管隧道断面，该隧道穿越600多米宽的江面，为八车道沉管隧道，横截面宽43.00m，高9.55m，为3孔2管廊形式，其中底板厚1.5m，顶板厚1.45m，外侧墙厚1.0m，中隔墙厚0.55m，横截面积约400m^2。

2018年投入使用的港珠澳大桥的隧道部分根据大桥建设标准及规模要求，单向三车道的隧孔单孔跨度达14.55m，加上隧道上覆荷载偏大用矩形截面箱式混凝土结构已经不适用，长达6.7km的海底沉管隧道，最后采用了折拱式截面沉管（图9-17）。这是我国第一条外海沉管隧道，也是世界上唯一的深埋沉管隧道和最长的公路沉管隧道。

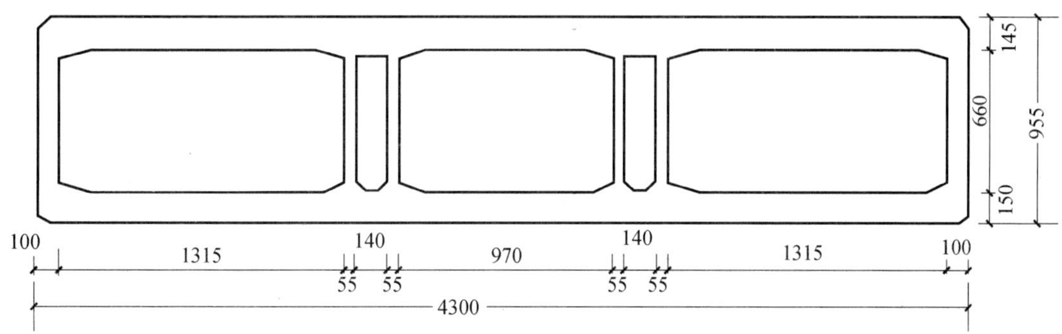

图 9-16 上海外环沉管隧道断面（单位：cm）

图 9-17 港珠澳大桥折拱式截面沉管

6. 隧道防水

水底隧道的主要部分处于河、海床下的岩土层中，常年在地下水位以下，承受着自水面开始至隧道埋深的全水头压力，最容易发生的问题是裂缝和漏水。因此水底隧道自施工到运营均有一个防水问题。其防水的主要措施有：

1）采用防水混凝土

防水混凝土的制作，主要靠调整级配、增加水泥量和提高沙率，以便在粗骨料周围形成一定厚度的包裹层，切断毛细渗水沿粗骨料表面的通道，达到防水抗水的效果。

2）壁后回填

壁后回填是对隧道与围岩之间的空隙进行充填灌浆，以使衬砌与围岩紧密结合，减少围岩变形，使衬砌均匀受压，提高衬砌的防水能力。

3）围岩注浆

为使水底隧道围岩提高承载力、减少透水性，可以在围岩中进行预注浆。特别是采用钻眼爆破作业的隧道，通过注浆可以固结隧道周边的块状岩石，以形成一定厚度的止水带，并且填塞块状岩石的裂缝和裂隙，进而消除和减少水压力对衬砌的作用。

4）双层衬砌

水下隧道采用双层衬砌可以达到两个目的。其一是防护上的需要，在爆破荷载作用下，围岩可能开裂破坏，只要衬砌防水层完好，隧道内就不致大量涌水、影响交通。其二是防范高水压力，有时虽采用了防水混凝土、回填注浆，在高水压下仍难免发生衬砌渗水。在此情况下，双层衬砌可作为水底隧道过河段的防水措施。

9.4 地下工程概述

9.4.1 地下空间的特性

现代城市的建设，除了建造高层建筑，使城市向空中发展外，开发利用地下空间，向地下发展是必然趋势。1991 年 12 月在东京召开的城市地下空间利用国际会议上，与会代表们认为，从构成城市建筑物的发展历史看，19 世纪是桥的世纪，20 世纪是高层建筑的世纪，21 世纪是人类开发利用地下空间的世纪。日本提出向地下发展，将国土扩大 10 倍的设想，美国 1974—1984 年用于地下工程设施的投资额为 7500 亿美元，占基本建设投资的 30%。20 世纪七八十年代，我国致力于人防工程的平战结合及公路隧道，地下商业街及地铁建设，进入 90 年代，我国城市地下交通与市政设施加快了修建速度，进入城市地铁、地下综合体、地下共同沟建设的新阶段，已开始大规模开发利用地下空间。2016 年 5 月 25 日，住房城乡建设部下发了《城市地下空间开发利用“十三五”规划》，已经形成良好的规划、设计、建设局面。

地下工程根据其通向地面开口部的形式可分为四类：密闭型、天窗型、侧面开口型及半地下型（图 9-18）。在实际工程中，开挖空间一般都是密闭型的；天窗型具有自然采光的开放感；侧面开口型能从一个侧面向室外眺望；半地下型可以从室内全方位地眺望。侧面开口型适合于倾斜地层，其他形式则适合平坦地层。

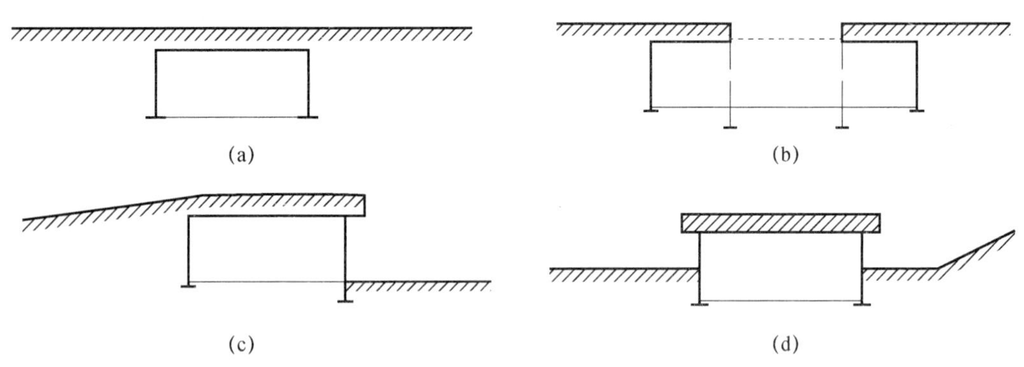

图 9-18 开口部与地表的关系

(a) 密室；(b) 开天窗；(c) 一侧开口；(d) 半地下

与地上工程相比，地下工程形成的空间具有密闭性、隔离性、耐寒性、抗震性以及恒温性、恒湿性、遮光性、难透性、隔声性等特性，这些特性有的对地下空间有利，有的不利。地下工程的开发利用应结合地下空间的特点因势利导，扬长避短。

9.4.2 地下工程的优缺点

归纳起来，地下工程有如下优点：

1. 高效利用土地，保护自然资源

在地面上，已进行高密度的开发、不能修筑更多的建筑物，兴建地下工程是唯一的选择；对于希望尽可能多地保留开放空间的城市商业区和大学内非常密集的场所，在地下工程的地面上修筑广场或公园，能够保留一些开放空间，这是异常重要的。隐形的地下工程还起到了保护自然资源、协调环境的作用。

2. 节约交通时间，减少能耗

设置在地下空间的输送系统，方便快捷，对地表面的交通障碍也小，可以对高密度地区进行有效的服务；从某种程度上讲，地下空间的开发可以使居住和办公地点相当接近，因而缩短了交通时间和能源的消耗；地下结构具有潜在的保护能源的效益，一般来说，建在地表以下的地下空间，与大气的热交换相对少，具有冬暖夏凉的特点，为了调节温度所需的能源就可以少一些。

3. 具有防御灾害的功能

用土覆盖或围筑的结构，与通常的结构相比，更能够防护各种灾害的影响。在强风或龙卷风地区，覆土结构在防御功能上，得到了极高的评价；设计合理的地下结构比地面结构的抗震能力强得多；地下空间与地表面隔离，实质上是一个防火结构；地下结构物本身具有保护人们免受自然灾害的特性，人类更期待地下人防工程能够抵御破坏、攻击、核战争等威胁。

另外，处于地下的结构较少或完全不受噪声和震动的影响，能为人类提供一个安静的活动场所。

地下工程的主要缺点如下：

（1）获得眺望和自然采光的机会有限

由于建筑物全部或部分设在地下，几乎所有外壁表面都被土覆盖，供给自然光和向屋外眺望受到限制。地下建筑物的这种限制，可以利用中庭和天窗等接近地表的开口部，得到一定的解决。但对开挖空间，这个问题更为严重。利用自然光和眺望，具有心理学和心理社会学的效益。但采光和眺望并不是所有的活动都要求的，对于不具有方向性活动的大空间，如人们滞留时间很短的商店和图书馆等，一般不必设置窗户；剧场以及仓库等完全可以不设置窗户。

（2）一般说来，地下空间通风条件差，会出现潮湿、结露等现象。

9.4.3　地下工程的利用形态

地下工程的利用形态是多种多样的，归纳起来大致有以下几种：

（1）伴随着交通系统的发展而对地下空间的利用，如城市地铁。

（2）伴随城市的现代化发展和科学技术的发展而对地下空间的利用，如地下办公楼、地下街、地下停车场、能源供给设施、通信设施、上下水道、地下水力发电站、地下能源发电站以及地下工厂等。

（3）防御和减少灾害的地下设施：如人防工程、各种储备设施、防御洪水灾害的地下河、地下坝等。

下面就以地铁网络为骨架体系的城市地下综合体及地下工业设施作一介绍。

9.5 城市地下综合体

城市地下综合体是指结合交通（如地铁）、商业、娱乐、市政等多种用途的地下公共建筑的有机结合体，通过地下交通系统将若干地下综合体连接在一起时，形成规模更大的地下综合体群。近年来，地下空间作为城市重要资源，得到了多方面的利用，这些地下综合体与地面建筑一道，构成了城市的立体空间网络。

2016 年 11 月开工，总投资约 200 亿元的全球最大地下空间综合体西安幸福林带工程预计 2019 年竣工。西安幸福林带工程全长 5.85km，宽 140m，占地 1134 亩。建设内容包括林带景观、地下空间、综合管廊、地铁站线和市政道路五部分，其中林带景观工程为全国最大城市林带建设项目；幸福林带地下空间分为两层，为全球最大地下空间综合体，中建一局建设的地下空间总建筑面积 22 万 m^2，地下一层为商业配套，将打造集购物、餐饮、休闲、娱乐、观光于一体的国际化潮流体验式商业街区以及包括全国最大地下冰球馆在内的 10 个地下运动场馆，还将充分利用地下空间，地下二层设置为停车库，可停放车辆 9000 余辆，车库兼具人防功能；地下空间西侧为西安地铁八号线、七号线（区间及王家坟换乘站）；地下空间两侧为城市地下综合管廊（图 9-19）。

图 9-19　西安幸福林带项目

9.5.1 地下（商业）街

“地下街”一词，最初出现在日本。其发展初期是在一条地下步行道的两侧开设一些商店而形成，由于与地面上的街道类同，因而称为“地下街”。经过几十年的发展，已从单纯的商业性质变为融商业、交通及其他设施（如文化娱乐设施）为一体的综合地下服务群体建筑。日本是地下街最发达的国家，目前已在 20 多个城市修建了各种规模的地下街 150 多处，约 120 多万平方米。欧美一些国家也正在积极地修建地下街，如加拿大的蒙特利尔市，提出以地下铁道车站为中心，建造联络该城市 2/3 设施的地下街网的宏伟规划，并正在实施中。我国地下街近几年也有较大的发展，目前大中城市大多开发了商业性质的地下街并兼作步行街。

2018 年 7 月，号称“全国最长地铁商业街”的华强北地铁商业街正式开业，华强北地下空间高约 26m，上下分三层，负一层为商业街，负二层为站厅层，负三层为站台列车层。华强北路地下空间为南北走向，南起深南中路，北至七号线华新站南端，全长 830m，宽 28.1m，总建筑面积 70530m^2。

地下街的基本类型有广场型、街道型和复合型 3 种。

1. 广场型

广场型多修建在火车站的站前广场或附近广场的下面，与交通枢纽连通。这种地下街的特点是规模大、客流量大、停车面积大。如日本车站的八重州地下街分为上、下两层，上层为人行通道及商业区，下层为交通通道，有高速铁路和地下铁道。八重州地下街总面积达 68000m^2，总长度为 6.0km，拥有 141 个商店，与 51 座大楼连通，每天利用人数达 300 万人以上。

2. 街道型

街道型一般修建在城市中心区较宽广的主干道之下，出入口多与地面街道和地面商场相连，也兼作地下人行道或过街人行道。如我国成都市顺城街地下商业街，该地下街位于成都市中心繁华商业区，全长 1300m，分单、双两层，总建筑面积 41000m^2，宽为 18.4～29.0m，中间步行道宽 7.0m，两边为店铺。有 30 个出入口。另有设备（通风、排水等）、生活设施房间、火灾监控中心办公室等。

3. 复合型

复合型为上述两种类型的综合，具有两者的特点，一些大型的地下街多属此类。

从表面上看，地下街中繁华的商业似乎给人以商业为主要功能的印象，其实不然，地下街应是一个综合体，在不同的城市以及不同的位置，其主要功能并不一样。因此在规划地下街时，应明确其主要功能，以便合理地确定各组成部分的相应比例。从日本修建的地下街的组成情况看，在地下街的总面积中，通道占 29.6%，停车场占 30.5%，商店占 25.6%，机房等设施占 14.4%。其中通道和停车场占了总面积的 60%，这说明日本地下街的主要功能和作用在于交通。

9.5.2　地下停车场

由于人口向城市集中，汽车数量的增加使城市中停车场的需求量也增加了。停车场占地面积大（一辆小汽车约占地 25m^2），在城市用地日趋紧张的情况下，将停车场放在地面以下，是解决城市中心地区停车难的途径之一。日本全国约有 1/4 的停车场是地下停车场。我国城市中的地下停车场也逐年增加，目前上海、北京、沈阳、南京等大城市结合地下综合体的建设，正在建造和准备建造地下公共停车场，每个停车场容量从几十辆到几百辆不等。

依照设置场所的不同，地下停车场有以下形态：

（1）公路地下停车场：占用公路的地下部分而设置停车场，多为细长形。

（2）公园式地下停车场：占用公园地下空间而设置停车场，因为能利用较大的地下空间，平面规划容易，而且可以采用一层或多层的停车场。

（3）广场型地下停车场：这是利用城市广场的地下空间，从广场的立体利用看，与地下商业街、地下铁道、地下通道等一起规划的较常见。

（4）建筑物地下停车场：这是修建在建筑物地下的停车场，图 9-20 为某小区停车场入口。

图 9-20　某小区地下停车场入口

9.5.3　地下铁道

目前，地下铁道已成为发达国家大城市公共交通的重要手段。一些大城市如纽约、芝加哥、伦敦、巴黎、东京、莫斯科等地下铁道运营里程都超过 100km 以上。截至 2018 年年底，中国有 37 座城市已开通地铁，总里程超过 5000km。

地下铁道的优越性主要为：①运量大，其运量为公共汽车的 6～8 倍，完善的地下铁道系统可承担市内公共交通运量的 50%左右；②行车速度快，地下铁道不受行车路线的干扰，其行驶速度为地面公共交通工具行车速度的 2～4 倍；③运输成本低；④安全、可靠、舒适；⑤地下铁道的大部分线路修在地下，能合理地利用城市的地下空间，保护城市景观。

城市学家认为，人口超过 100 万的城市，为适应未来的交通需求和城市空间的合理利用，都宜修建地下铁道。地下铁道是地下工程的综合体，其组成包括区间隧道、地铁车站和区间设备段等设施（图 9-21）。

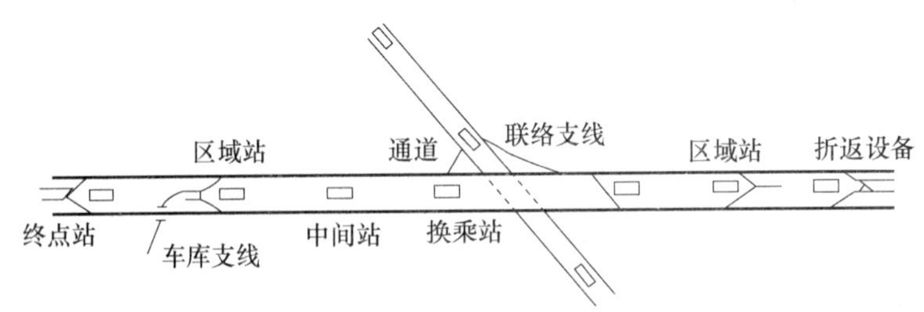

图 9-21　地下铁道的工程示意图

1. 区间隧道

地铁的区间隧道是连接相邻车站之间的建筑物，它在地铁线路的长度与工程量方面均占有较大比重。区间隧道内要设置列车运行及安全检查用的各种设施。其中主要有：轨道、电车线路、线路标志、通信及信号用电缆、安全及列车诱导的通信线、待避洞及待避空间、灭火栓、防止浸水装置、排水沟、照明、通风设施等，这些设施的配置对隧道断面的形状和大小有很大影响，故事先应对其相互关系加以充分研究。

地下铁道区间隧道的断面，一般分为箱形和圆形两种。明挖法多采用箱形断面，这种断面结构经济，施工简便，材料大部分用钢筋混凝土。典型的箱形断面如图 9-22 所示。盾构法则采用圆形断面。其类型有单线、双线，如图 9-23 所示。近几年，由于矿山法的应用，马蹄形断面也开始使用。

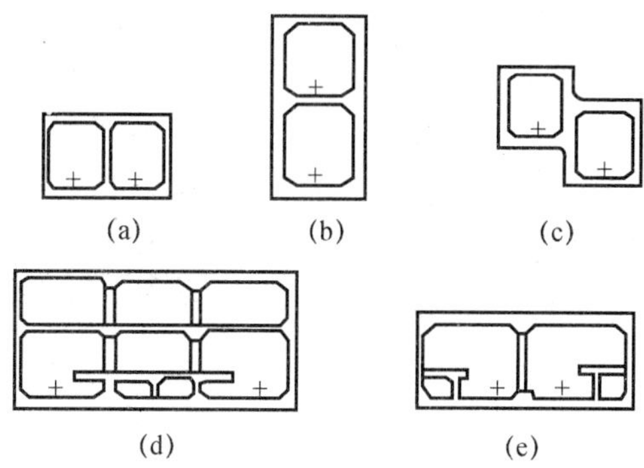

图 9-22　箱形断面示意图

(a) 双线式；(b) 上下型；(c) 异高型；(d) 岛式车站；(e) 卧式车站

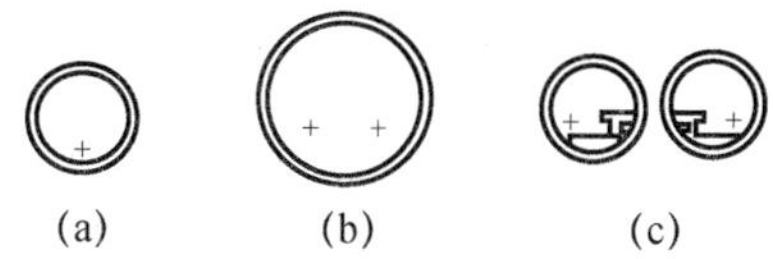

图 9-23　圆形断面示意图

(a) 单线；(b) 复线；(c) 车站

2. 车站

站台是地铁车站的最主要部分，是分散上下车人流、供乘客乘降的场地。车站在线路起、终点和中心地区的任务是不同的，因此其规模也不同。大致说，线路起、终点附近的车站多处于郊区，而中心地区的车站多位于业务、商业等活动频繁地区，因此可把车站分类为：郊区站、城市中心站、联络站和待避站等。常见的车站断面形式如图 9-24 所示，有单层三跨岛式、单拱岛式和双岛式等。

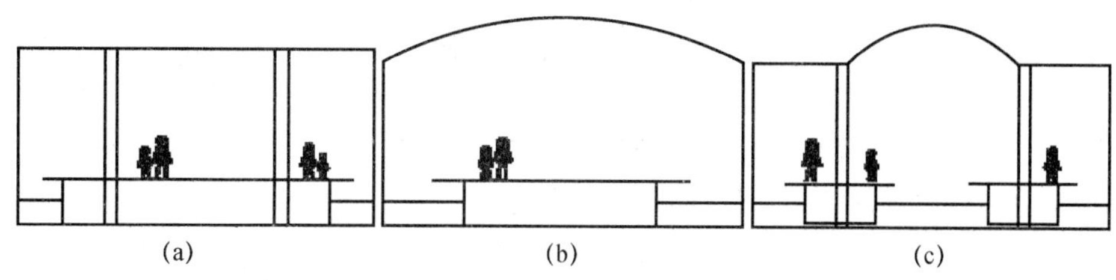

图 9-24　车站断面形式

(a) 单层三跨岛式；(b) 单拱岛式；(c) 双岛式

3. 通风空调设施

在隧道内，乘客的体温、建筑的照明、列车用的电力都散发出热量而使温度上升，清洗水和地下工程特性使湿度增加，乘客和各种设备散发出的一氧化碳和臭气使空气受污染。因此，要净化空气，调节温湿度，创造一个舒适干净的环境就需要进行通风。通风一般分为自然通风和机械通风两类。

自然通风是利用隧道内的温度与地面大气温度间的温差和列车的活塞作用进行，不使用机械的通风。这种通风方式的特点是：站间列车行驶速度高，活塞作用大，风量大；在到达车站附近时，车速减低，活塞作用风量也随之减小（图 9-25）。路面每隔 70～100m 设一通风口，但这种通风方式，无列车行驶时，就丧失了通风功能。

机械通风是在车站或区间安装送风机（给风）或排风机（排风），进行隧道内通风的方式。图 9-26 为目前地下铁道中常采用的通风方式：车站机械给风，区间机械排风。

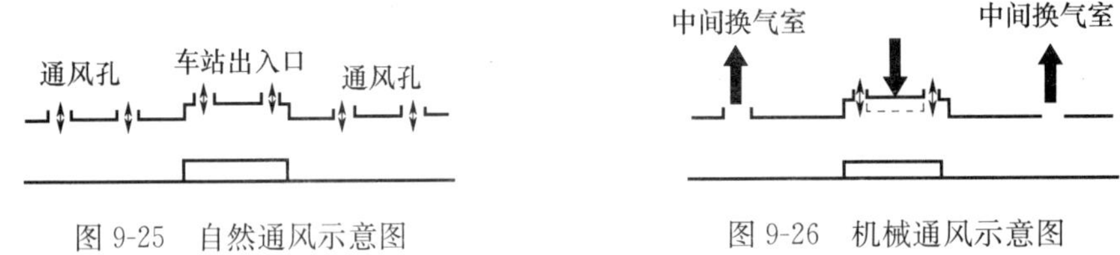

图 9-25　自然通风示意图　　图 9-26　机械通风示意图

9.6　地下工业设施

9.6.1　地下生产工厂

充分利用地下空间的特性建立地下工厂是近年来地下工程的一个发展方向。报社的地下印刷厂就是其中之一，为了缩短报纸从编辑到发行的时间，有必要让印刷厂靠近编辑部；编辑部为了收集素材的便利，通常都选在城市中心地区，而城市中心地价高昂，印刷厂的建设就进入了地下，埋深在 3～5m 以上的地下空间，温度一年间几乎不会变化，而且湿度也几乎恒定，地下食品加工厂就是利用这些特性，匈牙利的地下葡萄酒工厂就是成功的例子。日本曾利用废弃隧道的环境条件生产食用菌，也非常成功。美国曾用于苗木栽培，其所需光线由电灯供给，因温度管理成本低，故成绩斐然。

9.6.2　地下电站

（1）地下水力发电站

地下水力发电站多设在山区坚硬的岩石层中，与地上水力发电站相比，其优势为：

① 不受地形的制约，可自由选择位置，能充分利用落差；

② 不担心雪害、冰害以及落石的危害，在寒冷气候条件下，也能正常运转；

③ 构筑物不露出地面，对自然环境损害小；

④ 与天气、气温无关，可全年进行施工。

近十几年来，地下发电站发展很快，世界各国修建的地下发电站，多采用扬水式。日本 1997 年建成的新高濑川发电站，装机容量为 1287 万 kW，洞室尺寸为宽 27m，高 55m，长 163m，开挖量达 21.2 万 m^3，是日本目前最大的地下扬水式发电站。1999 年 3 月，世界上第一座海水抽水蓄能电站——Okinawa Yambaru 在日本建成投产，这是一座以海水为工作介质的真机试验电站，装机容量 30MW，最大工作水头 152m，最大泄流量 $26m^3$。日本抽水蓄能电站除了上水库外，电站厂房、输水管道等均采用地下施工方式，厂房和外部的联系是通过垂直升降设备完成的。如此一来，除了蓄水部分外，植被没有遭到任何破坏，从电站鸟瞰图看，上水库像一颗明珠镶嵌在郁郁葱葱的山坳中。如图 9-27所示为该电站的鸟瞰图。

图 9-27　日本抽水蓄能电站鸟瞰图

（2）原子能发电站

国际原子能专家预计，2030 年前世界上的核电发电量将占全部发电量的 70%。2006 年国务院通过《中国核电中长期发展规划》时，提出要把中国的核电发电从目前的占全部发电 1.4%的比率，在 2020 年以前上调到 5%，提高到 400 万 kW。这意味着在今后的 15 年内，中国要增加 3230 万 kW 的核电，按一个核反应堆发电 100 万 kW 算，中国每年要增设 2～3 台百万千瓦级的核电机组。

原子能发电站有半地下式和全地下式两类，如图 9-28 所示。通常，地下原子能发电站，除了需开凿发电大厅以装备发电机和原子炉之外，尚需开挖一系列隧道，以供人员通行、物质运输等用。半地下式原子能发电站的关键设备进入地下。

地下原子能发电站的优点表现在：不需要宽阔的平坦地，在海岸和山区均可修建，选址容易；岩体对地下放射物质有良好的遮蔽效果；耐震，并具有良好的防护性。

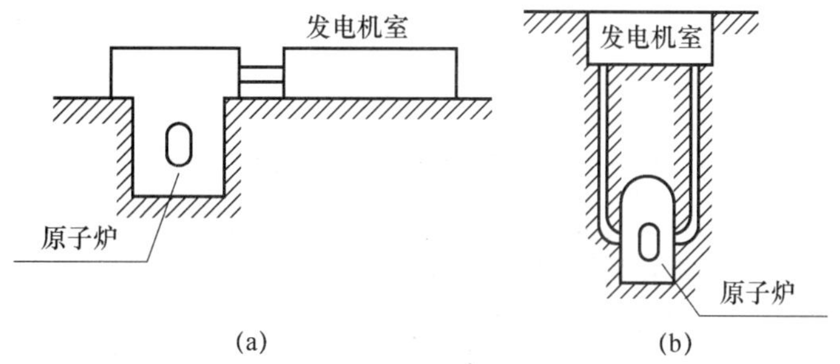

图 9-28　地下原子能发电站形式

（a）半地下式；（b）全地下式

9.7　隧道及地下工程的施工方法及技术

隧道及地下工程的施工就是要在地下挖掘所需要的空间，并修建能长期经受外部压力的衬砌结构。工程进行时由于承受周围岩土或土沙等重力而产生的压力，不但要防止可能发生的崩坍，有时还要避免由于地下水涌出等所产生的不良影响。因此，为了适应多种多样的条件，隧道施工技术也是复杂而多方面的，隧道及地下工程的施工方法从大的方面分为明挖法和暗挖法两类，明挖法又有基坑开挖、盖挖、沉管三种；暗挖法又分为钻爆法（又称矿山法）、盾构法、掘进机法和顶进法。下面就常见的隧道施工方法作一介绍。

9.7.1 明挖法

明挖法是直接在地下工程建造处进行露天开挖和支护，然后在开挖处建造地下结构，完工后再进行覆盖、恢复地貌的方法。明挖法具有施工作业面多、速度快、在拆迁量小的情况下，此法的工程造价低、工期短、易保证工程质量，但因对城市生活干扰大、对周围环境破坏大，使其应用受到限制。1950 年前后，日本东京、大阪重新开始的地铁建设全部采用明挖法施工。敞口开挖基坑，修建隧道后覆填。目前在国内外地下工程修建中明挖法主要应用于大型浅埋地下建筑物的修建和郊区地下建筑物的修建，且逐渐演化成盖挖和明暗挖结合的施工方法，但总体来讲明挖法在地下工程建设中仍是主要施工方法。以北京地铁的修建为例，在早期，由于施工方法的限制，地铁一、二号线基本采用明挖法修建。明挖法的关键工序是：降低地下水位，边坡支护，土方开挖，结构施工，防水工程等。目前，我国在大面积深基坑降水和边坡支护等方面取得了进步，明挖法也在许多地下工程中得到了更好的应用。明挖法隧道采用的结构形式是多种多样的。但以箱形结构为主。箱形结构的侧壁多采用连续墙作为主体结构的一部分。箱形结构的断面形状，视隧道的使用目的，有各种各样的形式，如图 9-29 所示。

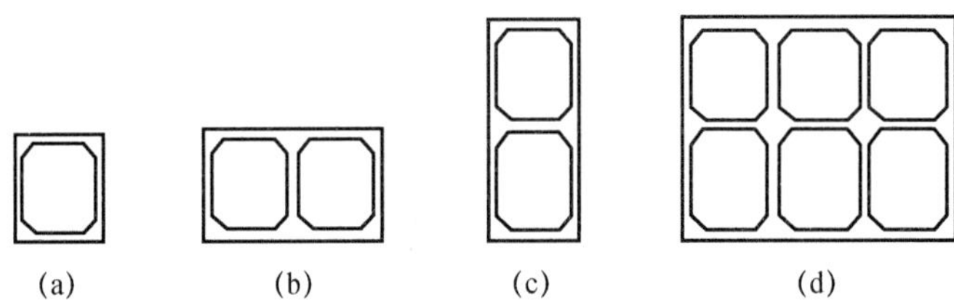

图 9-29　明挖隧道的断面形状

9.7.2 暗挖法

暗挖法施工技术又称为“新奥法”，在传统矿山法修建隧道技术的基础上发展起来。由于在地层下面进行施工，优点是：对人们生活无干扰，但技术要求高，造价较高。1984 年北京复兴门地铁折返线，首次在城市繁华地段施工中采用浅埋暗挖法，在保证地面交通正常运行的条件下获得成功，为我国在市区施工不影响居民生活和交通创出了一条新路。浅埋暗挖法是按照“新奥法”原理进行设计和施工，采用较强的初期支护手段，先注浆、后开挖的方法。施工原则是“管超前，严注浆，短开挖，强支护，快封闭，勤量测”。一般用 32～50mm 钢管做超前棚顶导管，然后根据不同地质条件，注入水泥浆或其他化学浆，填充沙层孔隙，形成“结石体”，增强围岩的自稳能力。每次开挖进尺为 0.75m 左右，先进行环状开挖，留核心土，预喷 5～8cm 厚混凝土，架钢拱架和钢筋网，喷 25～30cm 厚混凝土形成初期支护结构。初期支护完成后做防水层，再用模板台车做二次衬砌。在施工中坚持以测量资料进行反馈，指导施工。暗挖大跨度西单地铁车站是我国暗挖施工技术的又一突破。西单地铁车站宽 26.14m，高 13.50m，车站结构为二拱二柱双层岛式车站（图 9-30）。整个车站断面采用“双眼镜法”施工技术，采取两副“眼镜”并排，依次分部开挖。双眼镜法的主要特点是：将车站主体结构分为三个洞，两侧洞分别采用眼镜法施工，形成空间（图 9-31），施作完二次衬砌，再用正台阶法施作中洞。采取“眼镜超前，化大为小，先侧后中，连环封闭”的施工原则，最大限度地控制地表下沉和对周边环境及结构物的影响。由于施工方案合理，使大跨度的西单地铁车站在不影响地面交通的条件下获得成功，创造了松散地层中采用暗挖法修建地铁车站的新纪录，并在北京地铁复八线隧道及王府井、东单等地铁车站和广州市部分地铁区间隧道施工中得到了广泛的推广与应用。暗挖法施工技术的发展为我国地下工程的发展创造了条件。2000 年 8 月通车的秦岭铁路Ⅱ线隧道（右线），采用新奥法施工，初期支护为锚喷，二次支护为马蹄形带仰拱的模筑混凝土复合衬砌。目前世界上最长的水下隧道，全长 58.85km 的日本青函隧道就是采用矿山法施工技术（又称钻爆法）。

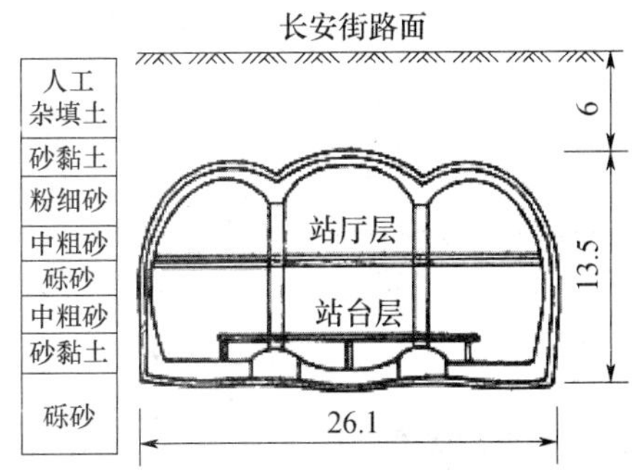

图 9-30　北京地铁西单车站结构（单位：m）

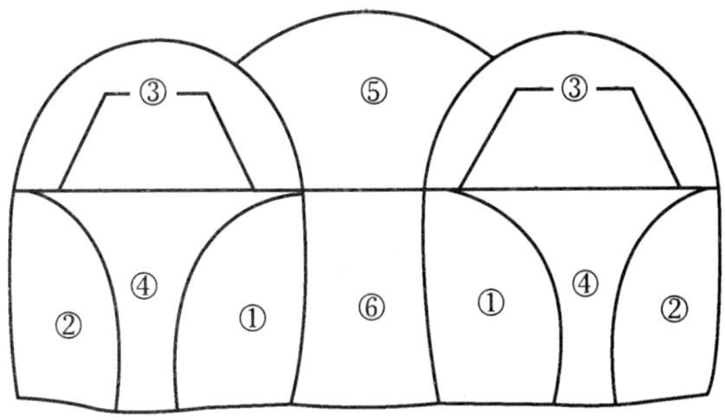

图 9-31　双眼镜法施工示意图

9.7.3　盖挖法

盖挖法施工技术是先用连续墙、钻孔桩等形式作围护结构和中间桩，然后做钢筋混凝土盖板，在盖板、围护墙、中间桩保护下进行土方开挖和结构施工。盖挖法目前已在上海地铁的常熟路，陕西南路车站，北京的永安里、大北窑、天安门东站，南京的三山街车站，广州的一些车站以及哈尔滨、长春、石家庄等城市的地下商场、地下商业街等许多工程的施工中得到广泛应用，为我国地下工程施工又创造了一种简单、快速、安全的施工方法。同时，盖挖法还在高层建筑施工中得到推广，上海、深圳、天津的一些高层建筑采用盖挖逆作法施工，同时向地下和地上做结构施工，取得了较好的技术经济效益。

9.7.4 盾构法

盾构法是暗挖法施工中的一种全机械化施工方法。盾构法（shield method）是使用所谓的“盾构”机械，在围岩中推进，一边防止土沙的崩坍，一边在其内部进行开挖、衬砌作业修建隧道的方法。这种工法的安全性比较高，适合在软土或者沙土地层中使用。它靠盾构头部保护下掘土或用大刀盘切削土体，通过出土机械运出洞外，盾构靠千斤顶在后部加压顶进，并拼装预制混凝土管片，形成隧道结构（图 9-32），被称为盾构隧道。它具有快速、安全的特点，但设备昂贵，初期投资较大。盾构施工技术在国际上起步较晚，但近年发展较快。我国的盾构研究起步于 20 世纪 60 年代。1963 年，上海开始用盾构做试验隧道，为盾构在软土中施工提供了宝贵经验，对地上和江面航运无影响。特别是 20 世纪 80 年代以来，随着改革开放和经济的迅速发展，盾构隧道在我国的地铁、公路隧道、市政管道等工程中得到了很广泛的应用。

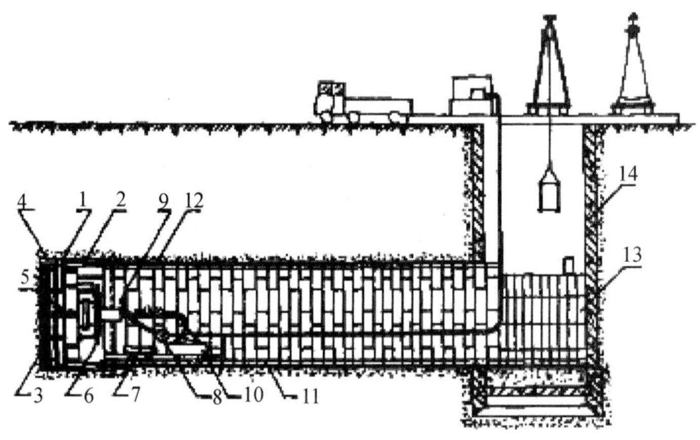

图 9-32　盾构法施工示意图

1—盾构；2—盾构千斤顶；3—盾构正面网格；4—出土转盘；5—出土皮带运输机；6—管片拼装机；7—管片；8—压浆泵；9—压浆孔；10—出土机；11—由管片组成的隧道衬砌结构；12—在盾尾空隙中的压浆；13—后盾管片；14—竖井

1991 年上海地铁一号线在原有经验基础上，利用外资贷款引进 7 台加泥式土压平衡盾构，采用刀盘开挖、螺旋输送机排土，技术先进，功能齐全，适合在含水、软弱不稳定土层中施工，能较好地稳定开挖面，有效控制地表沉降。这是我国地铁施工首次使用盾构。1996 年，广州地铁在地质条件复杂，有岩石、软土的条件下，引进采用了盾构施工技术。其中，沙、淤泥质为主的地段采用泥水盾构，残积土、风化岩为主的地段采用土压平衡盾构，都属于国际先进的复合式盾构。盾构在通过混凝土桩和钢筋混凝土桩时，采用了基础托换的方法，把建筑物荷载转移到新基础上，再利用盾构刀盘上的刮刀与滚刀切削混凝土，切断钢筋。这是国内第一次利用盾构成功地通过建筑物下面的桩群，保证建筑物不拆迁，不影响正常使用，为我国地下工程施工提供了新的经验。2006 年通车的上海上中路越江隧道是我国采用盾构法施工的直径最大的工程，其外径达到 11.36m，采用直径超大型泥水平衡盾构掘进。

9.7.5 隧道掘进机法

掘进机法也是暗挖法施工中的一种全机械化施工方法。隧道掘进机（TBM，Tunnel

Boring Machine）是一种利用回转刀具开挖（同时破碎和掘进）隧道的机械装置。近年来掘进机施工技术得到了较大的发展，理由是建设业与其他产业一样，安全、省力、改善劳动环境等社会的要求提高了。TBM 法更符合这一社会要求。它是世界长大隧道施工最有效、最先进的大型综合性施工机械之一。目前，隧道掘进机正朝着机械、电气、液压和自动化、一体化、智能化的方向发展。隧道掘进机法具有快速、优质、经济和安全等优点，但掘进机法对具有坍塌、岩爆、软弱地层、涌水及膨胀岩等不良地质情况的地段适应性较差。从 1954 年第一台 TBM 投入施工以后，到目前为止，世界上各种地下工程（铁路、公路、上下水道、水工隧洞、矿山等）中约有 700 项以上的工程采用了 TBM。其中日本有近 100 项工程中采用了 TBM。高速掘进是 TBM 的最大优点，在国内外最大月成洞超过 1000m 的例子很多。著名的英吉利海峡隧道就是采用隧道掘进机法施工的，在英法海峡隧道中，1991 年在英国一侧，创月进 1719m 的纪录。我国 2000 年 8 月通车的秦岭铁路隧道Ⅰ线施工中采用了掘进机施工，在我国铁路隧道施工尚属首次。此后隧道掘进技术在多个工程中得到应用，如图 9-33 所示为正在建设中的新疆最长的铁路隧道——全长近 22.5km 的中天山隧道施工现场，隧道掘进机是从德国进口的，直径 8.8m、长 210m。

图 9-33　施工中的中天山隧道

9.7.6　沉管法施工技术

沉管法施工技术是明挖法常采用的形成隧道结构的技术。所谓沉管法（Immersed Tunneling Method），就是先在船坞中预制大型混凝土管段或混凝土和钢的组合管段，并在两端用临时隔墙封闭，装好拖运、定位、沉放等设备，然后将管段浮运沉放到江中预先挖好的沟槽中，并将其连接起来，最后回填沙石将管段埋入原河床中，这是用于修建水下隧道的重要手段。由于管段是预制的，质量好，水密性好，断面形状无特殊要求，可自由选择。沉管隧道由于受水浮力作用，对基础的要求不高，在沙上、淤泥质软土中都可以施工。其最主要的缺点是在沉管阶段对于河道上的船舶交通会造成影响。

自 1910 年美国建成世界上第一条沉管隧道——底特律河铁路隧道，世界上已建和在建的各种类型的沉管隧道已超过 150 条。我国建成的沉管隧道有十多条，1995 年通车的我国宁波甬江水底沉管隧道采取了这种方法，该隧道为单孔双车道汽车隧道，全长 1019m，其中水下段 420m，是采用 5 节 8m×11.9m 的钢筋混凝土大型沉管水底对接而成，主体沉管段分五节，即（85+80+3×85）m。

图 9-34　预制混凝土沉管

2003 年 6 月，规模居亚洲第一的上海外环沉管隧道（八车道）的建成通车，则标志着我国沉管隧道设计与施工水平均已达到国际先进水平。目前，长江上已经建成了多条沉管隧道，如图 9-34 所示为工程预制钢筋混凝土沉管。

9.7.7　冻结法

冻结法（Freezing Method）是通过钻孔，埋入钢管，在钢管中加盐水或液氮，通过循环，使周围地层冻结，形成保护层不仅能保证地层稳定，还能起隔水作用，确保施工安全。作为一种成熟的施工方法，冻结法在国际上已有一百多年的历史，我国采用此法已有四十多年的历史，冻结最大深度达 435m，冻结表土层最大厚度达 375m，冻土强度可达 5～10MPa。确切地说，冻结法不是一种开挖方法，而是面向含水地层的一种处理方法，常配合着其他开挖方法使用。上海地铁 2 号线共 9 个旁通道，其中 4 个是使用水平冻结技术完成的。此外，北京、广州、南京等许多大中城市的地铁工程和市政基础等多项工程建设中都曾用到过冻结法。一般说来，冻结法造价相对较高，在其他办法施工困难时是一种好办法，但应在施工中注意冻胀引起的变形，以采取相应对策。

9.8　工程案例——秦岭终南山特长公路隧道

9.8.1　工程概况

秦岭终南山特长公路隧道位于西安至安康高速公路穿越秦岭山脉的终南山，隧道道路等级按高速公路设计，总投资为 25.8 亿元。隧道全长 18.02km，为上、下行线双洞双车道。隧道洞身通过的主要地层为混合片麻岩、混合花岗岩、含绿色矿物的混合花岗岩。可能发生的地质灾害主要为岩爆、突涌水及围岩失稳。

9.8.2　断面形式及选线

隧道断面采用三心圆内轮廓形式（细部尺寸见图 9-35），衬砌结构的设计是根据秦岭地区的工程地质、水文地质、围岩类别、施工条件并进行结构检算后综合确定。洞口段为满足国防要求，采用 C25 钢筋混凝土模筑衬砌。洞身其余地段均采用曲墙复合式衬砌，围岩根据岩爆的程度不同采取相应的锚、喷、网措施。隧道净宽 10.92m，净高 7.6m。

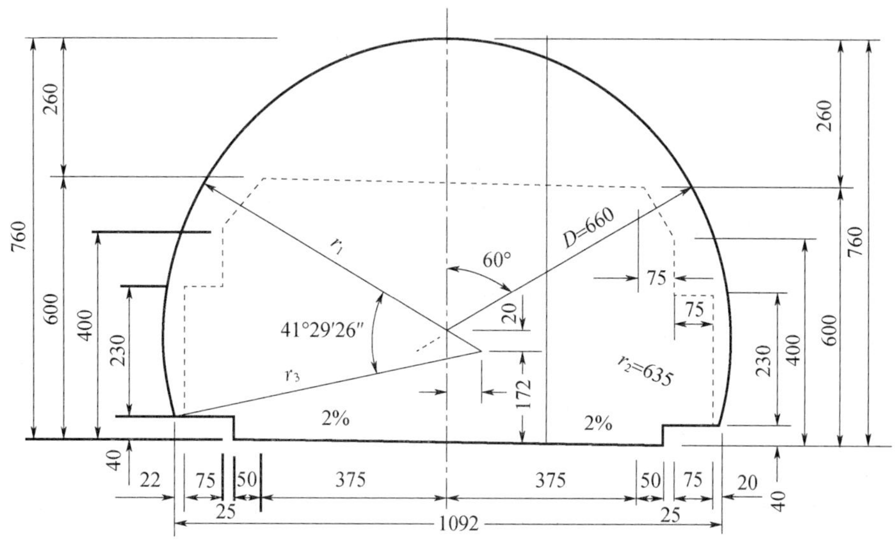

图 9-35　终南山隧道断面（单位：cm）

在选线过程中，共提出了不同高程、不同长度 5 个长隧道方案进行比选，并加强水文地质和环境评价、地质灾害的研究和勘察工作。在满足设计规范要求的基础上，充分论证环境污染、环境保护的措施，力求避开国家牛背梁自然保护区，最后决定采用了 18.02km 的长隧道方案。进口位于西安市长安区石砭峪乡青岔村石砭峪河右岸，高程 896m；出口位于柞水县营盘镇小峪街太峪河右岸，高程 1026m，最大埋深 1640m。洞内设“人”字形纵坡，最大纵坡为 1.1%，行车速度为 60～80km/h。该线性与已经建成的西康铁路线的秦岭Ⅰ线、Ⅱ线特长铁路隧道基本平行，且位于同一海拔高程，其线间距进口为 120m，出口为 30m。值得一提的是，确定该方案也是为了在施工中“借洞打洞”，即利用已经打通的西康铁路Ⅱ号隧道进行施工。借助铁路隧道，从中间打 4 条横洞，首先开挖东线隧道。之后，再从东线隧道打 4 个横洞，开挖西线隧道。这样，便首创了“长隧短打，多头对打”的施工模式。“打洞、打洞，出砟、进料”，这一模式，对于出砟、进料都缩短了运距，大大缩短了工期和减少了费用。

9.8.3　隧道防排水设计

秦岭终南山特长公路隧道采用防、截、排、堵相结合，综合治理的原则。达到防水可靠、排水畅通、经济合理。

本隧道按洞内正常总涌水量和最大涌水量并考虑 1.5 倍安全系数作为运营期间设计排水流量。隧道内设置双侧水沟，主要用于隧道地下水的排泄。在初期支护与二次衬砌之间设 1.2mm 厚 EVA 防水板和 300g/m^{2}的无纺布。隧道拱墙设弹簧排水管盲沟。全隧道两侧墙脚设 ϕ100×5mm PVC 纵向排水盲沟，与环向盲沟及墙脚泄水孔采用三通连接，在纵向每隔 100m 设检查井，以便检查清洗。施工缝处设遇水膨胀止水条。为排除车辆带入的水和隧道内清洗的污水及火灾时的消防水，在路面横坡的低侧设 ϕ250mm 的圆形预制路面排水沟，间隔 100m 设一处清洗用的检查井，便于养护管理。在隧道路面下设 100mm 厚的水泥处理碎石排水基层，将水排入路面水沟。

9.8.4 通风系统

针对秦岭终南山公路隧道的交通量、交通特征、自然地理条件、工程条件、经济和技术等条件，综合比选后采用三竖井纵向分段式通风技术方案。东、西线洞内设射流风机升压产生纵向气流，竖井设轴流风机向隧道内送风并通过竖井排风。三座通风竖井，最大井深661m，最大竖井直径达11.5m，竖井下方设有大型地下风机厂房。

9.8.5 终南山隧道的技术创新和亮点

终南山隧道采用新奥法施工，开挖中钻爆技术和TBM掘进机技术结合使用。在进出口等不良地质地段，考虑到开挖过程中有岩爆、断层、涌水等地质灾害，在钻爆施工中不片面追求掘进速度，提出了“短进尺、弱爆破、强支护、紧封闭、勤量测”的综合防治技术措施，确保工程质量。经过设计、建设、施工、科研院校等10余家单位历时8年的联合攻关，取得了8大技术领域的创新：

(1) 特长隧道的综合选线及系统集成技术；

(2) 可靠、节能、环保的运营通风技术；

(3) 高效、安全的综合防灾救援集成体系；

(4) 超大规模、智能先进、安全可靠的监控技术；

(5) 坚硬岩公路隧道快速掘进施工技术；

(6) 超大直径竖井成套施工技术；

(7) 环境保护和节能技术；

(8) 特长隧道的安全运营管理技术。

同时，终南山隧道形成了6大亮点：

(1) 世界上第一座最长的双洞高速公路隧道；

(2) 第一座由我国自行设计、自行施工、自行监理、自行管理、建设规模最大的特长高速公路隧道；

(3) 通风竖井是目前世界直径最大、深度最长的竖井通风工程；

(4) 设置了非常完备的监控和防灾救援体系；

(5) 亚洲首创设置了人性化的特殊灯光带；

(6) 开发应用了策略自动生成软件进行隧道联动控制指导。

2010年，秦岭终南山公路隧道关键技术获国家科学技术进步一等奖。

2007年1月20日，秦岭终南山公路隧道举行通车仪式，至此，制约陕南经济发展的秦岭天堑变为通途，西安至柞水的通行里程缩短约60km，行车时间由原来的3h缩短为40min。

第10章　水利水电工程

所谓水利水电工程，是指对自然界的地表水和地下水进行控制和调配，以达到除害兴利目的而修建的工程。包括电站、水库、渠道、渡槽、桥涵、水闸、港口、码头、水厂、泵房等。水利水电工程是我国重要的基础设施和基础产业，中国江河众多，河流总长达43万km。流域面积在100km^{2}以上的河流有5万多条；在1万km^{2}以上的有1580多条；超过1万km^{2}的大江大河有79条。长度在1000km以上的河流有20多条；淡水资源总量为28000亿m^3，占全球水资源的6%，仅次于巴西、俄罗斯和加拿大，名列世界第四位。但是，我国的人均水资源量只有2300m^3，仅为世界平均水平的1/4，是全球人均水资源最贫乏的国家之一。

地球上的水资源总量是有限的，而且在时间和空间上的分布也很不均匀，天然来水和用水之间存在供需不相适应的矛盾非常突出。

多年的生产和生活实践经验证明，解决水资源在时间和空间上的分配不均匀，以及来水和用水不相适应的矛盾，最根本的措施就是兴建水利水电工程。如我国古代的都江堰工程（图10-1）、现代的三峡工程（图10-2）等。

图10-1　都江堰工程

图10-2　三峡工程

水利水电工程的根本任务是除水害、兴水利，前者主要是防止洪水泛滥和洪涝成灾，后者则是从多方面利用水资源为人民造福，包括灌溉、发电、供水、排水、航运、养殖、旅游、改善环境等。

水利水电工程按其承担的任务可分为防洪工程、农田水利工程、水力发电工程、供水与排水工程、航运及港口工程、环境水利工程等，一项工程同时兼有几种任务时称为综合利用水利工程。水利工程也可按其对水的作用分类，如蓄水工程、排水工程、取水工程、输水工程、提水（扬水）工程，水质净化和污水处理工程等。

水利水电工程具有以下特点：水工建筑物受水的作用，工作条件复杂；施工难度大；各地的水文、气象、地形、地质等自然条件有差异，水文、气象状况存在或然性，因此大型水利工程的设计，总是各有特点，难以统一；大型水利水电工程投资大、工期长，对社会、经济和环境有很大影响，既可有显著效益，但若严重失误或失事，又会造成巨大的损失和灾害。

通观历史，人类与水一直存在着既适应又矛盾的关系。随着人类社会的不断发展，人与水的矛盾也在不断变化，需要不断地采取水利措施加以解决，而每一次大规模的成功的水利实践，都会进一步提高水利在人类发展过程中的重要地位。

10.1 防洪工程

水资源随时间变化不均匀，汛期水量过度集中造成洪涝灾害，枯期水量枯竭造成旱灾。因此，水资源的开发利用不仅在于增加供水量，满足需水要求，而且还有治理洪涝、旱灾、渍害问题，即包括兴水利和除水害两个方面。

防洪包括防御洪水危害人类的对策、措施和方法。它是水利科学的一个分支，主要研究对象包括洪水自然规律，河道、洪泛区状况及其演变。防洪工作的基本内容可分为建设、管理、防汛和科学研究。

洪水是指流域内连续降水或冰雪迅速融化，大量地表水径流急剧汇聚江河，造成江河水位猛涨、流量剧增的现象。洪水是一种自然现象，常造成江河沿岸河谷、冲积平原和河口三角洲、海岸地带的淹没。但由于洪水现象的周期性和随机性特点以及自然环境的变化和人类活动的影响，这些地带被淹没的范围和时间既有一定的规律性，又是不固定的和有概率性的。这些受洪水泛滥威胁的地带，大多仍可被人类开发利用，从而出现了洪水灾害（图 10-3）和防洪问题。

图 10-3　洪水成灾

10.1.1 洪水的形成及灾害

洪水的形成往往受气候等自然因素与人类活动因素的影响。按地区可分为河流洪水、融雪洪水、冰川洪水、冰凌洪水、雨雪混合洪水、溃坝洪水等 6 种。

我国河流的主要洪水大多是暴雨洪水，多发生在夏、秋季节，南方一些地区春季也可能发生。以地区划分，我国中、东部地区以暴雨洪水为主，西北部地区多为融雪洪水和雨雪混合洪水。“98 长江大洪水”和“98 嫩江、松花江特大洪水”都是由暴雨洪水形成的。

我国的洪水灾害十分频繁，仅 20 世纪 90 年代以来，就发生过多起重大水灾：

1991 年，淮河、太湖大水。淮河受淹耕地 401 万 m^2，受灾人口 5423 万人，倒塌房屋 196 万间。

1995 年，长江、辽河、松花江大水。该年长江川、湘、鄂、赣四省农田受淹 321.4 万 m^2，受灾人口 8526 万人。东北辽、吉、黑三省农田受淹 223.2 万 m^2，受灾人口 1078.6 万人。

1996 年，珠江、长江、海河大水。该年全国各省（自治区、直辖市）均不同程度地遭受了洪涝灾害，一半以上省（区）严重受灾，全国有 311 个县以上城市进水，洪涝成灾面积 1182.33 万 m^2，受灾人口 2.67 亿人，直接经济损失 2208.36 亿元。

1998 年夏季，中国长江流域泛滥，为中国带来严重的损失。连日持续的大雨令洪灾更为严重，造成自 1954 年以来最大的洪水。共有 29 个省、市、自治区都遭受了这场灾难，受灾人数上亿，近 500 万所房屋倒塌，2000 多万公顷的土地被淹，经济损失达 1600 多亿元。

2008 年夏季，浙江、福建、江西、湖南、广东、广西等地部分地区遭受强暴雨袭击，造成严重洪涝、山体滑坡和泥石流灾害。据民政部公布的消息，南方 6 省（区）共有 2147.4 万人不同程度受灾，因灾死亡 164 人，失踪 68 人，紧急转移安置 187.3 万人，因灾直接经济损失 173.9 亿元。

2011 年夏季暴雨袭击四川，造成严重灾情。全省 32 个县（市、区）受灾，6 人死亡、29 万人受灾、2.76 万人被紧急转移、倒塌房屋 1000 多间。暴雨还造成成都市主城区低洼地带积水，局部交通受阻。

2013 年余姚水灾，这是 21 世纪中国的第一大水灾。2013 年 10 月 7 日受台风“菲特”影响，浙江余姚遭遇中华人民共和国成立以来最严重水灾。70%以上城区受淹，主城区城市交通瘫痪。因为进水导致部分变电所、水厂、通信设备障碍，供电供水出现困难，死亡 70 多人，余姚全市直接经济损失达 69.91 亿元。

2013 年东北洪灾，2013 年 8 月，松花江流域强降雨引发了这次洪灾致 372.6 万人受灾，72 人死亡，103 人失踪，直接经济损失达 98.6 亿元。

2018 年寿光洪灾，2018 年 8 月，受台风“温比亚”影响，山东寿光多地连降暴雨，降雨量之大，历年罕见。弥河流域上游冶源水库、淌水崖水库、黑虎山水库入库流量远超出库流量，造成寿光沿岸多个村庄遭遇河水倒灌，共计 147 万余人受灾，直接经济损失约 92 亿元。

从大洪水的时序分布来看，百年来，我国有过三次洪水频发期。第一频发期是 1930—1939 年，第二个频发期是 1949—1963 年。在频发期内七大流域（长江、黄河、松辽、海河、淮河、珠江、太湖）几乎都爆发了特大洪水，有的江河甚至连续出现特大洪水。进入 20 世纪 90 年代以后，我国正处于第三个洪水高频期，相继发生了 1991 年淮河和太湖大水，1995 年长江、辽河、松花江大水，1996 年长江中游、珠江及海河大水，1998 年长江、嫩江、松花江大水。因此，在今后一段时期内，还要特别警惕长江、黄河、淮河、海河等流域发生特大洪水。

10.1.2　防洪工程

防洪工程是控制、防御洪水以减免洪灾损失所修建的工程。

1. 防洪工程的分类

按功能和兴建目的防洪工程可分为挡、泄（排）和蓄（滞）几类。

1）挡

主要是运用工程措施“挡”住洪水对保护对象的侵袭。如用河堤、湖堤防御河、湖的洪水泛滥；用海堤和挡潮闸防御海潮；用围堤保护低洼地区不受洪水侵袭等。利用具有挡水功能的防洪工程，是最古老和最常用的措施。用挡的办法防御洪水，将改变洪水自然宣泄和调蓄的条件，抬高天然洪水位。一般堤线都较长、筑堤材料和地基选择余地较小、结构不能太复杂，堤身不宜太高。因此，用挡的办法防御洪水在技术经济上受到一定限制。

2）泄

主要是增加泄洪能力。常用的措施有修筑河堤、整治河道（如扩大河槽、裁弯取直）、开辟分洪道等，是平原地区河道较为广泛采用的措施（图 10-4）。

(a)

(b)

图 10-4　扬州万福闸

(a) 关闭中的扬州万福闸；(b) 万福闸开启泄洪

3）分（蓄、滞）

主要作用是拦蓄（滞）调节洪水，削减洪峰，减轻下游防洪负担。如利用水库、分洪区（含改造利用湖、洼、淀等）工程等。水库除可起防洪作用外，还能蓄水调节径流，利用水资源，发挥综合效益，成为近代河流开发中普遍采取的措施。但修水库投资大，还要淹没大量土地，迁移人口，有些地方还淹没矿藏，带来损失。开辟分洪区，分蓄（滞）河道超额洪水，一般都是用于人口较少的地区，同时也是很多河流防洪系统中的重要组成部分。

2. 常见的防洪措施

一条河流或一个地区的防洪任务，通常由多种措施相结合构成的工程系统来承担。一般是在上中游干支流山谷区修建水库拦蓄洪水，调节径流；山丘地区广泛开展水土保持，蓄水保土，发展农林牧业，改善生态环境；在中下游平原地区，修筑堤防，整治河道，治理河口，并因地制宜修建分蓄（滞）洪工程，以达到减免洪灾的目的。

(1) 水土保持

水土保持是指在山地沟壑区采用水土保持措施防止或减少地表水径流对地面土壤形成冲蚀。同时，由于水土保持措施的采取，有效地减少了地表水径流，从根本上消除了洪水灾害，水土保持常采取的措施有生物措施、农业措施和水利措施。生物措施包括造林、种草、培育植被、封山育林等；农业措施有修筑梯田、耐旱作物品种种植、合理耕作等；水利措施包括修建蓄水池、淤池坝、山坡雨水集蓄利用等。

(2) 堤防工程

堤防是沿河、渠、湖、海岸边或行洪区、分洪区（蓄洪区）、围垦区边缘修筑的挡水建筑物，其目的是束范洪水，平顺水流，减轻洪水对下游的灾害，保护沿河两岸人民生命财产安全。堤防虽不是防治洪水的唯一措施，但如今仍是重要的防洪工程措施（图 10-5）。

(a)

(b)

图 10-5　堤防工程

(a) 混凝土堤防；(b) 复合土膜堤防

根据防洪的要求，堤既可以单独使用，又可以配合其他工程或组成防洪工程系统，联合运用。堤防工程为防洪系统中的一个重要组成部分，不论新建、改建或加固原有堤防系统，都需要进行规划、设计。首先要结合江河综合利用规划，进行堤线、堤顶高程等选择，以及老堤的改线和加高、加固的研究，江河堤防还要结合进行堤距的选择。规划的堤线等确定后，再作堤身断面的具体设计。

由于河床淤积抬高，堤防相对降低，堤身受各种影响和内部存在隐患，危及安全，因此需要对堤防加高、加固，以维持和巩固其效能。堤的加高应根据新的设计指标，拟采用的材料和结构，连同原有堤防进行分析计算，以确定新的堤身横断面。堤的加固，通常采用加大横断面尺寸或改变堤身结构的办法。

(3) 河道整治

河道整治是直接为国民经济各部门服务的，不同部门对河道的要求也不同。其中关系最密切和影响最大的两个部门是防洪和航运。另外，取、排水工程，桥渡工程等部门与河道的关系也极为密切。河道常见的整治措施有：

1）疏浚拓宽河道　即将过去窄浅的阻水河段疏通、浚深、拓宽（图 10-6），以增加泄洪能力，降低上游壅高的水位，减轻洪水威胁。

2）截弯取直　由于河弯过多或曲率过大，往往泄洪不畅，需要进行人工截弯取直，使洪水下泄通畅（图 10-7）。对大型河流的截弯取直，由于影响较大，必须采取极为谨慎的态度。

3）护岸工程　为了防止洪水冲刷河道的凹岸，引起河岸坍塌及堤防崩溃，需做护岸工程（图 10-8）。特别是在重要城镇附近，对工厂企业、桥梁、码头等建筑物，更应加以保护。例如南京市浦口长江边兴建的块石沉排护岸工程就是一项重要的工程。此外，护岸工程还有防止河弯发展，稳定河床的作用。

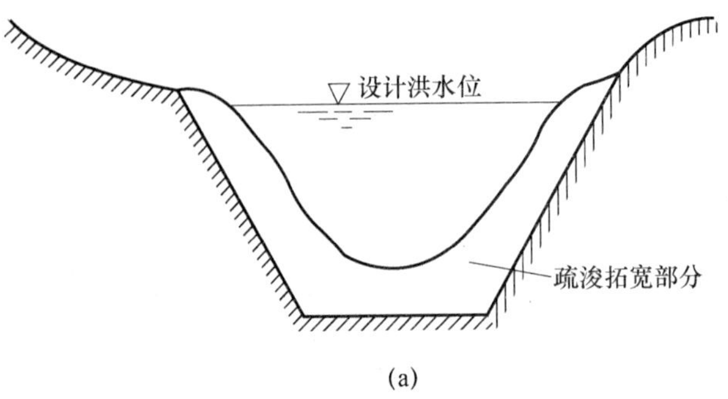

(a)

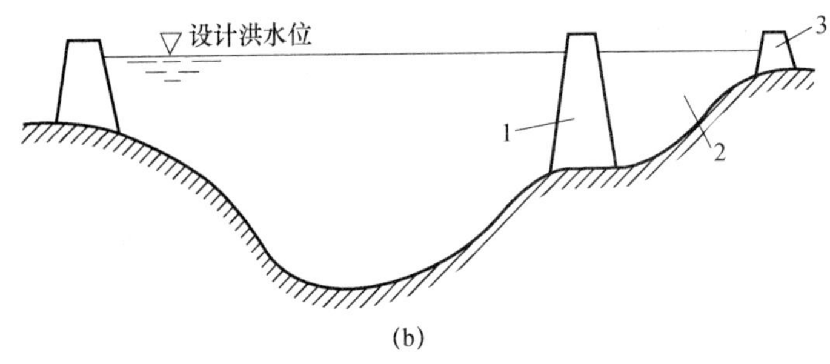

(b)

图 10-6　疏浚拓宽河道示意图

(a) 疏浚拓宽河道横断面；(b) 展宽河道横断面

1—撤除堤；2—展宽部分；3—退建堤

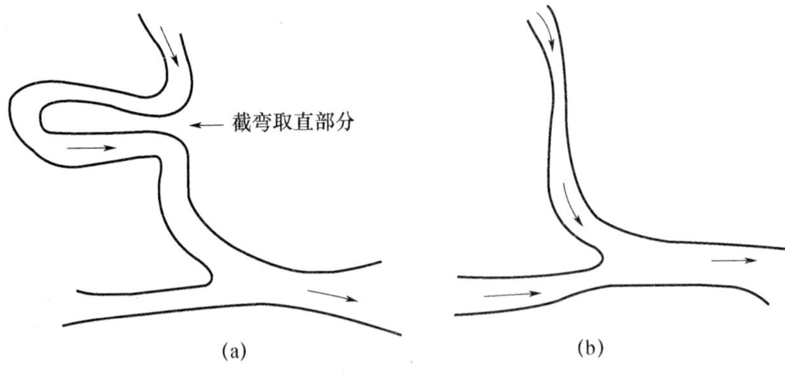

(a)　(b)

图 10-7　河道截弯取直示意图

(a) 截弯前；(b) 截弯后

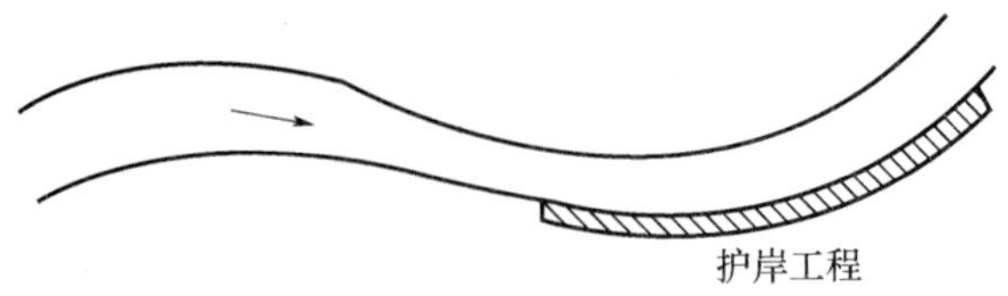

图 10-8　加固河道凹岸示意图

4）清除障碍　在河床范围内的滩地上种植芦苇、柳树和围筑小圩以及存在的个别高地、暗堤、暗坝等，都会给泄洪造成障碍，需要清除。如有桥梁、码头等建筑物阻碍泄洪，则需改建。

整治河道不仅仅是为了泄洪，有时还有排涝、航运等目的，例如，疏浚河道、清除障碍等措施常用于排涝河道，浚深浅滩以加大枯水期航深，堵塞汊河以增加干流航深，约束河床以增加水深，防止乱流和稳定河床等，这些措施常用于通航河道。

（4）分洪工程

平原性河流、游荡性河流河道宽浅，淤积严重。主槽左右摇摆，洪水期易造成淹没，主要依靠堤防来防洪。目前，我国大部分河流堤防防洪标准偏低，出现超标准洪水将会给沿河两岸造成巨大的经济损失。因此，针对中国堤防工程这一现状，应有目的、有步骤地采取分（蓄、滞）洪措施，确保沿河两岸城镇及农田防洪安全，把洪灾降低到最低程度。

分洪工程是在泛区修建分洪闸，分泄河道部分洪水，将超过下游河道泄洪能力的洪水通过分洪闸泄入滞洪区或通过分洪道泄入下游河道或相邻其他河道，减小下游河道的洪水负担。滞洪区多为低洼地带、湖泊、人工预留滞洪区、废弃河道等。当洪水水位达到堤防防洪限制水位时，打开分洪闸，洪水进入滞洪区；待洪峰过后适当时间，滞洪区水再经泄洪闸进入原河道。

（5）水库

水库（图 10-9）是用坝、堤、水闸、堰等工程，于山谷、河道或低洼地区形成的人工水域。水库的作用有防洪、水力发电、灌溉、航运、城镇供水、养殖、旅游、改善环境等。同时要防止水库的淤积、渗漏、塌岸、浸没，水质变化和对当地气候的影响。

(a)　(b)　(c)　(d)

图 10-9　水库

（a）新安江水库；（b）龙羊峡水库；（c）丹江口水库；（d）石梁河水库

水库防洪是利用水库的防洪库容调蓄洪水，以减免下游洪灾损失。水库防洪一般用于拦蓄洪峰或错峰，常与堤防、分洪工程、分洪非工程措施等配合组成防洪系统，通过统一的防洪调度共同承担其下游的防洪任务。

中国水库的规模按库容大小划分：10 亿 m^3 以上为大（Ⅰ）型，1 亿 m^3～10 亿 m^3 为大（Ⅱ）型，0.1 万 m^3～1 亿 m^3 为中型，100 万 m^3～1000 万 m^3 为小（Ⅰ）型，10 万 m^3～100 万 m^3 为小（Ⅱ）型。

图 10-9（a）为新安江水库，位于新安江中下游，建于 1960 年，集雨面积 10442km^2，总库容 220 亿 m^3，正常水位 108.0m，相应库容 178.6 亿 m^3，汛限水位 106.5m，相应库容 168.9 亿 m^3，承担调节新安江洪水与兰江洪水错峰的任务，通过合理调度新安江水库，拦蓄新安江洪水，极大地减轻了钱塘江下游城镇的防洪压力，减少了洪灾损失。图 10-9（b）为龙羊峡水库，位于黄河上游各水电站之首，是黄河上游的龙头水电站，距河源 140km，装机容量 128 万 kW，多年平均发电量约 60 亿 kW·h。龙羊峡水库坝高 178m，总库容 274.2 亿 m^3，正常蓄水位 2600m，相应库容 247 亿 m^3，调节库容 193.6 亿 m^3，是黄河干流上最大的多年调节型水库。图 10-9（c）为丹江口水库，丹江口水利枢纽工程是根治汉江洪灾的关键工程。水库以上流域面积 95200km^2，约占汉水流域面积的 60%。多年平均来水量为 390 亿 m^3，约占汉水来水量的 75%。水库正常蓄水位 157m，总库容 209 亿 m^3，防洪库容 56 亿 m^3～78 亿 m^3。枢纽在 1998 年的长江抗洪斗争中做出了较大的贡献，发挥了巨大的防洪效益。图 10-8（d）为江苏境内的最大水库——石梁河水库，占地面积为 85km^2，库容 5.31 亿 m^3。

3. 城市防洪

城市人口密集，财富密度大，是经济文化政治中心和工商业集中地。世界上著名的城市多滨临河流、海、湖或依山傍水修建，都受到不同类型洪水威胁。沿河流兴建的城市，主要受河流洪水威胁；滨临湖泊的城市受吞吐流及风力影响产生的风生流等江湖洪水威胁；临海或河口的城市受海岸洪水、河口洪水等的威胁；依山傍水的城市除受河流洪水威胁外，还受山洪或泥石流威胁；平原圩区的城市除河、湖洪水外，还受市区暴雨涝水，或洪涝遭遇的威胁。城市防洪的特点，一般是防护范围较小，防洪标准高，与航运、城建及其他经济部门关系密切，城市洪灾会造成巨大损失，影响深远。因此，城市历来是防洪的重要对象。城市防洪是流域防洪的重要组成部分。城市防洪总的途径是采取综合措施：

① 用堤防直接保护城市；

② 条件许可时，在所在流域的河流上游修建山谷水库或水库群承担城市的防洪任务；

③ 在城市附近利用分滞洪区分滞洪水；

④ 建立预报警报系统。

10.2 农田水利工程

我国是一个农业大国，搞好农业生产是关系到我国改革开放和现代化建设的重要问题，是全面建设小康社会的前提和基础，只有大力发展农田水利工程才能有效地解决我国 13 亿人口的温饱问题，才能使我国建设事业健康、持续、协调、有序地发展。

农田水利工程研究的基本内容是：①调节农田水分状况；②改变和调节地区水情。

农田水分状况一般是指农田中的土壤水、地面水、地下水的状况及其相关的土壤养分、通气、热状况等。农田水分不足或过多，都会影响作物的正常生长和作物的产量。调节农田水分状况的水利工程措施是灌溉与排水。当农田水分不能满足作物需要时，则应增加水分，这就是灌溉；当水分过多时，则应减水，这就是排水。灌溉与排水是农田水利的两项主要措施。

10.2.1　灌溉

灌溉分地面灌溉、喷灌和滴灌三种方法。

（1）地面灌溉

地面灌溉是指灌溉水在田面依靠重力和毛细管作用湿润作物根系层的灌水方法。这是我国采用最广泛的方法，将地面水直接引入农田内，称为自流灌溉。由于地势关系，有时需抬高水源的水位才能引水入田。有的利用水泵引水，称为提水灌溉或扬水灌溉。

我国灌溉土地有 98%采用地面灌溉，地面灌水技术具有投资少、设备少、技术简单、操作方便、群众易于掌握等特点。除我国外，地面灌水技术也是世界上应用最广的一种灌水技术。常见的地面灌溉形式有畦灌、沟灌和淹灌等。

（2）喷灌

喷灌由管道和喷头组成。当需要灌溉时，打开管道上的阀门，压力水自喷头洒出，形成均匀的水滴洒布在农田里，也称人工降雨灌溉。其优点是节水效果好，对地形的适应性强，保土、保肥，可综合利用，便于实现灌溉机械化、自动化。

（3）滴灌

在地下修建专门管道网，亦有用专门沟道代替管网，将灌溉水引入田间耕作层，借毛细管作用自下而上湿润土壤，目前我国有的地区正在试用。喷灌与滴灌因无地表渠道，增加了耕地的有效面积。其优点是非常省水，自动化程度高，可以使土壤局部湿度始终保持在最优状态；缺点是对水质要求高，滴头易堵塞，一次性投资大。滴灌适用于果树、蔬菜和花卉。

10.2.2　农田排水

农田排水主要目的是排除地面积水和降低地下水位。因而，要求排水沟都必须挖到一定的深度，以使排水系统的水位较低，从而有利于作物的生长。排水沟需有适当的纵坡，以便将水排入河流、湖泊或海洋。如果排水系统的出口高于河、湖、海的水位，则可自流排水，管理也较方便；否则需借助水泵扬水排出。我国一些平原地区，特别是低洼地带，农田内涝多发生在汛期，这时正是河水上涨时期，依靠自流排水几乎不可能，必须扬水入河。

排水系统可分为明沟排水系统和暗沟排水系统。暗沟排水系统常用混凝土管、陶管、埋块石等，在缺乏石料的地区可用竹、树枝的梢捆来代替，上面用土覆盖好。暗沟不仅能排地表水亦能排地下水，但造价过高，只有在特殊情况下才采用。一般大面积农田排水都采用明沟排水。

明沟排水系统，由毛沟、支沟和干沟等组成，并应尽量利用天然排水沟。

灌区的排水系统必须与灌溉渠密切配合，在布置灌渠时，就应同时布置排水系统，有灌有排，统一规划布置，避免灌排干扰。

10.2.3 取水工程

取水工程的作用是将河水引入渠道，以满足农田灌溉、水力发电、工业及生活供水等需要。因取水工程位于渠道的首部，所以也称渠首工程。渠首工程一般是设在拦河坝附近，通过引水隧洞或涵管引水。

我国几千年前在西北、华北及西南等地区兴修了许多无坝取水灌溉工程，如都江堰、郑国渠、秦渠及汉渠等。这些工程，特别是都江堰，之所以能经久不废，就是合乎自然规律和科学原理的结果。

1. 无坝取水

无坝取水（图 10-10）的主要建筑物就是进水闸。为了便于引水和防止泥沙进入渠道，进水闸一般应设在河道的凹岸。当凹岸没有适当的坝址时，也可以建于平直河段，一般说来，设计取水流量不超过河流流量的 30%，否则难以保证各用水时期都能引取足够的流量。

无坝取水工程虽然简单，但由于没有调节河流水位和流量的能力，完全依靠河流水位高于渠道的进口高程而自流引水，因此引水流量受河流水位变化的影响很大。

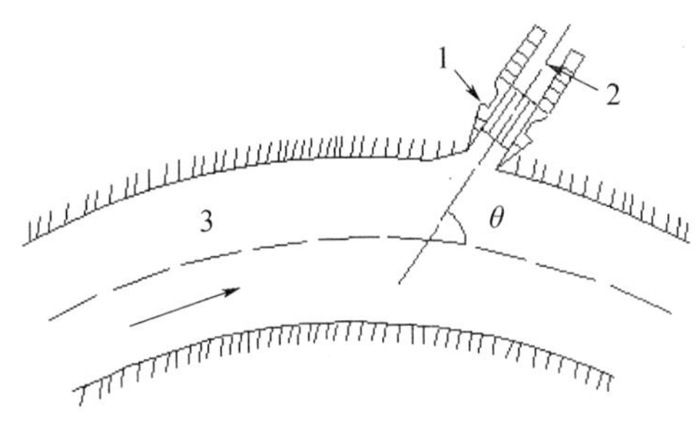

图 10-10 无坝取水示意图

1—进水闸；2—干渠；3—河流

2. 有坝取水

修建壅水坝或拦河节制闸是能调节河道水位，而不能调节大流量的一种取水方式。当河流流量能满足灌溉用水要求，只是河水水位低于灌区需要的高程时，适于采用这种取水方式。壅水坝或拦河闸的高程应当依据灌区引入流量时所要求的水位而定。有坝取水（图 10-11）枢纽由下列构筑物组成：

1）壅水坝（或拦河节制闸）

壅水坝建于取水口下游河道上，其作用是抬高河流水位，保证渠道自流取水。

2）进水闸

进水闸位于引水干渠（或总干渠）的渠首，控制入渠流量。

3）排沙闸

排沙闸建于闸坝靠近取水口的一端，其作用是冲走进水闸前沉沙池中的淤沙。

4）沉沙池

沉沙池在导水墙及进水闸侧墙的范围内，其作用是减缓河道的流速，使泥沙沉积，减少进入渠道的泥沙。为此，应使沉沙池的横断面大于渠道断面。

5）导水墙

导水墙位于闸坝前的河道中，使河中水流平顺地导向进水闸；并与水闸侧墙形成沉沙池。

有坝引水与无坝引水相比较，主要优点是可避免河流水位变化的影响，并且能稳定引水流量。主要缺点是修建闸坝费用相当大，河床也需有适合的地质条件。由于改变了河流的原来平衡状态，还会引起上下游河床的变化。

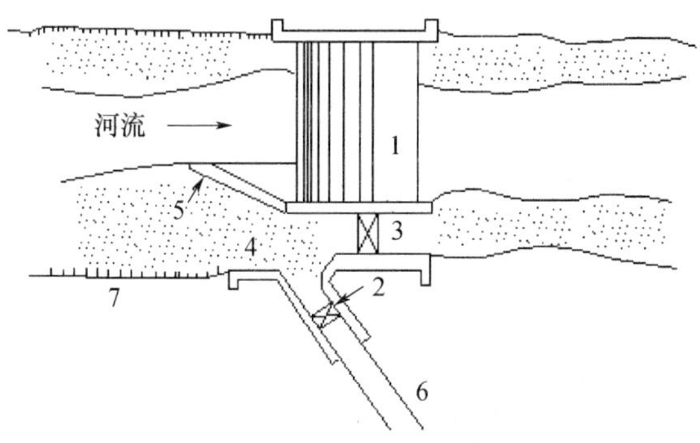

图 10-11　有坝取水示意图

1—壅水坝；2—进水闸；3—排沙闸；4—沉沙池；5—导水墙；6—干渠；7—堤防

3. 水库取水

水库的作用，既可调节流量又可抬高水位。由于灌区位置不同，可采取不同取水方式。

4. 水泵站引水

在平原地区的下游河道，由于枯水位低于灌区高程，自然条件或经济比较又不适合修建闸坝工程，只有修建水泵站引水灌溉。引水流量依水泵能力而定。

10.2.4　灌排渠系

灌溉渠系是指由水源取水、渠道输水、田间工程三大部分组成的有机综合体。在进行灌溉渠道规划布置时，应与排水系统统筹考虑，以达到两者互相配合、协调运行，共同构成完整的灌区灌排系统（图 10-12）。

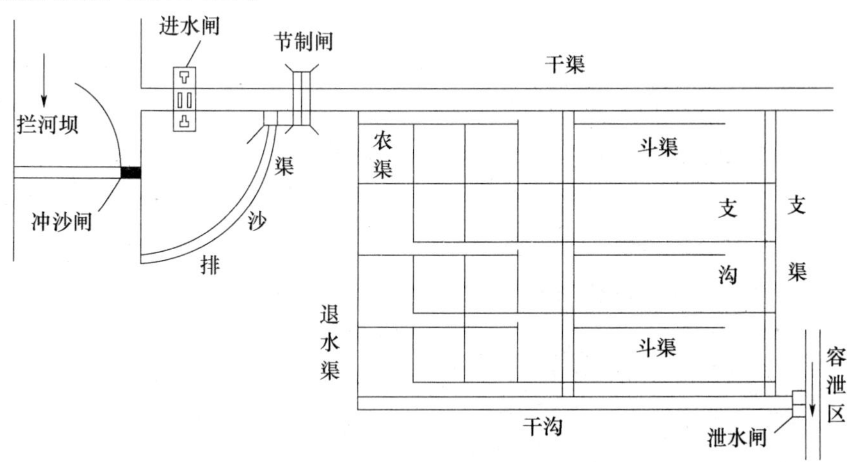

图 10-12　排灌系统示意图

灌溉渠道按控制面积大小和水量分配层次一般可分为干渠、支渠、斗渠、农渠、毛渠五级。灌溉面积在30万亩以上或地形复杂的大型灌区，可增设总干渠、分干渠、分支渠、分斗渠等；灌溉面积较小的灌区可根据实际情况适当减少渠道级数。农渠以下的田间小渠道一般为季节性临时渠道。

排水系统一般由干、支、斗、农四级排水沟组成，排水沟应布置在田间末端较低位，要求沟内水面低于田面，必要时沟内水面应满足降低地下水位的要求。

10.3 水电工程

水力发电突出的优点是以水为能源，水可周而复始地循环供应，是永不会枯竭的能源。更重要的是水力发电不会污染环境，成本要比火力发电的成本低得多。所以，世界各国都尽量开发本国的水能资源。

我国西南地区的水能蕴藏量最多，主要分布在长江上游、金沙江、通天河及长江支流嘉陵江、岷江、乌江等，西藏的雅鲁藏布江，云南的怒江、澜沧江等。西北地区水能蕴藏量仅次于西南，主要分布在长江及其支流，洞庭湖水系的湘、资、沅、澧等河流，汉江、赣江及珠江等。华东地区水能蕴藏量主要集中在闽、浙两省，亦可向潮汐电站发展。东北地区已开发的水能资源比较多，主要在松花江、嫩江、鸭绿江和镜泊湖等，华北地区多为平原河流，水能蕴藏量不多，主要在滦河和海河水系中。

10.3.1 水电站建筑物的组成与典型布置

水电站可分为坝后式、河床式、无压引水式和有压引水式等四种典型布置形式。

1. 坝后式水电站

坝后式水电站的主要构筑物一般有拦河坝、泄水构筑物和水电站厂房，另外还可能有为其他专业部门设置的构筑物，如船闸、灌溉取水、工业取水、筏道及鱼道等。水电站厂房位于坝体后面，在坝上设有进水口，进水口设有拦污栅和闸门。用以引水的压力钢管穿过坝身，坝与厂房之间用永久的沉陷缝分开，厂房不起挡水作用。例如黄河上的刘家峡和三门峡水电站厂房（图10-13)、湖北丹江口水电站厂房等。

图10-13　三门峡水利枢纽

坝后式水电站一般建造在河流的中、上游。为了综合利用水利资源并给水电站运行创造有利条件，往往建造较高的坝，以形成可以调节天然径流的水库。因此，上游水压力大，厂房自身质量不足以维待其稳定，故不得不把厂房置于坝后，使上游水压力完全或主要由坝来承担。

2. 河床式水电站

河床式水电站的组成建筑物与坝后式类同，但水电站厂房和坝（或闸）并排建造在河床中，厂房本身承受上游水压力而成为挡水建筑物的一部分，进水口后边的引水道很短，如图 10-14所示为新安江水电站。

图 10-14　新安江水电站

河床式水电站一般修建在河流的中、下游。由于受地形限制，只能建造高度不大的坝（或闸），水电站的水头低，引用的流量大，所以厂房尺寸也大，足以靠自身质量来抵抗上游水压力，维持稳定。

3. 无压引水式水电站

这种水电站的主要特点是具有很长的无压引水道（如渠道或无压隧洞或两者相结合的形式）（图 10-15）。枢纽建筑物一般分为三个组成部分：一是渠首工程，由拦河坝、进水口及沉沙池等构筑物组成；二是引水构筑物，如渠道或无压隧洞，首部与渠首工程的进水口相接，尾部与压力前池相连。引水道较长时，中间还往往有渡槽、涵洞、倒虹吸、桥梁等交叉构筑物；三是厂区枢纽，由日调节池、压力前池、泄水道、高压管道、电站厂房、尾水渠及变电、配电构筑物等组成。当引水道较短，或压力前池容积较大，或电站不担任峰荷时，可不设日调节池。

4. 有压引水式水电站

有压引水式水电站的特点是具有较长的有压引水道，一般多用隧洞。引水道末端设调压室，下接压力水管和厂房。枢纽建筑物的组成亦可分为三部分：一是首部枢纽；二是引水构筑物；三是厂区枢纽。其包括调压室、高压管道、电站厂房、尾水渠及变电、配电构筑物等（图 10-15）。

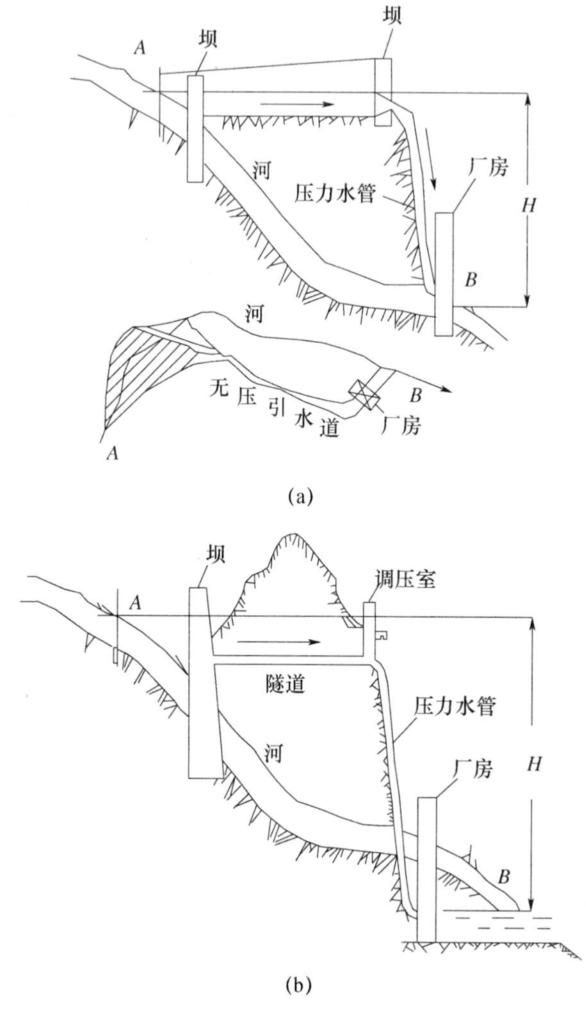

图 10-15　引水式水电站
（a）无压引水式；（b）有压引水式

以上列举了四种常见的水电站水利枢纽的布置。但枢纽中各个建筑物彼此紧密联系，成为整个枢纽的一个不可分割的组成部分，一个建筑物的布置和设计，必然要影响到其他建筑物的布置和设计。因此，设计时要从整体出发，统筹兼顾，才能做好水电站建筑物的设计。

10.3.2　水电站建筑物的功用

从上述四种水电站的典型布置和组成来看，水电站除挡水、泄水构筑物外，尚有以下几个组成部分：

1. 水电站进水构筑物

它是引水道的入口，功用是按发电要求将水引入引水道。

2. 水电站引水构筑物

功用是将发电用水由水库或河道输送给水轮发电机组。根据自然条件和水电站型式的不同，可以采用明渠、隧洞、管道。有时引水道中还包括渡槽、涵洞、倒虹吸、桥梁等交叉建筑物。

3. 水电站平水构筑物

当水电站负荷变化时，用以平稳引水建筑物中的水压和流量。如有压引水道中的调压室及无压引水道中的日调节池、压力前池等。

4. 发电、变电和配电构筑物

包括安装水轮发电机组及其控制设备的厂房，安装变压器的变压器场及安装高压开关的开关站。它们常集中在一起，统称厂房枢纽。

水力发电是先把水能转化为机械能，然后转化为电能。这就需要一系列的机械和电气设备。这些设备中主要有水轮机、发电机及其附属设备等。

10.3.3　水电站装机容量

水电站装机容量是水轮发电机组额定功率的总和。通常就是水电站能够发出的最大出力。

为了反映水电站设备的利用情况，往往用年利用小时数来表示。一年的小时数是 8760h，要 100％利用是不可能的。水电站不仅能生产最便宜的电能，其突出的作用是能在电力系统中作调频、调荷之用，因为水力发电灵活、机动，随时可以开停机，可以增减负荷；而火力发电，例如汽轮发电机组（包括原子能电站）具有最小技术出力，不允许在此出力以下运行，开、停机和增减负荷对效率影响很大，因此电力系统中的主要水电站一般都是担任峰荷，并作为调荷、调频使用。这样就可以使电力系统中的火电站（包括原子能电站）在比较均匀的出力下运行，基本上做到在高效率区工作。

10.4　工程案例——三峡水利枢纽工程

10.4.1　工程概况

三峡水利枢纽工程位于中国重庆市到湖北省宜昌市之间的长江干流上（图 10-16）。三峡大坝位于宜昌市上游不远处的三斗坪，这里河谷开阔，地质条件为坚硬完整的花岗岩，地震烈度小，具有修建混凝土高坝的优越地形、地质和施工条件。江中有一沙洲中堡岛，将长江一分为二，左侧为宽约 900m 的大江和江岸边的小山坛子岭，右侧为宽约 300m 的后河，可为分期施工提供便利。

三峡大坝为混凝土重力坝，它坝长 2335m，底部宽 115m，顶部宽 40m，高程 185m，正常蓄水位 175m。大坝坝体可抵御万年一遇的特大洪水，最大下泄流量可达每秒钟 10 万 m^3。整个工程的土石方挖填量约 1.34 亿 m^3，混凝土浇筑量约 2800 万 m^3，耗用钢材 59.3 万 t。水库全长 600 余千米，水面平均宽度 1.1km，总面积 $1084km^2$，总库容 393 亿 m^3，其中防洪库容 221.5 亿 m^3，调节能力为季调节型。

三峡工程建设历时 17 年，2009 年全部完工，总投资 1800 亿元。

图 10-16　三峡水电站

10.4.2　三峡水利枢纽工程主要构筑物

（1）大坝

拦河大坝为混凝土重力坝，坝顶高程 185m，最大坝高 181m，坝轴线长 2309.47m。河床中部泄洪坝段长 483m，分 23 个坝段，每个坝段长 21m。设 23 个深孔和 22 个表孔。为满足三期导流及截流和围堰发电期间泄洪的需要，在表孔正下方跨缝布置 22 个临时导流底孔。另外还布置了 3 个排漂孔，7 个排沙孔。左岸厂房坝段长 581.8m，右岸厂房坝段长 525m。

（2）电站厂房

电站厂房为坝后式厂房，建筑物包括进水口及引水钢管、主厂房及安装场、副厂房、尾水渠，排沙及排漂设施等。左厂房安装 14 台 70 万 kW 的水轮发电机组；右厂房安装 12 台 70 万kW 水轮发电机组。电站采用单机单管引水，机组中心间距 38.3m，进水口底高程 108m，钢管内直径 12.4m。主厂房净宽 34.8m，厂房总高度 93.8m。主厂房机组段发电机层高程 75.3m，尾水平台高程 82m。右岸预留地下厂房，与右岸厂房并列，布置 6 台 70 万kW 机组。

（3）通航构筑物

永久船闸设计总水头 113m，为双线五级连续梯级船闸，每线船闸有 5 个闸室、6 个闸首，船闸航槽宽 34m，主体结构全长 1621m。船闸闸室有效尺寸 280m×34m×5m。

升船机布置于左岸。主要为大型客轮提供快速过坝通道。升船机过船规模为 3000t 级，最大提升高度 113m。升船机主体部分包括承船厢、主提升机设备、平衡重系统、承重塔柱与顶部机房以及电力拖动、控制、检测设备等。承船厢有效尺寸 120m×18m×3.5m，总重 11800t。船厢结构、设备连同厢内水体的总质量约 13000t。船厢驱动系统布置在船厢两侧，采用齿轮沿齿条爬升的型式。

10.4.3 三峡水利枢纽工程的重大问题

(1) 三峡工程泥沙问题

泥沙是三峡工程的重大关键技术问题之一，一直为水利界和国内外人士所关注。三峡水库会不会被泥沙淤满而报废？变动回水区航道会不会因淤积而碍航？泥沙淤积抬高库尾水位是否会威胁重庆安全？三峡水库长660km，是国内外少见的典型河道型水库，长江来沙主要集中在汛期 6～9 月，占入库沙量占全年的 89%，水量占 63%。根据这两个特点，借鉴国内外成功的工程经验，提出以“蓄清排浑”的运用方式来解决泥沙问题。即大坝设置有足够的排洪、排沙设施，泄洪坝段设 23 个深孔和左右电站厂房坝段设置 7 个冲沙孔。低于电站进水口 18m 和 33m，汛期来沙多时，库水位降低到“防洪限制水位” 145m，利用洪水流量排洪、排沙；汛后 10 月水清后，再开始蓄水至 175m。当然库内仍有泥沙淤积，主要淤积部位在死库容和边滩库尾地段。

(2) 三峡工程对生态与环境影响问题

对三峡工程影响环境的最大担忧来自水库的污染。目前三峡两岸城镇和游客排放的污水和生活垃圾，都未经处理直接排入长江。在蓄水后，由于水流静态化，污染物不能及时下泄而蓄积在水库中，因此已经造成了水质恶化和垃圾漂浮，并可能引发传染病，部分城镇已在其他水源采集生活用水。同时大批移民开垦荒地，也加剧了水体污染，并产生水土流失的现象。对此，当地政府正在大力兴建污水处理厂和垃圾填埋场以期解决污染问题，如果发现污染过于严重，也可能会采取大坝增加下泄流量来实现换水。

三峡水库库容极大，因此必然会增加库区地震的频率。但支持工程的人士认为，当时论证坝址时，非常重要的一个考虑因素就是地质条件，三斗坪附近的岩体比较完整，断裂少，历史上也极少发生有感地震，因此不大可能发生破坏剧烈的强震。三斗坪的上游地区，地质条件主要是碳酸盐岩，发生地震的可能性较大，但烈度估计最高也不会超过 6 级，而三峡的主要建筑物都是按照设防 7 级地震烈度来设计的。由于三峡两岸山体下部未来长期处于浸泡之中，因此发生山体滑坡、塌方和泥石流的频率会有所增加，这将是三峡工程所能造成的主要地质灾害。

三峡蓄水后，水域面积扩大，水的蒸发量上升，因此会造成附近地区日夜温差缩小，改变库区的气候环境。由于水势和含沙量的变化，三峡还可能改变下游河段的河水流向和冲积程度，甚至可能会对东海产生一些影响，并进而改变全球的环境。但是考虑到海洋的互通性，以及长江在三峡以下的一千多千米流程中还有湘江、汉江、赣江等多条重要支流的水量汇入，因此估计不会对全球海洋和气候环境造成较大的影响。而且环境的变化是由多种可变因素交织形成的，极其复杂，所以也无法确定三峡工程对环境影响的明细程度。

除了对环境的负面影响，在某种程度上，三峡工程也会对环境产生有益的作用。水能是一种清洁能源，三峡水电站的建设，将会代替大批火电机组，使每年的煤炭消耗减少约 5000 万 t，并减少二氧化硫等污染物和引起温室效应的二氧化碳的排放量，间接实现了环保。

(3) 移民问题

移民是三峡工程最大的难点，在工程总投资中，用于移民安置的经费便占到了 45%。当三峡蓄水完成后，将会淹没 129 座城镇，其中包括万州、涪陵等两座中等城市和十多座小城市，会产生 113 万移民，在世界工程史上绝无仅有，水库淹没了大量耕地，从而导致整个库区人多地少，生态环境趋于恶化，于是对农村人口又增加了一种移民方式，就是由政府安排，举家外迁至其他省份居住，目前已经有大约 14 万名库区移民迁到了上海、江苏、浙江、安徽、福建、江西、山东、湖北（库区外）、湖南、广东、重庆（库区外）、四川等省市生活。

三峡工程实行“开发性移民”模式，即在移民的同时，也伴随进行大规模的基础设施建造和产业建设，根本目的是要改善民众的生活水平。

（4）国防安全问题

巨大的三峡会成为敌对国家或恐怖组织的袭击目标。但是，三峡水电站能够疏解中国东部紧张的电力供应问题，而且拥有很强的蓄洪能力，减缓几乎每年夏季都会发生的长江洪涝灾害。另外水电站由于大坝体积浩大，需要威力非常强大的炸药才可能摧毁或损坏大坝，因此单独的恐怖主义活动无法危及大坝安全。而战争中袭击他国民用水利设施则是违反国际法的严重行为，肯定会遭到最严厉的反击。

第11章　给水排水工程

给水排水工程是土木工程的一个重要分支，指用于给水供给、废水排放和水质改善的工程，是城市基础设施的一个重要组成部分。城市的人均耗水量和排水处理的比例，往往反映出一个城市的发展水平。为了保障人民的生活水平和工业生产的发展，城市必须具有完善的给水和排水系统。给水排水工程的学科特征是：(1) 用水文学和水文地质学的原理解决从水体内取水和排水的有关问题；(2) 用水力学原理解决水的输送问题；(3) 用物理、化学和微生物学的原理进行水处理和检测。

给水排水工程可以分为城市公用事业和市政工程的给水排水工程；大中型工业企业生产的给水排水及水处理工程；建筑给水排水工程。各类给水排水工程在服务规模及设计、施工与维护等方面均有不同的特点。

城市公用事业和市政工程的给水排水工程主要包括城市给水工程和城市排水工程，是一项集城市用水的取水、净化、输送，城市污水的收集、处理、综合利用，降水的汇集、处理、排放，以及城区御洪（潮、汛）、防涝、排渍为一体的系统工程，是保障城市经济社会活动的生命线工程。

建筑给水排水工程是直接服务于工业与民用建筑物内部及居住小区（含工业企业、学校等）范围内的生活设施和生产设备的给水排水工程，是建筑设备工程的重要内容之一。其工程整体由建筑内部给水（含热水供应）、建筑内部排水（含雨水）、建筑消防给水（含气体消防）、居住小区给水排水、建筑水处理以及特种用途给水排水等部分组成。其功能的实现主要依靠各种材料、规格的管道，卫生器具与各类设备和构筑物的合理选用；管道系统的合理布置设计；精心的施工与认真的维护管理等。给水排水工程是为适应中国城市建设现代化程度与人民生活福利设施水平不断提高而形成的一门内容不断充实和更新的工程技术。

11.1　城市给水工程

11.1.1　城市给水系统的组成

城市给水主要是供应城市所需的生活、生产、市政（如绿化、浇洒道路）和消防用水。城市给水系统一般由取水工程、水处理工程和输配水管网三部分组成。城市给水工程设计的主要准则是：保证给水的水量、水压和水质，保证不间断地供水和满足城市的消防要求。

(1) 取水工程

取水工程是城市给水工程的关键，取用地表水源时应符合《地面水环境质量标准》(GB 3838—2002)。不论地下水源还是地表水源均应取得当地卫生部门的论证并认可。

(2) 水处理工程

水处理工程的设计目的是通过处理工艺去除水中的杂质（主要是水中存在的悬浮物和胶体），保证给水水质符合《生活饮用水卫生标准》(GB 5749—2006)。目前我国大部分净水厂采用的常规处理工艺为混合、絮凝、沉淀（澄清）、过滤和消毒，并根据原水的水质条件和供水的水质要求，采取预处理或深度处理，以补充常规处理的不足。水厂的污泥应进行处理并取得环保部门的认可。如图 11-1 所示为中国最早的水厂——上海杨树浦水厂。

图 11-1　上海杨树浦水厂

（3）输配水工程

输配水管网是给水工程中造价最大的部分，一般占到整个城市给水系统造价的 50%～80%，因此在设计和规划城市的管网系统时必须进行多种方案的比较。管网布局、管材选用和主要输水干管的走向，都是影响工程造价的主要方面，在设计中还应考虑运行费用，进行全面比较和综合分析。

图 11-2 为城市给水系统示意图，图 11-2（a）中所示以地表水为水源，其取水设施为取水构筑物、一级泵站；水处理设施由水处理构筑物和清水池组成；输配水工程设施则由二级泵站、输水管、配水管网、水塔等组成。图 11-2（b）中所示以地下水为水源的给水系统，其中管井群、集水井为水源部分，输水管、水塔和配水管网则属于输配水设施。地下水水质一般比较好，可省去水处理构筑物而只进行消毒即可。

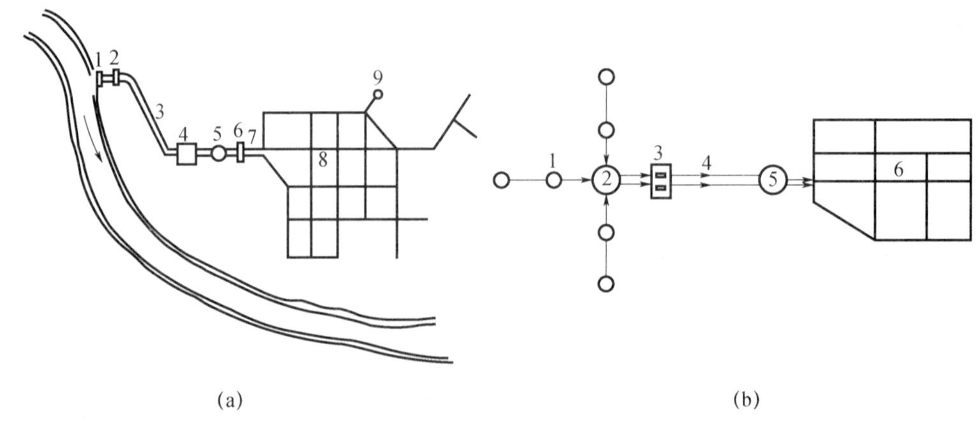

图 11-2　城市给水系统示意图

（a）地面水源给水系统

1—取水构筑物；2—一级泵站；3—原水输水管；4—水处理厂；5—清水池；6—二级泵站；7—输水管；8—管网；9—调节构筑物

（b）地下水源给水系统

1—管井群；2—集水井；3—泵站；4—输水管；5—水塔；6—管网

11.1.2　城市给水系统

城市给水系统根据水源性质可分为地表水给水系统和地下水给水系统。取用地表水时，给水系统比较复杂，需要建设取水构筑物，从水源取水，由一级泵站送往净水厂进行处理。处理后的水由二级泵站将水加压，通过管网输送到用户。取用地下水的给水系统比较简单，通常就近取水，且可不经过净化而直接加氯消毒即可供应用户。

根据供水方式可分为重力给水系统和压力给水系统。当水源位于高地且有足够的水压可直接供应用户时，可利用重力输水。以蓄水库为水源时，常采用重力给水系统。压力给水是常见的一种供水系统。还有一种混合系统，即整个系统部分靠重力给水，部分靠压力给水。

一般情况下，城市内的工业用水可由城市水厂供给，但如工厂远离城市或用量大但水质要求不高，或城市无法供水时，工厂可自建给水工程。一般工业用水中冷却水占极大比率，为了保护水资源和节约电能，要求将水重复利用，于是出现直流给水系统、循环给水系统和复用给水系统等形式，这就是工业给水系统的特点。

一座城市的历史、现状和发展规划、地形、水源状况和用水要求等因素，可采用不同的给水系统，概括起来有下列几种：

（1）统一给水系统

当城市给水系统的水质，均按生活用水标准统一供应各类建筑作生活、生产、消防用水，则称此类给水系统为统一给水系统。图 11-2（a）、（b）均为单水源统一给水系统，此外，还有多水源给水系统。

这类给水系统适用于新建中、小城市，工业区或大型厂矿企业中用户较集中、地形较平坦，且对水质、水压要求也比较接近的情况。

（2）分质给水系统

当一座城市或大型厂矿企业的用水，因生产性质对水质要求不同，特别是对用水大户，其对水质的要求低于生活用水标准，则适宜采用分质给水系统。

分质给水系统，既可以是同一水源，经过不同的处理，以不同的水质和压力供应工业和生活用水，也可以是不同的水源，例如，地面水经沉淀后供工业生产用水，地下水经加氯消毒后供给生活用水等（图 11-3）。这种给水系统显然因分质供水而节省了净水运行费用，缺点是需设置两套净水设施和两套管网，管理工作复杂，增加了系统造价。选用这种给水系统应作技术经济分析和比较。

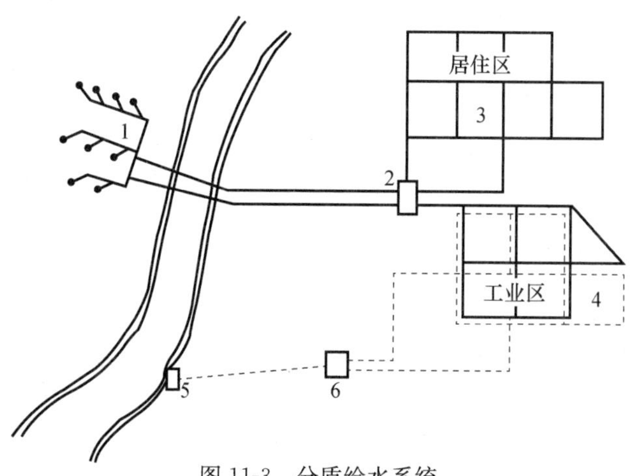

图 11-3　分质给水系统

1—管井群；2—泵站；3—生活用水管网；4—生产用水管网；5—地面水取水构筑物；6—工业用水处理构筑物

（3）分压给水系统

当城市或大型厂矿企业用水户要求水压差别很大，如果按统一给水，压力没有差别，势必造成高压用户压力不足而需要增加局部增压设备，这种分散增压不但增加管理工作量，而且能耗也大，如果采用分压给水系统就很合适。分压给水可以采用并联和串联分压给水系统。图 11-4 为分压给水系统，根据高、低压供水范围和压差值来组合泵站水泵。

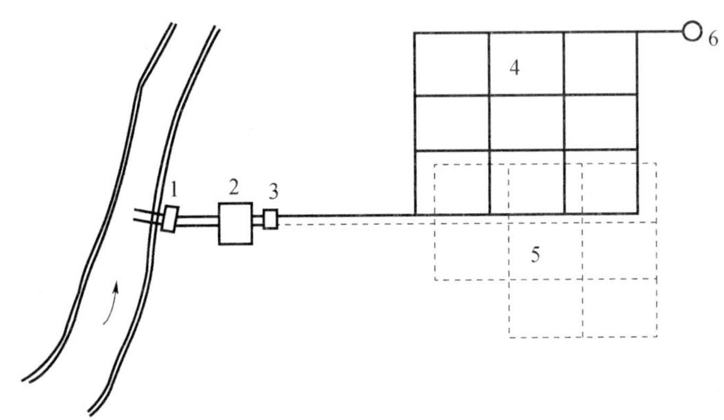

图 11-4　分压给水系统

1—取水构筑物；2—水处理构筑物；3—泵站；4—高压管网；5—低压管网；6—水塔

（4）分区给水系统

分区给水系统是将整个系统分成几个区，各区之间采取适当的联系，而每区有单独的泵站和管网。采用分区系统技术的原因是为使管网的水压不超过水管能承受的压力，避免因一次加压使管网前端的压力过高。在经济上，分区的原因是降低供水能量费用。在给水区范围很大、地形高差显著或远距离输水时，均可考虑采用分区给水系统。

其中，由同一泵站内的低压和高压水泵分别供给低区和高区用水，叫并联分区。其特点是：供水安全可靠，管理方便，给水系统工作情况简单；但增加了管网造价。高、低两区用水均由低区泵站供给，高区供水再由高区泵站加压，叫串联分区。其特点是：输水管长度较短，可用扬程较低的管道；但增加了泵站造价和管理费用（图 11-5）。

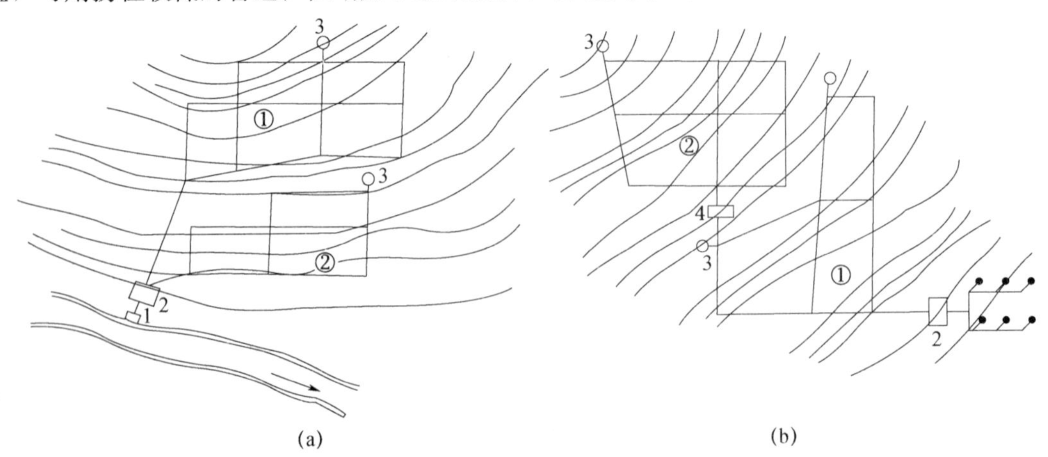

图 11-5　分区给水系统

（a）并联分区；（b）串联分区

①—高区；②—低区；1—取水构筑物；2—水处理构筑物；3—水塔或水池；4—高区泵站

（5）循环和复用给水系统

循环给水系统是指使用过的水经过处理后循环使用，只从水源取得少量循环时损耗的水。复用给水系统是在车间之间或工厂之间，根据水质重复利用的原理，水源水先在某车间或工厂使用，用过的水又到其他车间或工厂应用，或经冷却、沉淀等处理后再循序使用，这种系统不能普遍应用，原因是水质较难符合复用的要求。

当城市工业区中某些生产企业在生产过程中所排放的废水水质较好，适当处理后还可循环使用，或复用供给其他工厂生产使用，这无疑是一种节水给水系统。循环给水系统如图 11-6所示，复用给水系统如图 11-7 所示。

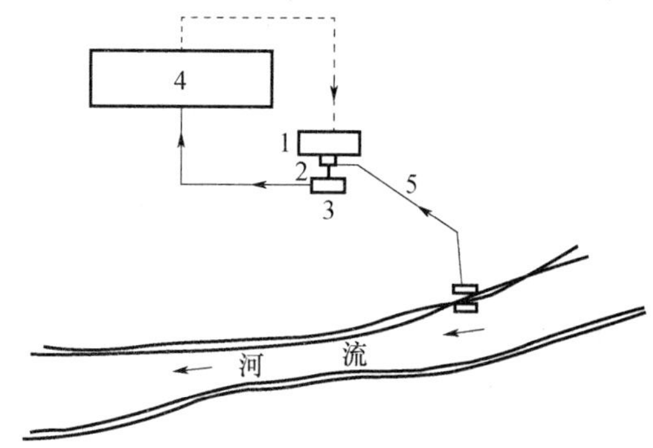

图 11-6　循环给水系统

1—冷却塔；2—吸水井；3—泵站；4—车间；5—补充新鲜水

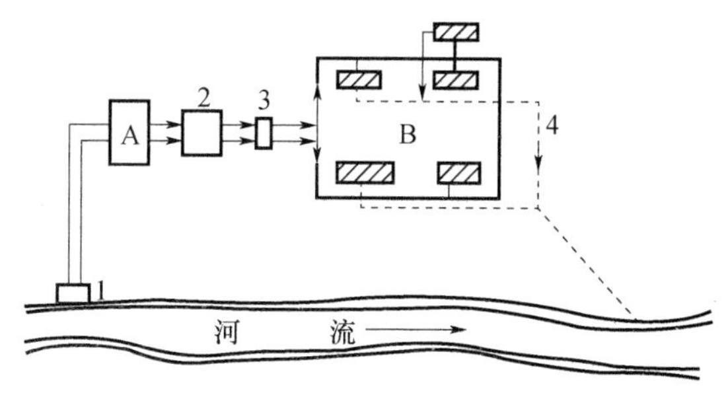

图 11-7　复用给水系统

1—取水构筑物；2—冷却塔；3—泵站；4—排水系统 A、B 车间

（6）区域给水系统

这是一种统一从沿河城市的上游取水，经水质净化后，用输、配管道输送给沿河诸多城市使用，是一种区域性供水系统。这种系统使水源免受城市排水污染，水源水质比较稳定，但投资较大。

区域给水系统的管网有两种：一种是输水管道，另外一种是配水管网。输水管道的功能是把水源的原水输送到净水厂或者是从净水厂将处理好的水输送到用水区；而配水管网则是把经过净化的水配送给各类建筑使用。配水管网有干管和支管之分，为了保证供水可靠和便于灵活调度，大中城市或大型厂矿企业配水干管都布置成环形，但在小城市也可布置成树枝状。现在很多城市往往是中心区域布置成环状网，在郊区和重要性相对较低的城市区域布置成树状网（图 11-8）。

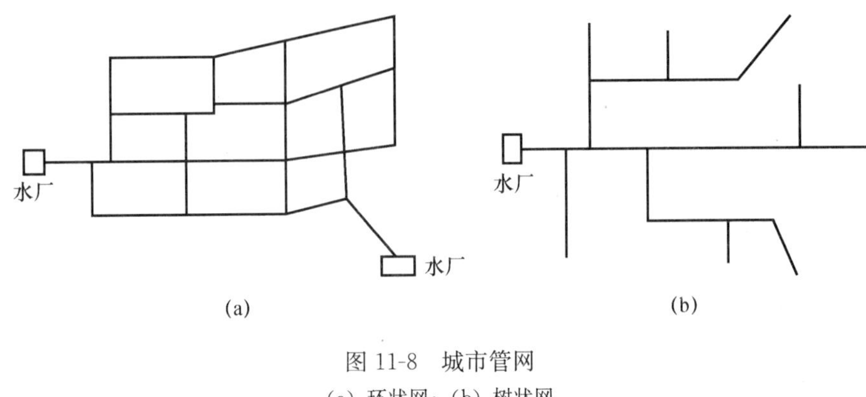

图 11-8　城市管网
（a）环状网；（b）树状网

11.2　城市排水工程

11.2.1　城市排水体制

生活污水、工业废水和雨水径流的水质水量不同，可能对城市造成的危害也有所不同。生活污水的主要危害是它的耗氧性；工业废水的危害多种多样，除耗氧性外，更重要的是会危害人体健康；雨水的主要危害是雨洪，即市区因积水造成损失。这三类水的收集、处理和处置可以采用不同方式，从而构成不同的排水系统体制或制度。

排水体制是对生活污水、工业废水和降水所采用的不同的排除方式所形成的排水系统，有合流制排水系统与分流制排水系统两大类。排水体制是排水系统规划设计的关键，也影响着环境保护、投资、维护管理等方面。其在建筑内外的分类并无绝对相应的关系，应视具体技术、经济情况而定。如建筑内部的分流生活污水排水系统可直接与市政分流的污水排水系统相连，或经由局部处理设备后与市政合流制排水系统相连。

（1）合流制排水系统

一个排水区只有一套排水管渠，接纳各种废水（生活污水和部分可以排入城市下水道系统的工业废水混合在一起叫城市污水），这是自然形成的排水方式。它们起简单的排水作用，目的是避免积水危害。实际上这是地面废水排除系统，主要为排除雨水而设，顺便排除水量很少的生活污水和工业废水。由于就近排放水体，其系统出口多，实际上是若干先后建造的各自独立的小系统的简单组合，可以将简单合流制排水系统改造成截流式合流制排水系统（图 11-9）。

（2）分流制排水系统

截流式合流系统对水体的污染仍较大，因此设置两个（在工厂中可以是两个以上）各自独立的管渠系统，分别收集需要处理的污水和不予处理、直接排放到外水体的雨水，形成分流制系统，从而进一步减轻对水体的污染。某些工厂和仓库的场地难以避免污染时，其雨水径流和地面冲洗废水不应排入雨水管渠，而应排入污水管渠。

在一般情况下，分流管渠系统的造价高于合流管渠系统，后者为前者的 60%～80%。分流管渠系统的施工也比合流管渠系统复杂。图 11-10 所示为分流制排水系统。

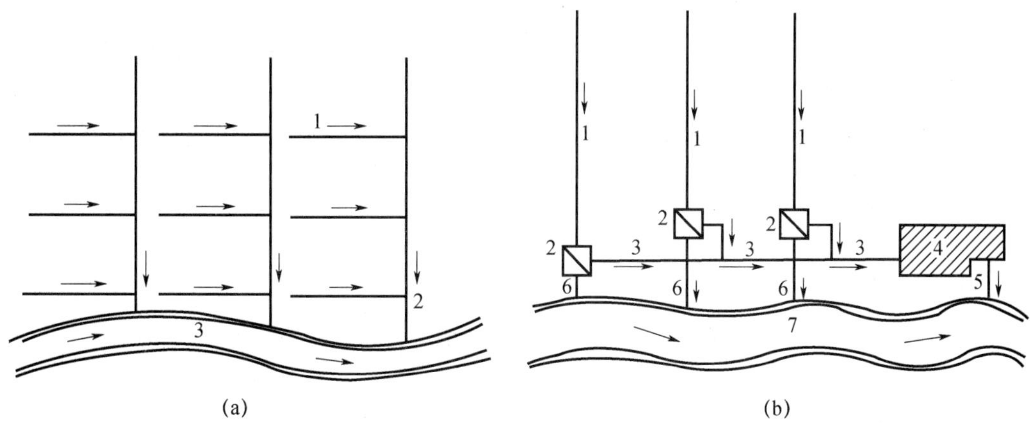

图 11-9　合流制排水系统

(a) 直排式（1—合流支管；2—合流干管；3—河流）

(b) 截流式（1—河流干管；2—溢流井；3—截流主干管；4—污水厂；5—出水口；6—截流干管；7—河流）

(3) 半分流制排水系统

如果城市环境卫生不佳，初雨径流和路面、广场冲洗废水的水质可能接近城市污水，如直接排放水体也将造成污染。若将分流系统的雨水系统仿照截流式合流系统，把它的小流量截流到污水系统，则城市废水对水体的污染将降到最低程度。

将雨水系统的水截流到污水系统的方法有待于进一步开发。在雨水系统排放口前设跳越井是一种可行的措施。当雨水干管中流量小时，水流将落入跳越井井底的截流槽，流入污水系统。流量超过设计量时，水流将跳过截流槽，直接流向外水体。图 11-11 所示为半分流制排水系统。

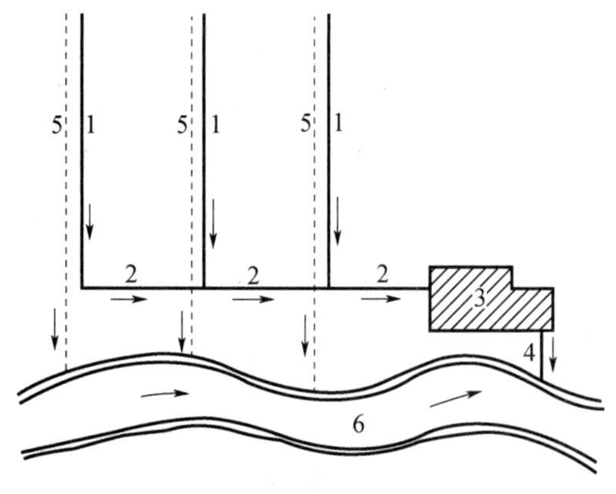

图 11-10　分流制排水系统

1—污水干管；2—污水主干管；3—污水厂；4—出水口；5—雨水干管；6—河流

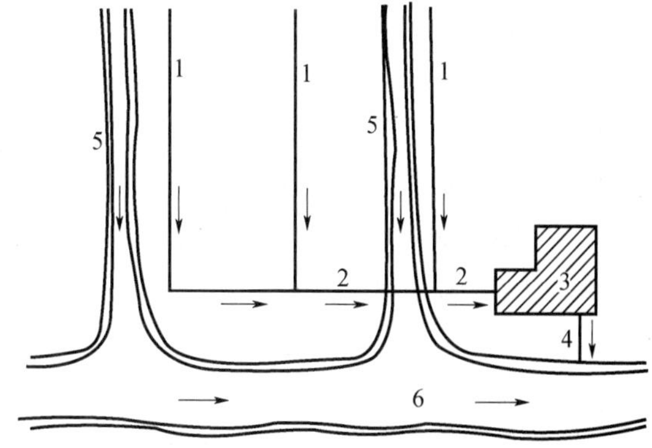

图 11-11　半分流制排水系统

1—污水干管；2—污水主干管；3—污水厂；4—出水口；5—明渠或小河；6—河流

11.2.2　城市排水系统

从总体上看，城市排水系统由收集（管渠）、处理（污水厂）和处置三方面的设施组成。通常所说的排水系统往往狭义的指管渠系统，它由室内设备、街区（庭院和厂区）管渠系统和街道管渠系统组成。城市的面积较大时，常分区排水，每区设一个完整的排水系统。

（1）排水管渠系统的组成

管渠系统满布整个排水区域，主体是管道和渠道，管段之间由附属构筑物（检查井、其他窨井和倒虹管）连接。有时还需设置泵站以连接低区管段和高区管段。最后是出水口。排水管道应依据城市规划地势情况以长度最短的路线顺坡敷设，雨水管道应就近排入外水体。城镇排水系统的组成如图 11-12 所示。

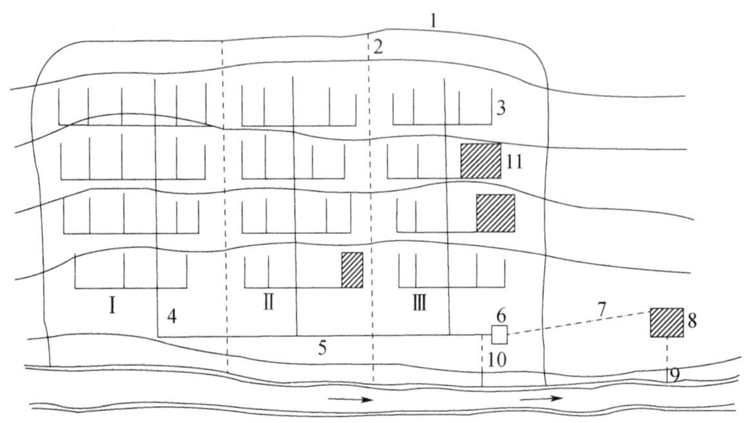

图 11-12 城市污水排水系统组成

1—城市边界；2—排水流域分界线；3—污水支管；4—污水干管；5—污水主干管；6—污水泵站；7—压力管；8—污水处理厂；9—出水口；10—事故出水口；11—工厂；Ⅰ、Ⅱ、Ⅲ—排水流域

（2）污水处理厂的组成

城市污水在排放前一般都先进入污水处理厂处理。处理厂由处理构筑物（主要是各种池式构筑物）和附设建筑物组成，常附有必要的道路系统、照明系统、给水系统、排水系统、供电系统、通信系统和绿化场地。处理构筑物之间用管道或明渠连接。

污水处理厂的复杂程度随处理要求和水量而异，目前我国污水处理常用生化（普通活性污泥法、接触氧化法和氧化沟法等）处理技术。典型的工艺流程为：污水提升泵站将污水提升并通过格栅，格栅将污水中的粗大污染物拦截，污水中加药进入反应池，形成絮凝体，经过初沉池，絮凝体及大部分污染物沉淀形成污泥，上清液进入曝气池进行生物好氧处理，最后经二沉池的再沉淀，污水经治理达标后排放。初沉池及二沉池的污泥经厌氧生物消化后，脱水焚烧或堆肥（图 11-13）。

图 11-13 城市污水处理厂

污水处理厂的厂址一般应设于污水能自流入厂内的地势较低处并位于城镇水体下游，与居民区有一定隔离带，主导风向下方，不能被洪水淹没，地质条件好，地形有坡度。

（3）城市排水系统的规划原则

① 排水系统既要实现市政建设所要求的功能，又要满足环境保护方面的要求，缺一不可。环境保护的要求必须恰当、分期实现，以适应经济条件。

② 城市要为工业生产服务，工厂也要顾及和满足城市整体运作的要求。厂方对资料应充分提供，对城市提出的预处理要求应在厂内完成。

③ 规划方案要便于分期执行，以利于集资和对后期工程提供完善设计的机会。

（4）排水系统布置形式

1）正交式布置

在地势适当向水体倾斜的地区，排水流域的干管与水体垂直相交布置称正交式。正交式干管长度短，管径小，排水迅速；但污水未经处理直接排放，使水体遭受严重污染，故一般只用于雨水排除［图 11-14（a）］。

2）截流式布置

对正交式布置，在河岸再敷设总干管，将各干管的污水截流送至污水厂，这种布置称为截流式。这种方式对减轻水体污染，改善和保护环境有重大作用。适用于分流制污水排水系统，将生活污水及工业废水进行处理后排入水体。也适用于区域排水系统，区域总干管截流各城镇的污水送至城市污水厂进行处理。对截流式合流制排水系统，因雨天有部分混合污水排入外水体，易造成外水体污染［图 11-14（b）］。

3）平行式布置

这种方式是使干管与等高线及河道基本上平行，主干管与等高线及河道成一定角度敷设，主要用于地势向河流方向有较大倾斜的地区，目的是避免因干管坡度及管内流速过大，使管道受到严重冲刷［图 11-14（c）］。

4）分区式布置

在地势高差相差很大的地区，当污水依靠重力不能自动流至污水厂时，可根据位置的高低采用分区布置形式［图 11-14（d）］。即在高区和低区敷设独立的管道系统。高区的污水靠重力直接流入污水厂，低区的污水则用泵站输送至高区干管或污水厂。其优点是可充分利用地形排水，节省电能，但不要将高区的污水排至低区，然后用水泵一起输送至污水厂，从而造成能源上的浪费。

5）分散式布置

当城市周围有河流，或城市中心部分地势高并向周围倾斜的地区，各排水流域的干管常采用辐射状分散布置，各排水流域具有独立的排水系统［图 11-14（e）］。这种布置具有干管长度短、管径小、管道埋深浅、便于用污水灌溉等优点，但污水厂和泵站（如需要设置时）的数量将增多。在地形平坦的大城市，采用辐射状分散布置可能是比较有利的。

6）环绕式布置

从规模效益的角度出发，不宜建造大量小规模的污水厂，而宜建造规模大的污水厂，所以由分散式发展成环绕式布置。这种形式是沿四周布置主干管，将各干管的污水截流送往污水厂［图 11-14（f）］。

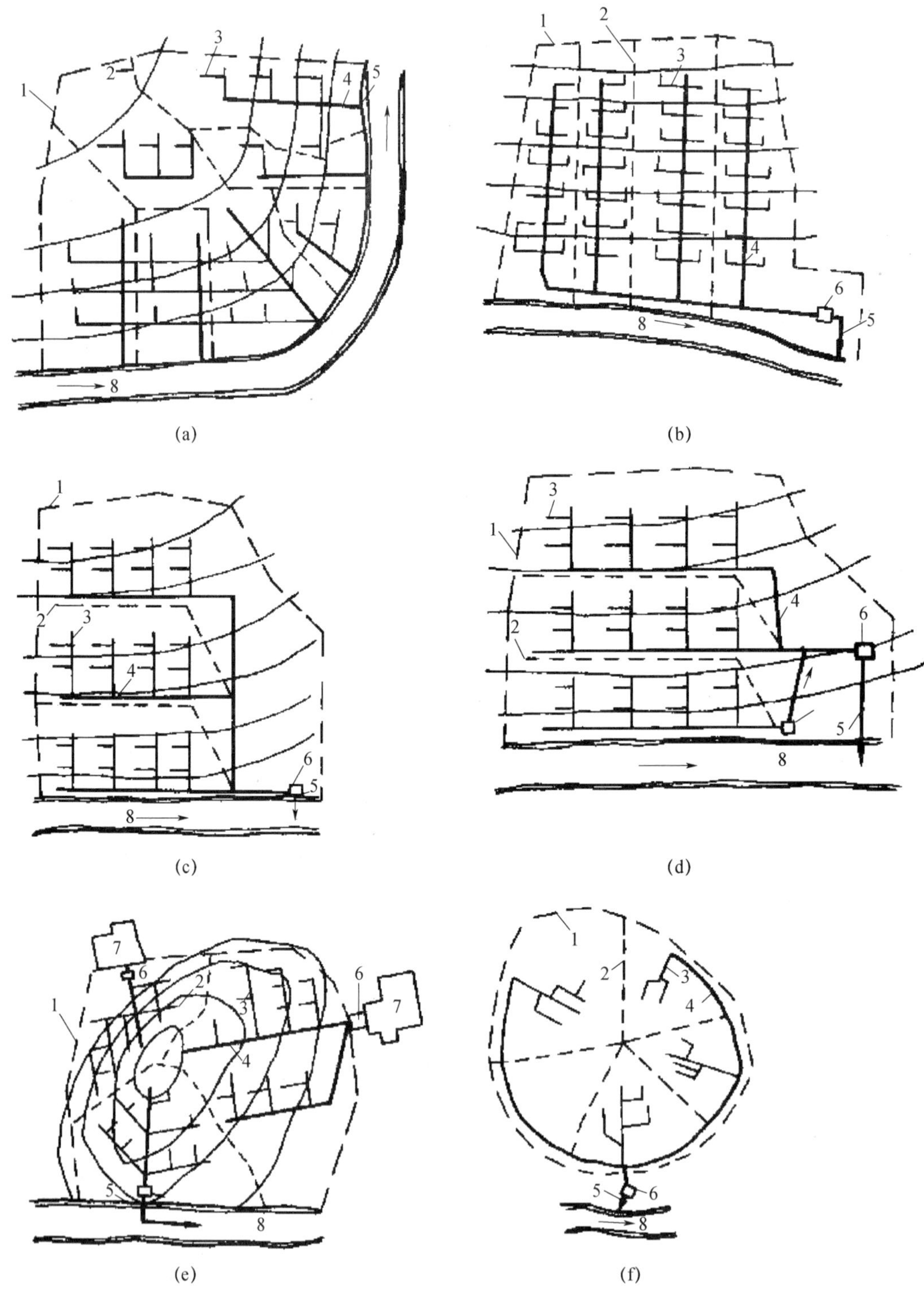

图 11-14　排水系统的布置形式

(a) 正交式；(b) 截流式；(c) 平行式；(d) 分区式；(e) 分散式；(f) 环绕式

1—城市边界；2—排水流域分界线；3—支管；4—干管；5—出水口；6—泵站；7—灌溉田；8—河流

7）区域性布置

把两个以上城镇地区的污水统一排除和处理的系统，称为区域性布置形式。这种方式使污水处理设施集中化、大型化，有利于水资源的统一规划管理、节省投资、运行稳定、占地少，是水污染控制和环境保护的新发展方向。但也有管理复杂、工程效益慢等缺点。比较适用于城镇密集区及区域水污染控制的地区，并应与区域规划相协调（图 11-15）。

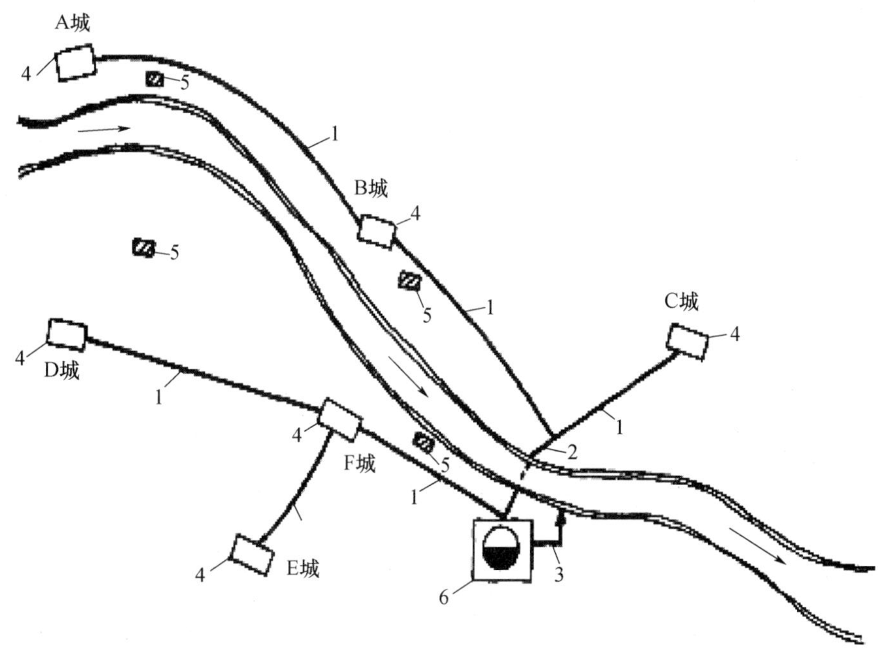

图 11-15　区域排水系统平面布置形式

1—污水主干管；2—压力管道；3—排放管；4—泵站；5—废除的城镇污水处理厂；6—污水处理厂

11.3　建筑给水工程

建筑给水工程是将符合水质标准的水送至生活、生产和消防给水系统的各用水点，满足水量和水压的要求。这涉及水的分配、计量、输送、储存和加压以及水质标准等方面的问题。

供给居住小区范围内建筑物内、外部生活、生产、消防用水的给水系统，包括建筑内部给水系统与居住小区给水系统两类。其供水规模较市政给水系统小，且大多数情况下无须设自备水源，直接从市政给水系统引水。

11.3.1　建筑内部给水工程

建筑内部的给水工程是将城市给水管网或自备水源给水管网的水引入室内，经配水管道送至生活、生产和消防用水设备，并满足各用水点对水量、水压和水质的要求。

（1）给水系统的分类

给水系统按用途可分为三类：生活给水系统、生产给水系统和消防给水系统。这三类给水系统可独立设置，也可根据实际条件和需要组合成同时供应不同用途水量的生活与消防、生产与消防、生活与生产及生活、生产、消防等共用给水系统，或进一步按供水用途的不同和系统功能的差异分为：饮用水给水系统、杂用水给水系统（中水系统）、消火栓给水系统、自动喷水灭火系统和循环或复用的生产给水系统等。

（2）给水系统的组成（图 11-16）

建筑内部的给水系统，由下列各部分组成：

① 引入管　从室外给水管将水引入室内的管段，也称进户管。

② 水表节点　水表节点是安装在引入管上的水表及其前后设置的阀门和泄水装置的总称。

③ 给水管道　给水管道包括干管、立管和支管。

④ 配水装置和用水设备　如各类卫生器具和用水设备的配水龙头和生产、消防等用水设备。

⑤ 给水附件　管道系统中调节水量、水压，控制水流方向，以及关断水流，便于管道、仪表和设备检修的各类阀门。

⑥ 增压和贮水设备　当室外给水管网的水压、水量不能满足建筑用水要求，或要求供水压力稳定、确保供水安全可靠时，应根据需要，在给水系统中设置水泵、气压给水设备和水池、水箱等增压、贮水设备。

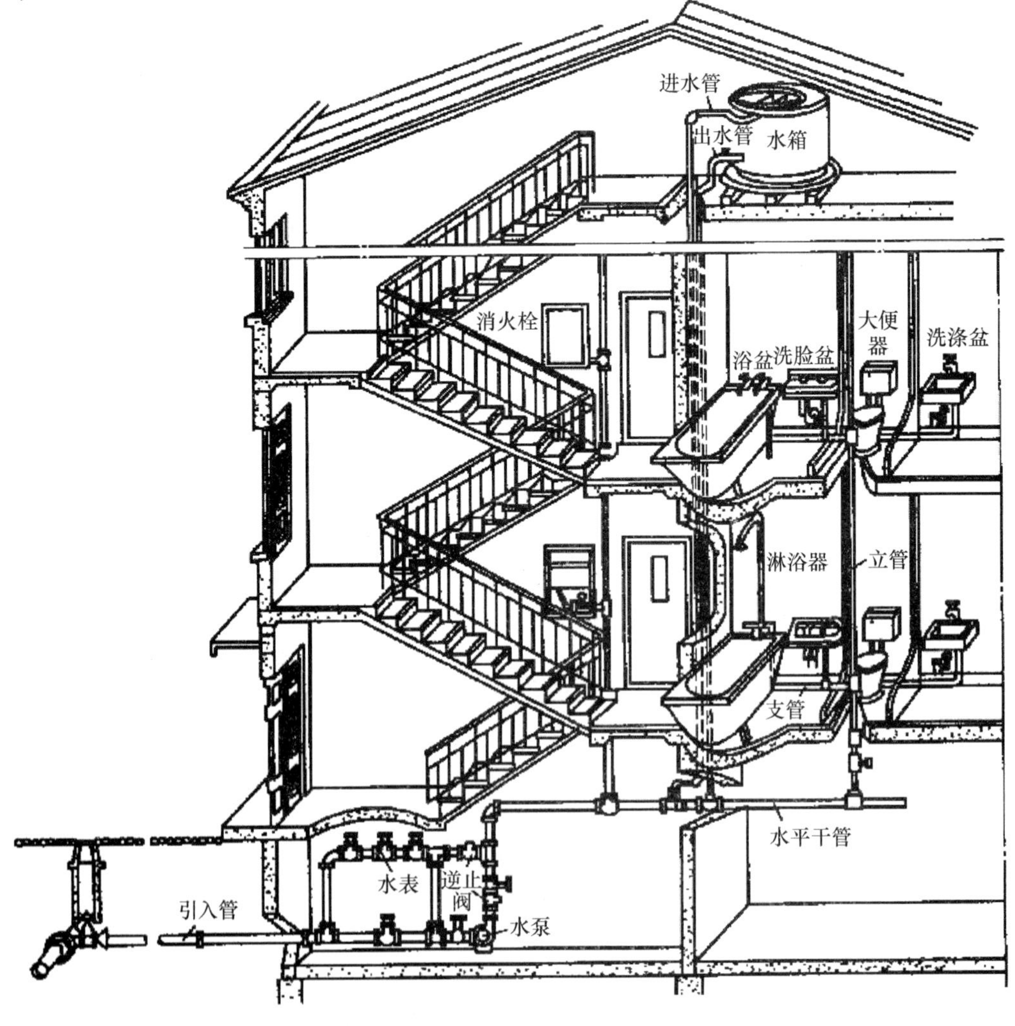

图 11-16　建筑内部的给水系统

(3) 给水方式

给水方式即指建筑内部给水系统的供水方案。给水方式的基本类型(不包括高层建筑)有以下几种:

1) 直接给水方式

由室外给水管网直接供水,是最简单、最经济的给水方式(图 11-17)。适用于室外给水管网的水量、水压在一天内均能满足用水要求的建筑。

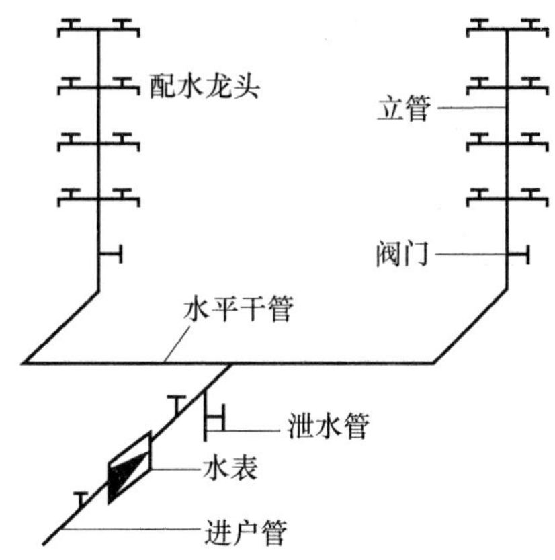

图 11-17　直接给水方式

2) 设水箱的给水方式

设水箱的给水方式宜在室外给水管网供水压力周期性不足时采用。用水低峰时,可利用室外给水管网水压直接供水并向水箱进水,水箱贮备水量[图 11-18 (a)]。用水高峰时,室外管网水压不足,则由水箱向建筑内给水系统供水[图 11-18 (b)]。

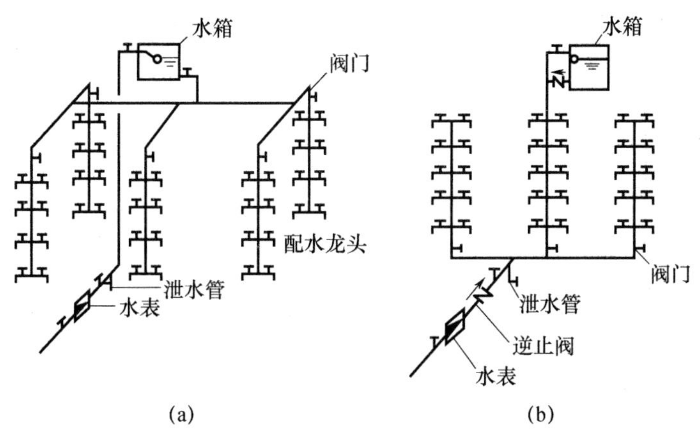

图 11-18　设水箱的给水方式

(a) 低峰用水的给水;(b) 高峰用水的给水

3) 设水泵的给水方式

设水泵的给水方式宜在室外给水管网的水压经常不足时采用。为充分利用室外管网压力,节省电能,当水泵与室外管网直接连接时,应设旁通管[图 11-19 (a)]。当室外管网压力足够大时,可自动开启旁通管的逆止阀直接向建筑内供水。水泵直接从室外管网抽水,会使室外管网压力降低,影响附近用户用水,严重时还可能造成室外管网负压。当采用水泵直接从室外管网抽水时，必须征得供水部门的同意。一般应在系统中增设贮水池，采用水泵与室外管网间接连接的方式［图 11-19（b）］。

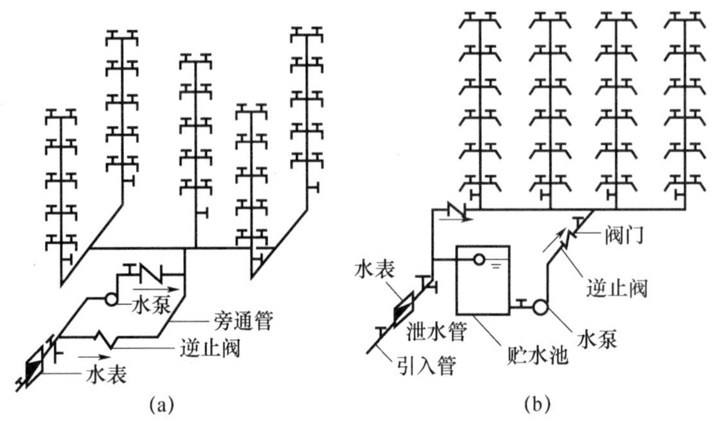

图 11-19　设水泵的给水方式

（a）水泵与室外管直接相通；（b）水泵与室外管间接相通

此外，还有既设水泵，又设水箱和水池的分区给水方式（图 11-20）。

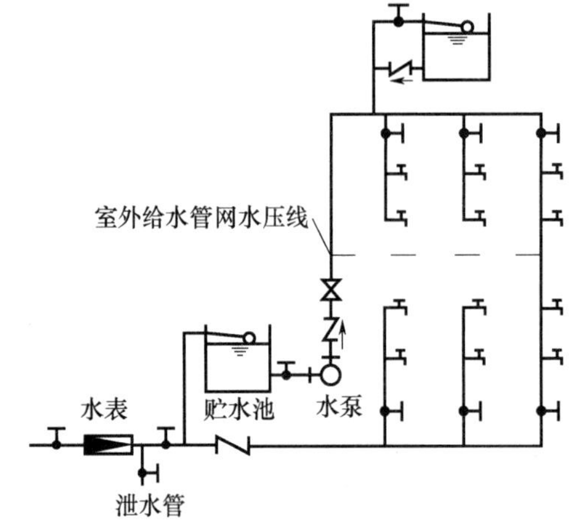

图 11-20　设水泵、水箱和水池的给水方式

高层建筑内工作和生活的人数很多，用水量很大，设备使用频繁，所以对供水设备和管网都有更高的要求。高层建筑物层数多、楼高，为避免低层管道中静水压力过大，启闭龙头、阀门出现水锤现象，损坏管道、附件，高层建筑一般在垂直方向上进行分区，采用分区供水系统。如图 11-21 所示为串联分区的给水方式。

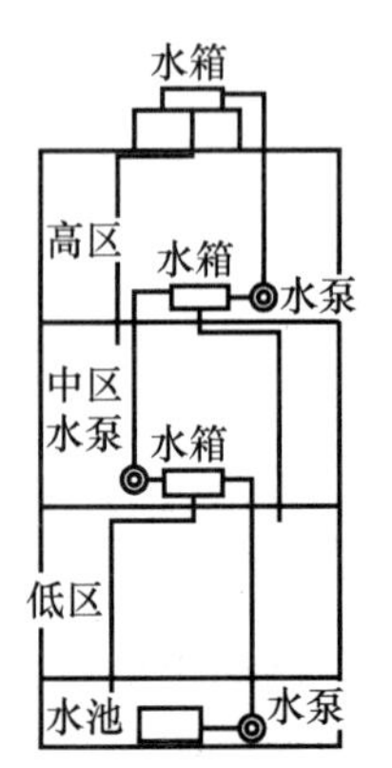

图 11-21　串联分区的给水方式

（4）给水管道的布置与敷设

给水管道的布置应考虑建筑结构、用水要求、配水点和室外给水管道的位置以及其他设备工程管线位置等因素。

给水管道的布置按供水可靠程度要求可分为树状和环状两种形式：前者单向供水，供水安全可靠性差，但节省管材，造价低；后者管道相互连通，双向供水，安全可靠，但管线长，造价高。一般建筑内给水管网宜采用树状布置。

给水管道的敷设有明装、暗装两种形式。明装即管道外露，其优点是安装维修方便，造价低，但外露的管道影响美观，表面易结露，积灰尘。暗装即管道隐蔽，其优点是管道不影响室内的美观、整洁，但施工复杂，维修困难，造价高。

（5）给水所需的水压水量计算

建筑内部给水所需的水压、水量是选择给水系统中增压、水量调节、贮存设备的基本依据。

给水系统的水压应保证配水最不利点（通常位于系统的最高、最远处）具有足够的流出水头，其计算公式如下：

$$H=H_1+H_2+H_3+H_4$$

式中　H——建筑内给水系统所需的水压，m；

H_1——引入管起点至配水最不利点位置高度所要求的静水压，m；

H_2——引入管起点至配水最不利点的给水管路即计算管路的沿程和局部水头损失之和，m；

H_3——水流通过水表时的水头损失，m；

H_4——配水最不利点所需的流出水头，m。

生活用水的压力应达到供水点给水管道所需的最小自由水压，其值根据给水区内多层建筑层数确定。一般一层 10m，二层 12m，二层以上每加一层增加 4m。如一栋楼房的层数是 6 层，进户管处常水压要达到 28m 以上，才能满足直接供水的要求，否则就必须设置增压设备。

（6）增压、贮水设备

1）水泵

水泵是给水系统中的主要增压设备。在建筑内部的给水系统中，一般采用离心水泵。它具有结构简单、体积小、效率高且流量和扬程在一定范围内可以调节等优点。水泵的流量、扬程应根据给水系统所需的流量、压力来确定（图 11-22）。由流量、扬程查水泵性能表即可确定所选水泵的型号。

图 11-22　水泵

2）贮水池

贮水池是贮存和调节水量的构筑物，其有效容积应根据生活（生产）调节水量、消防水量和生产事故备用水量来确定。贮水池应设进水管、出水管、溢流管、泄水管和水位信号装置，溢流管应比进水管大一级。

3）水箱

水箱形状通常为圆形或矩形，特殊情况下也可设计成任意形状。制作材料有钢材、钢筋混凝土、塑料和玻璃钢等，如图 11-23 所示为玻璃钢水箱。

4）气压给水设备

气压给水设备是根据波义耳-马略特定律（即在温度一定的条件下，一定质量气体的绝对压力和它所占的体积成反比）的原理制造的。它利用密闭罐中压缩空气的压力变化，调节和压送水量，在给水系统中主要起增压和水量调节的作用（图 11-24）。

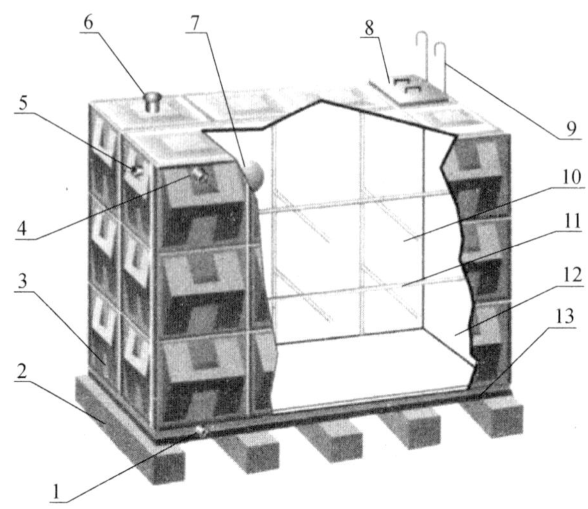

图 11-23　玻璃钢水箱

1—排污口；2—混凝土基础；3—外围板；4—溢流口；5—进水口；6—排气口；7—自动补水装置；8—人孔盖；9—扶梯；10—内围板；11—不锈钢拉杆；12—出水口；13—钢支架

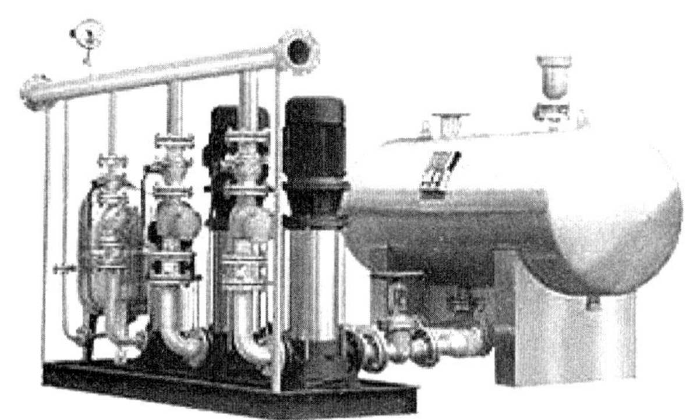

图 11-24　气压给水设备

11.3.2　居住小区给水

居住小区是指含有教育、医疗、文体、经济、商业服务及其他公共建筑的城镇居民住宅建筑区，根据《城市生活居住区规划设计规范》，我国城镇居民居住用地组织的基本构成单元分为三级：(1) 居住组团——最基本的构成单元，占地面积小于 $10\times10^4\,m^2$，居住 300～800 户，人口在 1000～3000 人范围内；(2) 居住小区——由若干个居住组团构成，居住 2000～3000 户，人口在 7000～13000 人范围内；(3) 居住区——由若干个居住小区组成，居住 7000～10000 户，人口在 25000～35000 人范围内。

居住区面积大，人口多，其用水和排水特点已经和城市给水排水的特点相同，属于市政工程范围。在一个居住小区内，除了住宅以外，还包括为小区内居民提供生活、娱乐、休息和服务的公共设施，如医院、邮局、银行、影剧院、运动场馆、中小学、幼儿园、各类商店、饮食服务业、行政管理及其他设施。居住小区内还应有道路、广场、绿地等。

(1) 居住小区给水水源

居住小区位于市区或厂矿区供水范围内时，应采用市政或厂矿给水管网作为给水水源，以减少工程投资。若居住小区离市区或厂矿较远，需要铺设专门的输水管线时，可经过技术经济比较，确定是否自备水源。在严重缺水地区，应考虑建设居住小区中水工程，用中水来冲洗厕所、浇洒绿地和道路。

（2）居住小区设计用水量

居住小区设计用水量含居住区生活用水量、公共建筑用水量、消防用水量、浇洒绿地和道路用水量及管网漏失水量和未预见水量。各类用水量均有相应规范可以查用。

（3）供水方式

建筑小区供水方式应根据小区内建筑物的类型、建筑高度、市政给水管网提供的水头和水量等因素综合考虑确定。做到技术先进合理、供水安全可靠、投资少、节能，便于管理等。

对于多层建筑的建筑小区，当城镇管网的水压和水量满足居住小区使用要求时，应充分利用现有管网的水压，采用直接供水方式。当水量、水压周期性或经常性不足时，应采用调蓄增压供水方式。对于高层建筑小区，一般采用调蓄增压供水方式。对于多层建筑和高层建筑混合居住小区，应采用分压供水方式，以节省动力消耗。

多层建筑居住小区中，七层及七层以下建筑一般不设室内消防给水系统，由室外消火栓和消防车灭火，应采用生活和消防共用的给水系统。高层建筑居住小区宜采用生活和消防各自独立的供水系统。

对于严重缺水地区，可采用生活饮用水和中水的分质供水方式。无合格水源地区可考虑采用深度处理水（供饮用）和一般处理水（供洗涤、冲厕等）的分质供水方式。

（4）管道布置和敷设

居住小区给水管道有干管、支管和进户管三类，在布置小区给水管网时，应按照干管、支管、进户管的顺序进行。小区干管布置在小区道路或城市道路下，与城市管网连接。小区干管应沿用水量大的地段布置，以最短的距离向大用户供水。小区支管布置在居住组团的道路下，与小区干管连接，一般为树状。进户管布置在建筑物周围人行便道或绿地下，与小区支管连接，向建筑物供水。

11.4　建筑排水工程

建筑排水工程是工业与民用建筑物内部和居住小区范围内生活设施和生产设备排出的生活污水、工业废水以及雨水的总称。包括对它的收集、输送、处理与回用以及排放等排水过程。建筑排水系统是接纳输送居住小区范围建筑物内、外部排出的污、废水及屋面、地面雨雪水的排水系统。包括建筑内部排水系统与居住小区排水系统两类。与市政排水系统相比，不仅其规模较小，且大多数情况下无污水处理设施，直接接入市政排水系统。

11.4.1　建筑内部排水系统

（1）排水系统的分类

建筑内部排水系统是将建筑内部人们在日常生活和工业生产中使用过的水收集起来，及时排到室外。建筑内部排水体制也分为分流制和合流制两种，分别称为建筑分流排水和建筑合流排水。按系统接纳的污、废水类型不同，建筑内部排水系统可分为三类：

1）生活排水系统

生活排水系统排除居住建筑、公共建筑及工厂生活区的污废水。有时，由于污废水处理、卫生条件或杂用水水源的需要，把生活排水系统又进一步分为排除冲洗便器的生活污水排水系统和排除盥洗、洗涤废水的生活废水排水系统。生活废水经过处理后，可作为杂用水，用来冲洗厕所、浇洒绿地和道路、冲洗汽车等。

2）工业废水排水系统

工业废水排水系统排除工业生产过程中产生的污、废水。为便于污、废水的处理和综合利用，按污染程度可分为生产污水排水系统和生产废水排水系统。生产污水污染较重，需要经过处理，达到排放标准后排放；生产废水污染较轻，如机械设备冷却水，生产废水可作为杂用水，也可经过简单处理后（如冷却）回用或直接排入外水体。

3）屋面雨水排除系统

屋面雨水排除系统收集、排除降落到多跨工业厂房、大屋面建筑和高层建筑屋面上的雨雪水。

（2）排水系统的组成

建筑内部排水系统的组成应能满足以下三个基本要求：

① 系统能迅速畅通地将污、废水排到室外；

② 排水管道系统气压稳定，有毒、有害气体不能进入室内，保持室内环境卫生；

③ 管线布置合理，简短顺直，工程造价低。

为满足上述要求，建筑内部排水系统的基本组成部分有卫生器具和生产设备的受水器、排水管道、清通设备和通气管道（图 11-25）。在有些排水系统中，根据需要还设有污、废水的提升设备和局部处理构筑物。

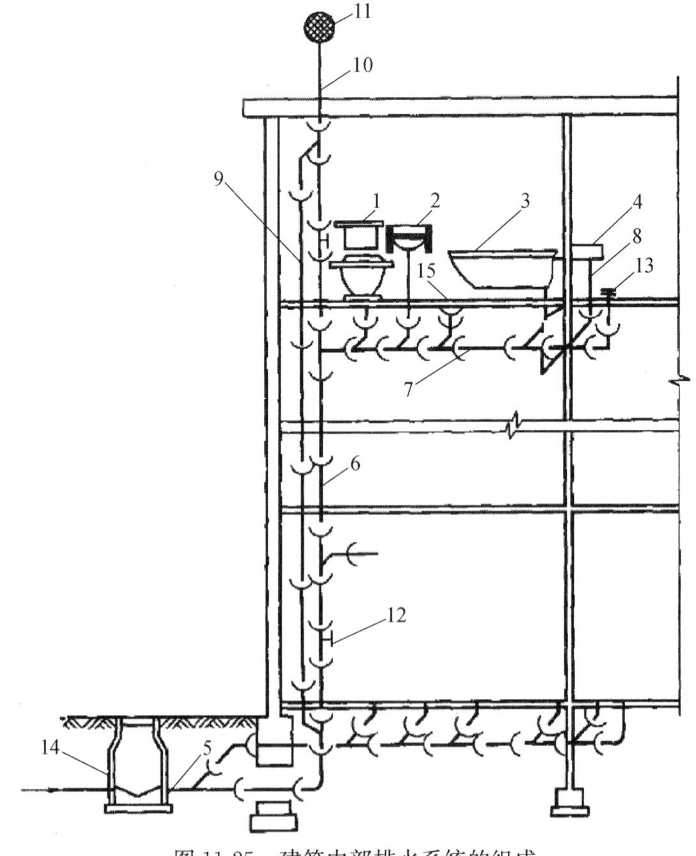

图 11-25　建筑内部排水系统的组成

1—大便器；2—洗脸盆，3—浴盆；4—洗涤盆；5—排出管；6—立管；7—横支管；8—支管；9—通气立管；10—伸顶通气管；11—网罩；12—检查口；13—清扫口；14—检查井

(3) 屋面排水

室内雨水排水系统用以排除屋面的雨水和冰、雪融化水。按雨水管道敷设的不同情况，可分为外排水系统和内排水系统两类。

1) 外排水系统

外排水系统的管道敷设在外，故室内无雨水管产生的漏、冒等隐患，且系统简单、施工方便、造价低，在设置条件具备时应优先采用。根据屋面的构造不同，该系统又可分为檐沟外排水系统和天沟外排水系统（图 11-26)。

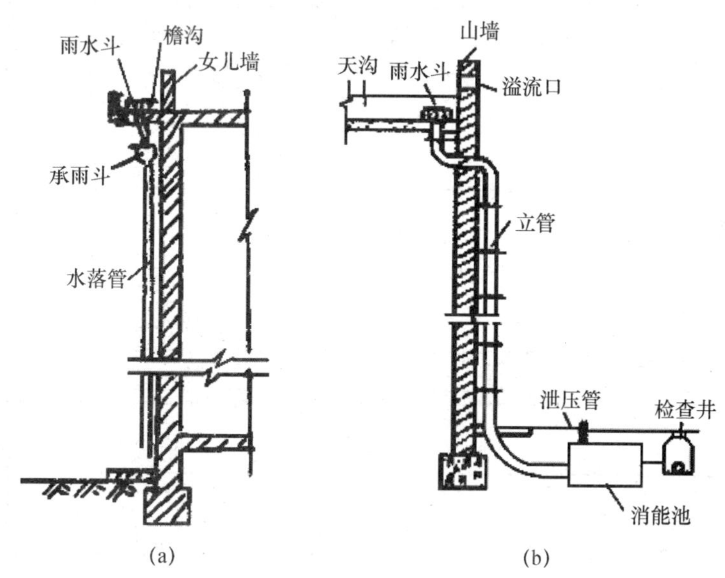

图 11-26 外排水系统

(a) 檐沟外排水；(b) 天沟外排水

2) 内排水系统

内排水是指在屋面设雨水斗，建筑物内部有雨水管道的雨水排水系统。对于跨度大、特别长的多跨工业厂房，在屋面设天沟有困难的锯齿形或壳形屋面厂房及屋面有天窗的厂房应考虑采用内排水形式。对于建筑立面要求高的高层建筑、大屋面建筑及寒冷地区的建筑，在外墙设置雨水排水立管有困难时，也可考虑采用内排水形式。

内排水系统由雨水斗、连接管、悬吊管、立管、排出管、埋地干管和检查井组成(图 11-27)。降落到屋面上的雨水，沿屋面流入雨水斗，经连接管、悬吊管，流入排水立管，再经排出管流入雨水检查井，或经埋地干管排至室外雨水管道。

11.4.2 居住小区排水系统

居住小区排水系统汇集小区内各类建筑排放的污、废水和地面雨水，并将其输入城镇水管网或经处理达标后直接排放。

(1) 排水体制

居住小区排水体制与城市排水体制相同，分为分流制和合流制。采用哪种排水体制，主要取决于城市排水体制和环境保护要求。同时，也与居住小区是新区建设，还是旧区改造，以及建筑内部排水体制有关。新建小区一般应采用雨、污水分流制，以减少对水体和环境的污染。居住小区内需设置中水系统（建筑中水工程是利用民用建筑或建筑小区排放的生活污、废水或设备冷却水等，经适当处理后回用于建筑或建筑小区作生活杂用水的压力供水工程系统）时。为简化中水处理工艺，节省投资和日常运行费用，还应将生活污水和生活废水进行分流。当居住小区设置化粪池时，为减小化粪池容积也应将污水和废水分流，生活污水进入化粪池，生活废水直接排入城市排水管网、外水体或中水处理站。

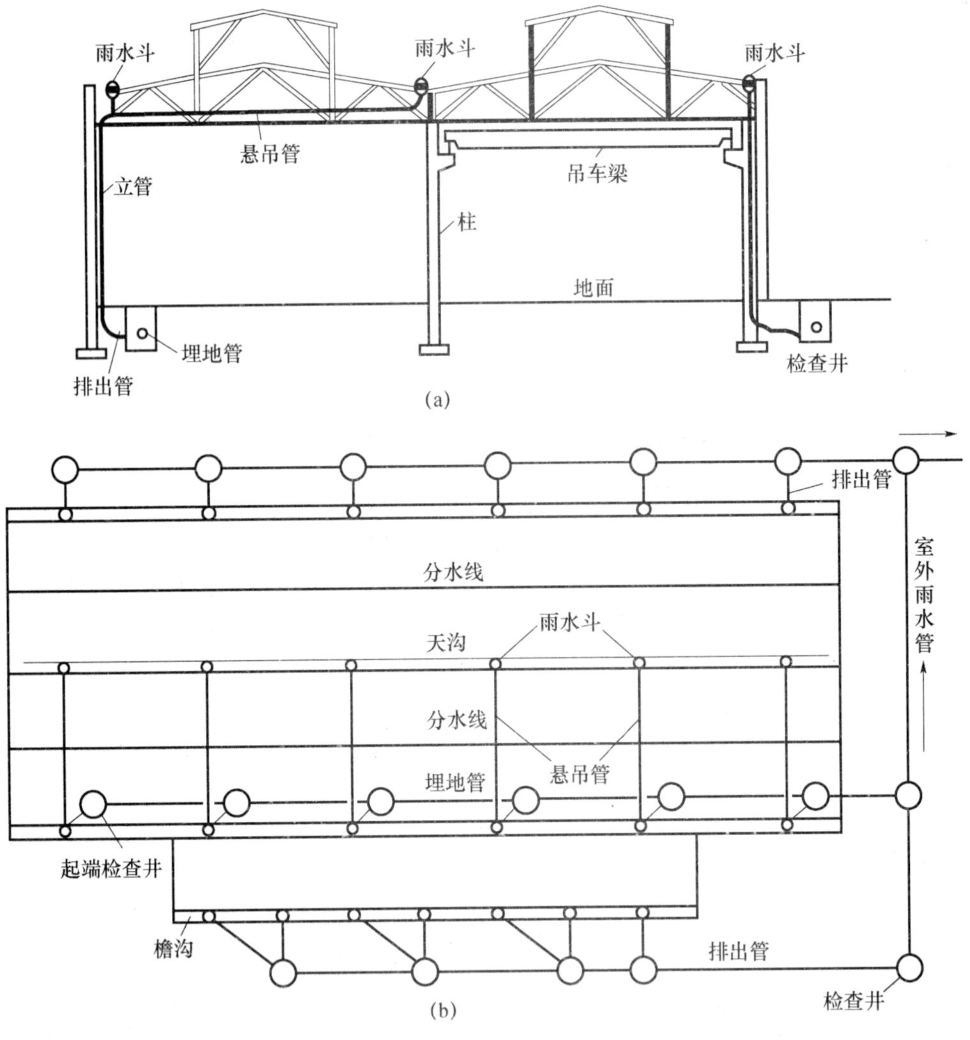

图 11-27　屋面雨水内排水系统

（a）剖面图；（b）平面图

（2）排水管道的布置与敷设

居住小区排水管道由进户管、支管、干管等组成，应根据小区总体规划、道路和建筑物布置、地形标高、污水、废水和雨水的去向等实际情况，按照管线短、埋深小、尽量自流排出的原则布置，一般应沿道路或建筑物平行敷设，尽量减少与其他管线的交叉。

（3）居住小区排水量

居住小区生活污水排水量是指生活用水使用后能排入污水管道的流量，其数值应该等于生活用水量减去可回用的水量。一般情况生活排水量为生活给水量的 60%～80%，但考虑到地下水经管道接口渗入管内，雨水经检查井口流入及其他原因可能使排水量增大。所以，取居住小区内生活排水的最大时流量与生活给水最大时流量相同，也包括居民生活排水量和公共建筑排水量。

居住小区雨水设计流量的计算与城市雨水相同，可按规范规定的要求计算。

居住小区排水系统采用合流制时，设计流量为生活排水流量与雨水设计流量之和。

(4) 污水处理

居住小区污水的排放应符合现行的《污水排入城镇下水道水质标准》(CJ 343—2010) 和《污水综合排放标准》(GB 8978—1996) 规定的要求。居住小区污水处理设施的建设应由城镇排水工程总体规划统筹确定，并尽量纳入城镇污水集中处理工程范围。当城镇已建成或规划了污水处理厂时，居住小区不宜再设污水处理设施；若新建小区远离城镇，小区污水无法排入城镇管网时，在小区内可设置分散或集中的污水处理设施。目前，我国分散的处理设施是化粪池，今后，将逐步被按二级生物处理要求设计的分散设置的地理埋式小型污水处理装置所代替。当几个居住小区相邻较近时，也可考虑几个小区规划共建一个集中的污水处理厂（站）。

11.5 黑臭水体

黑臭水体是一种生物化学现象，当水体遭受严重有机污染时，有机物的好氧分解使水体中耗氧速率大于复氧速率，造成水体缺氧，致使有机物降解不完全、速度减缓，厌氧生物降解过程生成硫化氢、氨、硫醇等发臭物质，同时形成黑色物质，使水体发生黑臭。黑臭水体是严重的水污染现象，使水体完全丧失使用功能，并影响景观以及人类生活和健康。

11.5.1 黑臭水体出现的原因

(1) 外源有机物和氨氮消耗水中氧气

城市水体一旦超量接收外源性有机物以及一些动植物的腐殖质，如居民生活污水、畜禽粪便、农产品加工污染物等，水中的溶解氧就会被快速消耗。当溶解氧下降到一个过低水平时，大量有机物在厌氧菌的作用下进一步分解，产生硫化氢、胺、氨和其他带异味易挥发的小分子化合物，从而散发出臭味。同时，厌氧条件下，沉积物中产生的甲烷、氮气、硫化氢等难溶于水的气体，在上升过程中携带污泥进入水体，使水体发黑。

(2) 底泥释放污染

当水体被污染后，部分污染物日积月累，通过沉降作用或随颗粒物吸附作用进入水体底泥中。在酸性、还原条件下，污染物和氨态氮从底泥中释放，厌氧发酵产生的甲烷及氮气导致底泥上浮也是水体黑臭的重要原因之一。有研究指出，在一些污染水体中，底泥中污染物的释放量与外源污染的总量相当。此外，由于城市河道中有大量营养物质，导致河道中藻类过量繁殖。这些藻类在生长初期给水体补充氧气，在死亡后分解矿化形成耗氧有机物和氨态氮，导致季节性水体黑臭现象并产生极其强烈的腥臭味。

(3) 水体不流动和水温升高的影响

丧失生态功能的水体，往往流动性降低或完全消失，直接导致水体复氧能力衰退，局部水域或水层亏氧问题严重，形成适宜蓝、绿藻快速繁殖的水动力条件，增加水体爆发风险，引发水体水质恶化。此外，水温的升高将加快水体中的微生物和藻类残体分解有机物及氨氮速度，加速溶解氧消耗，加剧水体黑臭。

11.5.2 黑臭水体的治理

黑臭水体治理应遵循“外源减排、内源清淤、水质净化、清水补给、生态恢复”的技术路线。外源减排和内源清淤是基础与前提，水质净化是阶段性手段，水动力改善技术和生态恢复是长效保障措施。

（1）外源阻断技术

外源阻断包括城市截污纳管和面源控制两种情况。针对缺乏完善污水收集系统的水体，通过建设和改造水体沿岸的污水管道，将污水截流纳入污水收集和处理系统，从源头上削减污染物的直接排放。对尚无条件进行截污纳管的污水，可在原位采用高效一级强化污水处理技术或工艺，避免污水直排对水体的污染。

城市面源污染控制技术主要包括各种城市低影响开发（如海绵城市）技术、初期雨水控制技术和生态护岸技术等。水体周边垃圾的清理是面源污染控制的重要措施。

（2）内源控制技术

即清淤疏浚技术，通常有两种：一种是抽干湖/河水后清淤；另一种是用挖泥船直接从水中清除淤泥。后者的应用范围较广。清淤疏浚能相对快速地改善水质，但清淤过程因扰动易导致污染物大量进入水体，影响到水体生态系统的稳定，具有一定的生态风险。

（3）水质净化技术

城市黑臭水体的水质净化技术主要包括：人工曝气充氧（通入空气、纯氧或臭氧等），可以提高水体溶解氧浓度和氧化还原电位，缓解水体黑臭状况。德国萨尔河、英国泰晤士河、澳大利亚天鹅河、中国的苏州河等治理中都采用了曝气增氧的方法。絮凝沉淀技术是指向城市污染河流的水体中投加铁盐、钙盐、铝盐等药剂，使之与水体中溶解态磷酸盐形成不溶性固体沉淀至河床底泥中。人工湿地技术是利用土壤—微生物—植物生态系统对营养盐进行去除的技术，多采用表面流湿地或潜流湿地，湿地植物可选择沉水植物或挺水植物。生态浮岛是一种经过人工设计建造、漂浮于水面上供动植物和微生物生长、繁衍、栖息的生物生态设施，通过构建水域生态系统对水体中的污染物摄食、消化、降解等，实现水质净化。稳定塘是一种人工强化措施与自然净化功能相结合的水质净化技术，如多水塘技术和水生植物塘技术等。可利用水体沿岸多个天然水塘或人工水塘对污染水体进行净化。

（4）水动力改善技术

调水不仅可借助大量清洁水源稀释黑臭水体中污染物的浓度，而且可加强污染物的扩散、净化和输出，对于纳污负荷高、水动力不足、环境容量低的城市黑臭水体治理，该技术效果明显。但调用清洁水来改善河水水质应尽量采用非常规水源，同时在调水的过程中要防止引入新的污染源。

（5）生态恢复技术

水体黑臭现象往往是由于水中氮、磷浓度较高引起藻类爆发等次生问题，造成水质恶化、藻毒素问题和其他水生生物的大量死亡，继而导致黑臭复发。城市河道富营养化控制的关键是对磷的控制，目前污水处理厂出水标准中磷的指标限值远高于地表水标准限值。因此，在有条件的地方实行区域限磷或提高污水总磷排放标准是十分有效的措施。进入水体的磷大多以磷酸盐形式沉淀在底泥中，因此保持水—泥界面弱碱性、有氧状态是河道富营养化控制的主要举措。藻类生长人工控制技术包括各种物理、化学和生物技术。物理控制技术包括藻类直接收集和紫外线杀藻等，化学控制技术包括投加无机或有机抑（杀）藻剂，生物控制技术包括种植抑藻水生植物或投放食藻鱼类等。这些措施一般在应急时采用。水生态修复包括水生植物和水生动物（如鱼类、底栖动物等）食物链的修复与水文生态系统的构建。利用生态学原理构建的食物链，可以持续去除城市水体中污染物和营养物，改善水体。

11.6　海 绵 城 市

海绵城市，是新一代城市雨洪管理概念，也可称之为“水弹性城市”。是在生态文明建设背景下，基于城市水文循环，重塑城市、人、水新型关系的新型城市发展理念。其具体是指通过加强城市规划建设管理，充分发挥建筑、道路和绿地、水系等生态系统对雨水的吸纳、蓄渗和缓释作用，有效控制雨水径流，实现自然积存、自然渗透、自然净化的城市发展方式。

其建设能有效缓解快速城市化过程中的各种水问题，有效改善城市热岛效应等生态问题，创造具备生态和景观等功能的公共空间，是修复城市水生态、涵养水资源，增强城市防涝能力，扩大公共产品有效投资，提高新型城镇化质量，增强市民的获得感和幸福感，促进人与自然和谐发展的有力手段。

11.6.1　海绵城市的建设背景

海绵城市建设应遵循生态优先等原则，将自然途径与人工措施相结合，在确保城市排水防涝安全的前提下，最大限度地实现雨水在城市区域的积存、渗透和净化，促进雨水资源的利用和生态环境保护。

建设“海绵城市”并不是推倒重来，取代传统的排水系统，而是对传统排水系统的一种“减负”和补充，最大限度地发挥城市本身的作用。在海绵城市建设过程中，应统筹自然降水、地表水和地下水的系统性，协调给水、排水等水循环利用各环节，并考虑其复杂性和长期性。

11.6.2　海绵城市的建设途径

海绵城市建设遵循“渗、滞、蓄、净、用、排”的原则，把雨水的渗透、滞留、集蓄、净化、循环使用和排水密切结合，统筹考虑内涝防治、径流污染控制、雨水资源化利用和水生态修复等多个目标。

海绵城市理念的最终实现，需要依托多个子系统协同发挥各自作用，每个子系统拥有一些具体的实现设施，其中主要有以下子系统：

（1）建筑与小区

径流雨水通过有组织的汇流与转输，经截污等预处理后引入绿地与广场。主要通过绿色屋顶、雨水罐、透水砖铺装等实现。

（2）城市水系

保持水系结构完整性，强化其对径流雨水的自然渗透、净化与调蓄功能。主要通过湿塘、渗透塘、雨水湿地等实现。

（3）城市绿地系统

对绿地自身及周边硬化区域径流进行渗透、调蓄及净化，并与雨水管渠衔接。主要通过下沉式绿地、转输型/干式/湿式植草沟等实现。

（4）城市道路交通

利用道路绿化带等建设下沉式绿地、植草沟、雨水湿地、透水铺装、渗管/渠等。施工时使用透水水泥混凝土、透水沥青混凝土等。

（5）城市排水系统

溢流排水系统应通过渗管、渗渠与城市雨水管渠系统或超标雨水径流排放系统衔接。

11.7 工程案例1——法国巴黎梅里奥塞（Mery-sur-Oise）水厂

11.7.1 工程概况

法国巴黎梅里奥塞（Mery-sur-Oise）水厂，位于法国巴黎北郊，美丽的奥塞（Oise）河旁，该厂建于20世纪初，经多次重大改造，目前供水规模已达34万m^3/d，其中14万m^3/d采用纳滤膜技术。这是世界上第一个采用纳滤膜技术处理河水的水厂，水厂出水水质安全卫生，口感好，不含氯味，代表了21世纪世界饮用水的方向，该厂的广告语是“丢掉瓶装水，打开自来水龙头吧!”

11.7.2 梅里奥塞水厂工艺流程及特点

梅里奥塞水厂原供水规模20万m^3/d，采用的水处理工艺流程为：混合反应沉淀—沙滤—后臭氧接触池—生物活性炭滤池—氯化接触池。由于奥塞河水质污染不断加剧，1993年该厂安装了一套1400m^3/d纳滤中试装置，开始为附近的阿沃斯奥塞小镇提供膜处理用水，两年的试验结果证明了纳滤膜技术是行之有效的。1995年法国水务企业联合集团（SEDIF）决定投资1.5亿欧元增建14万m^3/d纳滤膜水厂，并于1999年建成试运行，采用的水处理工艺流程为：ACTIFLO高密度沉淀池—前臭氧接触池—双层滤料滤池—保安滤器—纳滤—紫外消毒（图11-28）。

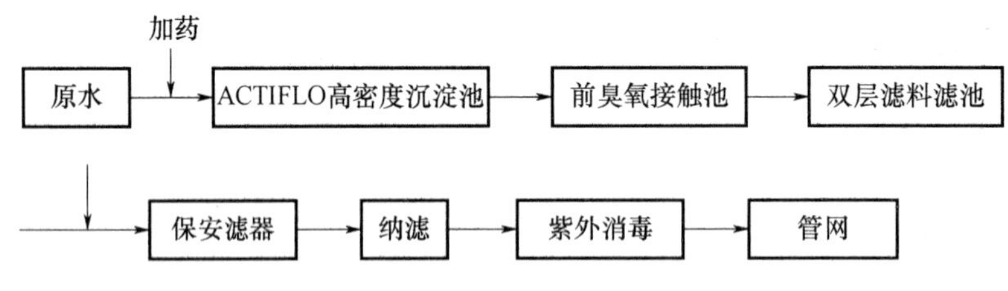

图11-28 梅里奥塞水厂的纳滤系统工艺流程

纳滤膜共分8个系列，每个系列分4个支架，第一段两个支架，每个支架安装54支容器；第二段一个支架，装有54支容器；第三段一个支架，装有28支容器；每支压力容器装6支元件，共有9120支卷式纳滤膜元件，膜元件设置在3600m^2的建筑物内，过滤面积达340000m^2。膜进口压力根据原水水温的不同而变化，变化范围8～15bar。膜元件启动清洗的条件是产水量下降25%或任一段标准压力增加25%，清洗周期一般为40d，清洗一系列膜组的时间大约36h。清洗系统分两组，每组由清洗配液水箱、变频泵和保安滤器组成，清洗液共有4种化学药品：洗涤剂、氢氧化钠、柠檬酸和杀菌剂。

梅里奥塞水厂不仅出水水质好，可为巴黎北郊39个区大约80万居民提供优质饮用水，而且自动化程度高，整个水厂采用了1250台由计算机控制的预报控制屏，950多台在线传感器，140 个自动系统，可以连续向控制中心提供 600 个数据信息，完全实现自动控制，开创了 21 世纪世界自来水厂的新局面，图 11-29 至图 11-34 所示为梅里奥塞水厂的关键设施。

图 11-29　梅里奥塞水厂的 ACTIFLO 高密度沉淀池水力分离器

图 11-30　梅里奥塞水厂的前臭氧发生间

图 11-31　梅里奥塞水厂的保安滤器

图 11-32　梅里奥塞水厂使用的纳滤膜

图 11-33　梅里奥塞水厂的纳滤膜系统

图 11-34　梅里奥塞水厂的紫外线消毒系统

11.8　工程案例 2——上海白龙湾污水处理厂

11.8.1　工程概况

上海白龙湾污水处理厂位于浦东新区合庆镇朝阳村，是上海市污水治理二期工程的一个重要组成部分，2008 年 9 月升级改造工程全部建成投产，处理规模达 200 万 m^3/d，是亚洲最大的污水处理厂，也是世界最大的污水处理厂之一，处理能力占上海城市污水处理能力的 1/3 左右。它每天最多可处理 172 万 m^3 的污水，为 271.7km^2 区域内的 356 万人口提供服务。该地区的强劲增长使日污水处理能力必须加倍，即达到 210 万 m^3。

11.8.2　白龙湾污水处理厂工艺流程及特点

白龙湾污水处理厂是国内规模最大的具有脱氮除磷功能和污泥厌氧消化的城市污水处理厂，简易的工艺流程如图 11-35 所示。该厂的污水处理采用多模式厌氧/缺氧/好氧（A/A/O）工艺，进水经泵站提升后以重力流进入总配水井，经 8 组粗细格栅和旋流沉沙池预处理后，进入多模式 A/A/O 处理单元，二沉池出水采用紫外线消毒；还有部分污水经预处理后，进入高效沉淀池，通过外加药剂处理后同样经紫外消毒，出水经出口泵房通过深水排放管排入长江。

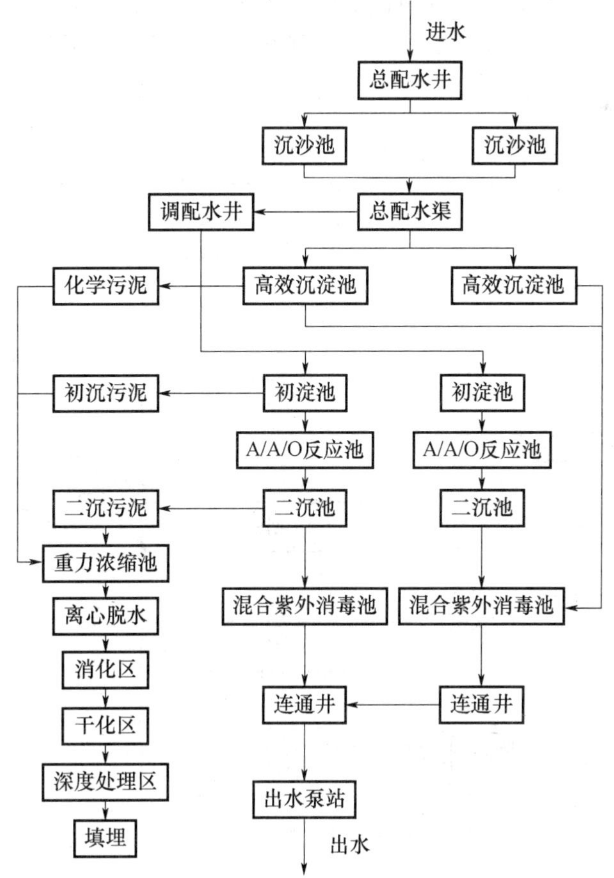

图 11-35　白龙湾污水处理厂总工艺流程图

高效沉淀池总配水井出水大于160万m^3/d的流量部分通过高效沉淀池进行处理，共计设3组，每组6只池（图11-36）。

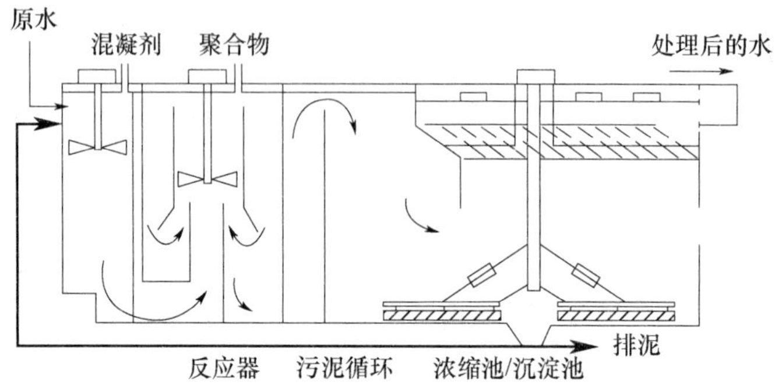

图11-36　高效沉淀池工艺流程

每组处理水量约42万m^3/d，表面负荷$17m^3/(m^2 \cdot h)$，停留时间50min，污泥回流比4%，产生污泥量197t/d，含水率97%。

水处理完之后会产生大量污泥，分为三种：初沉池产生的叫作初沉污泥，二沉池产生的叫作二沉污泥，高效沉淀池加药产生的叫作化学污泥。

污泥首先通过重力和机械作用降低含水率，然后进入污泥厌氧消化系统使污泥中的部分有机物降解并产生沼气。一部分厌氧消化污泥进入板框压滤机使含水率降至60%以下；另一部分厌氧消化污泥则通过离心脱水使含水率降至80%以下，然后进入流化床干化至含水率低于10%，经深度脱水和干化后的污泥外运填埋（图11-37）。

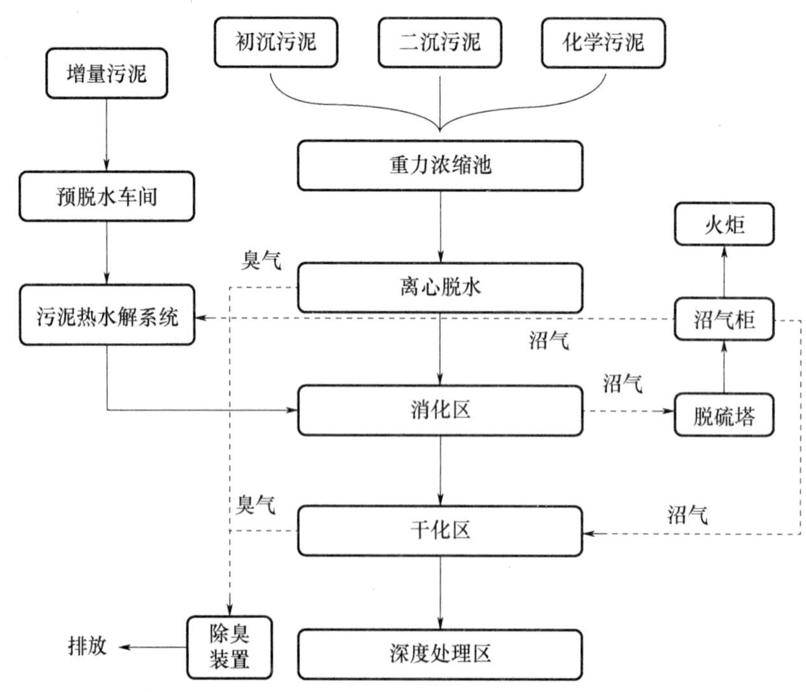

图11-37　污泥处理工艺流程图

主要有五种工艺，分别如下：

(1) 重力浓缩池

利用污泥中固体颗粒与水之间的相对密度差来实现污泥浓缩，含水率为 97%的初沉污泥经过重力浓缩后含固率达 5%，含水率为 99.2%的剩余污泥经重力浓缩后含固率从 0.5%提高至 1.5%～2%。

(2) 离心脱水

离心机高速旋转而带来的离心力，使进入转鼓内的悬浮液中密度大的物料受到离心力和离心液压力的作用而分离，浓缩后含水率为 95%。

(3) 消化区

采用单级中温厌氧消化，厌氧发酵后甲烷杆菌产生沼气，经过干式和湿式脱硫法，去除里面的硫化氢等杂质得到纯净的甲烷气体，备用给第四个区域干化区。

厌氧消化系统主要包括消化池、加热系统及沼气处理与利用设施。消化池系统主要包括匀质池、进泥泵房、8 座消化池及其地下管廊，沼气处理设施采用湿式脱硫系统去除硫化氢从而保证后端沼气利用设施的安全运行，加热系统包括热水锅炉、热力循环系统。厌氧消化产生的沼气作为能源供给消化和干化热量（图 11-38）。

图 11-38　消化区（“八个蛋”）

(4) 干化区

主要应用的原理是流化床，用导热油让污泥在上面进一步蒸发水分，使它的含水率降低到 5%。

(5) 深度处理区

利用板框压滤机，通过板框挤压形成滤饼通过船运到老港填埋。

11.9　工程案例 3——上海中心大厦

11.9.1　工程概况

上海中心大厦位于浦东新区陆家嘴金融贸易中心。紧邻金茂大厦和上海环球金融中心。

场地面积约 3 万 m^2，总建筑面积约 57 万 m^2。建筑由地上 120 层可使用楼层、4 层设备用房、地下 5 层组成。建筑高度 580m，塔冠最高点为 632m。建筑由下至上竖向分成 10 个区，包括 5 层地下室、1 个裙房商业区、5 个办公区、2 个酒店及精品办公区、1 个观景区。除地下室外，每个区被 2 层完整的设备、避难层分开（图 11-39）。

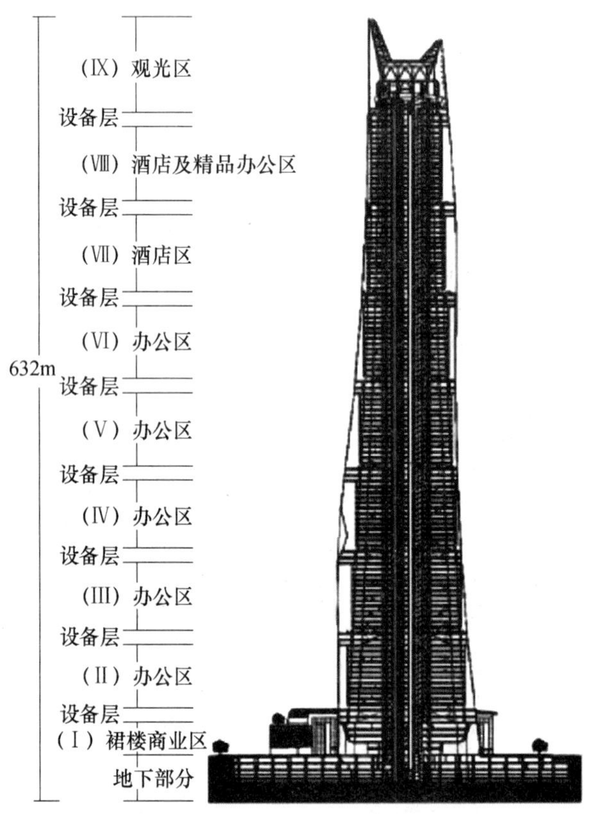

图 11-39　上海中心大厦建筑分区示意

11.9.2　生活、消防合用给水系统

上海中心大厦的给水系统采用生活、消防合用的重力水箱供水方式（图 11-40）。在地下五层设有 1220m^3 生活、消防合用水池，其中 680m^3 为消防储水。重力水箱采用生活、消防泵逐级串联进水方式，在 6F/7F、35F/36F、66F/67F、99F/100F 的设备、避难层设置生活水箱；在 20F/21F、50F/51F、82F/83F、116F/117F 的设备、避难层分别设置生活、消防合用水箱；在 128F 屋顶层设消防专用水箱。

每个生活水箱的容积按该生活水箱所供区域的生活用水量确定。每个生活、消防合用水箱的容积根据三部分用水量计算确定：合用水箱所供楼层的生活用水量、合用水箱以上楼层区域的生活转输水量、合用水箱所供区域 30min 最大消防用水量（但不小于 $2\times100m^3$）。各区生活、消防合用水箱均为 2 个，每个水箱容积为总设计容积的 50%。128F 屋顶层设消防专用水箱容积为 30min 消防用水量。

根据卫生部门的意见，所有生活、消防合用水池（箱）内储水的更新周期必须做到小于 24h。所有生活用水由设在各区设备、避难层的生活水箱或生活、消防合用水箱重力供水，用水点的最低水压商业、办公为 0.20MPa，酒店为 0.275MPa。110F 以下楼层的消防系统采用重力供水方式，110F 以上楼层（含 110F）采用临时高压给水系统。

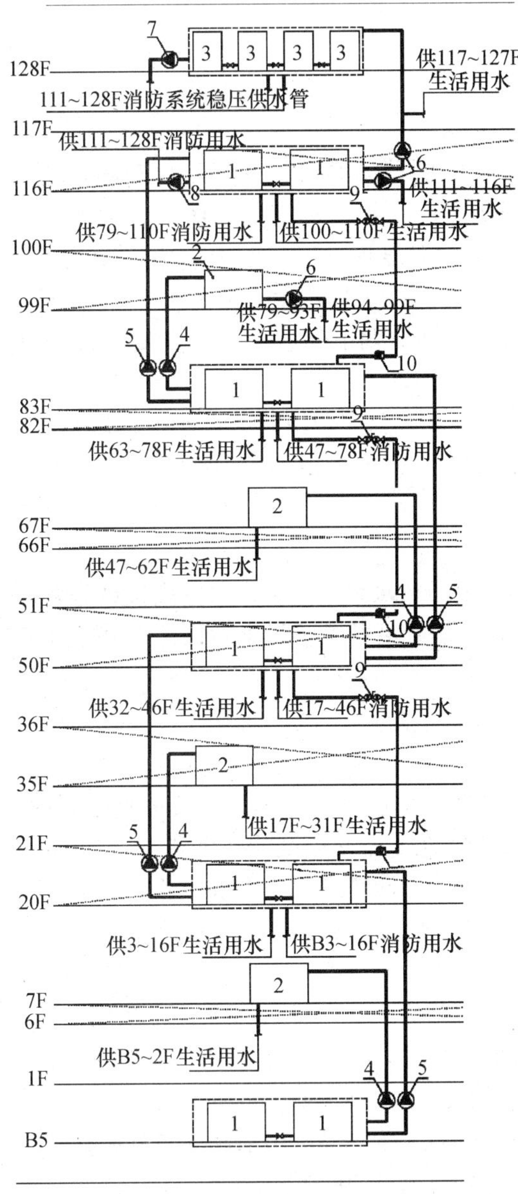

图 11-40　生活、消防合用给水系统

1—生活、消防合用水箱；2—生活水箱；3—屋顶消防水箱；4—生活水箱转输泵组；5—生活、消防合用水箱转输泵组；6—生活给水变频泵组；7—临时高压消防系统增压稳压泵组；8—临时高压消防系统供水泵组；9—电动阀；10—减压阀组

11.9.3　排水系统

室内排水系统为污废分流的排水方式。排水系统竖向以 2～3 个建筑功能分区为一个排水分区，所有卫生间排水均设有器具通气管。

裙房屋面雨水系统采用虹吸式屋面雨水系统，设计重现期 20 年，排水系统与溢流的合计重现期为100年，溢流形式为溢流系统，溢流系统也采用虹吸式雨水系统。塔楼屋面雨水系统采用87斗排水系统，设计重现期为10年，排水系统与溢流的合计重现期为50年，溢流形式为溢流口。塔楼雨水系统在66F设有减压水箱，减压水箱兼作雨水回用系统的收集水箱。

11.9.4 消防系统

上海中心大厦内设有不同的消防系统。包括：自动喷水灭火系统，设置于净空高度12m以下所有可用水扑救的场所；水喷雾灭火系统，设置于柴油发电机和燃油三联供机组的局部保护；大空间射水灭火装置，用于酒店空中大堂的高大净空场所；大空间洒水灭火装置，用于各空中休闲层的高大净空场所；IG-541气体灭火系统，用于不能用水扑救的所有强、弱电机房（楼层强、弱电间、电梯机房除外）；高压细水雾灭火系统，用于所有电梯机房。

整个上海中心大厦按1个着火点配置消防灭火设施。110F以下楼层的所有水灭火系统采用重力供水方式，110F以上楼层（含110F）采用临时高压给水系统。

11.9.5 热水系统

酒店客房、酒店后勤的生活热水采用集中供水方式，热源为三联供系统提供的蒸汽，冷水经热回收装置预热后，用半容积式热交换器加热供水。办公区卫生间热水采用容积式电热水器。

11.9.6 绿色建筑设计

上海中心大厦力求打造高层绿色建筑，其设计目标是达到国家标准《绿色建筑评价标准》（GN/T 50378—2006）绿色建筑三星设计标识和运营标识，荣获美国LEEd-CS金奖。上海中心大厦收集了屋面雨水和生活废水作为中水水源，二类不同水质的原水经各自的处理设施分别处理后，作为中水用于除酒店客房外的其他所有中水用水场所。

同时，为充分利用水的势能，在66F设有雨水及废水处理机房，分别收集、处理塔楼屋面雨水和66F以上楼层的生活废水，处理后的中水重力供给83F以下楼层使用。在B5层也各设有一座雨水及废水处理机房，分别收集、处理裙房屋面雨水和66F以下楼层的生活废水，处理成中水后供大楼低区中水供水系统。所有用水场所均采用国家标准的节水型卫生器具，也深感既要控制用水点的水压，保证用水器具的节水效果，又要满足高星级酒店用水舒适性的要求是一个值得研究、探讨的问题。

11.10 工程案例4——南京月牙湖黑臭水体治理

11.10.1 工程概况

月牙湖位于江苏省南京市秦淮区，北承钟山之水，东纳童子仓沟、卫桥沟来水，南由七桥翁泵站抽引运粮河河水入湖，西经铜芯管闸对明御河进行补水，与西北护城河遥相呼应，是南京城墙历史遗存的重要组成部分，发挥着水量调蓄、防洪排涝、主城区补水等重要的河道功能，是秦淮区水系引排格局和水资源区域调度中的重要一环。

月牙湖区域整体防洪排涝问题尚不突出，但局部存在排涝隐患，引水水源单一，补水水质有待提高，部分区域管网设施不完善，雨污分流不彻底。此外，因不合理的开发利用使得月牙湖自然湿地萎缩、生态破碎、生物多样性受损，生态系统整体较为脆弱，生态功能严重退化，湖泊内外污染源治理有待加强。部分水域被侵占，保护管理措施有待提升。

11.10.2　工程总体目标

月牙湖整治工程的主要目标是通过引水工程以增加湖体流动性，利用截污工程控制污染源头，项目实施完成后，确保消除劣Ⅴ类水；2018 年，各项水质监测指标均达到《地表水环境质量标准》(GB 3838—2002) Ⅳ类水的要求。

月牙湖生态综合整治工程以维护健康湖泊生命为总体目标，结合景观生态工程建设，挖掘其特有的水文化内涵和魅力，营造水活、水清、水畅的河湖生态环境。考虑月牙湖实际情况，划定月牙湖保护范围，明确河道分区管理措施及要求，形成净化水质、恢复生态、改善景观等功能，最终实现生态环境良好、自然资源丰富、水源调蓄有序、人湖和谐共处等一系列目标。

11.10.3　工程具体内容

工程总投入约 1.75 亿元，于 2016 年 12 月开工，2017 年 12 月竣工验收，工程内容包括全线河道清淤治理、生态修复等。

(1) 控源截污

为达到消除黑臭水体目标，在“截、收、清”几个方面同时用力。截：对月牙湖流域内沿湖 46 个排污口进行系统排查，完成 26 处河道排污口控源截污，并逐一编号、公示信息；收：汇水区域 115 个排水达标区新建雨污管网，完成雨污分流；清：月牙湖及东南护城河清除河道淤泥垃圾约 371.6 万 m^3 (图 11-41)。

截污前

截污中

截污后

图 11-41　控源截污

(2) 岸线整治

水陆联动，实施月牙湖与周边道路的一体化整治。以“一河一路”为整治理念，对河道岸线环境实施综合整治，拆除违章搭建，退让河道蓝线，建设人行步道，打造游园广场和休闲水品，使河道、道路空间有机衔接，景观风格协调统一 (图 11-42)。

拆违现场

图 11-42　岸线整治

（3）生态修复

在重要河段安装曝气增氧装置，种植水生植物，投放水生动物（图 11-43）。

种植水生植物

曝气装置

图 11-43　生态修复

（4）落实长效

对综合整治后的月牙湖及护城河等核心区域河道，按照城市水利风景区的标准提升管理要求。按照河岸区域环卫保洁、停车管理、户外广告、店招标牌、门前三包、行动执法六大管理重点，制定精细化管理方案和具体标准，部门、街道按职责分工落实任务，分片分段包干负责。

结合河长制工作，构建了市、区、街道、社区、志愿者五级河长责任体系。在全市所有河道设立河长公示牌、排口标示牌，建立微信群、河道管理手机 APP、微信公众号等信息管理平台，主动接受社会各界监督。

11.11　工程案例 5——德国汉诺威康斯伯格（Kronsberg）生态社区

11.11.1　工程概况

康斯伯格（Kronsberg）城区位于汉诺威市东南，2000 年德国世界博览会在汉诺威召开，康斯伯格城区规划项目作为世博会生态设计展览部分开始启动。该项目由汉诺威世博会组委会、德国环境基金会和欧盟共同参与。规划总面积 150 公顷。康斯伯格城区从规划到施工，始终将可持续发展与生态化设计列在第一位。在能源、水处理、垃圾以及土地规划各个方面和专业部门共同合作。城区贯彻了节约能源，“近自然”的雨水规划，注重环境保护等理念，在雨水规划、新能源利用、生态建筑、土壤利用、生态恢复等方面作了全面、科学的规划设计。

11.11.2　雨水规划的主要特点

由于当地地下水位较高，康斯伯格城区是汉诺威重要的地下水储存地，这也是汉诺威政府一直迟迟没有在康斯伯格城区进行建设的原因之一。该项目提出了“近自然”的雨水管理概念和方法，目标是通过一些接近自然的排水方式，尽可能地将雨水就地滞留并下渗，最大可能地减少流失量，让城区的雨水流失量和地下水保持在未开发前的状态。

如图 11-44 所示的整个雨水规划中的几个大型雨水滞留区都很好地结合地形设计，由于地势东高西低，在场地的西边缘最低洼处，规划了一个可作为公园绿地使用的大型滞水区域，下暴雨时可滞留大量雨水从而起到防洪作用，平时是可进入的休闲绿地。雨水顺应东高西低的地势沿地表可形成溪流景观。

图 11-44　大型滞水区域

城区雨水利用系统由“雨水渗滤沟”“坡地雨水绿道”“雨水滞留区域”“蓄水湖”和“输水沟”五个部分组成。在这个系统中，雨水流入沿路设置雨水渗滤沟，滞留在沟中并慢慢透过沟底的滤水层净化后下渗，当遇到暴雨时溢出的雨水再通过管道运到较大的雨水滞留区域中，保持在那里慢慢渗透和蒸发（图 11-45～图 11-48）。

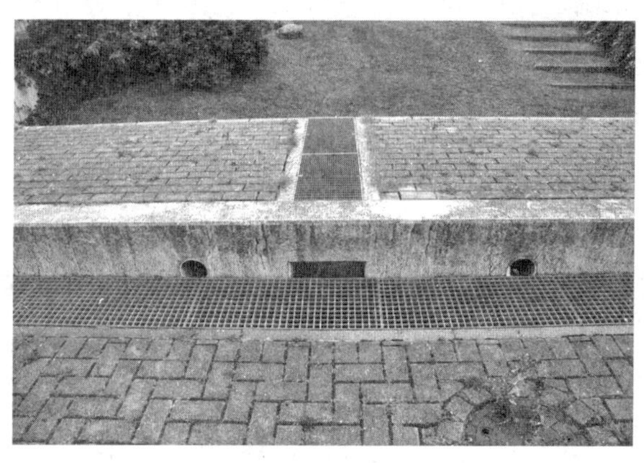

图 11-45　雨水渗滤沟

图 11-46　停车场和屋顶雨水汇入雨水渗滤沟

图 11-47　坡地雨水绿道

图 11-48　雨水滞流区域

在私人户外空间内，业主可以根据法律和合同要求，在技术条件允许情况下做任何形式和尺寸的雨水渗透和滞留设计。在系统的生态设计中，虽然进行了大面积的施工，康斯伯格地区的自然水位仍得到保持，整个区域的降水几乎完全不流失，极其接近 1994 年未开发时自然状态下的情况：14mm/年。和普通居民区雨水 165mm/年的流失量相比，康斯伯格城区的流失量仅为 19mm/年。

第12章　土木工程的防灾、减灾

工程灾害包括自然灾害和人为灾害。自然灾害主要指地震灾害、风灾、水灾、地质灾害等；人为灾害则包括火灾及由于设计、施工、管理、使用失误造成的工程质量事故。随着世界经济一体化和社会城市化进程的发展，工程灾害的破坏程度和造成的损失也越来越引起工程界的重视。人类在土木工程的建设和使用过程中，应了解和掌握土木工程可能受到的各种灾害的发生规律、破坏形式及预防措施。

土木工程受灾后的首要问题是进行结构检测和结构鉴定，根据结果给出结构处理意见，即拆除或加固后使用。土木工程的检测、鉴定和加固是目前土木工程领域的热门技术之一。

12.1　工程灾害

12.1.1　自然灾害

1. 地震灾害

地震是人们平常所说的地动，是通过感觉或仪器察觉到的地面震动。由于地球不断运动和变化，地壳的不同部位受到挤压、拉伸、旋扭等力的作用，逐渐积累了能量，在某些脆弱部位，岩层就容易突然破裂，引起断裂、错动，于是就引发了地震。

(1) 地震的分布

地震的发生受地质构造条件控制。因此，地震的分布，多发生在那些活动构造体系内的活动构造带上，而且主要分布在存在着活动断层的地方，即地震的发生主要与活动断层有关。全世界地震主要分布于两个地震带：

1) 环太平洋地震带

环太平洋地震带是全球规模最大的地震活动带。此地震带主要位于太平洋边缘地区，沿南北美洲西海岸，从阿拉斯加经阿留申至堪察加，转向西南沿千岛群岛至日本，然后分成两支，其中一支向南经马里亚纳群岛至伊里安岛，另一支向西南经琉球群岛、我国台湾地区、菲律宾、印度尼西亚至伊里安岛，两支在此汇合，经所罗门、汤加至新西兰。全球约80%的浅源地震、90%的中深源地震以及几乎所有深源地震，都发生在这一带。所释放的地震能量约占全球地震总能量的80%。该地震带是大多数灾难性地震和全球8级以上巨大地震的主要发震地带。

2) 欧亚地震带

欧亚地震带是全球第二大地震活动带。横贯欧亚两洲并涉及非洲地区。其中一部分从堪察加开始，越过中亚，另一部分则从印度尼西亚开始，越过喜马拉雅山脉，它们在帕米尔会合，然后向西伸入伊朗、土耳其和地中海地区，再出亚速海。所释放的地震能量约占全球地震总能量的15%。

我国地处两大地震带之间，在我国发生的地震又多又强，其绝大多数又是发生在大陆的浅源地震，震源深度大都在20km以内。因此，我国是世界上多地震的国家，也是蒙受地震灾害最为深重的国家之一，我国大陆约占全球陆地面积的1/4，但20世纪有1/3的陆上破坏性地震发生在我国，死亡人数约60万人，占全世界同期因地震死亡人数的一半左右。20世纪死亡20万人以上的大地震全球共两次，都发生在中国，一次是1920年宁夏海原8.5级大地震，死亡23万余人；另一次是1976年河北唐山7.8级地震，死亡24万余人。这两次大地震都使人民生命财产遭受了惨痛的损失。

（2）土木工程的抗震及隔震

地震灾害促使人类努力认识其发生规律和破坏特点并采取积极措施使地震带来的损失降到最低。1976年唐山地震后，我国加强了地震监测和预报，在全国建立了地震监测预报网。1997年12月29日第八届全国人民代表大会常务委员会第二十九次会议通过了《中华人民共和国防震减灾法》，自1998年3月1日起施行，使得我国的地震监测预报、地震灾害预防、地震应急、震后救灾与重建及相关部门的法律责任有直接明确的法律依据。2008年12月27日，第十一届全国人大常委会修订通过新的防震减灾法。新修订的防震减灾法是在总结1998年防震减灾法颁布实施十年来的工作经验，特别是总结汶川8.0级特大地震抗震救灾工作经验的基础上，为适应经济社会和防震减灾事业发展的需要进行的全面修改和完善。新修订的防震减灾法强化了政府职能，强化了部门职责，强化了社会参与，强化了条件保障，强化了科技支撑，强化了法律责任。与原法相比，结构更加合理，内容更加全面，制度更加完善。

在工程界，依据防震减灾法，重新修订了各地的抗震设防烈度，提高了工程抗震设计和抗震检验的标准，编制、修订了包括《建筑结构抗震设计规范》（GB 50011—2010）、《公路工程抗震规范》（JTG B02—2013）、《城市桥梁抗震设计规范》（CJJ 166—2011）在内的一系列有关抗震设防、结构鉴定及加固的标准和规范。一个国家的抗震设计规范，不仅仅是技术性的，还有很强的政策性，许多方面，是一个国家经济条件的直接反映。美国抗震专家Mark Fintel曾说过，一个国家的抗震政策（体现在规范上），实际上是一个国家的政府愿意为他的人民在抗震方面投多少保险。所以国家富了，可多投些保险费，穷国只能适当少投。按照目前我国抗震设计规范的规定，我国规范中规定的最低用钢量是不考虑抗震时的数值，在考虑抗震后，柱实际配筋率与发达国家相差不大，而梁受压钢筋的配筋率以及某些构造要求，如剪力墙最小配筋率为0.25%，与美国基本持平。由此可见，我国经济的增长为土木工程的抗震设防提供了极大保障。此外，在抗震研究方面，我国也加大了投入，在20世纪80年代至今，一些科研院所相继建立了几个大型振动台实验室，为我国抗震研究提供了技术支持。如依托于上海同济大学的土木工程防灾国家重点实验室，下设振动台实验室、风洞试验室、地面运动观测室和桥梁支座实验室；中国建筑科学研究院模拟地震振动台实验室，是目前全国最大、国际上最先进的6m×6m三向六自由度大型模拟地震振动台实验室，以研究复杂建筑结构及城市基础设施在地震作用下的反应规律为主，研究解决中国抗震防灾事业中的前沿性和基础性问题。很多重要建筑、特殊结构进行了振动台试验，如上海东方明珠电视塔、中央电视台新台址主楼、上海经贸大厦等，一方面检测了结构抗震性能，另一方面也为今后标准、规范的修订积累了资料。

我国土木工程的抗震、隔震着重考虑以下几方面：

1）场地选择

选择对建筑抗震有利地段，如开阔平坦的坚硬场地土或密实均匀的中硬场地土等地段；

宜避开对建筑抗震不利地段，如饱和松散细沙等易液化土、人工填土及软弱场地土、条状凸出的山嘴、非岩质的陡坡、高耸孤立的山丘、河岸和边坡的边缘以及场地土在平面分布上的成因、岩性、状态明显不均匀的土层等地段。

2）地基和基础

同一结构单元不宜设置在性质截然不同的地基土上，也不宜部分采用天然地基、部分采用桩基，当地基有软弱黏土、可液化土、新近填土或严重不均匀土时，应采取地基处理措施加强基础的整体性和刚性，以防止地震引起的动态和永久的不均匀变形。

3）建筑平面和立面布置

建筑平面和立面布置应尽可能对称、规则，使质量和刚度变化均匀，即质量中心和刚度中心尽可能重合或接近，避免突然变化。

4）抗震结构体系

抗震结构体系应根据建筑的重要性、设防烈度、房屋高度、场地与地基、基础、材料、施工等多种因素，进行综合比较确定。

5）构件与节点

结构及结构构件应具有良好的延性，避免发生脆性破坏或失稳破坏。如砌体结构中的圈梁、构造柱能改善结构的变形能力；而钢结构构件应进行整体和局部稳定的验算，防止太过细长或宽薄而发生失稳。节点处应有足够的强度和整体性，要保证节点强度不应低于被连接件的强度，即“强节点弱构件”。

此外，对附着于楼、屋面的非结构构件（如女儿墙、雨篷等）应与主体结构有可靠的连接或锚固。

6）减震与隔震设计

所谓消能减震设计指在房屋结构中设置消能装置，通过其局部变形提供附加阻尼，以消耗输入上部结构的地震能量，达到预期防震要求。所谓隔震设计，是指在房屋底部设置的由橡胶隔震支座和阻尼器等部件组成的隔震层，以延长整个结构体系的自振周期、增大阻尼，减少输入上部结构的地震能量，达到预期防震要求。

目前，工程减震、隔震理论的研究、应用已成为工程抗震领域的热点问题。

传统的结构抗震是通过增强结构本身的抗震性能，如结构强度、刚度、延性，来抵御地震作用的，即由结构本身储存消耗地震能量，这是消极被动的抗震措施。由于人们尚不能准确地估计未来地震灾害作用的强度和特性，按传统抗震方法设计的结构不具备自我调节的能力。这种被动的抗震很有可能不满足安全性的要求，而产生严重破坏和倒塌，造成重大的经济损失和人员伤亡。而减震是对结构施加控制装置，由控制装置与结构共同承受地震作用——即共同储存和耗散地震能量，减轻结构的地震反应。因此减震是一种积极主动的抗震对策，是抗震对策的重大突破和发展。

基础隔震的原理就是通过设置隔震装置系统形成隔震层，延长结构的周期，适当增加结构的阻尼，使结构的加速度反应大大减小，同时使结构的位移集中于隔震层，上部结构像刚体一样，自身相对位移很小，结构基本上处于弹性工作阶段，从而使建筑物不产生破坏或倒塌。隔震系统一般由隔震器、阻尼器等构成，它具有竖向刚度大、水平刚度小，能提供较大阻尼的特点。常用的隔震系统有：叠层橡胶支座隔震系统、摩擦滑移加阻尼器隔震系统、摩擦滑移摆隔震系统等。图 12-1 所示是隔震结构的模型图。

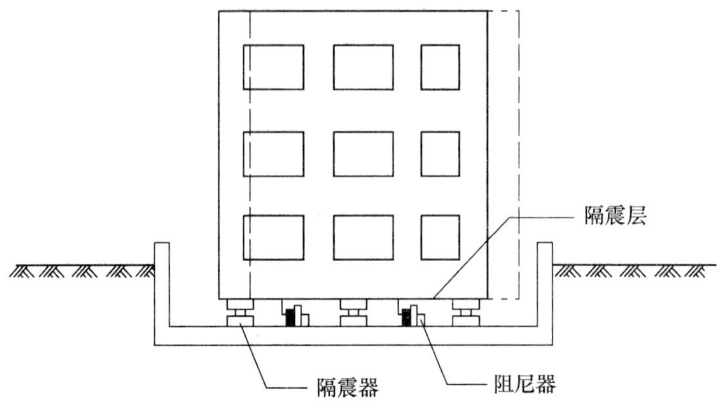

图 12-1　隔震结构模型图

目前许多国家开展了结构隔震、减震技术与理论的研究，并致力于该技术的推广应用。美国、日本、加拿大等已制定了隔震或耗能减震设计的规范或标准。我国《建筑抗震设计规范》（GB 50011）从 2001 版开始纳入了隔震与减震的内容，并制定了《建筑隔震橡胶支座》（JG 118）、《叠层橡胶支座隔震技术规程》（CECS 126）。

（3）城市生命线工程抗震

工程抗震的另一个值得重视的方面是城市生命线工程系统抗震。随着社会城市化进程的发展，地震灾害的影响范围越来越大，以往局部的灾害通过工程网络和社会系统能够对一个地区形成巨大的破坏。如 1923 年日本关东大地震，因建筑倒毁致死的不足万人，而在由于地震引起的火灾中葬身的达 9 万多人。生命线地震工程是用地震工程的理论基础研究生命线系统的一门学科，生命线地震工程一词是由加利福尼亚大学洛杉矶分校（UCLA）的 C. M. Duke 提出的，研究始于 1971 年美国圣・费尔南多地震之后。城市生命线工程系统一般由几类工程结构或系统构成，其中每一个子系统包含有不同的建（构）筑物和不同的设施（设备），并相互联系，构成一个网络系统。

由于城市生命线工程系统震害具有复杂性、网络性、广泛性、重要性等特点，随着社会的发展和研究的不断深入，其内涵和外延也在不断地扩大。生命线工程系统以网络形式发挥作用。生命线地震工程的抗震分析不仅要研究那些受地震影响的系统单元的抗震性能，而且要研究单个系统和复合系统在地震作用下的地震行为及其功能的损失情况等问题。美国、日本对生命线工程的研究十分活跃，例如：1976 年，在东京召开了第一届美日生命线地震工程会议；1998 年，美国联邦紧急事务署与美国土木工程师学会联合成立美国生命线工程联合会（ALA），统一协调生命线工程科学研究、技术开发与工程实践等方面的工作。

我国早在 1974 年开始生命线工程系统研究，到 20 世纪 80 年代有了突破性进展，90 年代起研究工作从单体抗震研究逐步发展到系统的网络分析，努力将研究成果应用于工程实践，各类工程结构的抗震设计规范、标准渐次颁布实施。一批相关论著的出版，如 2002 年苏幼坡等出版了《城市生命线工程系统震后恢复的基础理论与实践》、2004 年李杰出版了《生命线工程抗震》、2005 年柳春光等出版了《生命线地震工程导论》、2016 年孙路出版了《基于典型生命线工程震害评定地震烈度的研究》，标志着我国生命线工程系统研究的水平已逐渐接近世界先进水平。在生命线地震工程研究中，我国注重与美国、日本的交流合作，中日美生命线地震工程会议已成功举办七届。汶川地震重建工作中，尤其重视生命线工程的防灾减灾能力。

尽管国内外在生命线地震工程方面做了大量的工作，但从整体上看，生命线工程系统的研究与建筑结构抗震分析相比仍处于“被动”的、相对“零散”、未成“体系”的发展阶段。目前在研究方面仍有一定的缺陷，如缺少实用的分析方法，每年仍有大量的生命线工程系统在各种灾害作用下发生严重破坏。

2. 风灾

风是大气层中空气的运动。由于地球表面不同地区的大气层所吸收的太阳能量不同，造成了各地空气温度的差异，从而产生气压差。气压差驱动空气从气压高的地方向气压低的地方流动，这就形成了风。自然界常见的几种风灾主要有台风、飓风和龙卷风。通常所说的“台风”和“飓风”都属于北半球的热带气旋，只不过因为它们产生在不同的海域，被不同国家的人用了不同的称谓而已。一般来说，在大西洋上生成的热带气旋被称作“飓风”，而人们把在太平洋上生成的热带气旋称作“台风”。

(1) 台风灾害

台风是一个大而强的空气涡旋，平均直径 600～1000km，从台风中心向外依次是台风眼、眼壁，再向外是几十千米至几百千米宽、几百千米至几千千米长的螺旋云带，螺旋云带伴随着大风、阵雨成逆时针方向旋向中心区，越靠近中心，空气旋转速度越加大，并突然转为上升运动。因此，距中心 10～100km 范围内形成一个由强对流云团组成的约几十千米厚的云墙、眼壁，这里会发生摧毁性的暴风骤雨；再向中心，风速和雨速骤然减小，到达台风眼时，气压达到最低，湿度最高，天气晴朗，与周围天气相比似乎风平浪静，但转瞬一过，新的灾难又会降临。

台风带来的灾害有三种，即狂风引起的摧毁力、强暴雨引起的水灾和巨浪暴潮的冲击力。图 12-2 所示是一张台风的卫星照片，图像中部的为台风眼，周围的风速比台风眼处要大得多。

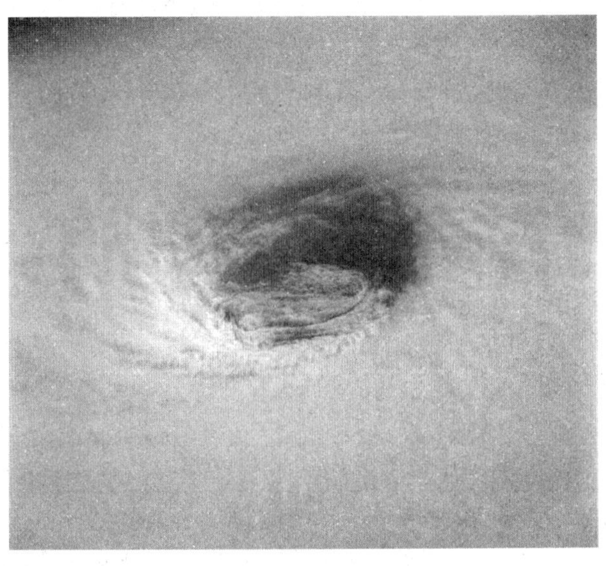

图 12-2　台风的卫星照片

（2）飓风灾害

飓风的地面速度经常可达到70m/s，具有极强的破坏性，影响范围也很大。飓风到来时常常电闪雷鸣，空中充满白色的浪花和飞沫，海面完全变白，能见度极低，海面波高达到14m以上。

飓风的严重性依据它对建筑、树木以及室外设施所造成的破坏程度不同而被划分为1～5个等级：1级飓风的时速为118～152km；2级飓风的时速为153～176km；3级飓风的时速为177～207km；4级飓风的时速为208～248km；5级飓风的时速为249km以上。

飓风卡特里娜（英文：Hurricane Katrina）是2005年8月出现的一个5级飓风，在美国新奥尔良造成了严重破坏（图12-3、图12-4）。2005年8月25日，飓风在美国佛罗里达州登陆，8月29日破晓时分，再次以每小时233km的风速在美国墨西哥湾沿岸新奥尔良外海岸登陆。登陆超过12小时后，才减弱为强烈热带风暴。整个受灾范围几乎与英国国土面积相当，财产损失达812亿美元，死亡人数达1833人，被认为是美国历史上损失最大的自然灾害之一。

图12-3　从国际中心站俯视飓风“卡特里娜”

图12-4　被“卡特里娜”摧毁的房屋

（3）龙卷风

龙卷风是一种强烈的、小范围的空气涡旋，是在极不稳定天气下由空气强烈对流运动而产生的，由雷暴云底伸展至地面的漏斗状云（龙卷）产生的强烈的旋风（图12-5），其风力可达12级以上，风速最大可达100m/s以上，一般伴有雷雨，有时也伴有冰雹。

龙卷风是大气中最强烈的涡旋现象，影响范围虽小，但破坏力极大。它往往使成片庄稼、上万株果木瞬间被毁，令交通中断，房屋倒塌，人畜生命遭受损失。龙卷风的水平范围很小，直径从几米到几百米，平均为250m左右，最大为1000m左右。在空中直径可有几千米，最大有10km。极大风速每小时可达150km至450km，龙卷风持续时间，一般仅几分钟，最长不过几十分钟，但造成的灾害很严重。

图12-5　龙卷风照片

3. 地质灾害

地质灾害是诸多灾害中与地质环境或地质体的变化有关的一种灾害，主要是由于自然的和人为的地质作用，导致地质环境或地质体发生变化，当这种变化达到一定程度，其产生的后果给人类和社会造成危害的称之为地质灾害，如地震、火山、滑坡、泥石流、沙土液化等都属于地质灾害。其他如崩塌、地裂缝、地面沉降、地面塌陷、岩爆、坑道突水、突泥、突瓦斯、煤层自燃、黄土湿陷、岩土膨胀、土地冻融、水土流失、土地沙漠化及沼泽化、土壤盐碱化、地热害也属于地质灾害。

(1) 火山喷发

火山喷发是地下深处的高温岩浆及气体、碎屑从地壳中喷出的现象。地壳之下100～150km处，有一个“液态区”，区内存在着高温、高压下含气体挥发成分的熔融状硅酸盐物质，即岩浆。它一旦从地壳薄弱的地段冲出地表，就形成了火山。按照火山的活动性，可把火山分为活火山、休眠火山和死火山三种。

火山活动和地震经常伴随着发生，但火山爆发的前兆明显，因此人们可以逃避，大多有灾无难。火山活动的过程常造成许多微小地震，大爆发更可产生强烈地震；地震的发生也常导致火山活动。1999年记录的27起火山活动，有14起出现在土耳其大地震以后短短的两个多月内。地球内部的物质运动和从而引起岩石层的破裂是产生火山和地震的根本原因。

(2) 滑坡

滑坡是斜坡上的岩体或土体，在重力的作用下，沿一定的滑动面整体下滑的现象。泥石流是山区爆发的特殊洪流，它饱含泥沙、石块以至巨大的砾石，破坏力极强。我国山区面积占国土面积的2/3，地表的起伏增加了重力作用，加上人类不合理的经济活动，地表结构遭到严重破坏，使滑坡和泥石流成为一种分布较广的自然灾害。2010年8月7日22时许，甘南藏族自治州舟曲县突发强降雨，县城北面的罗家峪、三眼峪泥石流下泄，由北向南冲向县城，造成沿河房屋被冲毁，泥石流阻断白龙江、形成堰塞湖。舟曲特大泥石流灾害中遇难1400多人，失踪300多人。图12-6所示为无人机航拍舟曲泥石流图片。

图 12-6　舟曲泥石流

（3）沙土液化

沙土液化是指饱水的粉细沙或轻亚黏土在地震力的作用下瞬时失掉强度，由固体状态变成液体状态的力学过程。沙土液化主要是在静力或动力作用下，沙土中孔隙水压力上升，剪切刚度降低并趋于消失所引起的。沙土液化造成的危害十分严重。喷水冒沙使地下沙层中的孔隙水及沙颗粒被搬到地表，从而使地基失效，同时地下土层中固态与液态物质缺失，导致不同程度的沉陷，从而使地面建筑物倾斜、开裂、倾倒、下沉，道路路基滑移，路面纵裂；在河流岸边，则表现为岸边滑移、桥梁落架等。此外，强烈的承压水流失携带土层中的大量沙颗粒一并冒出，堆积在农田中将毁坏大面积的农作物。

图 12-7 所示为 2005 年江西九江发生地震后，人们在瑞昌市发现有三处奇怪的大陷坑，最深的有 8m，长度 50 多米，陷坑出现喷沙冒水现象。农场附近地层属湖沼相沉积，地下土层中存在粉土或粉沙，在地震作用下产生沙土液化。

图 12-7　沙土液化

各种地质灾害具有各自形成、发展、致灾的规律，各灾害之间以及它们与其他因素之间又有一定的关联性：

1）一个地域内的地质灾害可能有若干种，它们在成因上是有关联的。例如，我国川、滇、黔接壤地带，形成了以地震、滑坡、泥石流为主的灾害系统。因为该地带现代地壳活动强烈，地震频发，震级高。由于地壳活动强烈，山体中断裂发育，岩石破碎，风化严重，加上干湿季分明，暴雨集中，促使滑坡、泥石流灾害突发。

2）在一次灾害发生过程中，往往由一种原发性的主灾诱发其他灾害。图 12-8 所示是地震作为主灾诱发其他灾害的示例。

3）人类活动及其对自然环境施加的影响，可以间接或直接诱发地质灾害。例如，人类对植被的破坏，使地表径流的水量和速度加大，是泥石流日趋频繁的重要原因。人类大规模的工程活动，造成滑坡等灾害的事件时有发生。认识这种相互关系，对防灾减灾有重大意义。

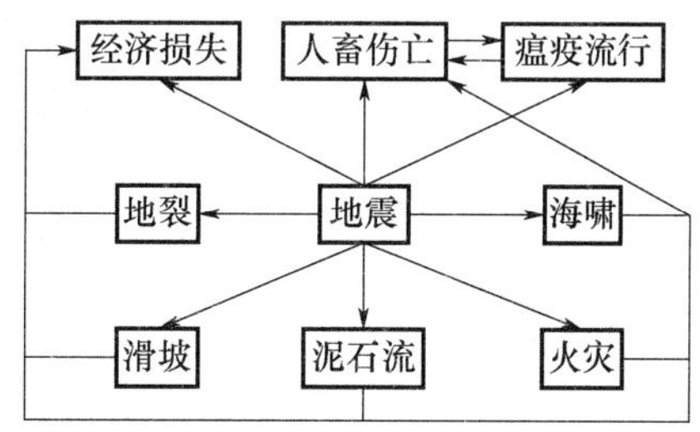

图 12-8　主灾诱发其他灾害

（4）地质灾害的防治

我国地质灾害的防治方针为“以防为主、防治结合、综合治理”。对工程上已经发生的滑坡或可能发生的滑坡，防治措施可以从减小推动滑坡发生的力和加大阻止滑坡发生的力两个角度考虑。工程上对滑坡的防治主要采用以下几种方法：

1）砍头压脚或削方减载。即削减推动滑坡产生区的物质和增加阻止滑坡产生区的物质或减缓边坡的总坡度。

2）地表排水和地下排水。即将地表水引出滑动区外或降低地下水位。

3）支挡结构物。在前述两种方法均不能保证斜坡稳定的时候，可采用支挡结构物，如挡墙、被动桩、沉井、拦石栅，或斜坡内部加强措施如锚固、土锚钉、加筋土等来防止或控制斜坡岩土体的运动。

4）斜坡内部加固。在岩体中进行斜坡内部加固多采用岩石锚固工程，将张拉的岩石锚杆或锚索的内锚固端固定于潜在滑动面以下的稳定岩石之中。

三峡工程是我国举世瞩目的水利工程。随着三峡工程建设和移民迁建工程的逐步实施，频繁的人类工程活动，对原有地质环境的改变在进一步增强，地质灾害发生的数量、频率、规模及危害性在进一步增加，对三峡工程建设、移民迁建工程实施及库区人民生命财产安全的影响在进一步加剧，地质灾害已成为三峡库区安全的第一威胁。为此，国内许多知名专家、学者进行了大量实验和理论研究，国家也投入巨额资金进行地质灾害防治。预应力锚索抗滑桩板墙在三峡工程库区滑坡治理中应用较为普遍，对于控制大型滑坡的变形、保证滑坡稳定、保证蓄水后的正常运营起到了十分重要的作用。其主要施工流程为：抗滑桩定位→锁口浇筑→桩孔开挖→护壁浇筑→桩身及挡板钢筋制安→桩身及挡板混凝土浇筑。

沙土液化的防治可以从预防沙土液化的发生和防止或减轻建筑物不均匀沉陷两方面入手。具体措施包括：(1) 合理选择场地；(2) 采取振冲、夯实、爆炸、挤密桩等措施以提高沙土密度；(3) 排水降低沙土孔隙水压力；(4) 换土、板桩围封，以及采用整体性较好的筏基、深桩基等。

振动挤密碎石桩是由河北省建筑科学研究所等单位开发成功的一种地基加固技术，它首先用振动成孔器成孔，成孔过程中桩孔位的土体被挤到周围土体中去，成孔后提起振动成孔器，向孔内倒入约 1m 厚的碎石，再用振动成孔器进行捣固密实，然后提起振动成孔器，继续倒碎石，直至碎石桩形成。振动挤密碎石桩与地基土形成复合地基，是一种有效的处理沙土液化的地基处理方法，近年在我国的公路工程中得到了广泛的应用。

12.1.2 人为灾害

除自然灾害外，人为灾害如火灾、工程质量事故等也可能对土木工程造成重大事故。

(1) 火灾

火灾，可分为人为破坏产生的火灾及无意识行为造成的火灾。随着城市化发展进程的加快，火灾越来越成为城市的严重危害。如 2003 年 11 月 3 日湖南衡阳市恒州大厦发生特大火灾，消防官兵成功疏散了大厦内被困的 412 名群众，但在扑灭余火的过程中，由于大厦突然坍塌（图 12-9)，造成 20 名消防官兵壮烈牺牲。

图 12-9　衡州大厦在火灾中突然坍塌

据统计，起火原因的前四位是电气、生活用火、违反安全规定、吸烟。据最新统计，2016 年全年共发生火灾 31.2 万起，死亡 1517 人，受伤 1065 人，直接财产损失 37.2 亿元。

防火的基本原则是做好预见性防范和应急性防范两个方面，即既要做到前瞻和预防，又要能应对既发火灾的复杂性和时效性，从而使火灾的损失降为最小。

火灾对土木工程的影响主要是对所用工程材料和工程结构承载能力的影响。在我国，建筑物的防火设计主要是由建筑师按照《建筑设计防火规范》(GB 50016—2014)(2018 版）规定来进行。这种传统的“处方式”建筑防火设计，不能反映建筑物作为一个结构整体在火灾中的特性，也不能满足建筑结构可靠性和最优成本的要求。因此，类似美国“9.11”事件、我国衡阳“11.3”特大火灾中发生的由于结构坍塌而导致大量人员伤亡的事故，要求土木工程应进行结构层次的抗火设计。

国际上从 20 世纪 50 年代开始重视结构抗火研究。如波特兰水泥协会、美国混凝土协会、美国预应力混凝土协会、欧洲国际混凝土协会等对混凝土结构抗火进行了研究。我国对混凝土结构、钢结构等抗火性能研究始于 20 世纪 80 年代后期。

（2）工程质量事故

工程质量事故是指由于勘察、设计、施工和使用过程中存在重大失误造成工程倒塌（或失效）引起的人为灾害。

按照我国现行规定，一般大中型和限额以上项目从建设前期工作到建设、投产都要按照正常的建设程序进行，一个环节出问题，工程就可能出问题，甚至出现无可挽回的损失。很多出现事故的工程都是因为出现了“六无”[无报建（含不按规定程序）、设计错误、无设计图纸、无勘查资料、无招标（含无证施工）、无监理] 中的一项或几项，甚至全部。

1999 年 1 月 4 日 18 时 50 分，重庆市綦江县彩虹桥发生整体垮塌（图 12-10），造成 40 人死亡，14 人受伤，直接经济损失 631 万元，震惊了整个工程界。究其原因，是建设过程严重违反基本建设程序。该工程未办理立项及计划审批手续，未办理规划、国土手续，未进行设计审查，未进行施工招投标，未办理建筑施工许可手续，未进行工程竣工验收，属于典型的“六无”工程。在施工、设计、管理环节均出现了重大问题。

专家对彩虹桥工程进行质量鉴定指出，该工程存在多处致命的质量问题：拱架钢管焊接存在严重缺陷，焊接质量不合格；钢管混凝土抗压强度不足，所用混凝土平均低于设计强度等级 1/3；桥梁构造设计不合理，致使连接拱架与桥梁、桥面的钢绞线拉索、锚具、锚片严重锈蚀，压力灌浆也不密实。

图 12-10　綦江彩虹桥垮塌现场

近几年，工程质量事故在我国各地时有发生。桥梁方面，如 2011 年 7 月 11 日至 19 日九天时间内，就发生五起事故：7 月 11 日，江苏盐城通榆河桥坍塌；12 日，武汉黄陂一高架桥引桥严重开裂，并向两边倾斜；14 日，福建武夷山公馆大桥倒塌；15 日凌晨 2 点左右，杭州钱塘江三桥发生塌陷事故，约 $50m^2$ 的大桥车道部分桥面突然脱落，5 分钟之后，一辆重型半挂车坠落后将下闸道砸塌，桥梁护栏被撞毁（图 12-11）；7 月 19 日 0 时 40 分，一辆载重超 160t 的严重超载货车在通过北京怀柔宝山寺白河桥时，该桥发生坍塌。究其原因，包括设计、施工、养护、管理等各个环节，相对来说，施工质量差和养护、管理不周到是导致桥梁脆弱最主要的原因。建筑方面，如 2016 年 11 月 24 日，江西丰城发电厂三期扩建工程发生冷却塔施工平台坍塌特别重大事故，造成 74 人死亡、2 人受伤，直接经济损失 10197.2 万元。事发 7 号冷却塔属于江西丰城发电厂三期扩建工程 D 标段，是三期扩建工程中两座逆流式双曲线自然通风冷却塔其中一座，采用钢筋混凝土结构。经调查认定，事故的直接原因是施工单位在 7 号冷却塔第 50 节筒壁混凝土强度不足的情况下，违规拆除第 50 节模板，致使第 50 节筒壁混凝土失去模板支护，不足以承受上部荷载，从底部最薄弱处开始坍塌，造成第 50 节及以上筒壁混凝土和模架体系连续倾塌坠落。

图 12-11　钱塘江三桥发生塌陷事故现场

此外，在使用过程中盲目增加使用荷载，随意变更使用环境和使用状态，任意对已建成工程打洞、拆墙、移柱、改扩建、加层等也容易造成工程事故。

因此，土木工程的复杂性和特殊性，要求我们要继续建立和完善建设法规，并严格按照建设程序办事，整顿建设市场，保证交给人民的是安全、经济、美观的建筑产品。

12.2　工程结构灾害检测

工程结构在遭受灾害后，应及时对其进行分析与计算，对结构物的工作性能及其可靠性进行评价、对结构物的承载能力做出正确的估计，这就是结构检测的内容，因此结构检测是工程结构受灾后的鉴定和加固的基础。相关的规范、规程主要有：《建筑结构检测技术标准》(GB/T 50344—2004)，《公路桥梁承载能力检测评定规程》(JTG/T J21—2011)，《城市桥梁检测与评定技术规范》(CJJT 233—2015) 等。

结构检测的基本程序是：接受检测任务→收集原始资料、图纸→结构外观检测→材料性能检测→测量构件变形，评估构件现有强度→决定其是否可修，如不可修，则该结构降级处理或拆除；如可修则内力分析→截面验算，考察其是否满足规范要求，如满足则进行寿命评估；若不满足则提出加固意见→出书面检测报告。

12.2.1　结构的外观检测

结构的外观检测主要进行裂缝、变形、构件局部破损的检测。

（1）裂缝

对裂缝进行检测时，要区分裂缝的性质，是受力裂缝还是非受力裂缝，判明裂缝是危险裂缝还是非危险裂缝。

例如，钢筋混凝土梁在弯矩作用下产生竖向裂缝，在剪力作用下可能出现斜裂缝，由于地基的不均匀沉降也会引起裂缝。

由于材料属性引起的裂缝则属于非受力裂缝。如钢筋混凝土结构的梁中，会出现所谓"枣核形"裂缝，形状为两头尖中间宽，状如枣核（图 12-12）。究其原因，两头尖是因为上下侧混凝土受梁下部钢筋和上侧楼屋面板的约束，而梁中部钢筋较少，混凝土可以较自由地收缩，故裂缝宽。

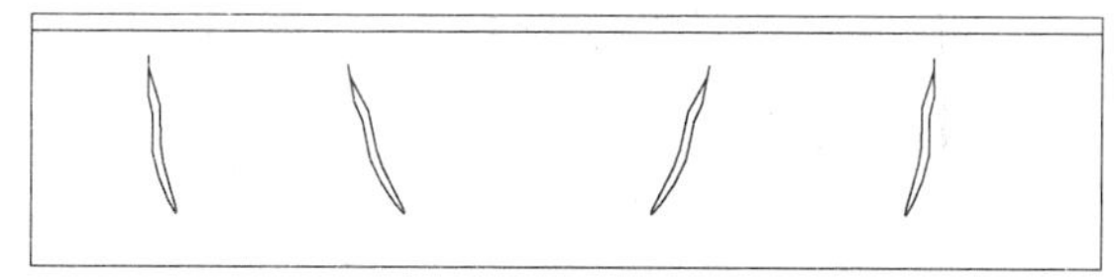

图 12-12　混凝土收缩引起的枣核形裂缝

其他情况，如混凝土受冻后也容易产生裂缝，形状如大写英文字母"D"，沿骨料界面发生；大体积混凝土浇筑后，容易产生温度裂缝。

这些裂缝中，能够导致结构破坏的称为危险裂缝。其他宽度小于或略大于规范规定的垂直裂缝，一般为非严重裂缝。

对砌体结构，受地震作用时，墙面上容易产生斜裂缝甚至交叉裂缝，即使不会导致墙体倒塌，也会使墙体的承载力降低 20%左右。底层房屋要加以注意，必要时应作加固处理。图 12-13 是 2008 年汶川地震后遵道中学教学楼横墙出现的斜裂缝。此外，受地基不均匀沉降的影响，墙体可能产生弯、剪裂缝，有时宽度较大，曾出现过十多毫米宽的裂缝。

图 12-13　汶川地震后遵道中学教学楼横墙出现的斜裂缝

对钢结构来说，由于材料强度较高，塑性、韧性较好，一般不易产生裂缝。但是对焊接钢结构来说，由于焊接过程是一个不均匀的冷热场，使得焊缝及其附近金属主体内有较大的残余应力产生。在低温、动力荷载或反复荷载作用下，焊缝内部的微观裂纹容易连通、扩展，形成一条通长的裂缝，发生脆性破坏。故对钢结构要恰当选择钢材型号，进行合理的设计、施工和使用、维护，防止出现脆性破坏。

（2）变形

构件的变形是截面变形的积累，而构件变形之和体现在整体上，就是结构的位移和变形。因此，检测结构的位移和变形，一方面可以对结构整体情况有所把握，另一方面可以考察构件的变形和损伤情况。

要检测的变形有主要是地震、火灾、地基不均匀沉降等作用下的大变形。在地质灾害中，软土地基的沉降可能导致梁挠曲，甚至柱被压弯，外墙下沉，荷载重分布增大中柱受力，产生裂缝（图 12-14）。

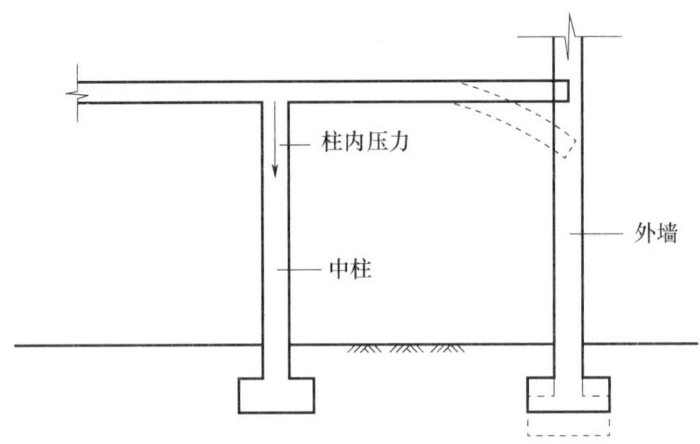

图 12-14　地基不均匀沉降引起变形

2001 年 9 月 11 日，美国世贸大厦倒塌，其原因非常复杂，众说纷纭。但其中不可忽视的一个原因就是由于防火不足，造成钢材在高温下强度丧失。世贸大厦所有的横梁使用的都是厚涂型钢结构防火涂料，该涂料通常以无机高温黏结剂配以粉煤灰空心微珠、膨胀珍珠岩、膨胀蛭石等耐火绝热材料和化学助剂加水配制而成。厚涂型钢结构防火涂料是通过增加涂层的厚度来提高耐火极限，但涂层过厚，就会出现开裂（图 12-15）、脱落（图 12-16）。在施工中，由于受到环境影响或施工水平参差不齐，涂层厚度不均匀，致使实际耐火极限下降，最后很可能达不到设计的耐火极限。

图 12-15　钢结构表面的防火涂料层表面已经开裂

图 12-16　钢结构表面的防火涂料层表面已经脱落

（3）构件局部破损

构件局部破损在地震中经常出现。在地震作用下，屋面上的突出砌体很容易倒塌，如女儿墙或屋面山墙山尖倒塌。图 12-17 所示是 2005 年 11 月 26 日江西省九江 5.7 级地震中某建筑物屋顶砌体根部震坏。此外，小截面的窗间墙也会在反复荷载作用下发生破坏。

火灾中也曾出现经历几小时的火烧后墙体突然倒塌的事故。

12.2.2　结构材料的检测

结构受灾后，其材料强度往往有所削弱，达不到原设计值，应该通过检测加以确定，以确定结构是否可以继续使用或是否需要加固处理。

检测技术从宏观角度看，可从对结构构件破坏与否的角度出发，分为无损检测技术、半破损检测技术和破损检测技术。目前应用较多的是无损检测技术和半破损检测技术。

所谓无损检测技术，形象地讲就是类似于人们买西瓜时的“隔皮猜瓜”——轻敲瓜皮，通过听声音和手感确定瓜的成熟程度，对西瓜没有损坏。因此，在不破坏材料的前提下，检查结构构件宏观缺陷或测量其工作特征的各种技术方法统称为无损检测技术。而对结构构件有局部破损的方法称为半破损检测技术。

图 12-17　屋顶砌体根部震坏

（1）混凝土检测技术

目前对混凝土的检测技术较为成熟。混凝土强度的检测有回弹法、超声法、钻芯法、拔出法等，以及综合检测方法如超声回弹综合法、钻芯回弹综合法等，这些方法已经有了全国性的检测技术规程。

1）回弹法

利用回弹仪检测普通混凝土结构构件抗压强度的方法简称回弹法。回弹仪是一种直射捶击式仪器。回弹值反映了与冲击能量有关的回弹能量，而回弹能量反映了混凝土表层硬度与混凝土抗压强度之间的函数关系。测定回弹值的仪器为回弹仪，回弹仪有不同的型号，按冲击动能的大小分为重型、中型、轻型、特轻型四种。进行建筑结构检测时一般使用中型回弹仪。图 12-18所示是回弹仪结构示意图。由于影响回弹法测强的因素较多，通过实践与专门试验研究发现，回弹仪的质量和是否符合标准状态要求是保证稳定的检测结果的前提。

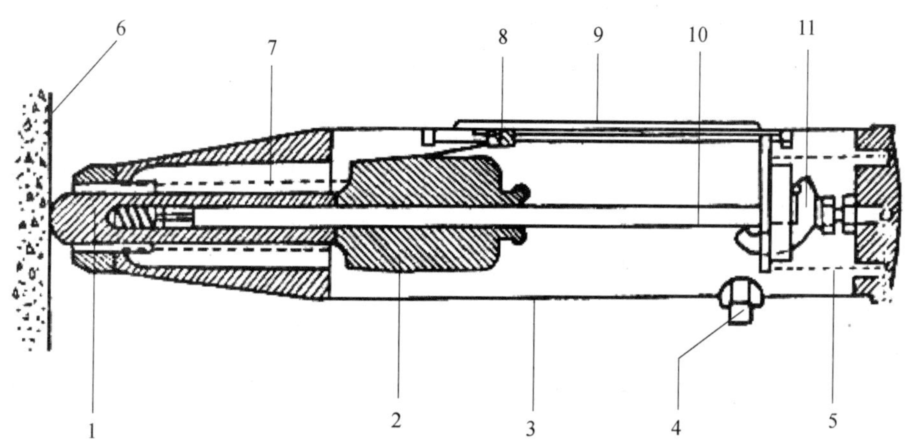

图 12-18　回弹仪结构

1—击杆头；2—弹锤；3—外壳；4—锁钮；5—受压弹簧；6—混凝土面层；7—冲击弹簧；8—推杆；9—示值窗；10—强锤导轨；11—解锁装置

2）超声法

通过超声法检测混凝土缺陷和强度。其基本原理就是声速与混凝土的弹性性质有密切的关系，而弹性性质在很大程度上可以反映强度的大小，因此可以通过试验建立混凝土强度和超声声速之间的相关关系。

混凝土内超声声速受许多因素影响，如混凝土内钢筋配置方向、不同骨料及粒径、混凝土水灰比、龄期及养护条件、混凝土强度等级等，这些因素在建立混凝土强度和超声声速相关关系时都要加以考虑和修正。

3）钻芯法

所谓钻芯法就是利用钻芯机、钻头、切割机等配套机具，在结构构件上钻取芯样，通过芯样抗压强度直接推定结构构件强度或缺陷，而不需利用立方体试块或其他参数。钻芯法的优点是直观、准确、代表性强，缺点是对结构构件有局部破损，芯样数量不可取得太多，且价格较为昂贵。

钻芯法除用以检测混凝土强度外，还可通过钻取芯样方法检测结构混凝土受冻、火灾损伤深度、裂缝深度以及混凝土接缝、分层、离析、孔洞等缺陷。

钻芯法在原位上检测混凝土强度与缺陷是其他无损检测方法不可取代的一种有效方法。因此，将钻芯法与其他无损检测方法结合使用，一方面可以利用无损检测方法检测混凝土均匀性，以减少钻芯数量，另一方面又利用钻芯法来校正其他方法的检测结果，提高检测的可靠性。

4）拔出法

拔出法是指将安装在混凝土中的锚固件拔出，测出极限拔出力，利用事先建立的极限拔出力和混凝土强度间的相关关系（图 12-19），推定被测结构构件的混凝土强度的方法。

拔出法在国际上已有 50 余年的历史，方法比较成熟，在北美、北欧国家得到广泛认可，被公认为现场应用方便、检测费用低廉，适用于现场控制。

尽管工程理论界对极限拔出力与混凝土拔出破坏机理的看法还不一致，但试验证明，在 C60 以下的常用混凝土的范围内，拔出力与混凝土有良好的相关关系，检测结果与立方体试块强度的离散性较小，检测结果令人满意，因此拔出法被看作是极有前途的一种微破损检测方法。

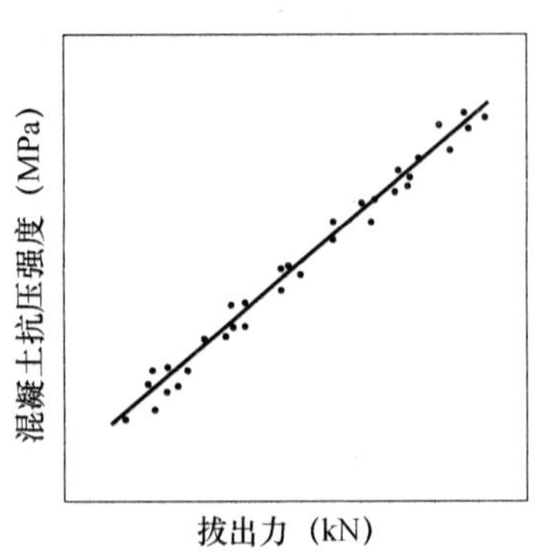

图 12-19　混凝土抗压强度和拔出力之间的关系

5）综合法

综合法检测混凝土强度是指应用两种或两种以上单一检测方法（包括力学的、物理的），获取多种参量，并建立强度与多种参量的综合相关关系，从不同角度综合评价混凝土强度。综合法可以弥补单一法固有的缺陷，相互补充。综合法的最大优点是提高了混凝土强度检测精度和可靠性，是混凝土强度检测技术的一个重要发展方向。目前除上述超声回弹综合法已在我国广泛应用外，超声钻芯综合法、回弹钻芯综合法、声速衰减综合法等也逐渐得到应用和重视。

6）剪压法

上述方法已制定了相应的标准规范，在工程实践应用中取得了很好的效益，但也存在着一定的局限性。为此，中国建筑科学研究院结构所在参照国内外混凝土强度检测技术基础上，于 1997 年首先提出了剪压法检测混凝土强度的方法，研制开发了相应的剪压仪，其主编的《剪压法检测混凝土抗压强度技术规程》，由中国工程建设标准化协会混凝土结构专业委员会组织审查，已批准发布，编号为 CECS 278：2010，自 2010 年 9 月 1 日起施行。剪压法测强的适用范围如下：

① 检测普通混凝土抗压强度（10～60MPa）；

② 适用于截面具有直角边、可施加剪压力的结构，即所检测构件应具有两个平行的面，另一侧面需与两个平行面垂直；

③ 龄期不应少于 14d；

④ 结构或构件厚度不应小于 80mm；

⑤ 水泥、沙、石、模板等适合相关标准的要求；

⑥ 适用于表层与内部质量一致的结构。

（2）砌体结构检测技术

砌体结构检测方法的研究始于 20 世纪 70 年代末，比混凝土结构略晚一些，技术成熟程度比混凝土强度检测技术略差，但发展迅速，在国内形成了百家争鸣的局面，达到了经济发达国家的检测水平，目前主要测定砌筑砂浆强度作为砌体结构抗震鉴定和加固的评定指标。

砌体结构的现场检测方法，按测试内容可分为下列几类：

① 检测砌体抗压强度：原位轴压法、扁顶法；

② 检测砌体工作应力、弹性模量：扁顶法；

③ 检测砌体抗剪强度：原位单剪法、原位单砖双剪法；

④ 检测砌筑砂浆强度：推出法、筒压法、砂浆片单剪法、回弹法、电荷法、射钉法。

下面仅就其中的原位轴压法作简单介绍。

原位轴压法适用于推定 240mm 厚的普通砖砌体抗压强度。检测时，在墙体上开凿两条水平槽孔，安放原位压力机，原位压力机由手动油泵、扁式千斤顶、反力平衡架等组成。工作状况如图 12-20 所示。

原位轴压法的基本试验步骤是：在测点上开凿水平槽孔→在槽孔间安放原位压力机→预估破坏荷载，进行试加荷载试验→分级加荷，直至砌体破坏，以油压表的指针明显回退作为标志。

试验过程中，应仔细观察槽间砌体初裂裂缝与裂缝开展情况，记录逐级荷载下的油压表读数、测点位置、裂缝随荷载变化情况简图等。

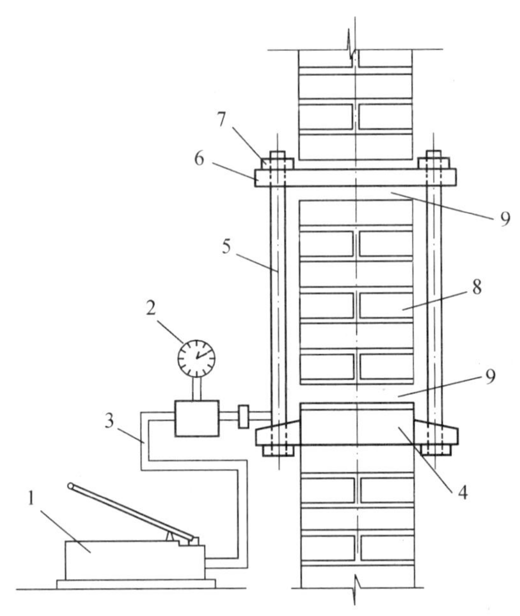

图 12-20　原位压力机测试工作状况

1—手动油泵；2—压力表；3—高压油管；4—扁式千斤顶；5—拉杆（共 4 根）；6—反力板；7—螺母；8—槽间砌体；9—沙垫层

（3）钢结构检测技术

钢结构中所用的构件一般由钢厂批量生产，并需有合格证明，因此材料的强度和化学成分有良好保证。因此工程检测的重点在于安装、拼装过程中的质量问题，以及在使用过程中的维护问题。钢结构工程中的主要检测内容有：

① 构件尺寸及平整度的检测；

② 构件表面缺陷的检测；

③ 连接（焊接、螺栓连接）的检测；

④ 钢材锈蚀检测；

⑤ 防火涂层厚度检测。

如果钢材无出厂合格证明，或对其质量有怀疑，还应增加钢材的力学性能试验，必要时还需检测其化学成分。

与混凝土结构和砌体结构相比，工程建设中钢结构数量相对较少，无损检测主要是借鉴学习冶金、机械、交通、航空、石油、化工等工业部门对钢材物理性能、内部缺陷、焊缝探伤等检验方法。2010 年 8 月 15 日住房城乡建设部发布公告，批准由中国建筑科学研究院主编的《钢结构现场检测技术标准》为国家标准，编号为 GB/T 50621—2010，自 2011 年 6 月 1 日起实施，其技术水平总体达到国际水平。下面就其中几种检测方法作简单讲述。

1）磁粉探伤

磁粉探伤是目前广泛用于焊缝及钢材内部缺陷的检测方法。外加磁场对铁磁性材料的工件磁化，被磁化后的工件上若不存在缺陷，则各部位的磁性基本保持一致，而存在裂纹、气孔或非金属物夹渣等缺陷时，它们会在工件上造成气隙或不导磁的间隙，使缺陷部位磁阻增大，工件内的磁力线正常传播遭到阻隔。磁化场的磁力线被迫改变路径溢出工件，工件表面形成漏磁场。漏磁场的强度取决于磁化场的强度和缺陷对于磁化场垂直截面的影响程度。利用磁粉就可以将漏磁场显示或测量出来，从而判断出缺陷是否存在以及它的位置和大小等情况。

2）超声波探伤

钢结构在潮湿、有水和酸碱盐腐蚀性环境中容易锈蚀，导致截面削弱，承载力下降。钢材的锈蚀程度可由其截面厚度的变化来反映。除锈后的钢材，用超声波测厚仪（声速设定、耦合剂）和游标卡尺可测其厚度。超声波测厚仪采用脉冲反射波法。超声波从一种均匀介质向另一种介质传播时，在界面上发生反射，测厚仪即可测出自发出超声波至收到界面反射回波的时间。因此，当超声波在各种钢材中的传播速度已知，或通过实测已确知时，就可由波速和传播时间测算出钢材的厚度。对于数字超声波测厚仪，厚度可以直接显示在显示屏上。

3）防火涂层厚度检测

前已述及，钢结构在高温条件下，强度降低很多。因此，防火涂层对钢结构防火具有重要意义。目前我国防火涂料有薄型和厚型两种。对防火涂层的质量要求是：薄型防火涂层表面裂纹宽度不应大于 0.5mm，涂层厚度应符合有关耐火极限的设计要求；厚型防火涂层表面裂纹宽度不应大于 1mm，其涂层厚度应有 80％以上面积符合耐火极限的设计要求，且最薄处厚度不应低于设计要求的 85％。防火涂层厚度用厚度测量仪测定。

对全钢框架结构的梁柱防火层厚度测定，在构件长度内每隔 3m 取一截面，梁和柱在所选择的位置中，分别测出 6 个点和 8 个点，计算平均值精确到 0.5mm。

12.3　工程结构抗灾与加固

工程结构抗灾最后落实在结构检测和结构的加固与改造上。在前述结构检测的基础上，使受损结构重新恢复使用功能，也就是使失去部分抗力的结构重新获得或大于原有抗力，这便是结构加固的任务。

12.3.1　结构加固的原因

引起结构承载力下降，使结构需要加固后才能使用的原因很多，主要有以下几点：

（1）结构物使用要求改变

很多情况下，原来按照民用建筑设计的房屋需改造为工业建筑，或者由于使用需要房屋需要加层，造成结构荷载比原有设计荷载增加。

（2）设计、施工或使用不当

设计时可能有计算简图选择不当，或构造处理有误；施工时由于管理不善出现质量问题，或施工时的制造误差较大，产生较大的内力和变形；使用过程中擅自改变结构形式，或不恰当地增加结构荷载，都可能使结构受损。

（3）地震、风灾、火灾等造成结构损坏

地震作用下，结构常因惯性力过大而致损坏，或在较大的风力作用下，屋顶因风吸力过大而被揭起，或竖向杆件被折断；火灾中，结构的损伤程度与温度和大火持续时间有关，如果未产生大变形，可以进行加固处理。

（4）腐蚀作用使结构受损

结构在不利的介质中会受到腐蚀，使截面减小，刚度降低，影响结构的正常使用。

此外，其他的意外事故也容易导致结构损害而需加固处理。

12.3.2 混凝土结构加固方法

目前混凝土结构加固的方法很多，不管采用哪一种方法，都要根据实际需要，本着安全、经济、合理的原则，从使用角度出发，争取做到最优化设计。

混凝土结构的加固方法可分为直接加固和间接加固。

（1）直接加固

1）加大截面法

对梁来说，可以通过增加受压区的截面，以及在受拉区增加现浇钢筋混凝土围套，使截面承载力增大。对柱来说，可以在需要加固的柱截面周边，新浇一定厚度的钢筋混凝土，且保证新旧混凝土之间的可靠连接，这样可提高柱的承载力，起到加固补强的作用。加大截面法的优点是：施工工艺简单、适应性强，并具有成熟的设计和施工经验；适用面广，适用于梁、板、柱、墙和一般构造物的混凝土加固；缺点是现场施工的湿作业时间长，对生产和生活有一定的影响，且加固后的建筑物净空有一定的减小。

从加大截面法发展出来的是置换混凝土法。对于受压区混凝土强度偏低或有严重缺陷的梁、柱等混凝土承重构件，在卸载后凿除该部分混凝土，用强度较高的钢筋混凝土补足，从而提高其承载力。

2）外包钢加固法

外包钢加固法又可以分为有黏结外包型钢加固法和粘贴钢板加固法。

有黏结外包型钢加固法是把型钢或钢板通过环氧树脂灌浆的方法包在被加固构件的外面，使型钢或钢板与被加固构件形成一个整体。截面承载力和截面刚度都得到很大程度的增强。受力可靠、施工简便、现场工作量较小，但用钢量较大，且不宜在无防护的情况下用于600℃以上高温场所；适用于使用上不允许显著增大原构件截面尺寸，但又要求大幅度提高其承载能力的混凝土结构加固。

粘贴钢板加固法是在构件承载力不足的区段表面粘贴钢板，提高被加固构件的承载力。该法施工快速、现场无湿作业或仅有抹灰等少量湿作业，对生产和生活影响小，且加固后对原结构外观和原有净空无显著影响，但加固效果在很大程度上取决于粘贴工艺与操作水平；适用于承受静力作用且处于正常湿度环境中的受弯或受拉构件的加固。图 12-21 所示为粘贴钢板加固梁示意图。

3）碳纤维加固法

碳纤维加固修补结构技术是一种新型的结构加固技术，它是利用树脂类黏结材料将碳纤维布粘贴于钢筋混凝土表面，使它与被加固截面共同工作，达到加固目的。该方法除具有粘贴钢板相似的优点外，还具有耐腐蚀、耐潮湿、几乎不增加结构自重、耐用、维护费用较低等优点，但需要专门的防火处理，适用于各种受力性质的混凝土结构构件和一般构筑物。

碳纤维材料（CFRP）用于混凝土结构加固修补的研究始于 20 世纪 80 年代美、日等发达国家，我国起步较晚，近年来国内各高校和科研单位开展了广泛研究，各设计、施工单位积极实践采用碳纤维进行结构加固，该项技术基本成熟。2003 年我国颁布了《碳纤维片材加固修复混凝土结构技术规程》（CECS 146—2003）。

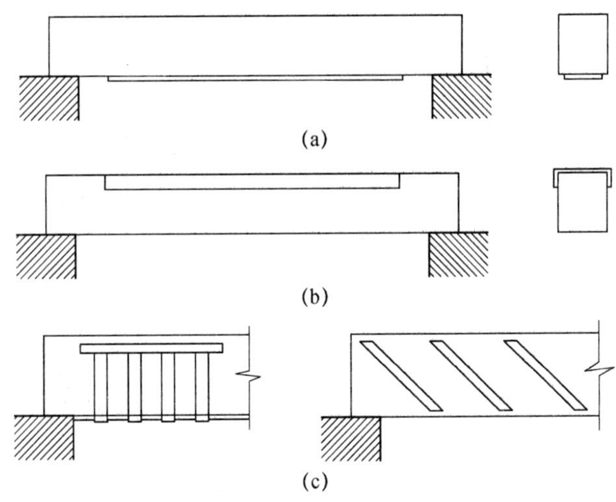

图 12-21　粘贴钢板加固梁示意图
(a) 正截面受拉；(b) 正截面受压；(c) 斜截面受剪

(2) 间接加固法

1) 预应力加固法

预应力加固法又分为预应力水平拉杆加固法和预应力下撑拉杆加固法。常用的张拉方法有机张法、电热法和横向收紧法，具体根据工程条件和需要施加的预应力大小选定。该法能降低被加固构件的应力水平，不仅使加固效果好，而且还能较大幅度地提高结构整体承载力，但加固后对原结构外观有一定影响；适用于大跨度或重型结构的加固以及处于高应力、高应变状态下的混凝土构件的加固。在无防护的情况下，不能用于温度在 600℃以上环境中，也不宜用于混凝土收缩、徐变大的结构。

2) 增加支承加固法

增加支点（既可以为刚性支点也可以为刚弹性支点）加固时通过减少受弯杆件的计算跨度，达到减少作用在被加固构件上的荷载效应、提高构件承载力水平的目的。该法简单可靠，但易损害建筑物的原貌和使用功能，并可能减小使用空间，适用于条件许可的混凝土结构加固。

12.3.3　砌体结构的加固

砌体结构在承载力不满足时，其常用的加固方法有组合砌体加固法、增大截面法、外包钢加固法等，设计时可根据实际条件和使用要求选择适宜的方法。

(1) 组合砌体加固法

组合砌体加固法是在原砌体外侧配以钢筋，用混凝土或砂浆为面层，与原砌体形成组合砌体。该方法的优点是施工工艺简单、适应性强并具有成熟的设计和施工经验；其缺点是现场施工的湿作业时间长，对生产和生活有一定的影响，且加固后的建筑物净空有一定的减小。

(2) 增大截面法

房屋允许增加墙、柱截面时，可在原砌体的一侧或两侧加扶壁柱，提高砌体的承载能力。也可以在独立柱四周砌砖套层，并在水平灰缝内配环向钢筋。增大截面法施工简单、费用较低，但占用面积大，且不利于抗震，仅限于非地震地区采用。

(3) 外包钢加固法

即在砖柱四周包以型钢（一般为角钢），横向用缀板将四周的型钢连成整体。型钢与原加固柱之间用乳胶水泥或环氧树脂黏结是可以保证剪力的传递，称为湿式外包钢加固；反之，型钢与原柱间无任何连接，或虽有水泥但不能有效传递剪力的，称为干式外包钢加固法。该法属于传统加固方法，其优点是施工简便、现场工作量和湿作业少，受力较为可靠；适用于不允许增大原构件截面尺寸，却又要求大幅度提高截面承载力的砌体柱的加固；其缺点为加固费用较高，型钢两端需要可靠的锚固，并需采用类似钢结构的防护措施。图 12-22 所示是用黏结外包型钢加固过的柱。

当抗震要求不满足时，可以进行抗震构造加固，方法主要有增设抗震墙、增设构造柱、增设圈梁。

图 12-22　黏结外包型钢加固柱

12.3.4　钢结构加固

钢结构加固可以从减轻荷载、改变结构计算图形、加大原结构构件截面和连接强度、阻止裂纹扩展等几个方面入手。

(1) 改变结构计算图形

改变结构计算图形的加固方法是指采用改变荷载分布状况、传力途径、节点性质和边界条件，增设附加杆件和支撑、施加预应力、考虑空间协同工作等措施对结构进行加固。其具体有：

1）增加结构或构件的刚度

最常用的办法是增加支撑，可以使结构的空间性能增强、减少杆件的长细比，提高其稳定性（图 12-23）。也可以调整结构的自振频率改善结构的动力特性，提高其承载力。此外，在排架结构中重点加强某一列柱的刚度，使之承受大部分水平力，以减轻其他柱列负荷。

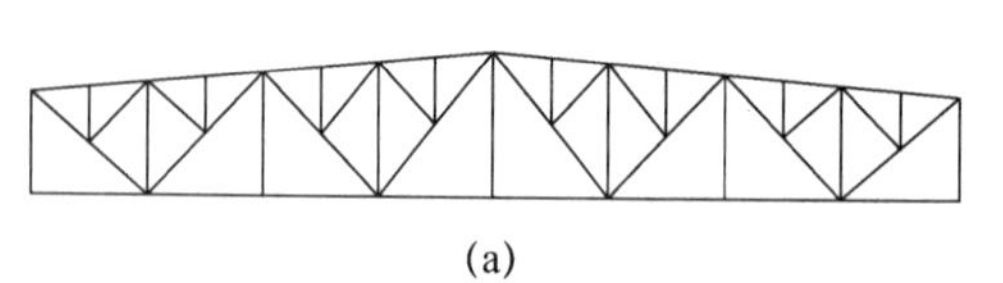

(a)

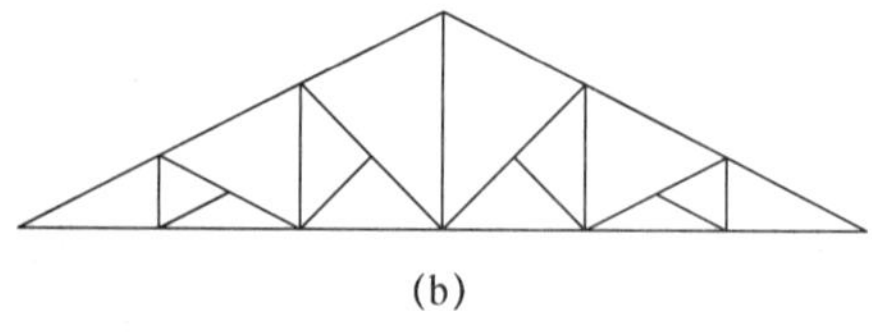

(b)

图 12-23　用再分杆加固桁架

(a) 上弦杆加固（平面内稳定）；(b) 下弦杆加固（平面内稳定）

2）改变受弯杆件截面内力

对受弯构件，可以改变荷载的分布，使结构受力分散、均匀，例如可将一个集中荷载转化为多个集中荷载；或改变节点和支座形式，例如变铰结为刚结、增加中间支座减小跨度、调整连续支座位置等，均可以改善其承受弯矩的情况，此外也可以对结构构件施加预应力（图 12-24）。

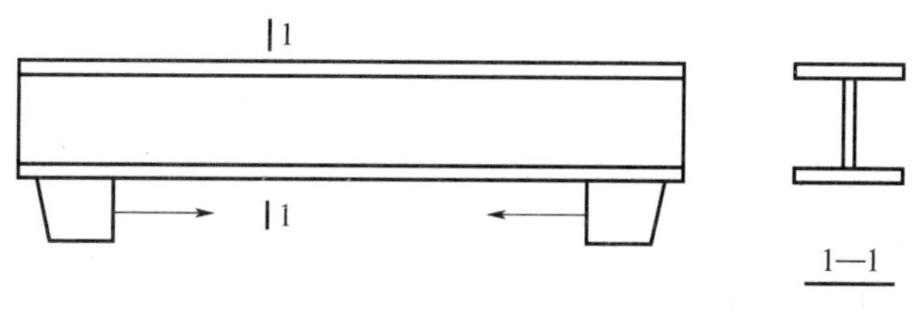

图 12-24　钢梁施加预应力

（2）加大构件截面

加大构件截面的加固方法思路简单，施工简便，并可实现负荷加固，是钢结构加固中最常用的方法。采用加大截面加固钢构件时，所选截面形式应考虑原构件的受力性质，例如受拉构件相对简单，仅需考虑强度即可，但如果是受压、受弯或压弯构件则要靠考虑其整体稳定，尽量使截面扩展；同时要有利于加固技术要求并考虑已有缺陷和损伤的状况。

（3）连接的加固与加固件的连接

钢结构连接方法，即焊缝、铆钉、普通螺栓和高强度螺栓连接方法的选择，应根据结构需要加固的原因、目的、受力状况、构造及施工条件，并考虑结构原有的连接方法确定。

钢结构加固一般宜采用焊缝连接、摩擦型高强度螺栓连接，有依据时亦可采用焊缝和摩擦型高强度螺栓的混合连接。当采用焊缝连接时，应采用经评定认可的焊接工艺及连接材料。

（4）裂纹的修复与加固

结构因荷载反复作用及材料选择、构造、制造、施工安装不当等产生具有扩展性或脆断倾向性裂纹损伤时，应设法修复。在修复前，必须分析产生裂纹的原因及其影响的严重性，有针对性地采取改善结构实际工作或进行加固的措施，对不宜采用修复加固的构件，应予拆除更换。

12.4　工程案例——庙子坪岷江大桥震害及加固

12.4.1　庙子坪岷江大桥工程概况

庙子坪岷江大桥为都江堰至汶川公路上的一座特大桥，对整个线路起控制作用。该桥为一跨水库桥梁，2008 年汶川地震时主体结构已经完工，伸缩缝尚未安装，桥面混凝土铺装层已经完成。桥梁结构为 2×50m 简支梁＋125m＋220m＋125m 连续刚构＋5×50m＋3×（4×50m）桥面铺装连续的简支梁，桥墩高约 103m，地震时水深约 90m。

12.4.2　庙子坪岷江大桥主要震害

2008 年 5 月 12 日汶川地震，使得大量房屋、桥梁、公路受损。庙子坪岷江大桥主要震害有：①地震使桥梁在纵向和横向都发生了较大的位移，5×50m 简支梁的第五孔由于桥墩变形使跨度增大了约 690mm，整孔 50m 跨度简支梁全部落入水中（图 12-25）；②绝大多数板式橡胶支座被推出或破坏，横向防落梁挡块大部分严重损毁（图 12-26、图 12-27），有的桥墩在水下部分出现裂缝；③桥面伸缩缝处明显看出相邻两联桥面纵、横向的相对位移，并且护栏接缝处由于碰撞出现混凝土局部脱落（图 12-28、图 12-29）。另外，5 号主墩墩底开裂严重，裂缝沿墩身周边基本连通。

图 12-25　庙子坪大桥，中间一孔 50m 简支梁掉落

图 12-26　落梁孔支座和挡块

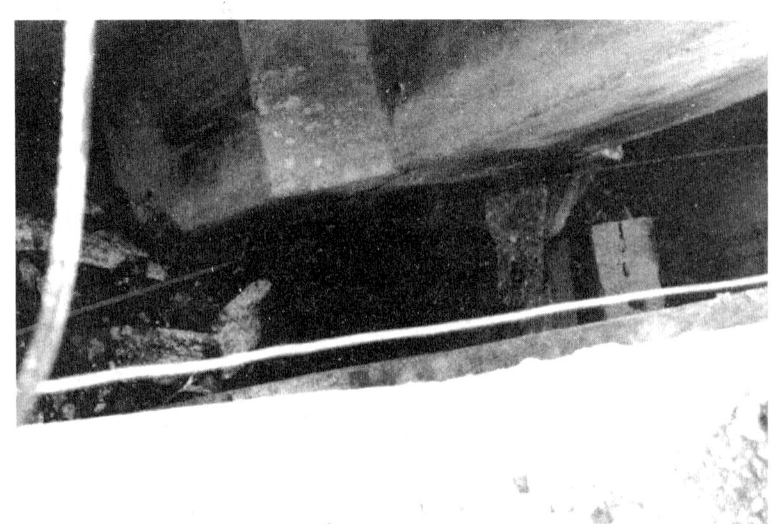

图 12-27　从桥面伸缩缝处看，板式橡胶支座被挤出，挡块破坏

图 12-28　伸缩缝处两联主梁发生横向位移

图 12-29　伸缩缝处由于两联主梁纵向相对位移使得栏杆交错，混凝土墙撞坏

12.4.3　庙子坪岷江大桥震害原因分析

落梁孔是 5×50m 一联的桥面连续简支梁靠映秀（2008 年汶川地震震害最严重的地区之一）边的一孔，地震发生时与另一联 4×50m 桥面连续简支梁之间设有的伸缩缝还没有安装伸缩缝装置。因此，在水平地震作用下，该孔梁靠伸缩缝的一端首先纵向移位脱落，然后另一端连续的桥面铺装被拉断，使整孔梁落入水中；高桥墩底部出现裂缝是由于地震中在该部位产生较大弯矩；橡胶支座被挤出是由于地震中梁、墩之间产生较大的反复相对运动；伸缩缝处的护栏混凝土脱落是由于相邻两联桥面在地震中相互碰撞。

12.4.4 庙子坪岷江大桥主要加固措施

（1）引桥T梁复位及落梁联架梁

大桥在都江堰岸有两跨引桥，纵横向位移均较小，加之分幅，易于处理。汶川岸共有四联引桥：（5×50m）+（4×50m）+（4×50m）+（4×50m），第一联落梁后每联均为四跨，联与联间设伸缩缝，联内四跨采用桥面连接。引桥T梁复位可以有三种方案，一是整联复位，二是整跨复位，三是整片梁复位。整联复位就是以联为单位实施整联纵移、横移。整跨复位是先切断跨间所有桥面连接，然后以跨为单位实施整跨纵移、横移。整片梁复位是先切断跨间所有桥面连续，然后切断T梁间的湿接缝，最后以每片梁为单位实施整体纵移、横移。

比较几种方法，整片梁复位对现有桥梁上部结构破坏大，再次连接工作量大；整跨复位兼顾了施工难度和尽量不伤及现有结构，但是需切断桥面连续，必然会对现有T梁及桥面铺装产生不同程度的损伤，重做桥面连续后防水难解决，此外梁间距小，受力钢筋切断后不易连接；整联复位四跨一联整体移动，能避免桥面连续后重做，效率高、费用低，且不损伤现有结构。地震后引桥上部结构发生了较大的纵、横向位移，但桥面连续完好，桥面铺装没有开裂，因此综合考虑，采用同步顶升、整联复位的方法。

庙子坪岷江大桥引桥，一联4跨，200m长，共40片T梁，重达8000t。加固时，每片梁各自由两个千斤顶支撑，整联布设数80个扁千斤顶，采用同步控制技术，将整联均匀顶升，换上四氟滑板临时支座。再利用设在盖梁侧面或顶面的纵横向反力架和千斤顶提供梁体复位力。整联逐步复位后，再更换永久支座。

（2）5号主墩裂缝处理

由于墩台位于水下，所用检测手段除了采用常用的检测方法和检测设备外，还采用了水下摄像检测技术。经震后检测，5号主墩墩底裂缝沿墩身周边基本连通，最大裂缝宽度约0.8mm。墩底向上第一道横隔板处也有类似裂缝。

加固修复时，5号主墩底裂缝位于水下约50m。潜水员潜水施工难度大，效率低，成本高，经多方比较，最后决定采用无水下操作的钢沉箱加固方案，采用特制的钢箱，再用钢箱将墩身围起来整体沉入水下，最后在钢箱与墩壁之间浇灌水下混凝土来进行修复加固。

加固施工顺序为：

1）潜水堵孔

首先冲洗墩壁上的青苔、淤泥及混凝土浮浆等附着物，再采用高压射水对混凝土表面凿毛，保证新旧混凝土的黏结强度。接着清理桥梁施工时承台表面的残留堆积物，以保证钢沉箱平稳放置及钢沉箱与原承台之间的空隙最小。

加固区域为从承台开始向上沿主墩14m范围，共有40余个直径100mm的过水孔。如不将其塞住，在浇筑水下混凝土时，混凝土将经过水孔流入墩壁内箱而流失，产生漏浆、蜂窝、麻面等质量缺陷。由于施工环境为深水、低温、高压，故聘请专业潜水作业人员对水孔进行堵塞。

2）钢沉箱施工工艺

为方便钢沉箱的加工、运输及吊装，纵向将钢箱分为3段，底、中、顶段长度分别为5m、4m、5m，每段钢箱环向分为10节，每节平均质量约15t。

分段预制好双壁钢箱后，钢箱两壁间用角钢连接成整体。利用水上平台，逐段拼接施焊形成完整的双壁钢箱。总重约 400t 的钢沉箱从桥上近 50m 高度的水上平台吊下，沉入深水下 14m 区域，在 14m 区域固定钢沉箱周界，以保证加固混凝土厚度为 80mm，箱底用橡胶密封。

然后向钢箱与桥墩之间灌注 C30 混凝土。考虑到加固层混凝土是为了保护 5 号墩水下钢筋混凝土不锈蚀，故采用素混凝土。混凝土采用 4 次浇筑，以减轻浇筑混凝土时对钢沉箱的冲击力，并要求混凝土具有不分散性、大流动性、高性能。当钢箱与桥墩间混凝土强度达到 85%后，再向钢箱内灌注混凝土。考虑到撤除钢沉箱对加固层震动大、成本高，故将钢沉箱永久滞留在原始加固位置。

第 13 章　土木工程的寿命周期

本章围绕工程的建设和运行过程，介绍工程寿命的概念、工程寿命期的阶段划分系统模型、工程寿命期各阶段的主要工作、工程环境系统、工程相关者，使学生对工程的寿命期系统过程和相关各方有一个宏观的了解。

13.1　土木工程全寿命周期的阶段划分

13.1.1　土木工程的寿命期

任何一个工程就像一个人一样，有它的寿命期。工程寿命期是指从工程构思开始到工程报废拆除的全过程。按照我国《民用建筑设计通则》规定，工程在设计之前，都有一个预期的最低寿命，即工程的设计寿命。设计寿命期是对工程耐久年限的规定，由建筑的结构、材质、施工质量等决定的，对工程的各方面有决定性影响。重要建筑和高层建筑主体结构的耐久年限为 100 年，一般建筑为 50～100 年（表 13-1）。然而，现实生活中，我国相当多建筑的实际寿命与设计通则的要求有相当大的距离。

表 13-1　我国民用建筑设计寿命

建筑等级	耐久年限	适用建筑类型
一级	100 年以上	特别重要（如纪念性）建筑和高层建筑
二级	50～100 年	一般性建筑
三级	25～50 年	次要建筑（易于替换的结构构件）
四级	15 年以下	临时性建筑

表 13-2　西方发达国家建筑物平均寿命

国家	建筑物平均寿命（年）	国家	建筑物平均寿命（年）
比利时	90.0	西班牙	77.4
法国	102.9	英国	132.6
德国	63.8	奥地利	80.6
荷兰	71.5		

工程的实际使用寿命并不等于工程的设计寿命。在西方社会，房屋建筑以石结构为主，人们追求工程的久远和历史影响，所以西方发达国家的建筑物平均寿命在 80 年上下（表 13-2）。这些长寿建筑保存了各个时期的建筑文化，所以西方城市许多街区、房屋依然保持几百年前的老样子，这些古建筑同时也提升了这些城市的价值和吸引力。

我国历史悠久，一些土木工程也十分长寿，例如，苏州园林已有 2600 多年的历史，都江堰已建成 2200 多年，至今仍在使用。其他一些建筑，如北京故宫实际使用寿命已有 500

多年，南京明城墙 600 多年，南京中山陵 90 年，这些工程不仅结构坚固，而且承载着我国古代人们的智慧和文化。

但大多数我国民用建筑的寿命不长。我国古代大多数的民用建筑以木结构为主体，木结构易于加工，易于艺术化处理，但也容易腐蚀，容易被兵火殃及，因此，保留下来的民用建筑不多。近几十年来，人们一直追求新的建筑，对工程建设的立项和拆除轻率，几乎每一个城市都在大规模拆迁，现在到处是在拆工程（图 3-1），许多地方已经开始拆除 20 世纪 80 年代，甚至 90 年代的建筑了。据统计，目前建筑平均寿命为不到 30 年——仅为设计寿命(50～70 年)的一半。虽然，人们对建筑工程实际寿命的统计方法存在争议，但我国目前建筑工程实际寿命期很短是一个不争的事实。

图 13-1　被拆除的大楼和高架桥

13.1.2　工程的寿命期阶段划分

在工程寿命期工程经历由产生到消亡的全过程。不同类型和规模的工程寿命期是不一样的，但它们都可以分为如下四个阶段（图 13-2）：

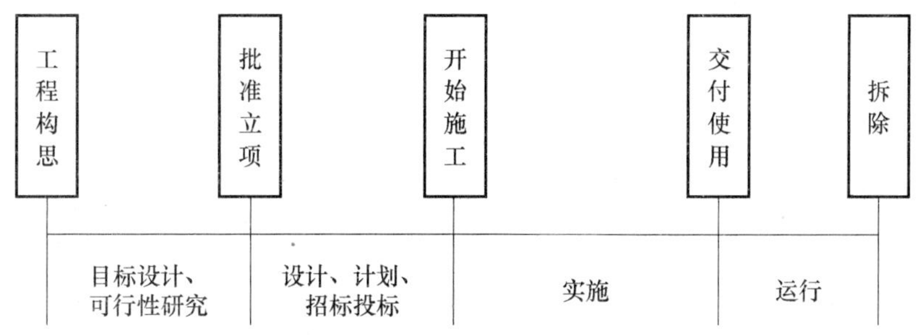

图 13-2　工程的寿命期阶段划分

（1）工程的前期策划和决策阶段。这个阶段从工程构思产生到批准立项为止。其工作内容包括工程的构思、目标设计、可行性研究和工程立项。

（2）工程的设计与计划阶段。这个阶段从批准立项到现场开工为止，其工作包括设计、计划、招标投标和各种施工前准备工作。

（3）工程的施工阶段。这个阶段从现场开工开始，各专业各部分工程按照设计完成，最终建成整个工程，并通过验收为止。这是工程技术系统的形成过程。

（4）工程的运行阶段。这个阶段是工程寿命期中时间最长的，在这个过程中，工程通过运行实现它的使用价值。在这个过程中需要经常性维护（维修），可能有对工程的更新改造、扩建等工作。最终，工程寿命结束，被拆除。

在上述工程的寿命期中，每个阶段又有复杂的过程，形成工程建设和运行程序。任何工程在其寿命期中都必须经历这个程序。

虽然各个工程技术和工程管理专业的学生的主要任务，以及就业后主要在工程批准立项到交付运行为止的建设过程中工作，但工程的各个阶段在本质上是不可分割的，各位同学必须建立工程全寿命期的理念！

13.2 土木工程全寿命周期各阶段主要工作

13.2.1 工程的前期策划阶段

工程的前期策划阶段是指从工程的构思产生到批准立项为止。按照现代医学和遗传学研究结果证明，一个人的寿命、健康状况在很大程度上是由他的遗传因素和孕育期状况决定的。而工程与人有生态方面的相似性。前期策划是工程的孕育阶段，决定了工程的“遗传因素”和“孕育状况”。它不仅对工程建设过程、将来的运行状况和使用寿命起着决定性作用，而且对工程的整个上层系统都有极其重要的影响。

工程寿命期的投资曲线和决策影响曲线见图 13-3。这说明，虽然工程的投资是随着工程的进展逐渐增加的，前期决策和设计阶段投入很少，大量的投资使用在施工阶段。但对工程寿命期的影响曲线刚好相反：前期影响很大，即在前期决策阶段失误会对工程造成根本性影响，在设计阶段，设计费用常常不到全寿命期费用的 1%，但设计工作决定了全寿命期费用的 75%；而施工阶段影响就小多了。

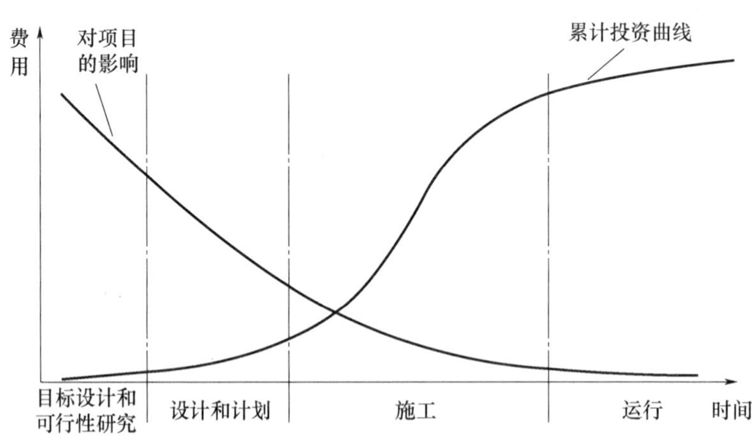

图 13-3 工程寿命期投资曲线和决策影响曲线

（1）总体思想

1）工程构思

工程构思是对工程机会的思考。它常常出之于工程的上层系统（即国家、地区、城市、企业）的现存的需求、战略、问题和可能性上。不同的工程，其构思的起因不同，可能有：

① 通过市场研究发现新的投资机会，有利的投资地点和投资领域，例如通过市场调查发现某种产品有很大的市场容量或潜在市场，要开辟这个市场，就要建设生产这种产品的工厂或设施。

② 上层系统（国家、地区、城市、企业）运行存在问题或困难。这些问题和困难都可以用工程解决，产生对工程的需求。可能是新建工程，也可能是扩建工程或更新改造，例如城市道路交通拥挤不堪，必须通过道路的新建和扩建解决，住房特别紧张，必须通过新建住宅小区解决问题等。

③ 为了实现上层系统（国家、地区、城市、企业）的发展战略。例如为了解决国家、地方的社会和经济发展问题，使经济腾飞，常常都是通过投资基础设施工程来带动经济发展，这必然带来许多工程需求。

④ 一些重大的社会活动，常常需要大量的工程建设，如 2008 年奥运会、2010 年世博会、2010 年亚运会，以及每一次全国运动会等，都会有大量的工程建设需求。

2）工程构思的选择

工程的构思仅仅是一个工程的机会，在进一步决策之前，还必须对工程构思进行选择。在一个具体的社会环境中，一方面，我们所遇到的问题和需要很多，这种工程构思可能是多种多样的，如为了解决交通问题，我们面临拓宽道路还是修建地铁的选择；另一方面，人们可以通过许多途径和方法（即工程或非工程手段）解决问题，达到目的；同时由于社会资源有限，人们解决问题的能力有限，并不是所有的工程构思都是值得或者能够实施（投资）的。对于那些明显不现实或没有实用价值的工程构思必须淘汰，在它们中间选择少数几个有价值和可能性的工程构思，进行更深入的研究。

3）工程的预期总体目标和总体实施方案

工程构思后，应确定工程建设要达到的预期总体目标和总体实施方案，为提出工程建设项目建议书打下基础。

工程总目标通常由一些指标表示，如工程的功能定位、工程规模、实施时间、总投资、投资回报、社会效益等。

工程总实施方案包括工程的功能定位和各部分的功能分解，总的产品方案，工程总体的建设方案，工程总布局，工程建设总的阶段的划分，总的融资方案，设计、实施、运行方面的总体方案等。

（2）提出工程建设项目建议书

工程建设项目建议书是对工程构思情况和问题、环境条件、工程总体目标、工程范围界限和总体实施方案的说明和细化，同时提出需要进一步研究的各个细节和指标，作为后继的可行性研究、技术设计和计划的依据。工程建设项目建议书的内容包括：

1）工程项目建设条件分析，包括资源条件、交通运输条件、经济社会发展条件等的分析。

2）工程建设可能存在的问题及对生态环境的影响等的分析。

3）工程项目目标系统的建立与分析。

4）进行土地价值评价或做征地移民计划。

5）工程进度及资金筹措的安排。

对于一些大型的公共工程，工程项目建议书必须经过主管部门初步审查批准，通常要提出工程选址申请书，由土地管理部门对建设用地的有关事项进行审查，提出意见；城市规划部门提出选址意见；环境保护部门对工程的环境影响进行审查，并发出许可证。

（3）可行性研究

即对工程实施方案进行全面的技术经济论证，看能否实现工程总目标。现代工程的可行性研究通常包括如下内容：

1）产品的市场研究，市场的定位和销售预测。主要预计工程建成后，什么样品种和规格的产品能够被市场接受，工程产品或服务有多大的市场容量，产品或服务的市场价格在什么样的水平上等。

市场研究是工程可行性研究的关键，它对确定产品方案、生产规模，进而确定工程建设规模有决定性影响。

2）按照生产规模分析工程建成后的运行要求。包括工程产品的生产计划，资源、原材料、燃料及公用设施计划，企业组织、劳动定员和人员培训计划。

3）按照生产规模和运行情况确定工程的建设规模和计划。包括选址、生产工艺和主要设备选型、工程的建设计划、环境保护、城市规划、防震、防洪、防空、文物保护等要求和相应措施方案、建设工期和实施进度安排等。

4）投资估算和资金筹措。将建设期投入，运行期生产费用，市场销售收入等汇总确定工程寿命期过程中的资金支出和收入情况，绘制现金流曲线，得到工程寿命期的资金需要量，并安排资金来源。

5）工程经济效益、环境效益和社会效益分析。

（4）工程的评价和决策

在可行性研究的基础上，对工程进行全面评价，包括：

1）技术方面的评价：技术上的可实现性。

2）经济评价：经济的盈利性和可行性。

3）财务评价：资金来源的可靠性，投资回收期。

4）国民经济评价：对国民经济的作用和贡献。

5）社会评价：对居民收入，生活水平和质量，居民就业，不同群体（特别是弱势群体）利益，文化、教育、卫生、基础设施、社会服务容量、城市化进程，少数民族风俗习惯和宗教等方面的影响。

6）环境影响评价：保护环境、生态、土地、资源等。

根据可行性研究和评价的结果，由上层组织对工程的立项做出最后决策。

在我国，可行性研究报告，连同环境影响评价报告、项目选址建议书，经过批准，工程就正式立项。经批准的可行性研究报告就作为工程建设的任务书，作为工程初步设计的依据。

现在由于大型工程的影响很大，工程的评价和决策常常需要在全社会进行广泛地讨论。

13.2.2 工程的设计和计划阶段

从工程的批准立项到现场开工是工程的设计和计划阶段，通常包括如下工作：

（1）工程建设管理组织的筹建

按照我国工程建设程序的规定，在可行性研究报告批准后，工程即立项，就应正式组建工程建设的管理组织，也就是通常意义上的业主（过去又称为建设单位），由它负责工程的建设管理工作。尽管有些大型工程在可行性研究阶段就有管理工作班子，但由于那时工程尚未立项，经过可行性研究还可能发现该工程是不可行的，所以那时的工作管理班子还不能算通常意义上的工程建设管理组织或业主。

(2) 土地的获得

工程都是在一定的土地上(即“建筑红线”范围内)建设的。工程建设项目一经被批准，相应的选址也就已经获得了批准。但在工程建设前必须获得在工程所在土地上建设工程的法律权利——土地使用权。

通常人们将土地称为不动产。不动产中所说土地是指地表及其上下一定范围内的一定权利。工程一经建成，即与土地成为一体。

工程使用的土地通常可以通过如下方式取得:

1) 通过土地划拨获得土地使用权。土地使用权划拨，是指经政府土地主管部门依法批准，在土地使用者缴纳土地补偿、安置或拆迁补偿等费用后，取得的国有土地使用权。通常，军事工程、政府办公设施工程、国家重点扶持的能源、交通、水利等基础设施用地、市政配套工程、公共事业工程等通过土地划拨获得土地使用权。

通常划拨土地所指的无偿，是指不需缴纳土地出让金。以划拨方式取得的土地使用权，除法律、法规另有规定外，没有使用年限的限制。

2) 通过土地使用权的出让获得。除在法律规定的范围内划拨国有土地使用权外，我国实行国有土地有偿使用制度。我国土地管理法规定，土地使用权出让通常采取协议、招标、拍卖的方式。各种出让方式有不同的程序，最后政府都要与土地使用权受让人签订土地使用权出让合同，土地使用权受让人按合同约定支付土地价款，并办理土地登记的有关手续。

我国法律规定，土地使用权出让有最高年限(表 13-3)。土地使用期满，使用者可以申请续期，重新签订土地使用权出让合同，支付土地使用出让金。

表 13-3 我国法律规定土地出让年限

土地用途	出让年限
居住	70 年
工业	50 年
教育、科技、文化、卫生、体育	50 年
商业、旅游、娱乐	40 年
综合或其他	50 年

3) 通过土地使用权转让获得。指已经获得土地使用权人再将土地使用权通过出售、交换、赠与方式转移给工程所有者，以建设工程。土地使用权转让要签订转让合同。

4) 通过土地使用权租赁获得。即工程所有者向土地使用权人租赁土地(连同土地上的建筑物)，并支付相应的租金。他们签订土地租赁合同。该合同不能违背国家法律、法规和土地使用权出让合同规定的该土地的用途。租赁期限不能超过法律、法规规定的原出让合同规定的土地使用年限。

(3) 工程规划

工程规划是在总目标和工程总方案基础上确定工程的空间范围，并对工程的系统范围、工程的功能区结构和它们的空间布置进行描述，确定各个单体建筑的位置。工程规划必须按照城市规划对建筑工程的要求，包括用地范围的建筑红线、建筑物高度和密度的控制等进行。

工程规划最终结果主要是规划图和功能分析表。规划图描述工程的空间位置和范围(用红线描述工程界限)，并将工程的主要功能面(如分厂、车间、道路)在平面或空间上布置。

功能分析表是按照工程的目标和最终用户需求构造工程的主要功能和辅助功能，以及它们的子功能（空间面积分配）。

工程的规划文件必须经过政府规划管理部门的审批。这样工程的建设才有法定的权利。在以后的设计、施工中必须严格按照政府规划管理部门批准的规划文件执行。

按照我国《城乡规划法》，建设单位在取得《土地使用权证》后才可以申请建设用地规划许可证，再申请建设工程规划许可证。申请程序图 13-4 所示。

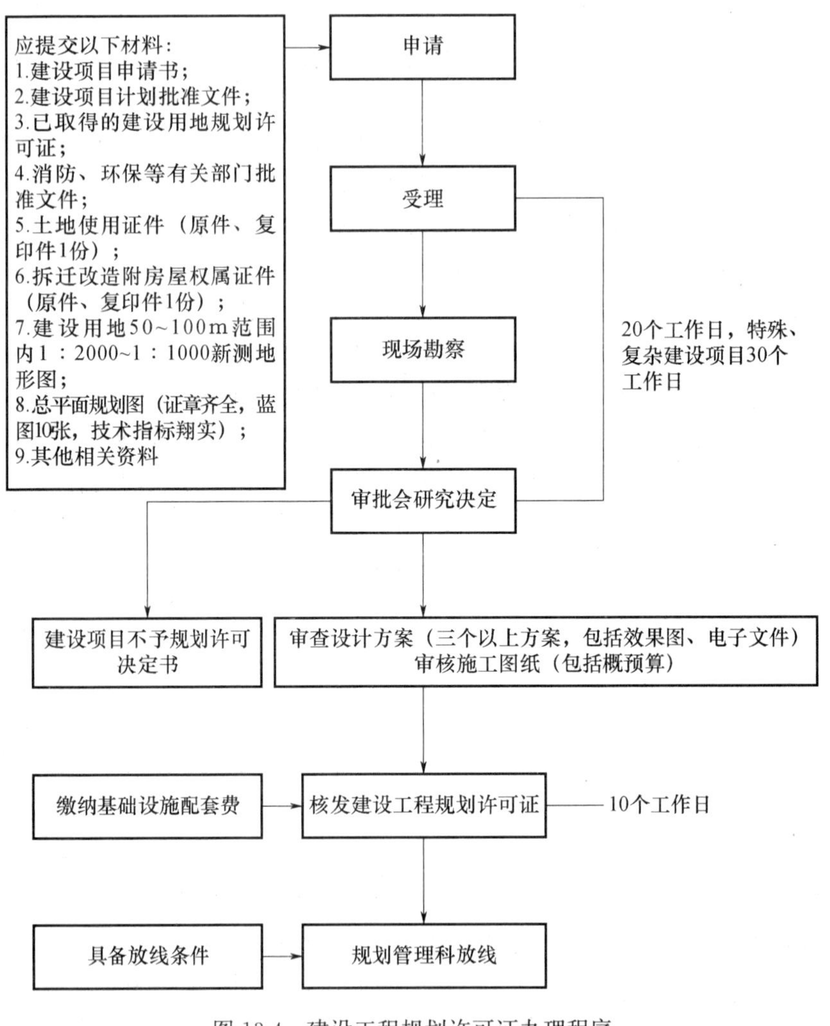

图 13-4　建设工程规划许可证办理程序

（4）工程勘察

1）工程勘察工作的重要性

工程勘察是指采用专业技术手段和方法对工程所在地的工程地质情况、水文地质情况进行调查研究，对工程场地进行测量，以对工程地基做出评价，为地基基础设计提供参数，并对地基基础设计和施工，以及地基加固和不良地质的防治提出具体的方案和建议。

工程勘察工作是设计和施工的基础，对工程的规划、设计、施工方案、现场平面布置等有重要的影响。通过工程地质和水文地质的勘察能够了解工程地质情况，及早发现不良工程地质问题，使工程基础和上部构造的设计科学合理，有助于编制科学合理的施工方案。工程的质量、工期、费用（投资）、使用效果与寿命等与工程勘察的准确性有直接的关系。许多工程，由于工程勘察不准确，导致施工过程中塌方，工程设计方案和施工方案的变更，建成后建筑物开裂，甚至倒塌，工程不能正常使用等。

2）工程勘察的内容

工程勘察分初勘和详勘。工程勘察的成果是工程勘察报告。它的内容主要包括：

① 工程概况、任务要求、勘察阶段及勘察工作概况；

② 场地位置、地形地貌、地质构造、不良地质现象、地层成层条件、岩土的物理力学性质等数据；

③ 场地的稳定性和适宜性、岩土的均匀性和标准承载力，地下水的影响，土的最大冻结深度，地震基本烈度以及由于工程建设可能引起的工程地质问题等，有针对性的提出适宜的基础形式和有关的计算参数及施工中应注意的事项；

④ 勘察工作图表成果，如勘探点平面布置图、综合工程地质图或工程地质分区图、工程地质剖面图、地质柱状图或综合地质柱状图、有关测试图表等。

（5）工程设计

设计是按照工程规划要求确定工程功能区（单体建筑）的规模和空间布置，并对各个专业工程系统进行详细的定义和说明。最后通过设计文件，如规范（工程说明）、图纸、建筑模型，对拟建工程的各个专业工程系统进行详细描述。

1）建筑工程设计的准备工作

① 熟悉设计任务

设计任务书是建设单位提出的设计要求，主要内容包括建设项目要求，房屋的具体使用要求、建筑面积、建设项目的总投资和单位面积造价，土建费用、房屋设备费用以及道路等室外设施费用的分配明细、地基情况、供电、供水和采暖、空调等设备方面的要求和设计期限等。

② 收集必要的设计原始资料和数据

在开始设计前，应收集的原始资料和数据有：用地红线图（应有明确的坐标）、原始地形图（最好甲方已将红线落于地形图上）、相应区域城市规划图（明确周围建筑状况、性质、层数或高度、定位；周围市政道路定位、宽度、节点的坐标、标高及道路的坡度；市政绿化带宽度；是否有需要避让的高压线等）、规划要点（明确用地性质、容积率、覆盖率、绿化率、规划规模、高度限制、机动车非机动车规模、建筑退红线要求等）、各地政府的相关规定、城市规划管理条理等（重点关注有关键建筑间距、日照分析、高中低层及点式板式建筑退让道路红线、用地红线的具体要求、各地针对不同情况在总图上对于消防的不同要求）、用地批文（此文关系到此项目是否可以立项，亦即说明一个项目是否真实可实施的项目，在设计文件档案管理上这是不可缺少的文件）。

③ 设计前的调查研究

调查研究的内容包括建筑物的使用要求，建筑材料、制品、构配件的供应情况和施工技术条件，地基勘察、传统建筑经验和生活习惯等。

2）设计工作过程

按照工程规模和复杂程度的不同，工程的设计工作阶段划分会有所不同（图 13-5）。一般项目进行两阶段设计，即扩大初步设计和施工图设计。技术上比较复杂而缺乏设计经验的项目，进行三阶段设计：即方案设计、初步设计、施工图设计。对技术上比较复杂的工业工程，增加技术设计过程（技术设计又叫工艺设计，对于不同的工程而言，技术设计具有不同内容，如水利工程中的围堰、泥沙设计等）。但是按照国际惯例，施工图设计应属于建设准备阶段的内容。

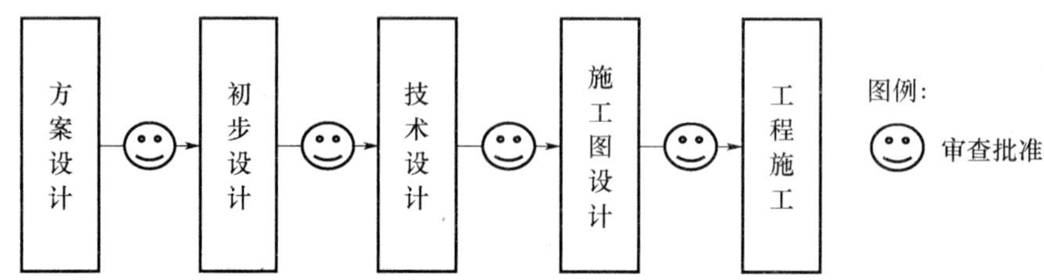

图 13-5　工程设计过程图

① 方案设计（在国外又叫概念设计）。在工程规划的基础上解决各个专业工程的实现方案。方案设计过程是在进行经济和技术分析的基础上选择合适的设计方案的过程。方案设计包括：设计说明书，各专业设计说明以及投资估算等内容；对于涉及建筑节能设计的专业，其设计说明应有建筑节能设计专门内容；总平面图以及建筑设计图纸（若为城市区域供热或区域煤气调压站，应提供热能动力专业的设计图纸）；以及设计委托或设计合同中规定的透视图、鸟瞰图、模型等。

② 初步设计。初步设计是方案设计的进一步修正与完善，通过技术设计，进一步解决初步设计中未考虑全面的建筑与结构之间、建筑与生产工艺需求之间的矛盾，使设计方案更加符合结构要求。初步设计最终提交文件包括设计说明书、初步设计图纸、概算书等。

对一般的工程，初步设计必须经过审查才能进行进一步的设计。审查需要提供的资料有项目立项计划、环境评价报告、规划总平面图、规划用地许可证、工程地质勘察资料、初步设计图纸（包括建筑、结构、水电）、初步设计说明文件、概算书、配套设施文件等。

③ 施工图设计。施工图是按照专业工程系统（如结构、电、给排水、装饰等工程）对工程进行详细说明的文件。在我国，施工图是直接提交施工招标的文件，是施工单位进行投标报价、制定工程施工方案和安排施工的技术文件。

施工图是设计工作和施工的桥梁。施工图不仅要解决各个细部的构造方式和具体做法，还要具体体现细部与整体、各个专业工程系统之间的相互关系。

施工图设计文件包括所有的工程专业的设计图纸（含图纸目录、说明和必要的设备、材料表）和工程预算书。施工图设计文件深度根据不同的工程，有不同的要求。

我国《房屋建筑和市政基础设施工程施工图设计文件审查管理办法》对施工图设计审查有专门的规定——国家实施施工图设计文件审查制度，即由建设主管部门认定的施工图审查机构按照有关法律、法规，对施工图涉及公共利益、公众安全和工程建设强制性标准的内容进行审查。

施工图审查需要提交下列资料：工程设计合同、初步设计审批文件、专项设计审查主管部门（消防、人防、交管等）的批件、岩土勘察报告、岩土勘察文件审查意见书、施工图设计文件、总图及相关设计基础资料、各专业相关计算书、计算软件名称及授权书。

④ 设计内容。设计是由设计单位的专业人员完成的，工程设计按照建筑物和专业主要分为：

a. 工艺设计（工程选型、产品结构、工艺流程、设备选型）；

b. 建筑设计；

c. 结构设计（地基基础、主体结构）；

d. 配套专业设计（水、电、通风、装饰等）；

e. 配套设施（如附属工程）设计；

f. 专项设计，如消防、人防、交通等。这些设计文件必须经过专门部门的审批。

同时，设计文件（如施工图）也是按照上述专业工程系统分类的。

（6）编制工程实施计划

即对工程的建造进行全面的系统的计划，进行周密的安排。

1）按照批准的工程项目任务书提出的工程建设目标、规划和设计文件编制工程的总体实施规划（大纲）。总体实施规划（大纲）是对工程建设和运行的实施策略、实施方法、实施过程、费用（投资预算、资金）、时间（进度）、采购和供应、组织、管理过程作全面的计划和安排，以保证工程建设目标的实现。

2）随着设计的逐步深化和细化，按照总体实施规划（大纲），还要编制工程详细的实施计划。详细的实施计划要对工程的实施过程、技术、组织、费用、采购、工期、管理工作等分别进行具体详细的安排。

随着设计的不断深入，实施计划也在同步地细化，即每一步设计，都应有相应的计划。如对工程费用（投资），初步设计后应作工程总概算，技术设计后应作修正总概算，施工图设计后应作施工图预算（图 13-6）。同样，实施方案、进度计划、组织结构也在不断细化。

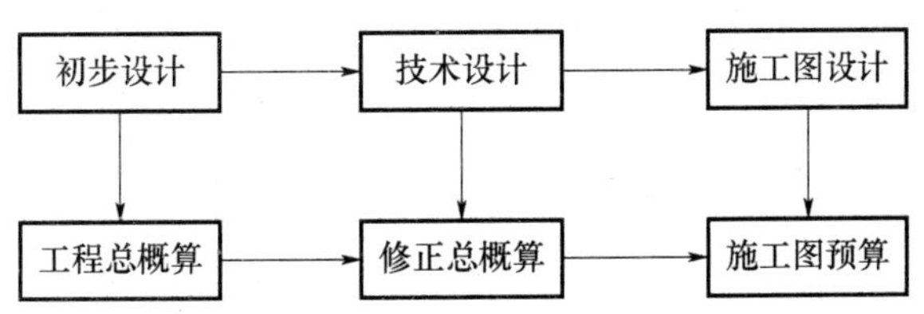

图 13-6　设计过程与工程费用计划的对应

（7）工程招标和施工前的各种批准手续

1）工程报建。建设单位必须向建设行政主管部门做工程报建手续，需要提交工程立项批准文件、建设工程规划许可证、银行出具的资信证明或财政局出具项目出资意见、工程拆迁手续证明、建设工程施工图审查合格书等。

2）向工程招标管理部门办理工程招标核准和备案手续。

3）工程招标。即通过招标委托工程范围内的设计、施工、供应、项目管理（咨询、监理）等任务，选择这些任务的承担者。对这些工程任务的承担者来说，就是通过投标承接工程项目的任务。

根据招标对象的不同，有些招标工作会在立项后就进行，如对勘察、规划设计的招标；而有些招标工作要延伸到工程的施工过程中，如有些装饰工程、部分材料和设备的采购等。

4）工程质量监督注册。根据《建设工程质量管理条例》，建设单位在领取施工许可证或者开工报告前，应当按照国家有关规定办理工程质量监督手续。通常监督单位要审查建设工程规划许可证，勘察、设计、施工、监理单位资质等级证书及中标通知书，施工图设计文件审查报告书或批准书等文件。

5）工程安全备案。根据《建设工程安全生产管理条例》，依法批准开工报告的建设工程，建设单位应当自开工报告批准之日起15日内，将保证安全施工的措施报送建设工程所在地的县级以上地方人民政府建设行政主管部门或者其他有关部门备案。

6）拆迁许可证。对需要进行房屋拆迁的工程，在工程开工前，建设单位必须向房屋所在地的市、县人民政府房屋拆迁管理部门申请拆迁许可证，要提交建设项目批准文件、建设用地规划许可证、国有土地使用权批准文件、拆迁计划和拆迁方案；办理存款业务的金融机构出具的拆迁补偿安置资金证明等。这样才有权对现场原有建筑物进行拆迁。

7）申请施工许可证。根据《建筑工程施工许可管理办法》在工程开工前，建设单位必须向工程所在地的县级以上人民政府建设行政主管部门申请施工许可证。按照国务院规定的权限和程序批准开工报告的建筑工程，不再领取施工许可证。通常要提交建设工程规划许可证、国有土地使用证、招标投标中标通知书、工程承包合同、设计图纸、监理合同、工程质量监督通知书等。

（8）现场准备

包括场地的拆迁、平整，以及施工用的水、电、气、通信等的条件准备工作等。

13.2.3 工程的施工阶段

工程的施工阶段从现场开工到工程的竣工，验收交付为止。在这个阶段，工程的实体通过施工过程逐渐形成。工程施工单位、供应商、项目管理（咨询、监理）公司、设计单位按照合同规定完成各自的工程任务，并通力合作，按照实施计划将工程的设计经过施工过程一步步形成符合要求的工程。这个阶段是工程管理最为活跃的阶段，资源的投入量最大，工作的专业性强，管理的难度也最大，最复杂。

（1）施工前准备工作

1）现场的平整和临时设施的搭设

① 现场平整。在现场原建筑物拆除后，还要进行一些清理和现场平整工作，使施工现场具有可施工条件（图13-7）。

② 工程现场临时设施搭设：

a. 场地规划。需要安排临时道路、围墙和出入口及大门、工地的绿化等。

b. 办公生活区域。需要搭设会议室、保安及门卫用房、工人宿舍、临时办公用房、厨房及食堂、卫生间及淋浴、急救室、临时化粪池、小车停车场和自行车棚、锅炉及备用发电机房、施工出入口的冲洗设施。

图13-7 场地平整

c. 施工区域。需要搭设试验用房、工具房、仓库、混凝土搅拌站/机用棚、木工加工场、沙石堆场、现场给排水的临时布置、钢筋堆场和钢筋加工场、工地机械修理房、机电加工场和机电仓库等。

d. 其他布置。如公司标语/CI（企业形象）标志、旗杆、旗帜、安全设施。

2）图纸会审和技术交底

① 图纸会审是业主、设计单位人员、施工人员互相沟通的过程，目的是使施工单位熟悉和了解所承担工程任务的特点、技术要求、工程难点以及工程质量标准，充分理解设计意图，保证工程施工方案符合设计文件的要求。通过图纸会审，施工单位有责任发现工程设计文件中明显的错误，并可以对设计方案的优化提出意见和建议。

② 技术交底是施工单位技术人员和操作人员的沟通过程，是对设计和施工技术文件会审和落实的过程。技术交底的重点是工程的施工工艺及施工操作要点。

技术交底的层次分为：项目技术负责人向工程技术及管理人员进行施工组织设计交底、技术员向班组进行分部分项工程实施方法交底、班组长向工人进行操作技术交底。

（2）工程施工过程

工程施工过程中有许多专业工程的施工活动。例如一般的房屋建筑工程有如下工程施工活动：

1）土建工程施工

① 单个工程定位放线。按照工程规划和设计图纸在土地上对单个工程的空间位置进行定位（图 13-8）。

图 13-8　单个工程定位放线

② 基础和地下工程施工。包括基础放线、降水（如采用轻型井点降水、管井与自渗沙井结合降水）、基坑支护（如土钉墙支护、护坡桩支护等）、基坑维护、桩基工程、基础土方开挖（挖土）、基础工程（地下结构，基础模板、钢筋、基础混凝土工程、基础验收）等工程施工活动（图 13-9）。

基础工程是工程的根基，对工程的稳定性、耐久性有决定性的作用。如果基础工程出现问题常常是致命的，而且是不可修复的。

③ 主体结构工程施工包括搭设脚手架、主体工程定位放线（标高、位置）、主体模板工程、钢筋工程、混凝土工程、砖砌体工程、钢结构工程、门窗工程、屋面工程等施工活动（图 13-10）。

主体结构施工质量对工程的寿命期影响最大，常常是质量管理的重点。

图 13-9　基础工程施工

(a)　　(b)

图 13-10　工程主体结构施工

(a) 厂房主体结构施工；(b) 房屋主体结构施工

2）配套设施工程施工，如水、电、消防、暖通、除尘和给水排水工程的施工活动，它们常常要与主体结构施工搭接（图 3-11）。

3）设备安装工程施工，如电梯、生产设备、办公用具、特殊结构施工、钢结构吊装等施工活动。

4）装饰工程施工。包括外装修和内装修。

外装修：外装修脚手架、与建筑物的拉结、脚手架防护、幕墙工程、外墙贴面。

内装修：墙体粉刷、贴面、木构件制作、室内器具等。

5）楼外工程施工，如楼外管道、道路工程、绿化景观工程、照明工程等。

在工程施工中要安排好各个专业搭接，如为设备的安装预埋件，为给排水工程、暖通工程、电、智能化综合布线工程预埋管道和预留洞口等（图 13-11）。

（3）竣工验收

当工程按照工程建设任务书，或设计文件，或工程承包合同完成规定的全部内容，即可以组织竣工检验和移交。如果工程由多个承包商承包，则每个承包商所承包的工程都有竣工检验和移交的过程。整个工程都经过竣工检验，则标志着整个工程施工阶段结束。

图 13-11　管道铺设与楼面施工搭接施工

1）工程验收准备工作。在工程竣工前有许多准备工作。如组织人员进行逐级的检查，看是否完成预定范围的工程项目，是否有漏项；建筑物成品的保护和封闭；拆除各种临时设施，拆除脚手架，对工程进行清洗，清理施工现场等；多余材料、机具和各种物资的回收、退库和转移工作。

2）竣工资料的准备。包括竣工图的绘制，竣工结算表的编制，竣工通知书、竣工报告、竣工验收证明书、质量评定的各项资料（结构性能、使用功能、外观效果）的准备。

3）工程竣工自检。承包商对工程首先进行全面检查，检查工程的完成情况，设备、配套设施的运行情况，电气线路和各种管线的交工前检查。承包商应在自检验收合格的基础上，向业主提出竣工验收申请，说明拟验收工程的情况，经监理单位审查，认为具备验收条件，与承包单位商定有关竣工验收事宜后，提请业主组织竣工验收。

4）验证竣工工程与规划文件、建设工程规划许可证、绿化设计方案、建筑安装工程档案移交文件等是否一致。

5）工程竣工验收。按照竣工验收通知书安排，对工程进行竣工验收，验收合格后签发竣工验收报告，施工单位的工程竣工报告，监理单位的工程质量评估报告，勘察、设计单位的质量检查报告，规划、公安消防、环保等部门出具的认可文件或准许使用文件，施工单位签署的工程质量保修书等。

6）将工程竣工验收报告、规划、消防、环保等验收认可文件、工程质量保修书（使用说明书、质量保证书）、工程质量监督报告及其他必要的文件，进行工程竣工验收备案。

7）在竣工验收备案全套资料基础上，签发建设工程竣工合格证。

8）竣工资料的总结、交付、存档等工作。工程竣工验收合格后，要向城市建设档案管理部门提交最终的工程竣工图纸存档。

9）进行工程竣工决算。

（4）工程的运行准备工作

工程由业主移交给工程的运营单位，或工程进入运行状态，则标志着工程建设阶段任务的结束，工程进入运行（生产或使用）阶段。移交过程有各种手续和仪式，对工业工程，在此前要共同进行试生产（试车），进行全负荷试车，或进行单体试车、无负荷联动试车和有负荷联动试车等。

在工程投入运行之前要完成如下运行准备工作：运行维修手册的编制；运行的组织建立；运行人员和维修人员的培训；生产的原材料、辅助材料准备；生产过程的流动资金准备等。

在工程总承包项目中，许多运行准备工作也在承包商的工程承包范围之内。

（5）施工阶段的其他工作

有些属于工程施工阶段的工作任务或竣工工作会持续到工程的运行阶段。

1）工程的保修（缺陷通知期）。在运行的初期，工程建设任务的承担者（如设计、施工、供应、项目管理单位）和业主按照工程任务书或工程承包合同还要继续承担因建设问题产生的缺陷责任，包括对工程的维护、维修、整改、进一步完善等。

2）工程的回访。工程的任务承担者（设计单位、施工单位等）还要对工程运行状态作回访，了解工程的运行情况、质量、用户的意见等。通常要了解主体结构、屋面、设备、机电安装工程、装修工程、各种管道工程状况，并承担保修责任。

3）工程建设阶段的考核评价。包括建设工期的考核评价、工程质量的考核评价、工程成本的考核评价、安全生产的考核评价、实际投资的考核评价等。

13.2.4 工程的运行阶段

一个新的工程投入运行后直到它的设计寿命结束，最后被拆除，就像一个人一样，经过了成长、发育、成熟、衰退的过程。它的内在质量、功能和价值有一个变化过程。通常，在运行阶段，有如下工作：

（1）申请工程产权证。

目前，工程产权证主要是针对房屋工程而言的。例如，有的城市就规定：房屋建成后首先由开发商去相关政府部门办理产权证，称为初始登记；办理完毕后，个人购房者才能去办理各自的产权证。

（2）在运行过程中的维护管理。

以确保工程安全、稳定、低成本、高效率运行，并保障人们的健康，节约能源、保护环境。

工程在运行阶段要进行经常性维护和阶段性修理。这对于保证工程良好的运行状态、延长工程的使用寿命有很大的作用。就像人一样，要有经常性体检，经常性健康诊断，发现病症就要治疗。

（3）工程项目的后评价。

在工程运行一个阶段后，要对工程建设的目标、实施过程、运行效益、作用、影响进行系统的客观的总结、分析和评价。它是与工程前期的可行性研究工作相对应的。

（4）对本工程的扩建、更新改造、资本的运作管理等。

工程在寿命期中由于社会要求的变化，工程产品的转向，常常需要扩大功能，更新用途等，就要进行更新改造、扩建。

（5）工程经过它的寿命期过程，完成了它的使命，最终要被拆除。人类有史以来，任何工程都会结束，最终还回到一块平地。可能要进行下一个工程的实施，进入一个新的循环阶段。

对于工程来说，工程寿命期结束是个里程碑事件，而不能作为一个阶段。一般工程遗址的拆除和处理是由下一个工程的投资者和业主承担的。不作为前一个工程寿命期的工作任务。但从一个工程对社会和历史承担的责任来说，应该考虑到工程寿命期结束后下一个工程的方便性，能够方便地，低成本地处理本工程的遗留问题。

13.3　工程环境系统

13.3.1　工程环境的重要性

工程与环境之间存在十分复杂的交互作用。工程活动不仅受到环境的约束，而且对环境有着巨大的影响。主要体现在：

（1）工程产生于环境（主要为上层系统和市场）的需求，它决定着工程的存在价值。通常环境系统出现问题，或上层组织有新的战略，才能产生工程需求。而且工程的目标，如工程规模定位，产品的品种、产量、质量要求的确定必须符合环境（特别是市场）的要求。工程必须从上层系统，必须从环境的角度来分析和解决问题。

（2）工程的实施需要外部环境提供各种资源和条件，受外部环境条件的制约。如果工程没有充分地利用环境条件，或忽视环境的影响，必然会造成实施中的障碍和困难，增加实施费用，导致不经济的工程。

（3）环境决定着工程的技术方案（如平面布置、建筑风格、结构选型等）和实施方案（如施工设备选择、施工现场平面布置等）以及它们的优化，决定着工期、费用、质量要求等。工程的实施过程又是工程与环境之间互相作用的过程。通过对环境的认知，可以掌握工程现有内外环境的特点与变化规律，以寻求现有环境的不足，为通过工程规划、设计、施工和运行达到改善环境的目的。

例如，工程的艺术风格和造型必须与环境协调和谐，在建筑设计中要考虑工程的地形、地貌、生态环境，以及建筑热湿环境、建筑声环境、建筑光环境等。从根本上说，建筑学就是研究建筑及其环境的学科。

（4）环境是工程全寿命期最重要的约束条件，是产生风险的根源。现代工程都处在一个迅速变化的环境中。在工程实施中，由于环境的不断变化，形成对工程的外部干扰（如恶劣的气候条件、物价上涨、地质条件变化等），这些干扰会造成工程不能按计划实施，造成工期的拖延，成本的增加，使工程实施偏离目标，造成目标的修改，甚至造成整个工程的失败。所以风险管理的重点之一就是环境的不确定性和环境变化对工程的影响。

（5）工程活动不能单纯地以改造自然为目的，而要遵循生态和社会活动的规律，使社会、经济、生态和谐共处，可持续发展。这就要求工程决策者在工程建设和运行中不仅要考虑工程系统内组成要素之间的协调，而且要考虑工程和生态、社会、文化、政治和自然等环境因素之间功能关系的协调。

所以环境对工程的整个建设和运行过程有重大影响，涉及各个专业工程子系统和工程管理的各个方面。现代工程界的一些重大问题，如工程的可持续发展，循环经济和绿色经济在工程中应用，生态建筑、低碳建筑等都是要解决工程与环境的关系问题。

这就要求工程各参与者都应重视环境问题，具有工程伦理意识和道德意识，具有社会责任感和历史使命感。

13.3.2　自然环境

（1）自然地理状况，如自然风貌、地形地貌状况；地震设防烈度及工程建设和运行期地震的可能性；地下水位、流速；地质情况，如土类、土层、容许承载力、地基的稳定性，可能的流沙、暗塘、古河道、溶洞、滑坡、泥石流等。

(2) 生态环境，如动植物分布、物种情况。

(3) 气候条件

1) 年平均气温、最高气温、最低气温，高温、严寒持续时间。

2) 主导风向及风力，风荷载。

3) 雨雪量及持续时间，主要分布季节等。

(4) 可以供工程使用的各种自然资源的蕴藏情况。

13.3.3 经济环境

(1) 社会的发展状况。该国、当地、该城市处于一个什么样的发展阶段和发展水平。

(2) 国民经济计划的安排，国家的工业布局及经济结构，国家重点投资发展的工程、领域、地区等。

(3) 国家的财政状况，赤字和通货膨胀情况。

(4) 国家及社会建设的资金来源，银行的货币供应能力和政策。

(5) 市场情况

1) 市场对工程或工程产品的需求，市场容量、购买力、市场行为，现有的和潜在的市场，市场的开发状况等。

2) 当地建筑市场情况，如竞争激烈程度，当地建筑企业的专业配套情况、建材、结构件和设备生产、供应及价格等。

3) 劳动力供应状况以及价格。

4) 能源、交通、通信、生活设施的状况及价格。

5) 城市建设水平。

6) 物价指数，包括全社会的物价指数，部门产品和专门产品的物价指数。

13.3.4 政治环境

主要为工程所在地（国）政府和政局状况。

(1) 政治局面的稳定性，如有无社会动乱、政权变更、种族矛盾和冲突，宗教、文化、社会集团利益的冲突。

(2) 政府对本工程的态度，提供的服务，办事效率，政府官员的廉洁程度。

(3) 与工程有关的政策，特别对工程有制约的政策，或向工程倾斜有促进的政策。

13.3.5 法律环境

工程在一定的法律环境中实施和运行，适用工程所在地的法律，受它的制约和保护。

(1) 法律的完备性，法制是否健全，执法的严肃性，投资者能否得到法律的有效保护等。

(2) 与工程有关的各项法律和法规，如规划法、合同法、建筑法、劳动保护法、税法、环境保护法、外汇管制法等。

(3) 国家的土地政策。

(4) 对与本工程有关的税收、土地政策、货币政策等方面的优惠条件。

(5) 各项技术规范和规范性文件。

13.3.6　工程周围基础设施、场地交通运输、通信状况

（1）场地周围的生活及配套设施，如粮油、副食品供应、文化娱乐、医疗卫生条件。

（2）现场及周围可供使用的临时设施。

（3）现场周围公用事业状况，如水、电的供应能力、条件及排水条件。

（4）现场以及通往现场的运输状况，如公路、铁路、水路、航空条件、承运能力和价格。

（5）各种通信条件、能力及价格。

（6）工程所需要的各种资源的可获得条件和限制。

13.4　土木工程利益相关者

工程的建设和运行需要各种投入，同时又有各种产出。在这个过程中会影响到社会的许多方面，需要许多方面的认可和支持。所以工程的建设和运行过程与许多方面利害相关(图 13-12)。

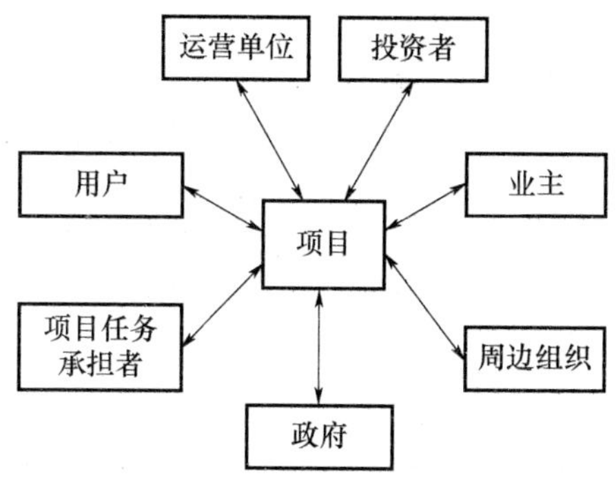

图 13-12　工程利益相关者

广义的利益相关者，被认为是那些影响企业目标实现或受企业目标实现过程影响的任何个人和团体。对于项目而言，利益相关者可能包括：

（1）工程产品的用户，即直接购买或使用工程最终产品的人或单位。工程的最终产品通常是指在投入运行后所提供的产品或服务。例如房地产开发项目的产品使用者是房屋的购买者或用户；城市地铁建设工程最终产品的使用者是地铁的乘客。

有时工程的用户就是工程的投资者，例如某企业投资新建一栋办公大楼，则该企业是投资者，该企业使用该办公大楼的科室是用户。

用户决定工程产品的市场需求，决定工程的存在价值。如果工程产品不能被用户接受，或用户不满意、不购买，则工程没有达到它的目的，就失去了它的价值。

（2）投资者。工程的投资者通常可能包括工程所属企业、对工程直接投资的财团、给工程贷款的或参与工程项目融资的金融单位（如银行），以及我国实行的建设项目投资责任制中的业主单位。对许多公共工程，政府是投资者。

投资者为工程提供资金，承担投资风险，行使与所承担的风险相对应的管理权利，如参与对工程重大问题的决策，在工程的建设和运行过程中的宏观管理、对工程收益的分配权利等。所以，如果工程获得成功，投资者就能取得利益；工程失败，投资者不能得到回报，就

要受到损失。

(3) 业主（建设单位）。“业主”一词主要体现在工程的建设过程中。实施一个工程项目，投资者或工程所属的企业、政府必须成立专门的组织或委派专门人员以业主的身份负责工程的管理工作，如我国的基建管理部门、建设单位等。

相对于工程的设计单位、承包商、供应商、项目管理单位（咨询、监理）而言，业主是以工程的所有者的身份出现的。

工程的投资者和业主的身份在有些工程中是一致的，但有时又可能不一致。一般在小型工程中，业主和工程的投资者（或工程所属企业）的身份是一致的。但在大型工程中他们的身份常常是不一致的，这体现出工程项目所有者和建设管理者的分离，更有利于工程的成功。

(4) 工程任务的承担者，如承包商、供应商、勘察和设计单位、咨询单位（包括项目管理公司、监理单位）、技术服务单位等。他们通常接受业主的委托完成工程任务或工程管理任务。他们为工程建设投入管理人员、劳务人员，机械设备、材料、资金、技术，按照合同完成工程任务，并从业主处获得工程价款。

(5) 工程所在地的政府，以及为工程提供服务的政府部门、基础设施的供应和服务单位。它们为工程做出各种审批（如立项审批，城市规划审批）、提供服务（如发放项目需要的各种许可）、实施监督和管理（如对招标投标过程监督和对工程的质量监督）。

政府代表社会各方面，从法律的角度保证工程的顺利实施，为工程提供服务，监督工程的实施，并保护各方面利益。

(6) 工程的运营和维护单位。运营和维护单位是在工程建成后接受工程的运营和维护任务，它直接使用工程生产产品，或提供服务，例如对城市地铁建设工程，工程运营和维护单位是地铁运营公司和相关生产者（包括运行操作人员和管理人员）。住宅小区的运营和维护单位是它的物业管理公司。

(7) 工程所在地的周边组织，如工程所需土地上的原居民、工程所在地周边的社区组织和居民等。如被拆迁的人员，为工程贡献出祖居的房屋和土地，要搬迁到另外的地方生活。

(8) 其他组织，如与工程相关的保险单位。

第 14 章　土木工程建设管理概述

本章主要介绍工程管理的概念和内涵、工程管理的目的和使命、工程建设和管理的目标。成功的工程必须达到工程建设和管理的目标，必须反映新的工程建设理念。

14.1　工程管理的概念

14.1.1　工程管理的定义

（1）“Engineering Management”。这是一种广义的工程管理，是面向不特定行业的工程管理，其管理对象是广义的“工程”。美国工程管理学会（ASEM）对它的解释为：工程管理是对具有技术成分的活动进行计划、组织、资源分配以及指导和控制的科学和艺术。

中国工程院咨询项目《我国工程管理科学发展现状研究》报告中对工程管理也作了界定：工程管理是指为实现预期目标，有效地利用资源，对工程所进行的决策、计划、组织、指挥、协调与控制。

（2）“Construction Management”。这是我们常说的建筑工程管理，直接面向建筑行业，涉及建筑业管理与技术方面的研究与实践，包括建筑科学、建设管理、施工技术与工艺管理，也涉及土木工程项目的运作模式，土木工程相关各方的管理。它的管理对象是狭义的工程领域，即土木工程。所以，可以认为它是狭义的“工程管理”。

14.1.2　工程管理的内涵

工程管理可以从许多角度进行描述，主要有：

（1）工程管理的目标是取得工程的成功，使工程达到成功的工程的各项要求。对一个具体的工程项目，工程成功的目标很多，不仅包括质量可靠、成本在预算范围、满足工期，还包括使工程利益相关者满意、环境友好、可持续发展等，这些要求转化为工程的目标，所以工程管理的目标很多。

（2）工程管理是对工程全寿命期的管理，包括对工程的前期决策的管理、设计和计划的管理、施工的管理、运行维护管理等。

（3）工程管理是涉及工程各方面的管理工作，包括技术、质量、安全和环境、造价（费用、成本、投资）、进度、资源和采购、现场、组织、法律和合同、信息等。这些构成工程管理的主要内容。

（4）将管理学中对“管理”的定义进行拓展，则“工程管理”就是以工程为对象的管理，即通过计划、组织、人事、领导和控制等职能，设计和保持一种良好的环境，使工程参加者在工程组织中高效率地完成既定的工程任务。

（5）按照一般管理工作的过程，工程管理可分为在工程中的预测、决策、计划、控制、反馈等工作。

(6) 工程管理就是以工程为对象的系统管理方法，通过一个临时性的、专门的柔性组织，对工程建设和运行过程进行高效率的计划、组织、指导和控制，以对工程进行全过程的动态管理，实现工程的目标。

(7) 按照系统工程方法，工程管理可分为确定工程目标、制定工程方案、实施工程方案、跟踪检查等工作。

14.1.3 工程管理的广义性

在现代社会，工程管理具有十分广泛的应用范围，具体体现在：

(1) 现代工程中工程管理的专业化。

在工程学科体系中，工程管理已经成为一个独立的专业，工程管理已经高度的社会化和专业化。在建设工程领域，有职业化的建造师、监理工程师、造价工程师、咨询工程师，以及物业管理公司。我国现在专职的工程管理队伍庞大，人员众多，他们为工程的建设和运行提供专职的管理服务，在我国的经济发展和社会建设中发挥重大作用。

(2) 各个层次管理人员（如投资者、政府官员、企业家、企业的职能管理人员、业主）都会不同程度地参与工程决策、建设和运行过程，都需要工程管理知识和能力。

如投资者在确定投资目标和计划时必须考虑工程的可行性，必须考虑时间、市场、资源和环境的限制，对工程的实施方案必须有相应的总体安排，否则投资目标和计划就会不切实际，变成纸上谈兵。同时在工程的整个实施过程中，必须一直从战略的角度对工程进行宏观控制。投资者对工程和工程管理的理解和介入能够减少决策失误，减少非程序和不科学的干预。

(3) 各专业工程师也需要工程管理知识和能力。

参与工程的专业工程技术人员也必然有着相应的工程管理工作。现代工程中纯技术性工作已经没有了，任何工程技术人员承担工程的一部分（工程专业子系统）任务或工作，他必须要管理自己所负责的工作，领导自己的助手或工程小组；在设计技术方案、采取技术措施时科学地评价技术方案的可行性、经济性以及寻找更为经济的方案，必须考虑时间问题和费用问题；必须进行相应的质量管理，协调与其他专业人员或专业小组的关系，向上级提交各种工作报告，处理信息，等等。这些都是工程管理工作，都需要各专业工程师具备工程管理的相关知识和能力。

14.2 工程建设的目的和使命

14.2.1 我国工程建设应有的指导思想

工程的建设和运行是我国现代社会最普遍和最主要的经济、社会和科研活动，由于工程投入的自然资源和社会资源多，对整个国民经济和当地社会的影响大，它承担着很大的社会责任和历史责任。工程应有一个健康的科学的指导思想，它赋予工程灵魂和精神，工程的各个方面都应该落实工程的指导思想。

最近几十年来，我国政府提出许多新的治国理念、发展战略和方针，对工程的建设和运行有很好的指导作用，应作为总体指导思想，在工程中应用：

（1）科学发展观、可持续发展。在工程的目标设置、规划、设计、计划、施工全过程中，必须符合如下总体要求：

1）工程应能够促进国家和地区的社会和经济健康和可持续地发展。

2）工程自身有可持续性，能够长期、健康、稳定、高效率地运行，能够“健康长寿”。

（2）绿色经济、循环经济和生态文明，建设资源节约型社会。

绿色经济以经济与环境和谐为目标，并通过有益于环境或与环境无对抗的行为，实现经济的可持续增长。

（3）和谐。使工程相关者各方面满意，达到工程与自然环境的和谐。

（4）以人为本。在工程过程中以人为出发点和中心，围绕着激发和调动人的主动性、积极性、创造性展开，以实现人与组织机构共同发展的一系列管理活动。工程的指导思想必须体现在工程的全过程中，体现在工程的各方面，包括工程的目标设置、各专业工程的活动和管理活动中，各种专业工程的理论和方法体系中。在我国工程界，要真正落实上述国家建设总体指导思想，而不是在口头上，我国的工程界还有许多工作要做。

14.2.2　工程的目的

工程起源于一个具体的目的，科学、健康而理性的目的是一个成功工程良好的出发点，对工程的各方面都会产生影响。

工程的建设出自人类社会的经济、文化、科学和生活需求。工程的根本目的是认识自然、改造自然、利用自然，满足人们的物质和文化生活的需要，实现社会的可持续发展。

对于具体的工程，其目的是通过建成后的工程运行，为社会提供符合要求的产品或服务，以解决人类社会经济和文化生活的问题，满足或实现人们的某种需要，可能是战略的、社会发展的，企业经营的、科研的、军事的要求，如：改善人们的住房条件，提高物质生活水平；丰富人们的社会文化生活，特别是精神生活的需要；进行科学研究，探索外层宇宙空间，探索未知世界；科学技术的进步和人类文明传承；促进社会的和谐和进步；解决交通问题，使交通更为便捷。这些目的都是通过工程运行所提供的功能实现的。

工程不应是为了单纯地拉动经济，或为城市或地区的形象，或为某部门或人员的政绩而建设的！

14.2.3　工程的使命

（1）工程使命的内涵

使命的本义是指重大的责任，工程的使命是由工程的目的引导出的。

由于现代工程投资大，消耗的社会资源和自然资源多，对社会的影响大，工程建成后的运行期长，所以工程承担着很大的社会责任和历史责任。所有的工程参加者，不管是投资者，还是业主、承包商、不同专业的设计和施工人员、制造商等，都应该有一种使命感。

工程的使命主要体现在：

1）满足社会或工程的上层系统（如国家、地区、城市、企业）的要求。工程最根本的目的是通过建成后的工程运行为社会、为它的上层系统提供符合要求的产品或服务，以解决上层系统的问题，或为了满足上层系统的需要，或为了实现上层系统的战略目标和计划。如果工程建成后没有使用功能，就不能达到这个要求，则失去了它最基本的价值。

如建设一个住宅小区，但却不能居住，则它没有完成它的使命；建一条高速公路，但却经常损坏，人们不能正常使用，或没有达到预定的通行量和通行速度，则也没有完成它的使命。

2）承担社会责任。现代工程投资大、消耗的社会资源和自然资源多，对环境影响大，对周边居民和组织的影响大。所以它担负很大的社会责任，必须为社会做出贡献，不造成社会负担，降低社会成本。工程必须不污染自然环境，不破坏社会环境，必须考虑社会各方面的利益，赢得各方面的支持和信任。

3）承担历史责任。一个工程的整个建设和运行（使用）过程有几十年，甚至几百年。所以，它不仅要满足当代人的需求，而且要能够持续地符合将来人们对工程的需求，承担历史责任，有它的历史价值。这就要保证工程能够“长命百岁”，达到它的设计寿命，最后“寿终正寝”。

（2）工程使命的作用

工程的使命代表着该工程的建设者对于社会和历史的一个承诺，集中体现了工程的核心价值。它具有特别重要的作用。

1）工程的使命应是工程建设者的一种理想，鼓励他们将其专业知识用于对工程有价值的工作上

使命应在工程建设者的工作中得到贯彻，变成他们的道德追求。参与工程建设和运行的所有人，不管他们属于哪个单位，如投资者、承包商、项目管理公司，他们应有这种使命感，这样他们就会有相同的动机、共同的语言和道德基础，共同的价值准则。他们才能有效地合作。

2）工程的使命能够产生积极向上的工程组织文化

组织文化是组织所具有的共同的价值观、行为准则。使命是一个组织存在和发展的根本动因和前提条件。由于工程组织是一次性的，而且工程的参加者隶属于不同的企业，所以他们容易有不同的利益、价值观和行为准则。而工程的使命体现了工程所有参加者共同的价值观。这就易于形成以工程使命为核心的一致的工程组织文化。

3）工程的使命是工程全寿命期目标的出发点

工程的目标服从于工程的使命。使命必须通过具体的目标来描述和实现，完成目标就应是完成使命的过程。没有具体的目标并且执行目标的过程，使命就是空的。因此，必须按照工程的使命设计工程的总目标，并将它们分解为参加者各方面和各个阶段的可衡量的目标。

4）工程的使命是工程组织沟通的基础和组织凝聚力的根源

工程使命能使工程参加者对工程组织具有认同感和归属感，能建立参加者成员与工程之间的相互依存关系，使参加者的个体行为、思想、感情、信念、习惯与工程使命和总目标有机地统一起来，形成相对稳固的文化氛围，凝聚成一种无形的合力与整体趋向，激发大家努力实现工程的总目标。

工程使命为工程参加者的沟通提供了基础。共同的工程使命感能使工程参加者对工程总目标形成共识，并且在行动上主动协调，减少组织之间的矛盾和争执。

只有有使命感的人才能建设好一个工程！

14.3　工程建设管理目标

基于前面对现代工程的作用和特点、工程系统模型、寿命期过程、目的和使命的描述，可以看出，成功的工程的评价尺度应该是多维的。它应该反映下列各方面：

(1) 现代工程的特殊性。

(2) 体现工程所担负的重大的社会责任和历史责任。

(3) 工程寿命期时间长，过程十分复杂。

(4) 工程相关者多，各方面要求的不一致性。

(5) 环境对工程有重要作用，同时工程对环境的影响大等。

(6) 要能反映新的工程理念，产生工程的全寿命期目标，体现工程建设的基本指导思想。

所以评价一个工程的成功与否是一个十分复杂的而又十分困难的问题。成功的、完美的工程要符合许多指标，但常常有一个因素的影响就可能导致一个不成功的工程！

成功的工程的要求落实在一个具体的工程中，就需要有量化的和非量化的指标描述，就成为该工程的目标。

14.3.1　达到预定的功能和质量要求

2000 版 GB/T 19000—ISO 9000 族标准中质量的定义是：一组固有特性满足要求的程度。所以，质量是对程度的一种描述，是对实体满足要求的程度的描述，实体即质量的主体。

质量不仅指产品质量，也可以是某项活动或过程的工作质量，还可以是质量管理体系运行的质量。

特性是指区分的特性，是固有的，并通过产品、过程或体系设计和开发及其后实现过程形成的特性。建设工程特性为：适用性、耐久性、安全性、可靠性、经济性，与环境的协调性等。建设工程工作质量，即所有的设计、施工、供应、工程管理和运行维护等工作过程都符合质量特性要求。

现代工程追求在全寿命期过程中工作质量、工程质量、最终整体功能、产品或服务质量的统一性。

(1) 工程规划和设计质量

工程的功能和质量在很大程度上是由规划和设计定义的。所以工程所反映的文化、造价、可持续发展能力等各方面都是由工程的规划和设计定义的。对工程功能有重大影响的是：

1) 对工程系统规划的科学性。

2) 设计标准，技术标准的选择。

3) 设计工作质量，如设计图纸清晰、正确、简洁。

4) 设计方案的质量。成功的工程的许多要求都必须通过工程设计方案表现出来。

在现代工程中一个好的设计方案还应具有可施工性，它涉及许多方面，如：

① 在保证达到工程功能目标的前提下，使工程的设计方案便于施工，应尽可能采用简洁的结构形式，减小施工难度。

可施工性比较差的建筑如广州歌剧院，其外形为两块砾石——“大石头”是歌剧院主体大剧场，“小石头”是多功能剧场（图 14-1)。

图 14-1　可施工性比较差的工程

由于外形纯粹是一个非几何形体设计，倾斜扭曲之处比比皆是。幕墙上的花岗岩、玻璃没有一块是重复的，玻璃也分了单曲、双曲、转角等好几种规格。全部要分片、分面单独定制，再拼接安装，难度很大。工程的总用钢达 1 万多吨，是国家大剧院的两倍。

② 将施工知识和经验最佳地应用到工程的设计中，避免施工过程中设计变更，保证工期短和成本节约。

如设计时分析所需物资的可供性，对当地的建筑材料、土源、水源、运距等进行调查，提高设计对自然环境的适应性。

③ 促进“建筑工业化”，推广应用标准化设计，尽可能多地采用工厂生产的预制建筑部件，实现工厂化生产和标准化施工等。

(2) 工程施工质量

工程施工过程是工程实体的形成过程，工程施工质量是工程质量的保证。成功的工程需要严格的施工质量管理。

在施工各个阶段建立严格的质量控制程序，对工程的材料、设备、人员、工艺、环境进行全面控制，发现工程质量问题要认真处理，确保工程质量。

在施工过程中认真执行施工质量标准和检查要求，严格按工艺要求做好每一道工序，不符合质量要求的工序要坚决纠正，不留隐患，保证每一道工序都符合质量要求，保证从施工准备到竣工验收每个环节都有严格的检查和监督。

在工程竣工时，及时提供完整的竣工技术文件和测试记录，做到图纸、数字准确，字迹清楚，以便维护单位使用等。

(3) 工程管理工作的质量

这是取得高质量工程的保证，通过决策、计划和控制，提高工程和工作质量。

(4) 工程运行维护工作的质量

如对住宅工程，就是物业管理工作的质量。

14.3.2　具有良好的工程经济效益

任何工程都要花费一定的成本（投资、费用），并取得一定的效果（经济收益或社会效益）。成功的工程不仅应以尽可能少的费用消耗（投资、成本）完成预定的工程建设任务，而且要低成本地提供工程产品和服务，达到预定的功能要求，提高工程的整体经济效益。这是任何工程都要考虑的问题。

（1）建设和运行成本节约

现代工程追求全寿命期费用节约和优化，追求在全寿命期中生产每单位产品（或提供单位服务）平均费用最低。工程全寿命期费用由建设总投资和运营费用组成。

1）建设总投资

这是业主或投资者为工程的建设所承担的一次性支出。

任何工程必然存在着与工程任务（目标、工程范围和质量标准）相关的（或者说相匹配的）投资、费用或成本预算。它包括了工程建成、交付使用前所有投入的费用，通常由土地费用、工程勘察费用、规划、设计、施工、采购、管理等费用构成。

2）工程运营费用

在工程使用过程中为工程的运行、产品和服务的产出所支付的费用。这种费用是在工程运行期中每年（月）支付的。

上述两种费用存在一定的关系。通常对一个具体的工程，如果提高工程的质量（或技术标准），增加工程建设总投资，则在使用过程中运行维护费用（如维修费、能耗、材料消耗、劳动力消耗）就会降低。反之，减少工程建设总投资，降低工程质量标准，就会增加工程运行过程中的费用。就像人们为了节约一次性投资，买一部二手车，在使用过程中，油耗和维修费会很高。而如果买一部新车，油耗和维修费较低。

我国工程界一直存在一种状况：大家关注建设投资的减低，而忽视运行费用，导致工程功能和质量的缺陷，使工程在运行过程中的能耗、维护费用的增加。

（2）工程的其他社会成本低

工程的其他社会成本是指工程全寿命期中由于工程的建设和运行导致社会其他方面的支出的增加，它不是直接由工程的建设者、投资者、生产者等支付的，而是由政府或社会的其他方面承担的。社会成本是多方面的。例如：

1）在工程的招标投标过程中许多未中标的投标人的投标开支。

2）由于工程使用低价劣质的污染严重的材料，尽管工程的建设投资减少，但导致工程的使用者健康受损，使社会医疗费用支出增加。

3）许多工程为了节约投资，减少环境治理设施的投入，导致工程产生的三废（废水、废气、废砟）的排放得不到有效治理，导致河流污染，国家再投资更多的资金治理环境污染。

工程的社会成本的实际计算是很困难的，但工程人员对它应该有基本的概念。一个成功的工程应尽力减少对其他方面的负面影响，减少由它引起的社会成本。这体现了工程的社会和历史责任。

（3）取得高的运营收益

工程是通过出售产品，提供服务，向产品和服务的使用者取得工程收益的。工程的运营收益有许多指标，如产品或服务的价格、工程的年产值、年利润、年净资产收益、总净资产收益、投资回报率等。

14.3.3　符合预定的时间要求

任何工程的建设和运行都是在一定的历史阶段进行的，而且都有一定的时间限制。工程的时间限制不仅确定了工程的寿命期限，而且构成了工程管理的一个重要目标，在现代市场经济条件下工程的时间要求也是多方面的。

一般在工程立项前，就确定工程的建设期，它是工程的总目标之一。工程的建设期有两个重要方面：

（1）工程建设的持续时间目标，即任何工程建设不可能无限期延长，否则这个工程建设是无意义的，例如规定一个工程建设必须在 4 年内完成。

必须理性地确定工程的建设期限。一般这个期限越短，工程的功能和质量的缺陷就会越多。近几十年来，我国的建设工程的建设期普遍较短，特别是政府工程，许多工程已经违背了工程自身的客观规律性要求，造成工程规划、设计、施工质量的缺陷。

（2）达到工程的设计寿命期，延长工程的服务寿命。

（3）工程建设的历史阶段范围。市场经济条件下工程的作用、功能、价值只能在一定历史阶段中体现出来，则工程的实施必须在一定的时间范围（如 2018 年 1 月至 2019 年 12 月）内进行。例如企业投资开发一个新产品，只有尽快地将该工程建成投产，产品及时占领市场，该工程才有价值。

（4）投资回收期。投资回收期用来反映工程建设投资需要多久才能通过运营收入收回，达到工程投资和收益的平衡。这个指标是工程的时间目标、建设投资目标和收入目标的统一。

（5）工程产品（或服务）的市场周期。工程产品的市场周期是按照工程的最终产品或服务在市场上的销售情况确定的，通常可以划分为市场发展期、高峰期、衰败期。对于基础设施、房地产开发、工厂等工程，市场周期常常是十分重要的，反映工程价值真实实现的时间，常常比竣工期更重要。

例如南京地铁一号线工程预定建设期 5 年，运行初期（市场发展期）8 年，达到设计运行能力的时间（市场高峰期）为 15 年，而设计年限为 100 年。

又如，对一个房地产开发项目，市场周期是从产品推向市场开始（预售、买楼花）到卖完为止。有的房地产小区，虽然按期建设完成，但就是销售不出去，成为烂尾楼。而有的房地产小区尚未建设完成就预售一空。则它们虽然同时建成，但有不同的市场周期。

14.3.4 使工程相关者各方面满意

在现代企业管理和工程管理中，相关者满意已经作为衡量组织成功的尺度。使工程相关者满意体现了工程的社会责任，要求在工程中不仅要保证投资者和业主的利益，而且要照顾到工程相关者各方面的利益，对社会有贡献。

不同的人（组织、机构）参与工程过程有不同的动机，带着不同的目标（期望和需求）。这种动机可能是简单的，也可能是复杂的；可能是明确的，也可能是隐含的（表 14-1）。

表 14-1 工程主要相关者的目标或期望

工程项目相关者	目标或期望
用户	产品或服务价格、安全性、产品或服务的人性化
投资者	投资额、投资回报率、降低投资风险
业主	项目的整体目标
承包商和供应商	工程价格、工期、企业形象、关系（信誉）
政府	繁荣与发展经济、增加地方财力、改善地方形象、政绩显赫、就业和其他社会问题
生产者	工作环境（安全、舒适、人性化）、工作待遇、工作的稳定性
项目周边组织	保护环境、保护景观和文物、工作安置、拆迁安置或赔偿、对项目的使用要求

(1) 用户。用户购买和使用工程产品或服务的动机是要获得价格合理的工程产品和周到、完备、安全的服务。这要求工程必须在功能上符合要求，同时讲究舒适、安全、健康、可用性；有周到的、完备的、人性化的服务，体现"以人为本"，符合人们的文化、价值观、审美要求等，达到"用户满意"。

在所有工程相关者中，工程产品的用户是最重要的，因为他们是所有工程相关者最终的"用户"。对整个工程来说，只有他们的"满意"才是真正的"用户满意"，工程才有价值。当用户和其他相关者的需求发生矛盾时，应首先考虑用户的需求。

在工程的目标设计、可行性研究、规划、设计中必须从产品用户的角度出发，进行产品的市场定位、功能设计，确定产品销售量和价格。

(2) 投资者。投资者参与工程的动机是实现投资目的，他的目标和期望有：

1) 以一定量的投资完成工程建设，在工程建设过程中不出现超投资现象。

2) 通过工程的运行取得预定的投资回报，达到预定的投资回报率。

3) 较低的投资风险。由于工程的投资和回报时间间隔很长，在这个过程中会有许多不确定性。投资者希望投资失败的可能性最小。

(3) 业主。业主的目标是实现工程总目标和全寿命期整体的综合的效益。他们不仅代表和反映投资者的利益和期望，而且要反映工程任务承担者的利益，更应注重工程相关者各方面利益的平衡。

(4) 工程任务的承担者。他们希望取得合理的工程价款；降低工程施工或服务的成本，赢得合理的利润；与业主搞好关系，赢得企业信誉和良好的形象；尽可能在合同工期内完成工程和供应。

(5) 政府。政府注重工程的社会效益、环境效益，希望通过工程建设和运行促进国家(地区) 经济的繁荣和社会的可持续发展，解决当地的就业和其他社会问题，增加地方财力，改善地方形象，使政府政绩显赫。

(6) 工程的运营单位。它要求工程达到预定的功能，如预定的生产能力、预定的质量要求、符合规定的技术规范要求，生产能力和质量稳定，工程运行维护方便、成本低。生产者(或员工) 希望有安全、舒适、人性化的工作环境，较高的工作待遇。

(7) 工程所在地的周边组织。他们要求保护环境，保护景观和文物，要求增加就业、拆迁安置或赔偿，有时希望能够使用工程，工程的负面影响较少。

在上述工程利益相关者中，他们的利益常常存在矛盾、冲突。这是现代工程的特征之一。在现代社会，工程的技术难度在相对减小，而工程相关者利益的平衡是现代和将来工程的难点!

我国近 30 年来，由于国家处于经济转型时期，各种利益冲突暴露在工程建设过程中，带来了工程管理的困难。而且随着社会的进步，这个问题会更加严重，对工程建设和运行各方面的影响会更大。

14.3.5　与环境协调

(1) 与环境协调的重要性

工程作为一个人造的社会技术系统，在它的形成过程中必须处理和解决好人与自然以及人与人的关系。环境问题越来越引起人们的重视，成为工程领域研究的一个热点问题，也是一个重要的社会问题，近几十年来，工程对环境的破坏造成了非常恶劣的影响（图 14-2）。

图 14-2　某发电厂工程在运行过程中的污染

人们越来越重视工程建设和运行过程及其最终产品对环境的影响，要求建成环境友好型的工程。

工程与环境协调涉及工程寿命期全过程，以及各个要素对环境的影响。还涉及工程最终报废应减少污染、方便土地的生态复原。

这体现工程建设者正确的自然观和历史的责任感。

（2）工程与环境协调的主要方面

从工程管理的角度，环境是多方面的，不仅包括自然和生态环境，还包括对工程的寿命期有影响的政治环境、经济环境、市场环境、法律环境、社会文化和风俗习惯环境、上层组织环境等。

1）工程与生态环境的协调，是人们最重视的，也是最重要的。工程作为人们改造自然的行为和产品，它的过程和最终结果应与自然融为一体，互相适应，和谐共处，达到“天人合一”（图 14-3）。

图 14-3　环境友好型建筑

这涉及：

① 在建设、运行（产品的生产过程或服务）、工程产品的使用、最终工程报废过程中不产生或尽量少产生环境污染，或者影响环境的废砟、废气、废水排放或噪声污染等应控制在法律规定的范围内。

② 工程在建设和运行过程中是健康的和安全的，不恶化生态，如尽量不产生或者减少对植被的破坏、水土流失、动植物灭绝、土壤被毒化、水源被污染等，保障健康的生态环境，保持生物多样性。

工程环境问题不仅仅着眼于工程的红线内的环境，而且是个大环境的概念。如我国许多城市为了绿化环境，搞生态城市，将农村或深山里的大树移栽过来。有一个住宅小区，为了建设生态小区，花很多钱到南美移栽一些特种树木来绿化小区。这完全违背了环境保护和生态工程的基本理念。

③ 节约使用自然资源，特别是不可再生的资源，包括尽量减少土地的占用，节约能源、水和不可再生的矿物资源等，尽可能保证资源的可持续利用和循环使用。例如房地产小区应该有中水回收利用设施，利用中水浇灌花木，以节约用水。

④ 建筑造型、空间布置与环境整体和谐。

2）继承民族优秀建筑文化。工程建设不仅不损害已有的文化古迹，而且在建筑上应体现对民族传统文化的继承性，具有较高的文化品位，丰富的历史内涵，符合或体现社会文化、历史、艺术、传统、价值观念对工程的整体要求（图 14-4）。

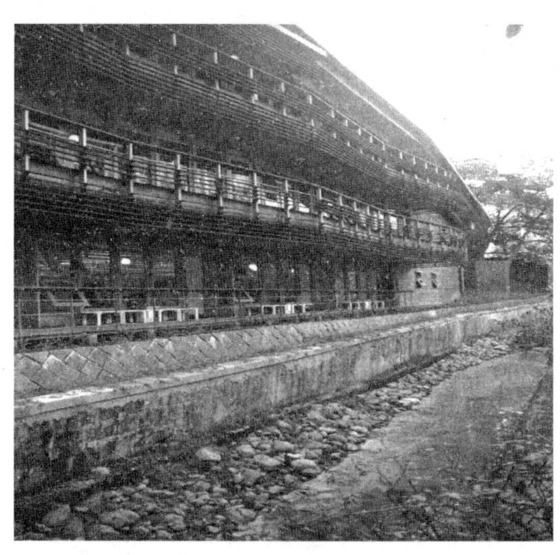

图 14-4　台北市立图书馆北投分馆

3）建设规模、标准应与当时经济能力相匹配，符合环境（包括国情、地方情况），同时又有适度的先进性和前瞻性。

工程应符合上层系统的需求，对地区、国民经济部门发展有贡献。由于工程寿命期很长，环境又是变化的，必须动态地看待工程系统与环境的关系，要注重在工程过程中工程系统与环境的交互作用。

4）注重工程的社会影响，不破坏当地的社会文化、风俗习惯、宗教信仰、风气。

5）在工程的建设和运行过程中符合法律法规要求，不带来承担法律责任的后果。

工程的环境问题是现代工程界的重点问题。

14.3.6 工程应具有可持续发展能力

在现代社会，工程是社会经济和环境大系统的一部分。现代社会追求可持续发展，要求工程是“长命百岁”的，持续地发挥它的作用，即它必须具有可持续发展的能力。

（1）可持续发展的基本概念

可持续发展是人类社会的一个重大命题。可持续发展要求人口、资源、环境、发展互相协调；要求资源可持续利用，经济可持续增长，社会可持续公平，文化可持续昌盛；要求保护和加强环境系统的生产和更新能力，使环境和资源既满足当代人的需要，又不对后代的发展构成威胁。在土地和自然资源等方面给后代留有再发展的余地，在不损害后代人需求的前提下，解决经济和社会发展问题。

可持续发展要求经济发展不能以破坏环境质量和自然资源为代价；要求争取社会、经济、资源和自然的综合协调发展，做到人与环境持续的和谐相处。

可持续发展体现向历史负责的精神，顾及民族的生存和社会的长治久安。

（2）工程与可持续发展

工程都是在一定的区域内进行的，它的寿命期很长，对经济和社会生活有很大的贡献，同时工程要占用土地，又要消耗大量的自然资源和社会资源，有很大影响。城市的建设、地区的发展都是通过工程建设实现的。所以对整个社会，工程的可持续发展是最重要，也是最具体的。

工程的可持续发展有十分丰富的内涵。工程作为人们改造自然的活动，它的可持续发展不仅体现人与自然的协调，物质世界和精神世界的统一；而且符合辩证唯物主义的发展观和向历史负责的精神，反映工程的伦理道德。

工程的可持续发展，要求人们既关注工程建设的现状，又注重工程未来发展的活力。

（3）工程可持续发展的内涵

工程的可持续发展与城市、地区可持续发展的特征不同，应有新的内涵（图 14-5）。

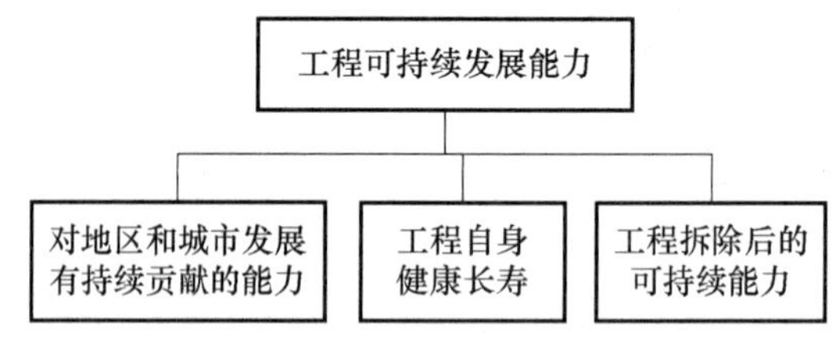

图 14-5　工程可持续发展的内涵

1）工程对地区和城市发展有持续贡献的能力。建筑工程必须符合城市和地区的可持续发展的总体要求，推动该城市/地区的可持续发展。这是工程存在的价值。如果工程不能发挥这个价值，则它就要被拆除——就不可持续了。

2）工程自身健康长寿。

任何一个工程都有它的设计寿命，可持续发展的工程必须是“健康”的，能长久地发挥效用，达到或超过预定的设计寿命，不中途夭折，就像都江堰工程一样。延长工程的服务寿命，就能够提升工程的价值！

工程虽然是人工系统，但它也与人一样经历孕育、出生、成长、进步、扩展、结构变异、衰落的过程。工程健康和人的健康相似，一个健康的工程应该能按照自身的生命周期规律，完成自身的功能，善始善终。成功的工程必须达到：

① 工程的产品和服务功能的稳定性和持续性，能长期地适合要求。

工程的功能定位即所提供的产品或服务不仅满足目前的需要，同时应能够满足将来社会发展、人们的生活水平提高、人们审美观念的变化、科学技术进步与增长方式转变的需要。

② 工程系统有耐久性。耐久性是抵抗自身和自然环境双重因素长期破坏作用的能力，即保证其经久耐用的能力。建筑设计中，耐久性是指结构在正常维护条件下，随时间变化而仍能满足预定功能要求的能力。耐久性越好，使用寿命越长。

不同材料和结构耐久性又有所差别。例如混凝土结构耐久性是指结构对气候作用、化学侵蚀、物理作用或任何其他破坏因素的抵抗能力，是指结构在设计要求的目标使用年限内，不需要花费大量资金加固处理而保持其安全、使用功能和外观要求的能力。

③ 工程有好的可维护性，能低成本运行。

当一个工程很难进行维护，或要进行维护必须要破坏其结构，影响其正常的运行，这个工程常常就要被拆除——就不可持续了。

同样，当一个工程的运行成本很高，如能耗很大、产品的质量很差，产生废料很多，进一步使用的价值就没有了。

④ 工程要能方便更新和进一步开发。由于工程的使用期（设计寿命）达 50 年或 100 年，甚至更长时间，工程在寿命期中上层组织的战略、产品市场、应用要求、社会的技术水平和生活水平会不断变化，所以工程不可能一直完全符合人们的需求，必须经常更新改造，必须持续地进行开发，要求工程必须具有较高的再生能力和发展能力。

如我国近几年高速公路的扩建（表 14-2）。所以一个成功的工程还必须充分考虑未来扩展的需要，具有可扩展性。

表 14-2　我国近几年高速公路的扩建

高速公路名称	长度（km）	建设期（年）	扩建时间（年）	扩建投资（亿元）
福厦高速公路	228.766	1999	2007	182
沪宁高速公路	248.199	1996	2003	90
沈大高速公路	348	1984	2002	72
京津塘高速公路	142.69	1987	2007	60
西潼高速公路	130.09	1987	2008	68.9

⑤ 具有防灾能力。在工程寿命期过程中，人为的或自然灾害是不可避免的，如地震、洪水、火灾、沉降、战争、爆炸、其他物体的冲击等。工程的防灾能力会在很大程度上影响工程寿命。工程要有一定的抗灾能力，不能发生一个很小的灾害就会导致工程重大的损失，或造成整个工程系统的瘫痪，或在灾后留下难以恢复的创伤。工程具有的防灾能力体现在：

a. 有灾害监测预报和防御能力。

b. 在发生灾害时工程结构不易被损坏，灾害的损失小。

c. 应急反应快、灾后恢复重建方便。

这必须通过工程的结构形式、监控系统、新材料等解决。

3）工程拆除后仍然有可持续能力。工程在结束阶段可持续发展涉及土地的生态还原问题：

工程的全寿命期是指从在一块土地上策划、建设和运行，到最终还回到一块土地的过程。在工程拆除后应能够方便地进行土地复原，方便将来新的工程建设。这是在工程所占用的土地上的可持续发展问题，是工程建设者对后人承担的历史责任。

在工程的建设和运行过程中必须考虑工程拆除后土地复原的问题。要考虑在本工程寿命期结束后能够方便地、低成本地复原到可以进行新的工程建设的状态，或者还原成具有生态活力的土地。这是生态还原的最高层次，即完全还原层面。

现在已有一些乡镇企业工厂，在拆除后，由于土地被污染，不仅寸草不生，而且人都不能走近，成为一块“死地”。有些工程在拆除后，残留的地下结构无法处理，使新建筑受到很大的限制。在这方面，我国现在的工程建设会给我国将来留下许多严重的问题。

例如，我国某大城市，原化工厂拆除后遗留数十公顷毒土地，无法进行进一步开发，核心区水质如酱油，散发出刺鼻的气息，还有股淡淡的农药味，活蹦乱跳的鲫鱼放进去几十秒就死（图 14-6）。而要治理这片毒土地，不管采用哪种方案，费用都将需要几个亿或十多亿。这说明原工程是不可持续的。这种现象在我国 20 世纪 80 年代的乡镇企业，甚至有些大型企业工程中都是十分普遍的。

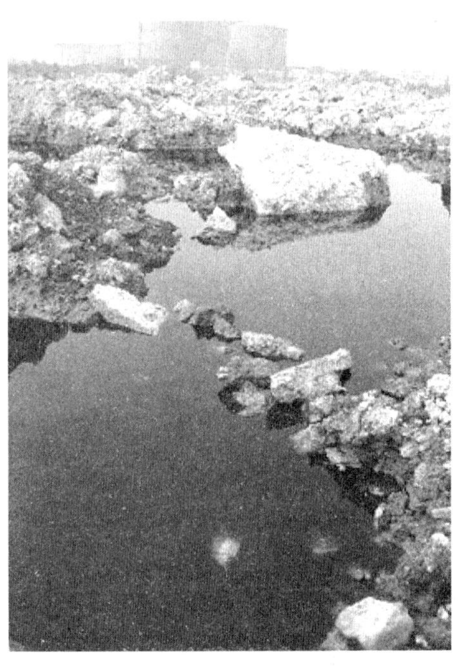

图 14-6　我国某化工厂拆除后遗留的毒土地

我国的工程界必然经过以“大建—维修（加固）—旧址生态复原”为主的过程。现在我们处在工程的大建时期，在工程的规划、设计、施工和运行中，我们必须以对后代负责的精神思考和解决这个问题。

（4）工程拆除后废弃物的循环利用

1）破坏环境的代价

基于如下几点，我们如果再不重视这个问题，将要付出极大的代价：

① 我国人多地少，土地资源匮乏，必须重复使用。我国的工程建设必然经历这种过程：现在以大规模新建为重点，不远的将来就会以运行维护（维修）为重点，再以后就要拆除旧的再建新的。

② 我国现在处于大规模的建设期，这几十年来的许多建筑都是“不可持续”的。都要拆除再建。

③ 许多单位（如开发区）要经常性地改变产品，重新开发，所以工程要拆除后再新建在我国许多地方已经形成常态。

2）工程废弃物的循环利用

这就像一个人一样，一个人在去世前，如果能够将他健康的器官移植到其他人身上继续使用，可以认为，这人的寿命期就延续了，就是可持续的。

再利用和使用循环再造建筑材料是社会可持续发展的重要方面。这是因为它既节省了能源和资源，同时又减少了填埋，减轻了对环境的影响。

由于我国工程的拆除量大，导致我国建筑垃圾量很大，理论上说旧建筑的拆除所产生的各种物料，应全部被再利用于新建筑中。大多数建筑垃圾由无机物构成，其重新进入自然的物质循环需要相当长时间，而某些成分更是对生态环境构成直接危害。直接填埋这些不可再利用的废物将不可避免地对当地的生态环境造成负面的影响。

利用旧建筑拆下来的物料，如用拆下来的旧砖头做新建筑基础的垫层，在我国已经持续很长时间。而金属废料，由于其价值较高，长期以来通常都会在拆卸过程中被回收再利用。

混凝土和岩石等可通过分类，循环再造作建筑碎石或粒料，可以用作：

① 再生混凝土，即将废弃混凝土经过破碎、分级并按一定比例相互配合后得到的以再生骨料作为全部或部分骨料的混凝土。如某高速公路扩建工程，将旧公路沥青混凝土面层粉碎后作为再生骨料（图 14-7）。

图 14-7　某高速公路扩建工程的废料利用

② 路基和建筑的垫层。

③ 低强度等级的混凝土铺路砖块或类似的方块混凝土构件。

④ 大体积混凝土的填充料。

⑤ 海堤、防御工事石笼的填石替代物料。

为了便于从被拆卸的建筑物中提取出能够再利用和循环再造的材料，设计和施工方案应使工程在寿命期结束后能够方便拆除，且要考虑到建筑材料的再利用。

14.4　建立科学和理性的工程价值观

14.4.1　对工程建设应该有一个新的、健康的、科学的心态

从总体上说，现代人类的科学技术发展已经达到很高的水平，人类可以脚踏月球，建立宇宙空间站，航天器已经可以飞越太阳系。而在地球上建设一个工程（特别是建筑工程），可以说在人们可以想象的范围内，在技术层面上的实现已非难事，建筑工程的技术难度在相对降低。

在 100 年前，建筑工程问题确实是科学的前沿，所以，那时建设一个世界第一高楼就是科学技术发达的表现，是国力的象征。而现在，这些已经不是科学前沿问题，也不是什么国力的象征，没有什么值得炫耀的。所以在地球上搞建筑工程已没有必要追求“世界第一”高楼（大跨度或长度桥梁、大吨位吊装、大体积混凝土浇筑、深基础）。一个民族的能耐无须

显示在这里。如迪拜大楼，带来的虚荣和表面的繁华，常常展现一个社会的病态，是不祥之兆。

工程也没有必要追求高难度的结构形式和怪异的建筑式样。在现代社会，环境问题、资源问题、气候问题、人口问题十分严重的情况下，人类没有必要在工程建设时给自己找麻烦——而且许多是不必要的麻烦。

14.4.2 要注重工程的价值体系在工程全过程和各方面的贯彻

从国家经济和社会发展总体指导思想出发，设立科学的、理性的工程的目的、使命、文化，成功的工程的标准，工程参加者应就这些方面达成共识。

现代社会，由于科学技术的进步，科学技术越发达，人们认识自然和改造自然的能力就越强，如果工程价值体系迷失，工程就会造成的负面影响，甚至破坏力就会越大。

14.4.3 尊重工程自身的客观规律性

对具体的工程，在尊重工程自身客观规律性基础上，应该遵循科学的建设程序，在设立成功的工程的指标（即工程目标）时应有理性思维，有科学的精神。

例如：按照工程规模，应设立科学的建设期限，包括决策的时间、设计的时间和施工时间的指标。在我国，许多工程的建设期很短，工程决策很随意，好像显示出了很大的魄力；同时大力压缩设计和施工的期限，不做详细的调查、认真细致的决策、精细的计划和设计。

人们常常为我们目前工程的建设高速度而赞叹和欢呼，这都是非理性的。在生物界，胎儿的孕育和婴儿的成长有自身的规律性，通常“早产儿”是很难健康成长的，也不可能长寿的。工程有同样的规律性，我国的许多工程都是“早产儿”，工程的许多质量问题、安全问题、短命问题、高能耗问题都与此有关，或者根源在此。人们常常为了“献礼”，为了在某领导任期结束前剪彩，使工程提前一年半载，而造成工程的缺陷却会在50年或100年内影响工程的健康使用。这是很不理性的，但在我国却又是十分普遍的现象。

在如此短的建设期内，不可能对工程进行科学的规划、精细设计和施工，不可能建成优质的、经得住历史检验的工程。

14.4.4 协调工程项目目标之间的矛盾

在上述所提出的成功工程的要求中存在大量的矛盾和冲突，在一个具体的工程中，难以做到满足上述各方面以及各点的要求。它们是工程自身的矛盾性，例如：工程的质量要求（安全性和可靠性）越高，则总投资和全寿命期费用就会越高；工程的设计寿命越长，总投资越高；工期要求越短，工程的质量会越差；在工程的相关者中，各方面的利益存在直接的冲突，如被拆迁者要求与投资者要求之间、承包商与投资者之间、产品用户与投资者之间；工程的环境保护要求越高，工程的总投资和全寿命期费用就会越高；建筑造型越新颖，越怪异，越不规则，工程的可施工性就会越差，材料和能源的消耗就会越高。

这些矛盾在工程中普遍存在，工程的参加者在整个工程过程中主要的时间和精力都用于解决这些矛盾和冲突。在工程中不能过于强调某一方面，而忽视其他方面，一个成功的工程最终要达到上述各方面整体的和谐。

最近几十年，西方发达国家对建筑的追求越来越趋向理性，主要关注：在满足功能要求的情况下，尽量简略、低消耗、方便建筑和使用，尽可能使工程资源能够循环使用；在工程中照顾到各方面的利益，促进社会的和谐等方面。

14.4.5　建立工程历史文化观

现代工程界一些重大的课题并不在一些专业工程技术方面，不在解决工程本身的高度、跨度、难度等问题，而是在一些涉及整个社会的和历史影响的问题：工程要符合人类保护环境的要求，要减低污染，减低排放；建设低碳消耗的、绿色的、生态的工程；建设和谐的、各方面满意的工程；工程全寿命期经济性良好的工程；最符合人性化要求的工程等。

14.4.6　注重工程各专业的集成和创新

社会、国家对工程的要求都是针对整个工程系统和过程（建设和运行全过程）的，涉及工程的选址、工艺选型、规划、建筑学、工程结构、工程材料和制造业、建筑智能化、工程管理等各个方面，是整个工程界和所有工程专业所面临的共同问题，是大家共同的责任。这就要求各个工程领域、各个工程专业和工程管理专业的创新和集成创新。

第 15 章　现代土木工程的实施方式

本章主要介绍现代工程的资本来源和融资方式，工程建设和运行任务的委托方式（即工程的承发包方式和管理方式）。通过本章的学习，使学生了解现代工程的建设和运行工作是如何实施的。

15.1　概　　述

工程的实施过程需要大量的资源投入，如大量的资金、土地、技术、材料、设备和人员，有许多实施工作过程，由许多企业共同参与。则如何组织一个工程的建设和运行，选择什么样的实施（建设和运行）方式，就是工程的重大问题。在这个过程中有如下几个问题需要解决（图 15-1）：

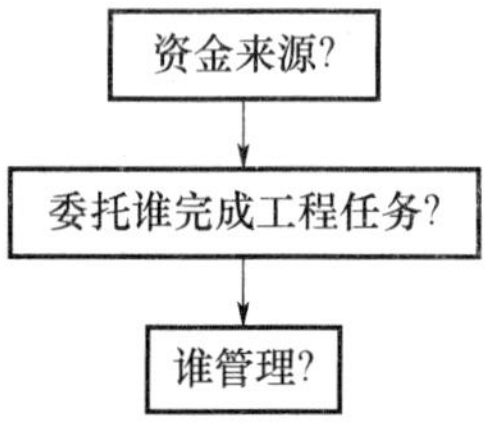

资金来源?

委托谁完成工程任务?

谁管理?

图 15-1　工程实施方式问题

（1）工程的建设由谁投资，工程的资金从哪些渠道而来，即采用什么样的融资方式?

现代工程有许多种融资方式，这是投资者、政府最为关注的，也是现代工程管理研究的热点问题。

（2）工程的勘察、设计、施工、供应和运行工作是如何委托的，由哪些单位完成？这些单位如何形成一个有序的组织和实施过程，即采用什么样的承发包方式?

工程的承发包方式又是工程的采购方式和工程的市场交易方式。

（3）谁管理工程？工程管理（主要包括建设阶段的管理和运行阶段的管理）工作任务由哪些单位负责，采用什么样的管理方式?

这三方面的问题对工程的实施和运行过程，对工程的组织方式有重大影响。这些是涉及工程运作和组织的根本性质，影响工程全寿命期的重大问题。任何工程都要妥善地解决这些问题。

15.2　工程项目的融资结构

任何项目的建设都需要资源，其中资金是最基本的资源，因为其他资源都可以用资金采购而获得。没有资金，项目就无法启动；资金不足，项目就可能中断，资金不及时，项目就有可能延期；只有筹集到所需资金，项目才可以开工，因此，项目启动时，第一件要考虑的事就是探讨如何为项目筹集资金。

15.2.1　工程融资的重要性

对一个工程，特别是大型的工业工程、基础设施工程，投资主体是谁？以什么样的融资方式取得资金？是现代战略管理和项目管理的重要课题，是高层管理者重要的决策。它不仅对建设过程，而且对项目建成后的运行过程都极为重要。它有如下主要作用：

投资者对工程资产权益的法律拥有形式——工程的法律形式，即工程以及由工程所产生的企业的法律性质；决定了工程项目法人的形式和结构；决定了工程投资者各方面在工程组织中的法律地位；在很大程度上决定了工程的组织形式和工程管理模式；决定了工程建成后的经营管理权力和利益的分配，及投资者在工程中所承担的债务责任等。

15.2.2　工程项目的投资属性

工程的投资属性主要是由工程建设的资本性质，即投资的来源决定的。工程的资本性质通常有两类，即公共资本和私有资本。工程按照投资属性可以分为如下三类：

（1）公共资本工程。主要是国家投资的公共事业工程和基础设施工程，以及国家垄断领域的工程。它主要是由政府投资建造的，为了社会公共服务的目的。

（2）私人资本工程。这是私有资本投资的建设工程，如由私人（民企）投资房屋建筑、工业工程等。许多外资工程也属于这一类。

（3）私人资本和公共资本联合投资工程（PPP）。由政府和私人（我国为国有或私营企业）合作投资的公用或基础设施项目。近几年，国家在进行投资体制的改革，许多领域都向企业（国营或民营）资本开放，企业（国营或民营）资本的工程范围在扩展。企业（国营或民营）资本除了积极参与商业房地产的投资开发以外，已经开始进入城市基础设施建设领域。主要是通过联合、联营、集资、入股等方式，也有个别有实力的私人资本进行独资经营，如宁波雅戈尔股份有限公司通过入股投入巨资兴建杭州湾跨海大桥，很多企业通过与政府合作，进行多个城市的地铁建设等。

15.2.3　工程所需资本来源

工程资金的需求量与工程的规模（总投资）、实施进度、工程费用的支付方式和工程运行的收益等多方面因素有关。要保证工程实施的顺利进行，必须要有相应的资金来源，必须解决“何时需要投入多少资金，从何处获得资金，工程所需资金采用什么样的来源结构，谁对工程的资金承担责任和享有工程收益的权利”等问题。

工程的资本结构是工程的自有资金和债务资金的形式、相互之间比例关系，以及相应的来源。从总体上说，工程建设和运行所需资金有两大类来源：

（1）资本金。资本金是投资者能够用于工程建设的款项，它构成工程的股东（产权）资本，反映了工程的投资（即股本）结构。资本金的来源包括国家拨款、企业自筹（企业现金、资产变现、产权转让、增资扩股等）、在资本市场募集（包括私募和公开募集）和合资。

我国对各种经营性国内投资项目实行资本金制度，不同的工程自有资金的比例不同。这是我国宏观经济调控的重要手段之一。为了调整这个社会投资走向，抑制某些行业的过快发展。

在国际上不同的工程资本金也不一样。如英吉利海峡隧道工程的股本占 20%，泰国曼谷高速公路的股本占 20%，澳大利亚悉尼港工程的股本占 5%。

如何以一定量的较少的自有资金运作（建设和运行）一个大的工程一直是投资领域和工程管理领域的一个重大问题。

（2）负债。即债务资金。投资者一般不会全部都用自有资金进行工程的实施。可以通过借贷或商业票据等方式获得部分资金。负债主要反映了工程融资结构。通常有如下形式：

1）贷款。包括国内贷款（包括商业银行贷款、政策性银行贷款和银团贷款）和国外贷款（包括国际金融组织贷款、外国政府贷款和国际商业贷款）。由工程的投资者（所有者）通过工程建成后运行或其他途径还本付息。

2）发行债券。包括国内发行债券、国外发行债券和可转换债券。

3）预售融资模式。即在工程建设中，将工程的产品或服务预售给用户，以提前获得产品或服务的收益，并将它们用于工程建设。例如在房地产开发项目中，通过预售楼花筹集建设资金。

4）资产证券化（ABS）融资模式。它是指以工程所属的资产为基础，以该工程将来运行可能获得的稳定的预期收益为保证，通过在资本市场上发行工程债券募集资金。

5）其他形式的资本。如通过对工程的承包商和供应商推迟支付工程款方式占用他们的资金等。在近十几年来，我国许多工程，甚至政府工程都大量拖欠承包商和供应商的工程款，以弥补工程建设资金的不足。

15.2.4 工程资本结构的主要模式

（1）独资。如政府独资或私人独资。我国过去几乎所有的大型工程建设，特别是基础设施工程建设都是政府独资。在工业领域有些工厂是由外商独资建设的。

通常企业内的工程项目，如企业更新改造项目、办公楼建设、生产设施的扩建等一般都采用企业独资方式。

（2）合资。即国内或国际两个以上的单位（企业或其他组织）通过合资合同的形式，共同出资，建设一个工程，按照出资的比例和合资合同的规定，共同经营和管理，双方共担风险和共享收益。该工程可以为非法人形式（如采用合伙方式），也可以专门成立一个独立于出资企业的具有法人地位的新公司来建设和经营该工程。

我国近30年来大量的工业工程都是通过合资的形式建设起来的，例如许多中外合资的工厂。

（3）项目融资。项目融资是一种无追索权或有限追索权的融资或贷款方式。与直接贷款需要还本付息不同，它是以工程建成后的资产和运营收益作为归还投资的依据。所以投资回报直接依赖工程运营收益的高低。

许多大型基础设施工程建设都需要大量的投资，完全由政府独立出资常常很困难。另一方面这些工程只有商业化经营，才能有高效益。而如果由一个企业作为工程投资者承担责任，则风险太大，它的技术力量、财力、经营能力和管理能力有限。采用项目融资是一种很好的模式。在现代工程项目中，项目融资主要应用在资源型工程和基础设施工程，一般包括铁路、公路、港口设施、机场、供水、污水处理、排水设施、通信和能源等工程的建设中。

典型的工程项目融资方式通过PPP项目模式进行融资。

例如政府要建设一条高速公路，可以由政府授权所属的一个公司出面发起该项目。它被称为项目发起人，进行工程的前期研究，起草可行性研究报告。通过对外招商，或其他形式吸引投资者。其他投资者，如大型企业集团或建设集团通过分析可行性研究报告和考察，觉得该工程是有前景的，就可以参与，与项目发起人一起签订合资协议，组建一个项目公司。政府授予该项目公司建设和运作这条公路的特别权利。

项目公司的法律形式为有限责任公司或股份有限公司，在法律上是独立的，与发起人以及投资者分离。它作为融资主体，直接建设和运营该公路，自主经营、自负盈亏。

参与项目融资的公司通过持股的形式拥有项目公司，通过选举任命董事会成员参与对项目公司的建设和运行管理，并获得项目收益的分配。

对参与者投资的偿还主要依靠工程未来的收益和资产。如果工程运行得很好，则参与者获得多的收益分配；如果工程运行收益很差，则这些参与者共同亏损，不能对发起人（政府）进行追索。即工程投资风险由项目参与各方共同承担。

通常在运行一段时期后，公路要完整移交给政府。这样在整个过程中政府没有出钱，或者出很少的钱，却完成了工程建设，为公共提供产品或服务，最终还得到一个工程。

上述过程即为 PPP/BOT（Build-Operate-Transfer“建造—运营—转让”）模式进行融资的过程。土耳其的火力发电厂、菲律宾的诺瓦斯塔电厂、中国的深圳沙头角 B 电厂和广西来宾 B 电厂、英法海底隧道、马来西亚的南北大道、泰国曼谷公路和轻铁、澳洲的悉尼隧道和英国的曼彻斯特轻轨等，都是通过这种方式建造的。

15.2.5　一些工程的融资方式和资本结构

目前在我国工程资本结构是多样性的。

(1) 南水北调东线工程。2003 年开工建设，总投资 634 亿元，输水主干线长 1156km。工程投资结构为中央和地方政府投资（共占 55%）、银行贷款（占 45%）。

(2) 西气东输工程。项目第一期投资为 1200 亿元，上游气田开发、主干管道铺设和城市管网总投资超过 3000 亿元。工程在 2000—2001 年内先后动工，于 2007 年全部建成。通过合资建设，其资本结构比率见表 15-1。合作范围为西气东输上、中、下游的开发、建设至销售，合营期限为 45 年。

表 15-1　西气东输工程建设资本结构

序号	合资单位	股权比率
1	中国石油天然气股份有限公司	50%
2	中国石油化工股份有限公司	5%
3	荷兰皇家壳牌公司	15%
4	美国埃克森-美孚公司	15%
5	俄罗斯天然气工业股份有限公司	15%

(3) 南京长江三桥。在 2002 年建设，总投资 35 亿元人民币，采用 BOT 方式，由南京市交通集团（45%）、亿阳集团有限公司（25%）、深圳高速公路股份有限公司（25%）、江苏省南京浦口经济开发总公司（5%）共同成立有限公司融资。

15.3　工程建设任务的委托方式

15.3.1　概述

从前面的分析可见，工程建设的运行过程由前期策划、规划、勘察、设计、施工、采购（供应）、运行维护、工程管理等工作组成，这些工作还可以细分到各个专业工程的设计、供应、施工、运行维护和各阶段的工程管理工作，这样可以得到一个工程建设和运行阶段的工作分解结构（图 15-2）。

而这些工作都是由具体的组织（单位或人员）完成的。

很久以来，投资者和业主都不是自己完成这些工作的，而是通过工程合同将它们委托出去。这是工程建设的专业化分工要求。

如何以及以什么方式将这些工作委托出去，即业主将上述整个工程任务委托给多少个单位做？如何划分它们的任务范围？这就是业主的工程发包模式，对承包商来说是工程承包模式。

工程的承发包模式是工程实施的战略问题。它从根本上决定了工程任务承担者各方面的责任、权利和工作的划分，对工程的实施过程、工程管理、工程组织产生根本性的影响。

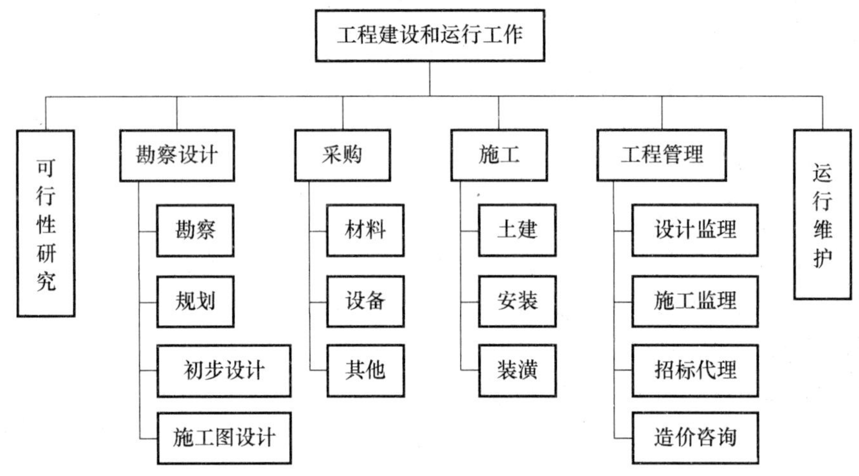

图 15-2　工程建设和运行工作

15.3.2　工程建设任务的委托方式

在不同的承发包模式中，业主的工程管理的深度不同，而且导致工程承包商的工程任务范围和工程管理范围不同。

（1）分阶段分专业平行委托方式

业主将工程的勘察工作委托给勘察单位；勘察完成后，由业主委托的设计单位进行设计；在设计图纸完成后，业主招标分别委托土建施工承包商、设备安装承包商、装饰承包商进行工程的施工。设备供应，甚至主要材料的供应也由业主负责，由业主的供应商提供主要材料和设备。各承包商分别与业主签订合同，向业主负责。各承包商之间没有合同关系（图 15-3）。

在这种模式的工程中，设计单位管理自己的设计工作，施工承包商管理自己的施工工作，而业主通常委托监理单位或项目管理公司进行整个工程的管理。

这是一种传统的工程承发包模式，使用的历史悠久，符合工程的专业化和社会化分工的要求。在我国的一些工程中，专业化分工很细。如设计还会分多个设计单位，常见的是外国设计事务所承担方案设计任务，我国的设计院做配套设计；土建工程施工还可能分专业（如基础工程施工、土方工程施工、主体结构工程施工等）；安装工程分各种专业工程设施的安装；各种材料和设备的供应商可能分别委托；装饰工程还可以分室内装潢、玻璃幕墙等。这种模式的优缺点有：

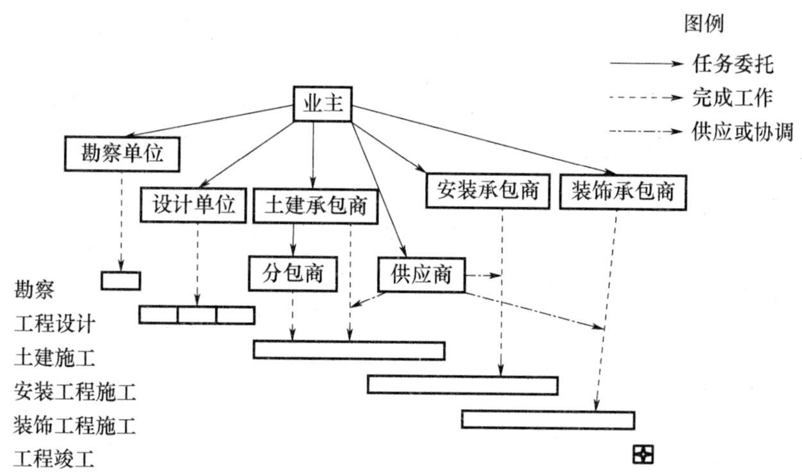

图 15-3　工程平行发包模式实施过程和组织方式

1）业主分别和设计单位、多个施工承包商和供应商签订合同，工程责任的落实比较容易，各方面职责明确；设计单位、施工单位和供应商之间存在制衡；业主对设计、施工和供应过程能够进行有效控制。但由于工程实施过程和各方责任的细化，参加者各方互相制衡导致工程效率的降低。

2）业主在勘察完成后再进行工程设计；设计完成后再进行施工和供应招标和任务的委托，可以有节奏地进行工程的实施，但通常工期较长。

但这种设计、施工、供应、运行分别由不同单位参加，他们又在不同时期投入，容易造成工程的决策、设计、施工、供应和运行各方面的脱节，工程责任分散，造成工程管理的不连续性。而且缺少一个对工程的整体功能全面负责的承包商。

3）业主的项目组织、合同管理、投资控制、进度控制工作繁重，难度较大，导致业主风险很大。如果工程发包分解太细，在工程的责任体系中明显地存在责任"盲区"，例如设计拖延或错误，造成施工承包商的返工或拖延，业主必须赔偿承包商的拖延损失，而按照设计合同，设计单位对设计的拖延和错误几乎不承担责任，或承担很小责任。

4）难以调动各方面的积极性和创造性，特别是设计单位和工程承包商。他们作为工程的具体实施者，工程的成功依赖于他们的努力和创造性。但设计单位按照工程规模投资取费，施工单位按照工程量计价，他们对工程技术方案优化的积极性都不高，这会损害建筑业科技的进步和生产的集约化。

5）工程中关系紧张，合同实施的氛围差，难以达到各方面满意的结果。

6）在这种承包模式下，业主分标很细，会造成工程招标次数增多和投标单位增多。从而导致大量的管理工作的浪费和无效投标，造成社会资源的极大浪费。

（2）施工总承包方式

业主在工程的设计完成后，将全部工程施工任务发包给一个施工总承包商，施工总承包商自己完成部分任务（如主体结构施工），可以把部分施工任务再分包出去。在施工过程中，由施工总承包商负责与设计单位和供应单位的协调工作（图 15-4）。

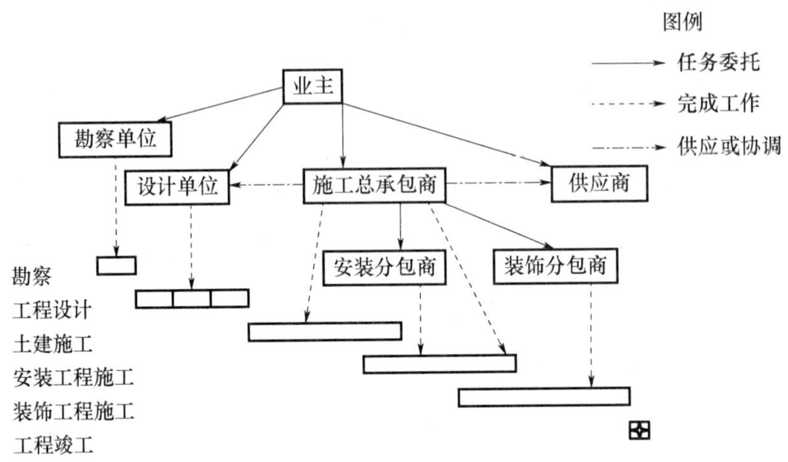

图 15-4　施工总承包模式实施过程

施工总承包的特点：

1）施工总承包的招标一般在全部工程图纸出齐后进行，则工程报价比较有依据，双方风险较小。

2）有利于发挥承包商的技术优势和管理优势，而分包也有利于发挥专业特长。

3）施工总承包商可以将整个工程作为一个总体进行计划和控制，有利于科学合理地组织施工，有利于缩短工期，控制进度。

4）建设单位和一个设计单位，一个施工总承包商直接联系，协调工作比分专业分阶段平行发包方式少得多。

对于大型工程，如果一个施工企业无法完成施工任务，可以由多家建筑施工和安装企业组成施工联合体，共同承担整个施工任务。参与联合体的各个企业按照联合体合同承担各自的工作责任，并承担相应的风险。联合体是一种临时性的组织，工程完成后自动解散。

如果施工总承包单位把施工任务全部发包出去，自己主要从事施工管理，这种模式称为施工总承包管理。

（3）工程总承包方式

工程总承包，是指仅由一个承包商与业主签订工程承包合同，对工程的设计、施工、试运行（竣工验收）等实行全过程或若干阶段的承包。工程总承包完备的形式是“设计—采购—施工（EPC）”及交钥匙总承包。

工程总承包企业按照合同规定，承担工程的设计、采购、施工、试运行服务等工作，并对承包工程的质量、安全、工期、造价全面负责，最终是向业主提交一个满足使用功能、具备使用条件的工程。

工程总承包模式的合同关系和运作过程大致为（图 15-5）：

工程总承包企业按照合同约定对工程的质量、工期、造价等承担全部责任，它负责整个工程的管理。总承包商可以自己完成或部分完成工程的设计、土建施工、安装工程施工、装饰工程施工和供应。也可以将其中部分工作发包给具有相应资质的分包商。

这种承包方式能克服上述分阶段、分专业平行承包的缺点，它的优缺点主要有：

1）业主只和总承包商建立合同关系，极大地减少了业主面对的承包商的数量，减少业主工程管理事务，大量的工程实施和工程管理工作都由总承包商完成。这给业主带来很大的方便。业主的责任和风险较小，主要提出工程的总体要求（如工程的功能要求、设计标准、工程规范的说明），对整个工程作宏观控制，一般不干涉承包商的工程实施和管理工作。

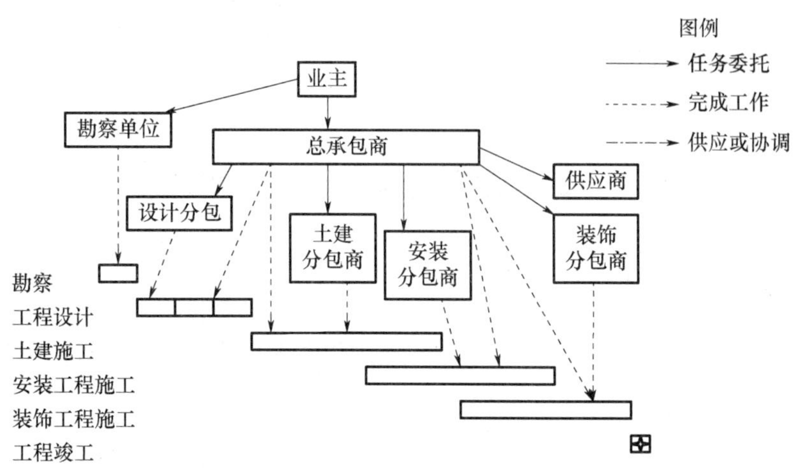

图 15-5　工程总承包模式实施过程

这样就可以保证业主的主要精力集中在对工程产品市场的把握和战略管理工作上。

2）对业主来说，有一个对工程整体功能负责的总承包商，工程的责任体系是完备的。各专业工程的设计和施工的界面都由总承包商负责协调管理，无论是设计与施工，与供应之间，还是不同专业之间的互相干扰，都由总承包商负责，保证在工程的各种界面上工作流和信息流的畅通。同时总承包模式的工程建设过程是连续的，减少了责任盲区。因此能保证工程总目标的实现，更容易获得工程的成功。

3）总承包模式将设计、施工、供应统一起来，并采用固定总价的合同形式，能够最大限度地发挥承包商在报价、设计、采购和施工中优化的积极性和创造性。总承包商能将整个工程管理形成一个统一的系统，能够有效地进行质量、工期、成本等的综合控制；能够有效地避免因设计、施工、供应等不协调造成工期拖延、成本增加、质量事故、合同纠纷；能够最大限度地协调和控制各专业之间的界面；能够保证施工和运行的各环节合理的交叉搭接，从而使工期（招标投标和建设期）大大缩短。

4）能够有效地减少合同纠纷和索赔。

5）当然，这种承包模式还存在一些问题。例如总承包一般都采用总价合同，但在招标时业主没有工程图纸和对工程范围和质量的详细说明，承包商报价的依据不足；在工程中双方容易就工程范围和质量标准产生争执；工程由一个总承包商承包，则工程的成功就依赖他的资信、能力和责任心，这对业主来说风险很大。

但从总体上说，工程总承包对业主和承包商都有利，工程整体效益较高。近几十年来在国际工程界受到普遍欢迎。在 20 世纪 80 年代，国际工程专家调查许多工程的经验和教训并得出结论：业主要使工程顺利实施，必须减少他所面对的承包商的数量——越少越好。当然，最少是一个，即采用 EPC 总承包模式。根据美国设计—建造学会（Design Build Institution of America）2000 年的报告，设计—施工总承包（D—B）合同比率，已经从 1995 年的 25%上升到 30%。

目前，我国正在大力推行工程总承包，建设部于 2003 年颁布了“关于培育发展工程总承包和工程项目管理企业的指导意见”，逐步推进我国的工程总承包的发展。

（4）其他形式的承包方式

1）设计—施工总承包（D—B），是指工程总承包企业按照合同规定，承担工程项目设计和施工，并对承包工程的质量、安全、工期、造价全面负责。

2）设计—采购总承包（E—P）。

3）采购—施工总承包（P—C）等。

15.4 工程建设管理和运行管理模式

15.4.1 工程的建设管理方式

如前所述，在现代工程立项后，通常是由业主负责工程建设全过程的管理工作。

（1）业主的工程管理模式

业主通常以如下几类方式实现对整个工程的管理：

1）业主自己管理工程

在国内早期，政府及其职能部门、学校、工厂等对于工程建设基本都实行“自己建设，自己管理”的模式。业主为了工程的建设，招募工程管理人员，成立一个建设管理单位直接管理设计单位、承包商和供应商。如在20世纪90年代前，我国企业、政府各单位和各部门、学校、工厂、部队等都设有基建处，由基建处负责本单位（或部门）的工程管理工作。建设工程结束后，建设单位通常要承担运行维护管理的任务，有时就解散，或者闲置。

这是一种小生产式的工程管理方式。采用这种模式，工程管理专业化程度较低，工程管理经验不能积累，工程很难取得成功，而且会导致政企不分、垄断经营、腐败等问题，容易造成管理成本的增加和人、财、物、信息等社会资源的浪费。

与这种模式相似的是在20世纪80年代中期以前我国政府投资的基础设施工程建设都采用工程项目指挥部的形式，由每个工程参加部门（单位）派出代表组成委员会，领导工程的实施，各委员单位负责各自的工程任务，通过定期会议协调整个工程的实施。在我国，许多政府工程，如城市地铁、公路工程、化工工程、核电工程、桥梁工程等，都采用这种形式，常常以副市长、副部长或副省长等作为总指挥。

在20世纪80年代中期以后，我国实行基本建设投资业主责任制，通常都要成立工程建设总公司作为业主，但直到现在在许多政府工程建设项目中，工程建设总公司和指挥部同时存在，“一套班子，两块牌子”。这是我国大型公共工程建设管理的一种特殊情况。

在合资项目或几个承包商联营承包的工程项目内常常也会采用这种形式。

2）业主分别委托投资咨询、招标代理、造价咨询、监理公司进行工程管理

① 在国际上，业主聘请各种咨询公司帮助自己管理工程已经有很长的历史。初始的建设工程管理由设计单位（主要是建筑师）承担。这是由于建筑学在工程中具有独特的地位：

a. 在工程中，建筑学是牵头的主导专业，建筑方案具有综合性，是其他专业方案的基础，与其他专业的联系最广泛。建筑学专业在工程建设过程中为业主服务的时间长。

b. 建筑学专业具有丰富的内涵，对一个建筑工程，建筑方案具有艺术、文化、历史价值。

c. 建筑师注重工程的运行，注重工程与环境的协调，注重工程的历史价值和可持续发展。

这些正是工程和业主最需要的。

直到 20 世纪 80 年代，国外（最典型的是美国和德国）的许多建设工程组织结构图中依然是建筑师居于中心位置。许多工程的计划、工程估价、控制，甚至对承包商索赔报告的处理都由建筑师负责。

但建筑师作为建设工程的管理者有他不足的地方：

a. 建筑师具有艺术家的气质，常常缺少经济思想和管理思想；

b. 建筑师是艺术家，需要创新思维，常常较少的严谨性；

c. 他常常有非程序化和非规范化的思维和行为；

d. 建筑师在工程中发挥主导作用主要在设计阶段，他常常不能全过程介入，特别是在施工期和运行期，这造成工程管理的不连续性。如果让建筑师全过程介入，则又是对建筑师人才的浪费。

这些会损害工程的目标，不利于工程管理工作。

② 随着工程管理的专业化，在 20 世纪初就有独立身份的工程管理人员出现。在国外被称为咨询工程师，在我国被称为监理工程师。20 世纪 90 年代以来，我国在建设工程管理领域实行专业化分工，有监理公司、投资咨询公司、造价咨询公司、招标代理公司为业主提供专业化的工程管理服务，业主可以将一个建设工程管理工作分别委托给设计监理、施工监理、造价咨询和招标代理等单位承担。

由于业主委托许多咨询和管理公司为自己工作，业主还必须进行总体的控制和协调，还必须参与一些工程管理工作。通常业主委派业主代表与他们共同工作。

③ 其他形式

由工程参加者的某牵头专业部门或单位负责工程管理，如：由设计单位承担工程管理工作，即“设计—管理”承包；

由施工总承包商牵头，即“施工—管理”总承包，在我国的许多工程中采用这种模式；

由供应商牵头，即采用“供应—管理”承包模式。

3）业主将整个工程的管理工作委托给一个“工程项目管理”单位（公司）。业主与项目管理公司签订合同。项目管理公司按合同约定，代表业主对工程的建设进行全过程或若干阶段的管理服务，为业主编制相关文件，提供招标代理、造价咨询服务，进行设计、采购、施工、试运行的组织和监督。

业主主要负责工程实施的宏观控制和高层决策，一般与设计单位、承包商、供应商不直接接触。

4）代建制

在我国，代建制是指对政府投资的建设工程，经过规定的程序，由专业性的管理机构或工程项目管理公司对工程建设全过程实行全面的相对集中的专业化管理。工程代建单位是政府委托的工程建设阶段的管理主体。从严格意义上讲，使用代建制方式，投资者（一般为政府或政府部门）不再另外组建建设单位。

① 投资单位（通常为政府部门）通过公开招标确定工程的代建单位（建设单位）。工程代建单位通常有两种：

a. 组建常设的事业单位性质的建设管理机构（单位），它不以盈利为目的，且具有很强的独立性。

b. 选择专业化的社会中介性质的项目管理公司作为代建单位，实现了项目管理专业化。

② 政府主管部门负责审批项目建议书、可行性研究报告，审查确定设计方案，审批工程预算和工程建设计划等；安排工程年度投资计划并协调财政部门按工程进度拨付建设资金；监管代建单位履行合同；组织工程的竣工验收和移交。

③ 工程使用（运行）单位负责根据本单位的实际需要及发展规划提出工程建议书；在工程方案设计阶段提出工程的具体使用条件、建筑物的功能要求，有关专业、技术对建筑物的具体要求和指标；在建设过程中（包括工程设计、施工、设备材料采购等）提出意见和建议，并监督代建人的行为；参与工程竣工验收，并接收工程，此后承担使用和维护的责任。

④ 采用代建制，使投资者（政府）、建设管理单位（代建单位）与使用单位分离。

⑤ 代建单位按照工程总投资的一定比例收取工程管理费。

（2）不同工程管理模式的社会化程度和特点

在现代社会中，工程管理越来越趋向社会化。不同的管理模式社会化程度不同，业主自己管理是最低层次的社会化；项目管理承包（或服务）是比监理制更为完备的社会化方式；而代建制是最完备的高层次的社会化工程管理，业主具体的工程管理工作很少介入。

工程管理的社会化具有如下好处：

1）社会化的工程管理者与工程没有利益关系和利益冲突，具有独立性、公正性、专业化、知识密集型的特点，可以独立公正地做出管理决策，保证工程管理的科学性及高效性。

2）对业主来说，方便、简单、省事。业主只须和项目管理公司（咨询公司，或代建单位）签订管理合同，支付管理费用，在工程中按合同检查、监督工程管理公司的工作。对承包商的工程只须作总体把握，答复请示，作决策，而具体事务性管理工作都由工程管理公司承担。

3）促进工程管理的专业化，工程管理经验容易积累，管理水平易于提高。项目经理熟悉工程的实施过程，熟悉工程技术，精通工程管理，有丰富的工程管理经验和经历，能将工程的设计、计划做得十分周密和完美，能够对工程的实施进行最有力的控制，更能够保证工程的成功。

4）社会化的工程管理者在工程中起协调、平衡作用。他能站在公正的立场上，公平合理地处理和解决问题，调解争执，协调各方面的关系，使工程中各自利益得到保护和平衡，承包商和供应商比较信赖，保证工程有一个良好合作氛围。

5）工程管理的社会化也存在许多基本矛盾和问题，主要是工程管理者在建设工程中责权利不平衡。例如，工程管理者的工作很难用数量来定义，对他的工作质量很难评价和衡量；工程的成功依赖他的努力，但他的收益与工程的最终效益无关；在工程中他有很大的权力，却不承担或承担很少的工程经济责任等。

社会化的工程管理需要业主充分授权，需要业主对工程管理者完全信任，更需要工程管理者很高的管理水平和职业道德。

15.4.2 现代工程的运行管理方式

工程交付运行后，其运行阶段的管理（如维护管理、资产管理、更新改造管理等）方式也是丰富多彩的。

（1）由使用单位或业主自行管理。一般工业厂房、企业的办公楼、学校校区等都是业主或使用单位自行负责日常的维护和常规维修。所以在我国许多单位都有维修管理处。

（2）由物业管理公司管理。现在我国大量新开发的房地产小区、综合性办公楼等都采用物业管理公司管理的模式。这也是工程运行管理社会化的表现。

在国际上一些大的港口、公路，甚至机场，通过招标招聘运营管理公司。

(3) 由工程承包商继续承担工程的运行维护和管理工作。对许多专业化较强的工程，工程承包商进行运行管理是最好的和高效率的。因为工程是承包商建造的，他最熟悉工程系统(如工程地质条件、各种隐蔽工程、管道的走向、设备性能、工程布局等)，在工程出现问题后能很快找到原因，提出解决办法，所以由他负责维修和更新改造也是最节约的和高效率的。

这在国际工程中已经是一种比较常见的方式。

第 16 章　数字化技术在土木工程中的应用

随着经济的发展，人民生活水平的日益提高，数字化技术越来越多地运用到各个领域，信息化、计算机化、智能化技术的发展正在土木工程中逐步兴起。计算机辅助技术、仿真系统、建筑信息模型、人工智能、智慧城市等将成为土木工程数字化技术发展的主要方向。

16.1　计算机辅助设计（CAD）

计算机辅助设计（CAD，Computer Aided Design）是指在设计过程中，利用计算机作为工具，帮助工程师进行设计的一切实用技术的总和。计算机辅助设计作为一门学科始于 20 世纪 60 年代初，一直到 70 年代，由于受到计算机技术的限制，CAD 技术的发展很缓慢，进入 80 年代以来，计算机技术突飞猛进，特别是微机和工作站的发展和普及，再加上功能强大的外围设备，如大型图形显示器、绘图仪、激光打印机的问世，极大地推动了 CAD 技术的发展，CAD 技术已进入实用化阶段，广泛服务于机械、电子、宇航、建筑、纺织等产品的总体设计、造型设计、结构设计、工艺过程设计等环节。

一个建筑物的设计应该包括建筑、结构、给排水、暖通、配电、通信、电梯等的设备、装修等各协作专业的设计集成，成为建筑集成化设计体系。目前，国际上先进的建筑集成化计算机辅助设计系统（CAAD，Computer Aided Architecture Design）具有资料检索、科学计算、绘图与图形显示、仿真模拟、综合分析、评价优化以及咨询决策等方面的基本功能。它的工作范围包括可行性研究、总体规划、初步设计、技术设计、施工图绘制、设计文件以及工程造价预测与分析的全过程，工程结构 CAD 系统只是建筑集成化 CAAD 系统中的一个分支。

我国对 CAD 的研究和应用始于 20 世纪 70 年代，到 80 年代中期进入了全面开发应用阶段，并对土木工程设计带来了越来越大的影响。一个建筑结构 CAD 系统的工作过程，包括数据的输入、数据检查、结构分析与设计、计算结果图形显示、施工图绘制等步骤。目前，在国内建筑设计 CAD、结构设计 CAD、道路设计 CAD 等已得到了的应用。一般土木工程专业学生须掌握的两套 CAD 系统，包括 AutoCAD 系统和 PKPM-CAD 系统。

16.1.1　绘图软件 AutoCAD

AutoCAD 是美国 Autodesk 公司开发的一个交互式绘图软件，是用于二维和三维设计、绘图的系统工具，用户可以使用它来创建、浏览、管理、打印、输出、共享及准确富含信息的设计软件。AutoCAD 是目前世界上应用最广的 CAD 软件，市场占有率居世界第一。图 16-1 所示是 AutoCAD 绘图软件的用户界面。

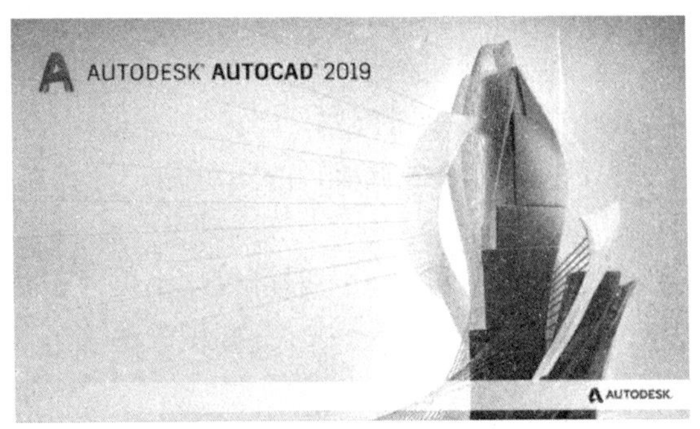

图 16-1　AutoCAD 的用户界面

16.1.2　结构设计软件 PKPM

PKPM 系统是由中国建筑科学研究院研究开发的一套计算机辅助设计软件，在我国土木工程领域中广泛应用。PKPM 是面向钢筋混凝土框架、排架、框架-剪力墙、砖混以及底层框架上层砖房等结构，适用于一般多层工业与民用建筑、100 层以下复杂体型的高层建筑，是一个较为完整的设计软件。PKPM 软件用户界面如图 16-2 所示。

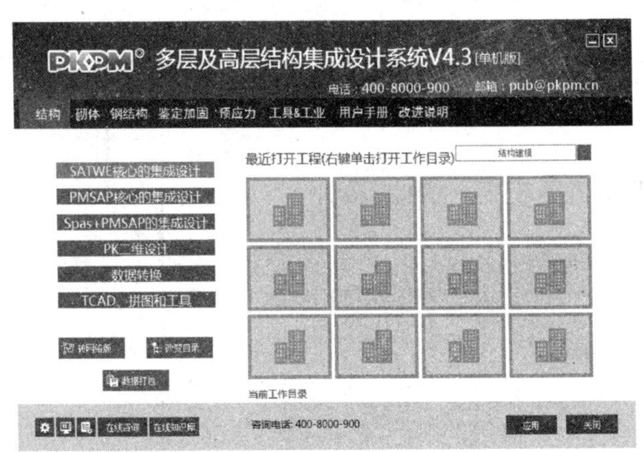

图 16-2　PKPM 软件用户界面

PMCAD 软件是 PKPM 中的一个结构平面计算机辅助设计软件，它采用人机交互方式，引导用户逐层对要设计的结构进行布置，建立起一套描述建筑物整体结构的数据。软件具有较强的荷载统计和传导计算功能，它能够方便地建立起要设计对象的荷载数据。由于建立了要设计结构的数据结构，PMCAD 成为 PK、PM 系列结构设计各软件的核心，它为各功能设计提供数据接口。

PKPM 系统的另一个主要部分是 PK 软件，它是钢筋混凝土框架、框排架、连续梁结构计算与施工图绘制软件，是按照结构设计规范编制。PK 软件的绘图方式有整体绘制式与分开绘制式，它包含了框、排架计算软件和壁式框架计算软件。

16.2　计算机模拟仿真的应用

随着计算机的快速发展以及各种仿真分析计算软件的出现和完善，计算机仿真分析与计算已逐渐成为土木工程专业学生必须掌握的一项重要技能。计算机模拟仿真是由传统的结构分析原理、数值方法、数学模型与计算机的图形图像、可视化技术等相结合而发展起来的，该技术的出现解决了实际工程中的许多疑难问题。

计算机模拟仿真的基本思路如图 16-3 所示。由图可知，计算机模拟仿真具有以下三个条件：

（1）有关材料的本构关系，即物理模型，一般可以从小尺寸试件的性能试验得到。

（2）有效的数值方法，如差分法、有限元法、直接积分法等。

（3）丰富的图形软件及各种视景系统。

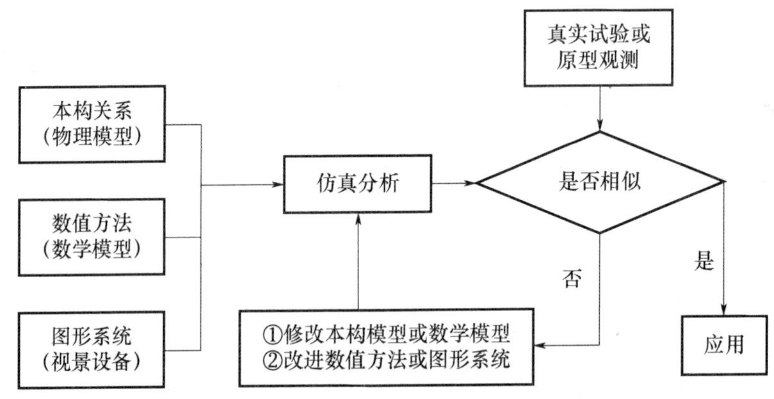

图 16-3　计算机模拟仿真分析基本思路

16.2.1　计算机仿真在结构工程中的应用

工程结构在各种外加荷载和环境作用下的各种反应，特别是其破坏过程和极限承载力是人们所关心的问题。结构形式特殊，荷载及材料特性十分复杂时，人们往往借助于模型试验来测定其受力性能。但是，模型试验往往会受到场地、设备以及经费的限制而很难完全反映结构的实际真实状况，并且不具备重复性。而采用计算机仿真技术进行仿真试验时，情况就大不一样了，我们不但可以按结构的实际尺寸进行足尺试验，还可以进行重复试验；当需要研究某些参数的影响时，只需修改几个参数就行，非常方便。此外，有些难以做真实试验的，用计算机仿真就更有优越性了。比如，高速荷载的碰撞试验、地震作用下建（构）筑物的倒塌分析、核反应堆安全壳的事故反演分析等，只有采用计算机仿真技术才能顺利开展。

16.2.2　计算机仿真在岩土工程中的应用

岩土工程处于地下，往往难以直接观察，而计算机仿真则可把内部过程展示出来，有很大的实用价值。例如，地下工程开挖往往会遇到塌方冒顶。根据地质勘察，我们可以指导断层、裂隙和节理的走向与密度。通过小型试验，可以确定岩体本身的力学性能及岩体夹层和界面的力学特性、强度条件，并存入计算机中。在数值模型中，除了有限元方法外，还可采用分离单元。分离单元在平衡状态下的性能与有限元相仿，而当它失去平衡时，则在外力和重力作用下产生运动直到获得新的平衡为止。分析地下空间的围岩结构、边坡稳定等问题时，可以沿节理、断层划分为许多离散单元。模拟洞室开挖过程时，洞顶及边部有些单元会失去平衡而下落，这一过程可在屏幕上显示出来，最终可以看到塌方的区域及范围，这为支护设计提供了可靠依据。

16.2.3　计算机仿真在工程管理中的应用

应用计算机使管理业务规范化。按照工程、施工单位、材料、设备、索赔原因、质量等进行统一编码，并利用这些具有规律性、通用性的编码进行核算、统计和编制报表。在工程管理中应用计算机语言开发的专业软件，如 Primavera P6、Project 系列软件等，这些专业软件针对性强、功能强大，已经得到了广泛的应用。以 Project 为例，它根据项目管理的原理，用计算机软件搭建模型来模拟项目管理的建立和实施，并通过一系列与项目管理有关的图表来完成对项目的管理。项目的任务、资源、进度和成本是紧密联系的，Project 使项目管理人员可以迅速理解项目的局部调整对整体项目的影响情况，为项目管理人员主动、动态地调整、优化项目管理，做出决策方案提供快速、高效的手段。

随着人们对建筑环境质量要求的不断提高和对建筑节能的日益重视，计算机仿真在建筑物能耗预测与设计优化中也得到了广泛的应用。建筑能耗模拟软件是计算分析建筑性能、辅助建筑系统设计运行与改造、指导建筑节能标准制定的有力工具。据统计，目前全世界建筑能耗模拟软件超过一百种，如美国的 BLAST、DOE-2、EnergyPlus，英国的 ESP-r，中国的 DesT 等。DOE-2 是开发最早、应用也最广泛的模拟软件之一，并作为计算核心衍生了一系列模拟软件，如 eQuest、VisualDOE、EnergyPro 等；EnergyPlus 是美国能源部支持开发的新一代建筑能耗模拟软件，以此为核心开发的软件有 DesignBuilder 等；DeST 是清华大学研发的以 AutoCAD 为图形界面的建筑能耗模拟软件。

16.2.4　计算机仿真在建筑系统工程中的应用

系统仿真在计算机仿真中发展最早也最成熟，已广泛应用于企业管理系统、交通运输系统、经济计划系统、工程施工系统、投资决策系统等方面。在土建系统工程中，如项目管理系统、投标决策系统等，在数学上常可归纳为在一定约束条件下的优化模型，优化的目标函数是多种多样的，常用的有：①最高的利润；②最短的工期；③最低的成本；④最少占用流动资金；⑤最大的投资效益等。约束条件则有资金、物质供应条件、劳动力素质，甚至是竞争对手可能采用的决策干扰等。这种系统往往十分巨大，以至于靠人工难以求解，运用高速计算机则可快速给出各种可行方案。在复杂的系统中，有许多环节是随机性的，我们可以在统计的基础上将随机事件概率引入仿真系统中，这样可以从仿真结果中得出相应的风险评价。

16.3　建筑信息模型（BIM）

信息化技术为提高建筑业的整体管理水平和技术等级，为企业的发展和行业技术进步提供了巨大的机遇。BIM 使得项目生命周期的信息能够得到有效的组织和追踪，保证信息从一阶段传递到另一阶段而不发生“信息流失”，减少信息歧义和不一致，从而真正实现建筑全寿命周期管理。

16.3.1　BIM 的概念

建筑信息模型（BIM，Building Information Modeling）是贯穿于设计、建造、设备管理过程的全生命周期数据，是技术、过程、软件、数据挖掘、可视化的集合。BIM 是根据工程项目的各类相关数据，通过计算机建立工程的三维建筑模型，运用数字信息技术仿真模拟工程，实现建筑工程项目的全寿命周期的一体化管理，提高工程管理效率。这种新型的模拟技术能够让工作人员对工程相关信息有一个更加全面的了解。

16.3.2 BIM 在工程设计中的应用

一般我们把基于 BIM 理念而开发的软件称为 BIM 软件。Bentley 公司的 TriForma、匈牙利 Graphisoft 公司的 ArchiCAD 软件，中国的鲁班（Lubansoft）系列软件、广联达(Glodon)系列软件、斯维尔（Thsware）系列软件、PKPM 系列软件等都在一定范围、一定程度上实现了 BIM 技术。目前，具有代表性的 BIM 软件是 Autodesk 公司的 Revit 系列软件，它提供了多个跨不同专业、不同阶段的工具软件，形成了全方位完整的解决方案，为 BIM 技术的应用提供技术支持。

Revit 软件是以 BIM 的理论为指导开发的工程软件，实现了不同专业信息的共享与关联。Revit 软件使用参数化建模技术，虽然与 AutoCAD 等二维设计软件所使用的内部数据结构不同，但是二者却可以进行数据交换（图 16-4）。

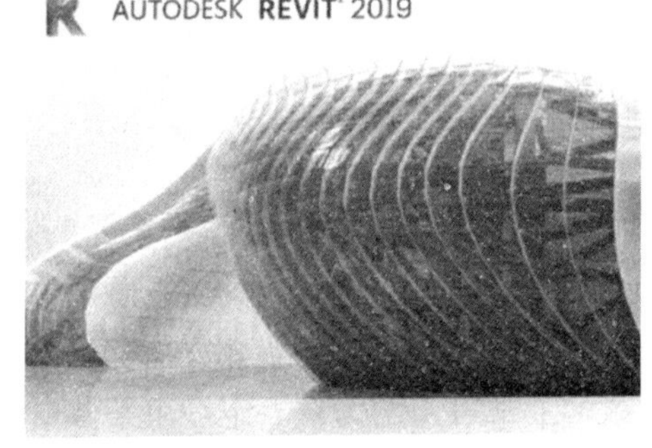

图 16-4　Revit 软件用户界面

Revit 具有以下特点：

（1）强大的可视化建模功能。可将建筑、结构和水暖电等专业的设计很好地结合，形成一致的三维立体可视化建筑模型，并具有众多友好的通用数据转换接口，将传统各专业设计软件制作的设计图导入本软件，来实现信息共享和协调工作。

（2）2D-3D 轻松转换。建筑设计的过程既是创建三维模型过程，也是绘制平立剖面图纸和三维表达的过程。该软件把建筑三维模型和其平立剖面图纸捆绑，使方案的设计和绘图表现合二为一，使设计者可在三维模型和二维图纸中任意切换，而对较复杂的建筑型体，可获得模型任意位置的剖面并对其进行分析，减少设计盲区。

（3）设计逐步深化。Revit 利用三维可视化技术和数据管理，能够真实反映建筑构件的各种物理属性，在方案初期设计者可以暂时忽略这些属性，但是伴随建筑项目的设计深入，再逐步添加或修改相应构件属性，直到满足施工图纸要求。

（4）视图关联更新功能。Revit 参数化引擎所提供的参数修改技术，实现了模型中各视图之间的关联变更，当模型某处修改时，就会引起与之相关的所有视图图纸、材料明细的实施修改，即一处修改，处处更新，保持了各模型图纸的一致性，也一定程度上提高了工作效率。

（5）建筑图元可重用性。Revit 自带了丰富的以建筑构件的形式出现建筑设计图元；此外 Revit 也允许用户自定义建筑构件，即根据设计师需要设计相应的构件或者建立自己的族库，在建筑设计中提高资源的重复利用率。

16.3.3　BIM 在工程管理中的应用

建立以 BIM 应用为载体的项目管理信息化，可以有效改善传统管理模式中存在的弊端，将 BIM 技术与工程管理相结合，为工程管理提供更多的造价信息，包括空间、时间以及各个施工阶段，可以实现全方位的管理，能够提升项目生产效率、提高建筑质量、缩短工期、降低建造成本。BIM 在工程管理中的运用主要具体体现在：

（1）三维渲染，宣传展示

三维渲染动画，给人以真实感和直接的视觉冲击。BIM 模型携带大量的数据，可以作为二次渲染开发的模型基础，大大提高了三维渲染效果的精度与效率，给业主更为直观的宣传介绍，提升中标概率。

（2）快速算量，精度提升

BIM 数据库的创建，通过建立 5D 关联数据库，可以准确快速计算工程量，提升施工预算的精度与效率。由于 BIM 数据库的数据可以细化到单个构件，为项目快速提供各专业管理所需的数据信息，有效提升施工管理效率。

（3）精确计划，减少浪费

施工企业精细化管理很难实现的根本原因在于海量的工程数据，无法快速准确获取，致使经验主义盛行。BIM 的出现可以让工程管理快速准确地获得工程数据，为施工企业制定精确施工计划提供有效支撑，大大减少了资源、物流和仓储环节的浪费，为实现限精细化管理控制提供技术支撑。

（4）多算对比，实施管控

BIM 数据库可以实现任一时点上工程基础信息的快速获取，将获得的施工信息与合同计划的消耗量、分项单价、分项合价等数据的多算对比，可以有效了解项目运营是盈是亏，消耗量有无超标，进货分包单价有无失控等问题，实现对项目成本风险的有效管控。

（5）虚拟施工，有效协同

三维可视化功能再加上时间维度，可以进行虚拟施工。一方面便于在早期设计阶段就发现后期施工阶段会出现的各种问题，来提前处理；另一方面预先的模拟施工能形象地表达出目前的施工状态和施工方法，有利于现场技术人员对整个工序的把握。

（6）碰撞检查，避免返工

在设计时，往往由于各专业设计师之间的沟通不到位，而出现各种专业之间的碰撞问题，例如暖通等专业中的管道在进行布置时，由于施工图是各自绘制在各自的施工图上的，真正的施工过程中，可能在布置管线时正好在此处有结构设计的梁等构件在此妨碍着管线的布置。BIM 模型可以解决这种不同专业间的设计人员协调不够带来的问题，最大限度避免在现场施工时进行修改，从而避免施工成本的增加和工期的延误。

（7）运行管理，加强维护

工程进入运营阶段后，因为 BIM 模型集成了大量的信息，比如管线布置、设备信息等，能为运营单位提供这些信息的查询、统计、分析。BIM 信息结合运营维护管理系统可以充分发挥空间定位和数据记录的优势，合理制定维护计划，分配专人专项维护工作，以降低建筑物在使用过程中出现突发状况的概率。

16.4 人工智能和智慧城市

随着信息技术的飞速发展，信息应用呈现出日新月异的进步，智能感知、云计算、大数据、物联网、“互联网+”等新的技术概念层出不穷。当下人工智能的技术加持已经成为传统行业变革的重要突破口，应用领域不断扩大，工作效率日益提升。人工智能应用和建设智慧城市于传统行业必将带来发展的新机遇、新挑战，建筑产业作为我国国民经济重要支柱行业的建筑业也开始了与人工智能和智慧城市的融合发展，推动建筑产业的良性循环。

16.4.1 人工智能

人工智能（AI，Artificial Intelligence）是研究、开发用于模拟、延伸和扩展人的智能的理论、方法、技术及应用系统的一门新的技术科学。人工智能是计算机科学的一个分支，它企图了解智能的实质，并生产出一种新的能以人类智能相似的方式做出反应的智能机器，该领域的研究包括机器人、语言识别、图像识别、自然语言处理和专家系统等，高效解决物质世界问题的科学与技术。

在处理大量资料、分析、寻找规律上人工智能都具有很强的能力，与传统的人工解决方案比较有很大的优势和潜力，人工智能能够完成具有更少错误、更少遗漏、更安全的工作，给建筑业带来了新的变化。

（1）人工智能定位分析

人工智能定位分析，建立城市价值地图，提升设计定位和评估的准确性。人工智能是建立在大数据之上，通过对各种线上、线下数据的收集、整理、分析和标注，可以建立更加客观、科学的价值地图，进而用作设计定位和评估的直接、客观的依据。例如城市地图、房地产信息等数据能够帮助项目决策者建立对项目基地和周边复杂环境的科学判断，让项目决策不再是仅凭经验、“拍脑袋”“赌运气”，而是建立在更为客观理性分析上，在项目立项之前就“得算多胜”。

（2）人工智能极速设计

人工智能极速设计、极速生成符合需求的方案，综合提升对空间设计和组织能力。在构建特定的项目时，绝大多数建筑师需要花费数天，依靠产品库的楼型，在基地上反复计算、尝试和验算排布可能性和极限。布局设计在没有多维数据支撑的情况下，很难既满足不同的需求又兼顾指标。而人工智能可以对产品类型、不同货值、布局合理性、视野、间距和日照等进行从整体到细节的评估和判断，秒速生成上万个组合和布局方案，并结合用户需求和周边数据，智能地推荐和锁定优选方案。

16.4.2 智慧城市

智慧城市是指利用各种信息技术或创新意念，集成城市的组成系统和服务，以提升资源运用的效率，优化城市管理和服务，以及改善市民生活质量。智慧城市的核心是以一种更智慧的方法通过利用以物联网、云计算等为核心的新一代信息技术来改变政府、企业和人们相互交往的方式，对于包括民生、环保、公共安全、城市服务、工商业活动在内的各种需求做出快速、智能的响应，提高城市运行效率，为居民创造更美好的城市生活。2008 年智慧城市理念由 IBM 提出后，迅速风靡全球，在我国也形成了一股前所未有的热潮。

从功能角度看，智慧城市体系可以分感知层、网络层和应用层（图 16-5），分别对应以下三方面特征：更透彻的感知、更广泛的互联互通、更深入的智能化。其中更透彻的感知是指利用任何可以随时随地感知、测量、捕获和传递信息的设备、系统或流程快速获取城市任何信息并进行分析，便于立即采取应对措施和进行长期规划；更广泛的互联互通是指通过各种形式的高速高带宽通信网络工具，将个人电子设备、组织和政府信息系统中收集和储存的分散信息及数据进行交互和多方共享，从而对环境和业务状况进行实时监控，从全局角度分析形势并实时解决问题，使得工作和任务可以通过多方协作完成，改变整个城市运作方式；更深入的智能化是指深入分析收集到的数据，以获取更加新颖、系统且全面的洞察来解决特定问题，以便更好地支持城市发展决策和行动。简而言之，“智慧城市＝物联网＋互联网”。

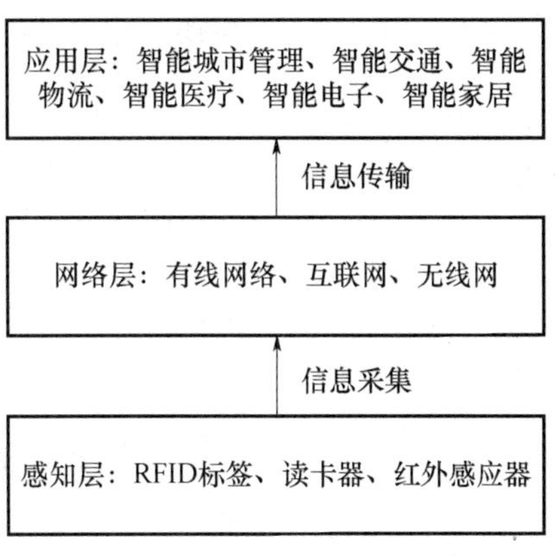

图 16-5　智慧城市三层结构示意图

智慧城市的体现主要有信息化施工、智能化建筑和智能化交通等部分。

1）信息化施工是将施工过程中所涉及的各部分、各阶段广泛应用计算机信息技术，对工期、人力、材料、机械、资金、进度等信息进行收集、存储、处理和交流，并加以科学综合地利用，为施工管理及时、准确地提供决策依据。信息化施工可以大幅度提高施工效率和保证工程质量，减少或杜绝工程事故发生，有效控制工程成本，实现施工管理现代化。

2）智能化建筑是以建筑为平台，兼备信息设施系统、信息化应用系统、建筑设备管理系统、公共安全系统等，集结构、系统、服务、管理及其优化组合为一体，向人们提供安全、高效、便捷、节能、环保、健康的建筑环境。智能化建筑既以建筑物为平台，又以数字化信息集成为配合，在技术方面上强调建筑结构与智能化系统设计配合和协调。

3）智能化交通是在较完善的交通基础设施的条件下，将先进的信息技术、数据通信传输技术、电子控制技术以及计算机处理技术和系统综合技术有效地集成并应用于整个运输系统。它具有信息收集、快速处理、优化决策等功能，使路网上的交通流运行处于最佳状态，改善交通拥挤和堵塞，最大限度地提高路网的通行能力。

在数字化技术的辅助之下，如今的土木工程技术可谓空前强大。随着科技的更加发展和普及，相信网络技术、可视化技术、虚拟现实技术以及智能技术必将成为土木建筑人员进行工程设计、施工以及科研的重要途径和手段。

参考文献

[1] 茹继平，刘加平，曲久辉，等．国家自然科学基金委员会-中国科学院 2011—2020 学科发展战略研究专题报告集：建筑、环境与土木工程［M］．北京：中国建筑工业出版社，2011.

[2] 崔京浩．新编土木工程概论：伟大的土木工程［M］．北京：清华大学出版社，2013.

[3] 吕志涛．新世纪的土木工程与可持续发展［J］．江苏建筑，2003 年增刊．

[4] 王梦恕．探秘铁路［M］．北京：人民交通出版社，2015.

[5] 王梦恕．王梦恕院士文集［M］．北京：人民交通出版社，2018.

[6] 黄锦波，帖军锋，范双柱．长隧洞施工关键技术［J］．水利水电技术，2006（7）．

[7] 卫振海，王梦恕，张顶立．岩土材料结构分析［M］．北京：中国水利水电出版社，2012.

[8] 洪开荣．我国隧道及地下工程近两年的发展与展望［J］．隧道建设，2017（2）．

[9] 张齐生等著．张齐生院士论文集［M］．北京：科学出版社，2018.

[10] 周芳纯．南竹北移大有可为——南京林产工业学院周芳纯同志在陕西省南竹北移座谈会上的讲话［J］．陕西林业科技，1974（2）：24-28.

[11] 肖岩，陈国，单波，等．竹结构轻型框架房屋的研究与应用［J］．建筑结构学报，2010，31（6）：195-203.

[12] 刘可为，奥利弗·弗里斯．全球竹建筑概述——趋势和挑战［J］．世界竹建筑，2013（12）．27-34.

[13] 郭天舒．建构视角下复合竹材在现代建筑中的应用研究［D］．长沙：湖南大学土木工程学院，2017.

[14] 李海涛，张齐生，吴刚，等．竹集成材研究进展［J］．林业工程学报，2016，1（6）：110-116（中文核心）．

[15] 李海涛，魏冬冬，苏靖文，等．竹重组材偏心受压试验研究［J］．建筑材料学报，2016，19（3）：561-565.

[16] 孙世国．基于 ArcGIS 的露天矿边坡稳定性计算方法［J］．煤矿安全，2018，1.

[17] 王红旭，苏伟微，姚尔可．弱湿陷性黄土地区大面积透水混凝土地面［J］．施工技术．2012，22.

[18] 陈怡欢．某公寓楼地基不均匀沉降引起的墙体开裂［J］．中小企业管理与科技（上旬刊），2011，10.

[19] 迟培云，葛宏翔，王大成．土木工程材料［M］．哈尔滨：哈尔滨工业大学出版社，2013.

[20] 唐贵和．土木工程材料［M］．北京：中国水利水电出版社，2018.

[21] 孙凌．土木工程材料［M］．北京：北京大学出版社，2014.

[22] 夏雄，王玉琳．基础工程［M］．北京：中国建材工业出版社，2017.

[23] 叶列平．土木工程科学前沿［M］．北京：清华大学出版社，2006.

[24] 王增长．建筑给水排水工程（第 6 版）［M］．北京：中国建筑工业出版社，2010.

[25] 冯霞．法国巴黎梅里奥塞水厂纳滤系统工艺调研［J/OL］．http：//www. waterchina. com/public4/050704 _ liyuan/ptai _ 070730a. htm.

[26] 马兴华．北洋山港区总体规划方案研究［D］．南京：河海大学，2006.

[27] 张英，吕鑑．新编建筑给水排水工程［M］．北京：中国建筑工业出版社，2004.

[28] 刘伯权．土木工程概论［M］．武汉：武汉大学出版社，2014.

[29] 刘俊玲．土木工程概论［M］．北京：机械工业出版社，2010.

[30] 陈学军．土木工程概论［M］．北京：机械工业出版社，2013.

[31] 郭子坚．港口规划与建设［M］．北京：人民交通出版社，2015.

[32] 田士豪，周伟．水利水电工程概论［M］．北京：中国电力出版社，2010.

[31] 华南理工大学等院校．地基及基础（第 3 版）［M］．北京：中国建筑工业出版社，2002.

[33] 李智毅．工程地质学概论［M］．武汉：中国地质大学出版社，2011.

[34] 胡厚田，白智勇．土木工程地质［M］．北京：高等教育出版社，2017.
[35] 姚红兵、蒋劲松，黄麟．庙子坪岷江大桥震害与修复加固［J］．西南公路，2008，4.
[36] 黄显彬，杨虹等．都汶高速公路庙子坪岷江特大桥震后5号主墩加固技术［J］．建筑技术，2010，2.
[37] 李乔，赵世春．汶川大地震工程震害分析［M］．成都：西南交通大学出版社，2008，9.
[38] 李英民，刘立平．汶川地震建筑震害与思考［M］．重庆：重庆大学出版社，2008，10.
[39] 刘学文．京沪高铁南京大胜关长江大桥主桥施工技术综述［J］．桥梁建设，2010，4.
[40] 高峰，梁波．城市地铁与轻轨［M］．北京：人民交通出版社，2012.
[41] 凌天清．道路工程［M］．北京：人民交通出版社，2016.
[42] 任爱珠．防灾减灾工程与技术［M］．北京：清华大学出版社，2014.
[43] 袁广林，鲁彩凤，李庆涛等．建筑结构检测、鉴定与加固［M］．武汉：武汉大学出版社，2018.
[44] 张燕红．主动磁悬浮系统的驱动及控制技术［M］．南京：东南大学出版社，2017.
[45] 完海鹰，郭裴．CFRP加固钢结构的现状与展望［J］．安徽建筑工业学院学报（自然科学版），2006.
[46] 李宏男，柳春光．生命线工程系统减灾研究趋势与展望［J］．大连理工大学学报，2005.
[47] 张硕生，周伦．世贸大厦的倒塌与结构防火保护［J］．消防技术与产品信息，2006.
[48] 李国强，吴波，韩林海．结构抗火研究进展与趋势［J］．建筑钢结构进展，2006.
[49] 马智辉．我国城市交通问题的分析及对策［J］．科技情报开发与经济，2006.
[50] 降低造价建设节约型城市轨道交通［M］．都市快轨交通专家访谈，2006.
[51] 李晓松．对城市轨道交通可持续发展的思考［J］．城市交通，2006.
[52] 梁巍，朱光仪，郭小红．厦门东通道海底隧道土建工程设计［J］．中南公路工程，2006，2.
[53] 西南科技大学——地基处理精品课程申报网站．［EB/OL］www.jpkc.swust.edu.cn/C510/kcjsgh-1.htm
[54] 成虎．工程管理概论（第3版）［M］．北京：中国建筑工业出版社，2017.
[55] 何继善等．工程管理论［M］．北京：中国建筑工业出版社，2016.
[56] 王守清，柯永建．特许经营项目融资（BOT、PFI和PPP）［M］．北京：清华大学出版社，2008，7（2016年6月第10次印刷）.
[57] 陈光．城市轨道交通项目全寿命周期价值工程的应用研究［J］．建筑管理现代化，2004（6）：1-4.
[58] 李倩．绿色建筑全寿命周期评价研究［D］．大连理工大学，2013.
[59] 何继善，王孟钧．工程与工程管理的哲学思考［J］．中国工程科学，2008，10（3）：9-12.
[60] 张娟，杨昌鸣．废旧建筑材料的资源化再利用［J］．建筑学报，2010（9）：109-111.
[61] 张金利，姚伟．基于循环经济理论的北京市建筑固体废物再利用模式研究［J］．中国软科学，2010（4）：88-93.
[62] 何旭东．基于利益相关者理论的工程项目主体行为风险管理研究［D］．中国矿业大学，2011.
[63] 王家远，邹小伟．基础设施项目风险管理［M］．北京：中国建筑工业出版社，2017.
[64] 朱思光．建设工程环境与安全管理［M］．南京：江苏凤凰科学技术出版社，2016.
[65] 赵康，余爱华．工程环境概论［M］．哈尔滨：东北林业大学出版社，2012.
[66] 庄俊倩．建筑概论：步入建筑的殿堂［M］．北京：中国建筑工业出版社，2009.
[67] 刘伯权，吴涛，黄华．土木工程概论［M］．武汉：武汉大学出版社，2014.
[68] 刘荣桂，胡白香．土木工程导论［M］．镇江：江苏大学出版社，2013.
[69] 范宏．建筑施工技术［M］．北京：化学工业出版社，2005.
[70] Guideline to Durability of Building and Building Elements，Products and Components BS7543［Z］．1992，British Standards Institution，London，1992：34-37.
[71] Anderson，Fisher. Integrating Constructability into Project Development：A Process Approach［J］．Journal of Construction Engineering and Management，2000，126（2）：81-88.
[72] Ronald. Infrastructure：Integration Design，Construction，Maintenance and Renovation［M］．Ralph Hass，Waheed，Uddin，1997：12-15.
[73] Guideline on Durability in Building［Z］．CSAS478，Draft 9，Canadian Standards Association，sept. 1994：14-26.

[74] 张齐生，等．著．张齐生院士论文集［M］．北京：科学出版社，2018.
[75] 周芳纯．南竹北移大有可为——南京林产工业学院周芳纯同志在陕西省南竹北移座谈会上的讲话［J］．陕西林业科技，1974（2)：24—28.
[76] 肖岩，陈国，单波，杨瑞珍，佘立勇．竹结构轻型框架房屋的研究与应用［J］．建筑结构学报，2010，31（6)：195—203.
[77] 刘可为，奥利弗·弗里斯．全球竹建筑概述——趋势和挑战［J］．世界竹建筑，2013，12：27—34.
[78] 郭天舒．建构视角下复合竹材在现代建筑中的应用研究［D］．长沙：湖南大学土木工程学院，2017.
[79] 李海涛，张齐生，吴刚，熊晓洪，李延军．竹集成材研究进展［J］．林业工程学报，2016，1（6)：110—116（中文核心）.
[80] 李海涛，魏冬冬，苏靖文，袁从淦，陈国．竹重组材偏心受压试验研究［J］．建筑材料学报，2016，19（3)：561—565.